铁矿石检验技术丛书

铁矿石检验实验室质量控制体系

鲁国苗　主审

荣德福　余　清　付冉冉　周　强　任春生　主编

北　京

冶金工业出版社

2010

内 容 简 介

按 ISO/IEC 17025 标准建立"铁矿石检验实验室质量控制体系"是铁矿石检测类实验室的基本要求。本书共分 8 章，主要介绍了实验室认证认可制度的发展、实验室管理体系文件编制、铁矿石检验实验室管理体系的建立、运行和保持，实验室认可申请与计量认证/审核认可申请以及实验室管理体系文件范例、实验室安全、消防及检验废弃物处理要求等，是铁矿石检验部门质量管理的重要参考。

本书可供从事质量管理的检验检疫系统、质量监督系统、钢铁企业、外贸行业的技术人员，大专院校师生及其他管理人员参考。

图书在版编目（CIP）数据

铁矿石检验实验室质量控制体系 / 荣德福等主编. —北京：冶金工业出版社，2010.7
（铁矿石检验技术丛书）
ISBN 978-7-5024-5289-6

Ⅰ．①铁…　Ⅱ．①荣…　Ⅲ．①铁矿物—检验—质量控制体系
Ⅳ．①TF521

中国版本图书馆 CIP 数据核字（2010）第 093978 号

出 版 人　曹胜利
地　　址　北京北河沿大街嵩祝院北巷 39 号，邮编 100009
电　　话　（010）64027926　电子信箱　yjcbs@cnmip.com.cn
责任编辑　李　梅　张　卫　美术编辑　李　新　版式设计　孙跃红
责任校对　王永欣　责任印制　牛晓波
ISBN 978-7-5024-5289-6
北京兴华印刷厂印刷；冶金工业出版社发行；各地新华书店经销
2010 年 7 月第 1 版，2010 年 7 月第 1 次印刷
787mm×1092mm　1/16；27 印张；653 千字；417 页
79.00 元
冶金工业出版社发行部　电话：(010)64044283　传真：(010)64027893
冶金书店　地址：北京东四西大街 46 号(100711)　电话：(010)65289081
（本书如有印装质量问题，本社发行部负责退换）

序

ISO 前主席汉茨先生曾说："质量是今日全球市场竞争的必需。"人们从来没有像今天这样认识到，必须提高和强化质量工作，他们确信 ISO 标准将继续增长其重要性。

WTO 的通用要求是在极力消除贸易壁垒，但现实是各国的质量立法越来越多，已经严重地阻碍了国际贸易的健康发展，特别是实施国际间的实验室互认已成为其作为交换条件的基本需要之一。

实验室是人类为认识自然、改造自然和利用自然界中与人类生产生活相关的特性，经特殊实验技术与测量方法，按照科学的规律进行实验与研究的场所。实验室管理运用的原则、手段和方法符合一般的质量管理科学要求，其宗旨也是通过质量改进来提高实验室的工作业绩。

为适应社会对质量要求的变化，多数实验室都自觉或不自觉地加强了质量管理力度，积极推行国际通用认证认可标准，如用于质量管理体系认证的 ISO 9000 系列国际标准、用于环境管理体系认证的 ISO 14001 国际标准、用于社会责任认证的 SA 8000 标准和用于实验室认可的 ISO/IEC 17025 标准等。同时，实验室的自身发展也需要得到社会各界的信赖和认可，并努力实现国际间互认。

《铁矿石检验实验室质量控制体系》是北仑出入境检验检疫局组织编写的《铁矿石检验技术丛书》之一。质量管理无国界，更无止境，希望《铁矿石检验实验室质量控制体系》一书的出版，能为社会各界有志于从事实验室质量管理的人员提供借鉴，使大家在实验室质量管理的道路上，通过积极探索、不断改进实验室的质量管理体系，以进一步满足客户期望，提升实验室的知名度和美誉度，为社会经济的发展创造更大价值。

2010 年 3 月 17 日

前　言

　　质量管理有着自己发展的历史和客观的规律，它并不是脱离社会的发展，特别是管理的发展而独立存在的。从 20 世纪 60 年代开始，各工业先进国家的企业质量管理体系日臻完善，实践效果日益明显，质量管理的理论也得到了长足的发展。

　　实验室认可这一概念的产生可以追溯到 60 多年前，自 1947 年澳大利亚建立了世界上第一个国家实验室认可体系后，英国，美国，新西兰，法国，东南亚地区，如新加坡、马来西亚等相继成立了实验室认可机构，20 世纪 90 年代以来包括我国在内的更多的发展中国家也加入了实验室认可行列。

　　实验室认可活动的发展，与其他合格评定活动的促进作用是分不开的，由于各国开展产品认证活动的做法差异很大，为了实现国与国间的相互承认，进而走向国际间相互承认，各国陆续建立了相应的国家认证制度。由于在开展产品认证中需要大量使用具备第三方公正地位的实验室从事产品检测工作，实验室检测在产品认证过程中扮演了十分重要的角色。

　　在市场经济中，实验室是为贸易双方提供检测服务的技术组织，实验室需要依靠其完善的组织结构、高效的质量管理和可靠的技术能力为社会与客户提供检测/校准服务。因此，加强实验室质量管理并不断改进和提高实验室的质量、技术能力，对促进社会经济的发展具有十分重要意义。

　　本书共分 8 章，第 1 章、第 7 章由余清编写，第 3 章由周强编写，第 8 章由付冉冉编写，第 2 章及其他章节由荣德福编写，任春生参与了第 4 章、第 5 章的编写工作。本书主要介绍实验室认证认可制度的发展，实验室管理体系文件编制，铁矿石检验实验室管理体系的建立、运行和保持，铁矿石检验实验室资质认定申请，实验室安全与要求以及实验室管理体系文件范例等。

　　本书借鉴了有关实验室认可方面的著作及相关资料，并参考了宁波出入境检验检疫局铁矿检测中心质量管理的经验。本书的出版得到了北仑出入境检验检疫局的资助，也得到了冶金工业出版社的大力支持。在编写过程中，本书参考和引用了他人一些著作、网页的部分内容，在此，对领导、专家的关心及各位资料提供者表示诚挚的感谢。

　　由于编者水平所限，不当之处请读者批评指正。

编者

2010 年 3 月

目　录

1 实验室认可制度和相关要求

1.1 实验室认证认可制度的发展

1.1.1 质量运动的发展背景

20 世纪 20 年代以后，许多国家的工业界随着工业化和大规模生产的到来，纷纷建立了质量检验制度对产品的质量进行检验把关，以保证产品质量，维护生产企业的信誉并实现质量检测与生产部门的分离，使检测实验室得到了迅速发展。

第二次世界大战期间，休哈特、戴明等人提出了抽样检验的概念，并把数理统计方法引入了质量管理领域。美国国防部组织了统计质量控制方面的研究，首先提出和制定了质量管理标准，明确规定了各种抽样检验方案和预防不合格的控制方案，从而大大提高了产品的合格率，降低了成本，获得了统计质量控制的成功，同时也促进了其他工业领域的效仿和世界范围的质量控制和管理的发展。

20 世纪 50 年代末至 70 年代，是全面质量管理迅速发展的阶段。由于科学技术和工业化的发展，人们对产品，尤其是复杂产品的质量提出了安全性、可靠性、经济性、可维修性等一系列更高的要求。1959 年，美国国防部发布了世界上最早的质量管理标准文件《质量大纲要求》。1961 年，菲根堡姆出版了《全面质量管理》一书之后，世界各工业发达国家纷纷将系统工程学应用于质量管理活动。同时，不断总结本国和他国在质量形成、管理过程中的经验与规律，先后制定、发布了各自的质量管理和质量保证标准，并对其不断修订、完善和系统化。如 1971 年美国标准协会（ANSI）发布国家标准ANSI45.2《核电站质量保证大纲要求》；1971 年美国机械工程师协会发布 ASME－Ⅲ－NA4000《锅炉与压力容器质量保证》系列标准；英国标准学会 1979 年发布了 BS5750三个质量保证模式。

各国质量管理活动的蓬勃发展和实施质量保证标准的成功经验，为国际标准的产生奠定了可靠的实践基础，但同时也造成了同一公司依据不同标准为不同的客户生产同种产品的现象，给国际贸易与合作带来了困难。为了使各国的标准统一起来，国际标准化组织于1980 年成立了质量管理和质量保证标准化技术委员会，着手研究和制定有关国际标准，经过几年的反复磋商和修改，于 1987 年 3 月正式发布了有关质量管理和质量保证的ISO9000 系列标准，1994 年 7 月国际标准化组织又修订发布了第二版的 ISO9000 系列标准。近几年国际标准化组织质量管理和质量保证技术委员会（ISO/TC176）又对第二版9000 系列标准进行了修订，研究起草第三版 ISO9000 系列标准，并于 1999 年底发布了2000 版的 ISO9000 系列标准草案。2000 年 12 月，国际标准化组织 ISO/TC176 正式发布了 2000 版的 ISO9000 系列标准，包括 ISO9000:2000《质量管理体系—基础与术语》、

ISO9001:2000《质量管理体系—要求》和 ISO9004:2000《质量管理体系—业绩改进指南》。2002 年 10 月 1 日发布了 ISO19011:2002《质量和（或）环境管理体系审核指南》，形成了 2000 版 ISO9000 系列标准；2005 年 ISO9000:2005《质量管理体系—基础和术语》颁布；2008 年 11 月 15 日正式发布 ISO9001:2008 标准，并且规定 ISO9001:2008 标准发布 1 年后，所有经认可的认证机构所发放的认证证书均为 ISO9001:2008 认证证书，发布 2 年后所有 ISO9001:2000 认证证书均失效。

1.1.2 实验室认可活动的发展概况

1.1.2.1 实验室认可活动的发展

实验室认可这一概念的产生可以追溯到 50 多年前。作为英联邦成员之一的澳大利亚，当年由于缺乏一致的检测标准和手段，在第二次世界大战中不能为英军提供军火。为此，在第二次世界大战后他们便着手建立一致的检测体系。1947 年，澳大利亚建立了世界上第一个国家实验室认可体系，并成立了认可机构——澳大利亚国家检测机构协会（NATA）。20 世纪 60 年代英国也建立了实验室认可机构，从而带动了欧洲各国实验室认可机构的建立。20 世纪 70 年代，美国、新西兰和法国等国家也开展了实验室认可活动。20 世纪 80 年代实验室认可发展到东南亚、加拿大、中国香港地区等国家或地区，建立了实验室认可机构，20 世纪 90 年代更多的发展中国家（包括我国）也加入了实验室认可行列。

为满足国际贸易的快速发展的需求，各经济体实验室认可机构间的合作也蓬勃发展起来。至 20 世纪 90 年代，已经形成了在国际实验室认可合作组织（ILAC）下的，以亚太实验室认可合作组织（APLAC）、欧洲实验室认可合作组织（EA）、美洲认可合作组织（IAAC）和南部非洲认可发展区（SADCA）等区域组织组成的国际实验室认可体系，并着重于推行国际实验室认可机构间相互承认的工作。目前，国际上影响比较大的国际区域性实验室认可合作组织有两个，一个是欧洲实验室合作组织（EA，1987），由欧盟 17 个国家的 21 个认可机构参加；一个是亚太实验室认可合作组织（APLAC，1992），由亚太地区 17 个国家的实验室认可机构参加，目前，正通过双边或多边承认协议（MRA）促进国际认可机构间的相互承认和国际实验室间结果的相互认可。

中国合格评定国家认可委员会（CNAS）代表我国参加国际实验室认可的活动。CNAS 是 ILAC 和 APLAC 的正式成员，同时也是这两个机构相互承认（MRA）的签署方。

CNAS 目前已经与国际上 30 多个经济体的 40 多个认可机构签署了互认协议。这意味着，CNAS 的认可可以得到这些经济体认可机构的承认。

实验室认可活动的发展，与其他合格评定活动的促进作用是分不开的。从 20 世纪初到 70 年代，各国开展的认证活动均以产品认证为主。1982 年国际标准化组织出版了《认证的原则和实践》，总结了 70 年来各国开展产品认证所使用的形式，共计 8 种之多，从中可以看出，各国开展产品认证活动的做法差异很大。为了实现国与国间的相互承认，进而走向国际间相互承认，国际标准化组织和国际电工技术委员会（IEC）向各国正式提出建议，以"形式试验＋工厂抽样检验＋市场抽查＋企业质量管理体系检查＋发证后跟踪监督"形式为基础，建立各国的国家认证制度。由于在开展产品认证中需要大量使用具备第三方公正地位的实验室从事产品检测工作，因此实验室检测在产品认证过程中扮演了十分重要的角色。此外，在市场经济和国际贸易中，买卖双方也十分需要依据检测数据来判定合同中的质量要求。因此，实验室的资格和技术能力的评价就显得尤其重要。它不仅是为了验证实验室的资格和能力是否符合规定的要求，以满足检测任务的需要，同时，也是实行合格评定制度的基础，成为实现合格评定程序的重要手段。实验室认可活动也由此变得更为重要。

此外，管理体系认证活动的蓬勃发展也有力地促进了实验室认可活动的发展。众所周知，以质量管理体系为主的管理体系认证活动，为推进产品制造和工业发展，以及推动质量管理理论的应用和发展发挥了重要的作用。由该体系推动并参与的质量管理有关国际标准的制定，为规范质量管理活动，保证产品质量提供了良好的理论和操作指导。实验室认可活动中对实验室提出的质量管理要求就是以 ISO 9000 系列标准为基础的。

1.1.2.2　几个国家和地区实验室认可机构

几个国家和地区实验室认可机构如下：

（1）澳大利亚实验室认可组织。世界上第一个实验室认可组织是澳大利亚在 1947 年成立的国家检测机构协会，即 NATA（National Association of Testing Authorities），NATA 的建立得到了澳大利亚联邦政府、专业研究所和工业界的支持。

NATA 认为对实验室检测结果的信任应建立在实验室对其工作质量和技术能力进行管理控制的基础上。于是 NATA 着手找出可能影响检测结果可靠性的各种因素，并把它们进一步转化为可实施、可评价的实验室质量管理体系；与此同时，在按有关准则对实验室评审的实践中不断研究和发展评审技巧，重视评审员培训与能力的提高。这便形成了最初的实验室认可体系。目前 NATA 已认可了 3000 多家实验室，为其服务的具有资格的评审员约 2500 人。

（2）英国实验室认可组织。英国的实验室认可已有 30 多年的历史，1966 年英国贸工部组建了英国校准服务局（BCS），它被认为是世界上第二个实验室认可机构，在 20 世纪 60 年代，BCS 没有从事实质上的认可工作，只负责对工业界建立的校准网络进行国家承认。之后，BCS 开展了检测实验室的认可工作，1981 年获授权建立了国家检测实验室认可体系（NATLAS），1985 年 BCS 与 NATLAS 合并为英国实验室国家认可机构（NAMAS），1995 年 NAMAS 又与英国从事认证机构认可活动的 NACCB 合并，并私营化变成英国认可服务机构 UKAS。UKAS 虽然私营化了，但仍属非营利机构。目前已有 2000 多家实验室获得其认可，其中检测实验室 1600 多个，校准实验室 600 多个。

（3）其他国家的实验室认可组织。进入 20 世纪 70 年代以后，随着科学技术的进步和交通的发展，国际贸易有了长足发展，对实验室提供检测和校准服务的需求也大大增加。因此，不少国家的实验室认可体系都有了较快发展。欧洲的丹麦、法国、瑞典、德国和亚太地区的中国、加拿大、美国、墨西哥、日本、韩国、新加坡、新西兰等国家都建立起了各自的实验室认可机构。实验室认可活动进入了快速发展和增进相互交流与合作的新时期。

1.1.2.3　国际与区域实验室认可合作组织

A　实验室认可合作组织产生的原因

在各个国家纷纷建立实验室认可制度，以保证和提高实验室的技术能力和管理水平并促进贸易发展的同时，国家之间实验室认可机构的协调问题引起了关注。如果每个国家实验室认可制度中的认可依据、认可程序各不相同，那么认可的结果就没有可比性，对实验室检测结果的承认和接受也只能限于认可其能力的认可组织所在的国家或地区内部，贸易中的重复检测也就不可避免。这样，认可活动不但不能促进国际贸易，反而形成了新的技术性贸易壁垒，这也背离了建立实验室认可制度、开展实验室认可活动的初衷。在这种背景下，以协调各国认可机构的运作并以促进对获得认可的实验室检测和校准结果相互承认为主要目的的国际和区域实验室认可合作机构就应运而生。

B　国际实验室认可合作组织（ILAC）

1977 年，主要由欧洲和澳大利亚的一些实验室认可组织和致力于认可活动的技术专家在丹麦的哥本哈根召开了第一次国际实验室认可大会，成立了非官方非正式的国际实验室认可大会（International Laboratory Accreditation Conference，ILAC）。

ILAC 会议主要围绕以下几个目标开展工作：

（1）通过 ILAC 的技术委员会、工作组和全体大会达成的协议，对实验室认可的基本原则和行为做出规定并不断完善；

（2）提供有关实验室认可和认可体系方面信息交流的国际论坛，促进信息的传播；

（3）通过采取实验室认可机构之间签署的双边或多边协议的措施，鼓励对已获得认可的实验室出具的检测报告的共同接受；

（4）加强与对实验室检测结果有兴趣的和对实验室认可有利益关系的其他国际贸易、技术组织的联系，促进合作与交流；

（5）鼓励各区域实验室认可机构合作组织开展合作，避免不必要的重复评审。

1995 年，随着世界贸易组织（WTO）的成立和"技术性贸易壁垒协议"（TBT）条款要求的确定，世界上从事合格评定的相关组织和人士急需考虑建立以促进贸易便利化为主要目的的高效、透明、公正和协调的合作体系。实验室、实验室认可机构和实验室认可合作组织必须发挥积极作用，与各国政府和科技、质量、标准、经济领域国际组织加强联系、共同合作，才能在经济与贸易全球化的进程中起到促进作用。在这种形势下，ILAC 各成员组织认为实验室认可合作组织有必要以一种更加密切的形式进行合作。

1996 年 9 月在荷兰阿姆斯特丹举行的第十四届国际实验室认可会议上，经过对政策、章程和机构的调整，ILAC 以正式和永久性国际组织的新面貌出现，其名称更为"国际实验室认可合作组织"（International Laboratory Accreditation Cooperation，简称仍为 ILAC）。ILAC 向所有国家开放，并专门设立了"联络委员会"，以负责与其他国际组织、认可机构和对认可感兴趣的组织的联络合作。ILAC 设立常设秘书处（由澳大利亚的 NATA 承担秘书处日常工作），包括原中国实验室国家认可委员会（CNACL）和原中国国家进出口商品检验实验室认可委员会（CCIBLAC）在内的 44 个实验室认可机构签署了正式成立"国际实验室认可合作组织"的谅解备忘录（MOU），这些机构成为 ILAC 的第一批正式全权成员。ILAC 的经费来源于其成员交纳的年金。

ILAC 的成员分为正式成员、联系成员、区域合作组织和相关组织四类。目前直接从事实验室认可工作且签署了 ILAC/MOU 的正式成员有 57 个实验室认可组织；联系成员是从事实验室认可工作但未签署 ILAC/MOU 的 18 个实验室认可组织；区域合作组织成员是亚太地区的 APLAC、欧洲的 EA、中美洲的 IAAC 和南部非洲的 SADCA 共四个，包括世界贸易组织（WTO）、国际电工委员会（IEC）、国际认可论坛（IAF）等的 36 个组织是

ILAC 的相关组织成员。目前中国合格评定国家认可委员会（CNAS）、中国香港地区认可委员会（HKAS）和中国台北地区认可委员会（CNLA）均为 ILAC 的正式成员。

　　C　区域实验室认可合作组织

　　由于地域的原因，在国际贸易中相邻的国家、地区之间和区域内的双边贸易占了很大份额。为了减少重复检测促进贸易的共同目的，在经济区域范围内建立的实验室认可机构合作组织更为各国政府和实验室认可机构所关注，这些组织开展的活动也更活跃、更实际。

　　（1）亚太实验室认可合作组织（APLAC）。亚太实验室认可合作组织于 1992 年在加拿大成立，原中国国家进出口商品检验局和原国家技术监督局作为发起人之一参加了 APLAC 的第一次会议。原中国国家进出口商品检验实验室认可委员会（CCIBLAC）和原中国实验室国家认可委员会（CNACL），于 1995 年 4 月作为 16 个成员之一首批签署了 APLAC 的认可合作谅解备忘录（MOU）。MOU 的签约组织承诺加强合作，并向进一步签署多边承认协议方向迈进。APLAC 的秘书处设在澳大利亚的 NATA。

　　APLAC 每年召开一次全体成员大会。APLAC 设有管理委员会、多边相互承认协议（MRA）委员会、培训委员会、技术委员会、能力验证委员会、公共信息委员会和提名委员会。各委员会分别开展同行评审管理，认可评审员培训，ISO/IEC17025 标准教学研究，量值溯源与不确定度研究，能力验证项目的组织、实施，网站建设与刊物发布，APLAC 主席、管理委员会成员和其他 APLAC 常务委员会主席的提名等活动。

　　APLAC 的宗旨是：

　　1）提供信息交流的论坛，推动实验室认可机构之间以及对实验室认可工作感兴趣的组织之间的讨论；

　　2）促进成员之间的共同研究与合作，包括研讨会、专家会议及人员交换等；

　　3）在培训、能力验证、准则和实际应用的协调等方面，促使成员间提供帮助和交换专家；

　　4）适当时，出版以实现 APLAC 宗旨为主题的有关论文和报告；

　　5）制定实验室认可及其相关主题的指导性文件；

　　6）组织本地区实验室之间的比对以及本地区实验室与外地区，如与欧洲认可合作组织（EA）实验室之间的比对；

　　7）促进达成正式成员之间建立和保持技术能力的相互信任，并向达成多边"互认协议"（MRA）的方向努力；

　　8）促进 APLAC/MRA 成员认可的实验室所出具的检测报告和其他文件被国际承认；

　　9）鼓励成员协助本地区所有感兴趣的认可机构建立他们自己的认可体系，以使其能完全地参加到 APLAC/MRA 中来。

　　APLAC 现有亚太地区 29 个实验室认可结构为其成员。

　　APLAC 还积极与由亚太地区各国政府首脑参加的亚太经济合作组织（APEC）加强联系，以发挥更大作用。APEC 中的"标准与符合性评定分委员会"（SCSC）已决定加快贸易自由化的步伐，特别要在电信、信息技术（IT）等产品的贸易中优先消除技术性的贸易壁垒。但为了保证贸易商品满足顾客要求，无障碍贸易的前提条件一是贸易商品必须经过实验室按公认的标准或相关法规检测合格；二是承担该检测工作的实验室必须经过实验室认可机构按照国际相关标准对其管理和技术能力的认可；三是该实验室认可机构必须是 APLAC/MRA 的成员。上述 APEC/SCSC 的政策体现了 APEC 各成员国政府的要求，这将大大推动实验室认可和认可机构之间相互承认活动的发展。

（2）欧洲认可合作组织（EA）。欧洲实验室认可合作组织（EAL）是 1994 年成立的，其前身是 1975 年成立的西欧校准合作组织（WECC）和 1989 年成立的西欧实验室认可合作组织（WELAC）。1997 年 EAL 又与欧洲认证组织（EAC）合并组成欧洲认可合作组织（EA），参加者有欧洲共同体各国的近 20 个实验室认可机构。

EA 的宗旨是：

1）建立各成员国和相关成员的实验室认可体系之间的信誉；

2）支持欧洲实验室认可标准的实施；

3）开放和维护各实验室认可体系间的技术交流；

4）建立和维护 EA 成员间的多边协议；

5）建立和维护 EA 和非认可机构成员地区实验室认可机构的相互认可协议；

6）代表欧洲合格评定委员会认可校准和检测实验室。

D 实验室认可的相互承认协议（MRA）

为了消除区域内成员国间的非关税技术性贸易壁垒，减少不必要的重复检测和重复认可，EA 和 APLAC 都致力于发展实验室认可的相互承认协议，即促进一个国家或地区经认可的实验室所出具的检测或校准的数据与报告可被其他签约机构所在国家或地区承认和接受。要做到这一点，签署 MRA 协议的各认可机构应遵循以下原则：

（1）认可机构完全按照有关认可机构运作基本要求的国际标准（目前是 ISO/IEC 导则 58）运作并保持其符合性；

（2）认可机构保证其认可的实验室始终符合有关实验室能力通用要求的国际标准（ISO/IEC 17025）；

（3）被认可的校准或检测服务完全由可溯源到国际基准（S1）的计量器具所支持；

（4）认可机构成功地组织开展了实验室间的能力验证活动。

APLAC 正式成立以来，一直把主要的精力放在发展多边承认协议（MRA）方面。APLAC 的最终目的是通过 MRA 来实现各经济体互相承认对方实验室的数据和检测报告，从而推动自由贸易和实现 WTO/TBT 中减少重复检测的目标。在 APLAC/MOU 中列举的 12 项目标中就有 5 项直接关系到 MRA。近年来，MRA 的工作进展很快，为此，专门发布了 APLAC MR001 文件《在认可机构间建立和保持相互承认协议的程序》。截至 2003 年 1 月 1 日，APLAC 成员中已有 18 个实验室认可机构经过了同行评审并签署了 MRA。这些认可机构组成了 APLAC/MRA 集团。

1.1.2.4 实验室认可的相关国际标准和文件

实验室认可的相关国际标准和文件如下：

（1）ISO/IEC17025:2005《检测和校准实验室能力的通用要求》。标准是开展实验室认可活动的基础，为了指导各个国家开展实验室认可工作，早在 1978 年 ILAC 就组织工作组起草了《检测实验室基本技术要求》的文件。ILAC 把此文件作为对检测实验室进行认可的技术准则推荐给国际标准化组织（ISO），希望能作为国际标准在全世界发布。同年 ISO 批准了这份文件，这就是第一份用于实验室认可的国际标准 ISO 导则 25:1978《实验室技术能力评审指南》。

　　各国实验室认可机构在使用第一版 ISO 导则 25 标准中，感到对标准中相关要求还需要明确，需要更具有可操作性，于是提出了修改要求。据此，ILAC 在 1980 年的全体会议上做出了促请 ISO 修订该标准的建议。ISO 当时的认证委员会（ISO/CERTICO）承担了修订任务，修订后的文件于 1982 年经 ISO 和在标准化工作方面与 ISO 有密切联系的国际电工委员会（IEC）共同批准联合发布。这就是第二版的 ISO/IEC 导则 25:1982《检测实验室基本技术要求》。

　　第二版标准在世界范围内得到了认同、接受和应用。与此同时人们也关心从事量值溯源工作的校准实验室的工作质量，因为这与检测实验室检测数据的准确性密切相关。另一个重要情况是经过数年努力，ISO 于 1987 年发布了著名的《质量管理和质量保证》标准，即 ISO 9000 系列标准，全世界很多国家掀起了采用 ISO 9000 系列标准建立质量管理体系的热潮。在国际贸易中也常常把能按照 ISO 9000 系列标准的要求提供质量保证作为需方向供方提出的基本要求。以上两方面的发展趋势，使得有必要对第二版的 ISO/IEC 导则 25 标准做进一步修订，增加相关内容，并与 ISO 9000 系列标准密切结合。在 1988 年，ILAC 全体会议又提出了为反映 ISO 9000 系列标准实施后出现的变化，应进一步修订 ISO/IEC 导则 25 标准的要求。ISO 合格评定委员会（CASCO）经过征求各方意见，吸收了 ISO 9000 系列标准中有关管理要求的部分内容，提出了具体的修订意见。ISO 和 IEC 分别于 1990 年 10 月和 12 月批准并联合发布了 ISO 导则 25 的第三版——ISO/IEC 导则 25:1990《校准和检测实验室能力的通用要求》。新版标准名称的变动，也反映了对检测和校准实验室的认可已成为世界各国普遍和共同的要求。

　　地区的实验室建立质量管理体系、规范检测和校准活动的依据，同时也构成了几乎所有国家的实验室认可机构对实验室评定认可的准则。

　　标准反映了人们对事物和活动的认识水平。随着实验室工作实践和对实验室认可评审实践的深入，随着质量管理理论的丰富，人们对实验室管理工作要求和技术能力要求的认识也不断提高，这就使得已发布的标准需要适时更新。1993 年欧洲标准委员会（CEN）提出了修改 ISO/IEC 导则 25 的建议。1994 年 1 月 ISO/CASCO 组成了修订工作组（WG10），开始研究对第三版 ISO/IEC 导则 25 标准的修订。经过几年的努力，ISO 和 IEC 于 1999 年 12 月 15 日发布了用以取代 ISO/IEC 导则 25 的 ISO/IEC 17025《检测和校准实验室能力的通用要求》的国际标准。2005 年 5 月 15 日，ISO 和 IEC 发布 2005 版的 ISO/IEC 17025 标准，取代 1999 版的 ISO/IEC 17025 标准，2005 版的标准与 1999 版的标准无实质性变化，主要是纳入 2000 版 ISO 9000 系列标准的要求。

　　ISO/IEC 17025 标准"包含了对检测和校准实验室的所有要求"，用于希望证明自己"实施了质量管理体系并具备技术能力，同时能够出具技术上有效结果"的实验室使用。与 ISO/IEC 导则 25:1990 比较，该标准在结构上把实验室应符合的"管理要求"和进行检测和/或校准的"技术能力要求"作为两章分别详尽阐述；该标准在内容上已注重将 ISO 9001:1994 和 ISO9002:1994 中与实验室所包含的检测和校准服务范围有关的全部要求汇集起来，并突出了检测与校准方法的验证、不确定度和量值溯源等技术要求。该标准指出"按照本国际标准运作的检测和校准实验室也符合 ISO 9001:1994 和 ISO9002:1994 要求"，但"获得 ISO9001 或 ISO 9002 认证本身并不能证明该实验室具有提供正确的技术数据和结果的能力"。这样就明确说明了实验室认可标准和 ISO 9000 系列标准之间的重要区别。

众所周知，ISO 已发布 2000 版的 ISO 9000 系列标准，与 1994 版比较，无论在内容还是在编排结构上均有重大变化。而新发布的 ISO/IEC 17025 标准在应用实施一段时间后将如何进行下一步的修订以与 2000 版的 ISO 9000 系列标准相协调也将值得我们关注。

（2）ISO/IEC 17011《合格评定—认可合格评定机构的认可机构的通用要求》。1988 年，ISO 和 IEC 发布两个标准，ISO/IEC 导则 54《检测实验室认可体系—验收认可机构的通用要求》和 ISO/IEC 导则 55《检测实验室认可体系—运作的通用要求》，为建立实验室认可机构和开展实验室认可活动提供基础。根据 ILAC 的建议，将导则 54 和导则 55 两个标准合并为一个标准，并也适用于校准实验室的认可，1993 年，ISO 和 IEC 发布 ISO/IEC 导则 58《校准实验室和检测实验室认可体系—运作和承认的通用要求》，取代 ISO/IEC 导则 54 和导则 55。

ISO/IEC 导则 58 为实验室双边认可以及进一步多边认可奠定基础。该标准在导则 54 和导则 55 基础上增加实验室认可机构有效运作的基本条件，增加认可机构对获得认可的实验室实施管理等要求。

为适应合格评定机构认可工作发展的需要，ISO 和 IEC 对导则 58 进行修订，2004 年，ISO 和 IEC 发布 ISO/IEC 17011《合格评定—认可合格评定机构的认可机构的通用要求》，取代 ISO/IEC 导则 58 标准。该标准规定评审和认可合格评定机构（包括实验室认可机构）的认可机构的通用要求。

1.2   实验室认可标准、认可领域及认可的意义

1.2.1   实验室认可标准的发展

1978 年的 ILAC 制定了实验室基本技术要求的说明，并将其作为实验室认可技术准则的说明提交给 ISO。同年，由国际标准化组织作为 ISO 导则 25 首次向世界发布，即 ISO 导则 25:1978《评审测试实验室技术能力导则》。

1982 年，ISO 认证委员会将其修改发布为 ISO/IEC 导则 25:1982《检测实验室能力通用要求》，1990 年修订后又发布了 ISO/IEC 导则 25:1990《校准和测试实验室能力的通用要求》。

1994 年，ILAC 决定成立 ISO/CASCO/WG10 工作小组，着手对导则 25 进行三次修订，以反映 1994 年 ISO9000 系列标准的发展要求。1997 年 ISO/IEC 导则 25 第五草案（Draft 5,ISO/CASCO/WG10/N35）出台，广泛征求各成员体意见后，决定改导则为国际标准 ISO/IEC17025 形式发布。此后，其草案又几经讨论、修改。1999 年 6 月，国际实验室认可合作组织/技术认可发布委员会（ILAC/TAI）在瑞士首都伯尔尼召集成员体机构就 ISO/IEC17025 最终草案（FDIS）举行最后一次研讨会，并商定 ISO/IEC17025 正式发布实施等有关事宜，如发布时间、转化期限、人员培训和测量可追溯性等有关政策与问题。会后，ILAC/TAI 按会议意见，对最终草案做了进一步修改并正式提交国际标准化组织，即 ISO/IEC17025:1999（E）《测试和校准实验室能力的通用要求》。

目前，实验室认可机构是按照 ISO/IEC 导则 58《标准实验室和检测实验室认可体

系—运作和承认的通用要求》来建立和完善自身的体系，尤其是某些国际认可合作组织将其作为认可机构同行评审和签订相互承认协议的基础。

1.2.2 实验室认可领域

实验室所涉及专业领域繁多，为便于认可工作开展，CNAS 颁布了《CNAS 实验室认可检测、校准分类表》，将检测和校准分为生物、化学、机械、电气、3C 认证产品、动植物检疫、医学、法学、兽医、建材与建筑、无损检测、电磁兼容、计量、声学和振动、热学和温度、光学和辐射共十六个领域。

考虑到检测对象种类多样、情况复杂，CNAS 还将以上每一个检测领域又划分为若干分领域及项目，以供实验室申请认可和对实验室技术能力进行评审以及 CNAS 做出认可决定、确定认可范围使用。

1.2.3 实验室认可的意义

在市场经济中，实验室是为贸易双方提供检测服务的技术组织，实验室需要依靠其完善的组织结构、高效的质量管理和可靠的技术能力为社会与客户提供检测/校准服务。对于医学实验室，则是为客户进行健康检查以及为临床医生提供诊断依据的技术机构，它的结果与人民的健康和生命安全直接相关，因此更应注重质量管理体系的建设。

认可是"权威机构对某一组织或个人有能力完成特定任务做出正式承认的程序"（ISO/IEC 导则 25:1996）。这里的权威机构是指具有法律上的权利和权力的机构，往往是由经国家政府授权的认可机构对实验室的管理能力和技术能力按照约定的标准进行评定，并将评价结果向社会公告以正式承认其能力的活动。因此，经实验室认可机构认可后公告的实验室，在其认可领域范围内的检测能力不但为政府所承认，其检测结果也能广泛被社会和贸易双方所使用。

1.3 实验室认可与合格评定及计量认证的关系

1.3.1 合格评定的发展

根据国际贸易发展的要求，20 世纪 70 年代关贸总协定（GATT）决定在世界范围内拟定《贸易技术壁垒协议》（TBT 协定），旨在通过消除国际间技术贸易壁垒，加快世界贸易的发展，并于 1970 年正式成立了标准和认证工作组，着手起草《贸易技术壁垒协议》。1975～1979 年经过五年的谈判后该协议于 1979 年 4 月正式签署，并于 1980 年 1 月 1 日正式生效。1980 年版本的 TBT 协定规定了技术法规、标准和认证制度。GATT 改组成立的世界贸易组织（WTO）所使用的 1994 年版本的 TBT 协定则将"认证制度"一词更改为"合格评定制度"，并在定义中将内涵扩展为"证明符合技术法规和标准而进行的第一方自我声明、第二方验收、第三方认证以及认可活动"，并且规定了"合格评定程序"，明确其定义为：任何用于直接或间接确定满足技术法规或标准要求的程序。合格评定程序应包括：抽样、检测和检查程序；合格评价、证实和保证程序；注册、认可和批准程序以及它们的综合运用。

根据"关贸总协定"的要求，为了使各国认证制度逐步走向与国际标准为依据的国际认证制度，国际标准化组织于 1970 年成立了认证委员会。随着认证制度逐渐向合格评定制度的发展，1985 年该委员会更名为合格评定委员会（简称 ISO/CASCO）。随着国际化标准组织的改革，1994 年该委员会又更名为合格评定发展委员会（简称仍是 ISO/CASCO）。

近年来，随着质量认证工作不断向深度和广度发展，在合格评定领域逐渐形成了产品认证、管理体系认证、人员认证、认证机构认可、实验室认可和检查机构认可等诸多体系。

合格评定活动是消除国际贸易壁垒的重要手段，日益受到国际和各国的重视，并在国际标准化及国际经济合作和国际贸易中发挥着越来越重要的作用。

1.3.2 合格评定与实验室认可的关系

从 20 世纪初到 20 世纪 70 年代，各国开展的认证活动均以产品认证为主。1982 年国际标准化组织出版了《认证的原则和实践》，总结了这 70 年各国开展产品认证所使用的八种形式，即：

（1）型式试验；

（2）型式试验＋工厂抽样检验；

（3）型式试验＋市场抽查；

（4）型式试验＋工厂抽样检验＋市场抽查；

（5）型式试验＋工厂抽样检验＋市场抽查＋企业质量管理体系检查＋发证后跟踪监督；

（6）企业质量管理体系检查；

（7）批量检验；

（8）100%检验。

从以上可以看出，各国开展产品认证活动的做法差异很大。为了实现国与国的相互承认，进而走向国际间相互承认，国际标准化组织和国际电工委员会向各国正式提出建议，以上述的物种形式为基础，建立各国的国家认证制度。

在开展产品认证中需要大量使用具备第三方公正地位的实验室从事产品检测工作，因此实验室检测在产品认证过程中扮演了十分重要的角色。此外，在市场经济和国际贸易中，买卖双方也十分需要检测数据来判定合同中的质量要求。因此，实验室的资格和技术能力的评价显得尤其重要。它不仅是为了验证实验室的资格和能力符合规定的要求，满足检测任务的需要，同时亦是实行合格评定制度的基础，是实现合格评定程序的重要手段，为此各国和各地区纷纷建立自己的实验室认可制度和体系。我国于 1993 年也根据工作需要，建立了实验室国家认可体系。

1.3.3 计量认证与国际实验室认可的区别

20 世纪 90 年代初，我国颁布了《产品质量检验机构计量认证技术考核规范》（JJG1021—90），建立了最早的实验室认证/认可体系模型。由于国家计量法律中使用"认证"字样，"计量认证"其实质是对实验室的一种法定认可活动。

根据《中华人民共和国计量法》第二十二条规定："为社会提供公证数据的产品质量检测机构，必须经省级以上人民政府计量行政部门对其计量检定、测试的能力和可靠性考核合格。"

以上规定说明：没有经过计量认证的检定/检测实验室，其发布的检定/检测报告，便没有法律效力，不能作为法律仲裁、产品/工程验收的依据，而只能作为内部数据使用。

计量认证是法制计量管理的重要工作内容之一。对检测机构来说，就是检测机构进入检测服务市场的强制性核准制度，也就是说，只有具备计量认证资质、取得计量认证法定地位的机构，才能为社会提供检测服务。

实验室国家认可是与国外实验室认可制度一致的，是自愿申请的能力认可活动。通过实验室国家认可的检测技术机构，证明其符合国际上通行的校准和／或检测实验室能力的通用要求。

1.3.4　计量认证合格检测机构检测数据和结果用途

检测机构存在的目的就是为社会提供准确可靠的检测数据和检测结果，计量认证合格的检测机构出具的数据和结果主要用于以下方面：

（1）政府机构要依据有关检测结果来制定和实施各种方针、政策；

（2）科研部门利用检测数据来发现新现象、开发新技术、新产品；

（3）生产者利用检测数据来决定其生产活动；

（4）消费者利用检测结果来保护自己的利益；

（5）流通领域利用检测数据决定其购销活动。

1.3.5　计量认证使用何种评审准则

2001 年国家颁布了《计量认证/审查认可（验收）评审准则（试行）》，在同年 12 月 1 日起开始实施同时废止原评审准则 JJG1021—90。自 2007 年 1 月 1 日起，计量认证遵循评价体系《实验室资质认定评审准则》，同时补充了我国计量法制管理的规定内容。

1.3.6　目前我国计量认证的检测机构覆盖领域

我国已通过计量认证的检测机构已覆盖了农、渔、林、机械、邮电、化工、轻工、电工、电子、冶金、地质、交通、城建环保、安全防护、水利等行业、部门，已形成了比较齐全的检测门类。

1.3.7　对检测机构的计量认证步骤

我国对检测机构的计量认证是严格按照省或国家计量认证工作程序规定进行，大致可以分为以下几个主要步骤：

（1）向省或国家计量认证办公室提交计量认证申请资料（包括质量手册、程序文件等）；

（2）省或国家计量认证办公室对申请资料进行书面审查；

（3）通过书面审查，依据计量认证的评审准则，由省或国家计量认证办安排委托技术评审组进行现场核查性评审；

（4）通过现场评审，符合准则要求的检测机构，由省或国家质量技术监督局核发计量认证证书、计量认证机构印章，并在因特网公布。

1.4 实验室认可的作用

在市场经济中，实验室是为贸易双方提供检测、校准服务的技术组织，实验室需要依靠其完善的组织结构、高效的质量管理和可靠的技术能力为社会与客户提供检测服务。认可是"正式表明合格评定机构具备试样特定合格评定工作的能力的第三方证明（ISO/IEC17011:2004）"。实验室认可是由经过授权的认可机构对实验室的管理能力和技术能力按照约定的标准进行评价，并将评价结果向社会公告以正式承认其能力的活动。

认可组织通常是经国家政府授权从事认可活动的，因此，经实验室认可组织认可后公告的实验室，其认可领域范围内的检测能力不但为政府所承认，其检测结果也广泛被社会和贸易双方所使用。

围绕检测、校准结果的可靠性这个核心，实验室认可对客户、实验室的自我发展和商品的流通具有重要作用，归纳起来有以下五个方面：

（1）贸易发展的需要。实验室认可体系在全球范围内得到了重视和发展，其原因主要有两方面：一是由于检测校准服务质量的重要性在世界贸易和各国经济中的作用日益突出，产品类型与品种迅速增长，技术含量越来越高，相应的产品规范日趋繁杂，因而对实验室的专业技术能力、对检测与校准结果正确性和有效性的要求也日益迫切。因此，如何向社会提供对这种要求的保证就成为重要课题；二是国际贸易随着第二次世界大战后经济的复苏和其后的迅速发展形成了日趋激烈的竞争形势。在经济全球化的趋势下，竞争者均力图开发支持其竞争的新策略，其中重要的一环就是通过检测显示其产品的高技术和高质量，以加大进入其他国家市场的力度，并借用检测形成某种技术性贸易壁垒，阻挡外来商品进入本国/本地区的市场。这就对实验室检测服务的客观保证提出了更高的要求。正是由于以上两方面需求的推动，实验室认可工作才得以很快发展。

各国通过签署多边或双边互认协议，促进检测结果的国际互认，避免重复性检测，降低成本，简化程序，保证国家贸易的有序发展。

（2）政府管理部门的需要。政府管理部门在履行宏观调控、规范市场行为和保护消费者的健康和安全的职责中，也需要客观、准确的检测数据来支持其管理行为。通过实验室认可，可保证各类实验室按照一个统一的标准进行能力评价。

（3）社会公正和社会公证活动的需要。现在产品质量责任的诉讼不断增加，产品检测结果往往成为责任划分的重要依据。因此对检测数据的技术有效性和实验室的公正和独立性保障越来越成为关注的焦点，实验室认可的作用也逐渐得到社会各界的承认。

当前，我国的法制正在不断健全，人们的法律意识和维权意识得到了长足的发展。在这种形势下，医学实验室的检验报告就有可能成为法律判决的证据，同时，也才有可能成为司法鉴定的依据。无论处于自身保护，还是出于参与社会公正活动的需要，医学实验室都应该确保检验的准确性。

（4）产品认证发展的需要。近些年产品认证在国内外迅速发展，已成为政府管理市场的重要手段，产品认证需要准确实验室的检测结果的支持，通过实验室认可，可保证检测数据的准确性，从而保证认证的有效性。

（5）实验室自我改进和参与检测市场竞争的需要。持续改进和不断完善是每个组织自身发展的需求。实验室按特定准则要求建立质量管理体系，不仅可以向社会、向客户证明自己的技术能力，而且还可以实现实验室的自我改进和自我完善，不断提高检测技术能力，适应市场不断提出的新要求。

（6）认可后作用。可在认可的范围内使用 CNAS 国家实验室认可标志和 ILAC 国际互认联合标志。

1.5 我国的实验室认可活动

1.5.1 我国实验室认可活动的产生和发展

我国的实验室认可活动可以追溯到 1980 年。当时原国家标准局和原国家进出口商品检验局（SACI）共同派员组团参加了当年在法国巴黎召开的国际实验室认可合作大会（ILAC）。ILAC 的宗旨和目的是通过实验室认可机构之间签署相互承认协议，达到相互承认认可的实验室出具的检测报告，从而减少贸易中商品的重复检测、消除技术壁垒、促进国际贸易发展，这与中国改革开放的政策相符。因此，原国家标准局和 SACI 分别研讨和逐步组建了实验室认可体系。

1979 年成立的国家标准局负责全国质检机构的规划建设和考核工作。1983 年中国国家进出口商品检验局会同机械工业部实施机床工具出口产品质量许可制度，对承担该类产品检测任务的五个检测实验室进行了能力检查评定。对实验室检测能力的评价考核，不但使接受检查评定的实验室具有了承担国家指令性检测任务的资格，还促进了实验室的管理工作，提高了其检测结果的可信性。

1986 年，通过国家经济管理委员会授权，原国家标准局开展对检测实验室的评价工作。原国家计量局依据《计量法》对全国的产品质检机构开展计量认证工作。1994 年国家技术监督局（由原国家标准局、国家计量局和原国家经委质量办公室组成）依据 ISO/IEC 导则 58 成立了"中国实验室国家认可委员会"（CNACL）。

1989 年中国国家进出口商品检验局成立了"中国进出口商品检验实验室认证管理委员会"，形成了以中国国家进出口商品检验局为核心，由东北、华北、华东、中南、西南和西北六个行政大区实验室考核领导小组组成的进出口领域实验室认可工作体系。1996 年，依据 ISO/IEC 导则 58，改组成立了"中国国家进出口商品检验实验室认可委员会"（CCIBLAC），2000 年 8 月 CCIBLAC 名称更改为"中国国家出入境检验检疫实验室认可委员会"。

这个时期，我国的实验室认可工作从以行政管理为主，开始走向了市场经济下的自愿原则的开放的认可体系。CNACL 于 1999 年和 2000 年分别签署了 APLAC 和 ILAC 的相互承认协议，CCIBLAC 于 2001 年签署了 APLAC 相互承认协议。

随着中国改革开放的深入与经济实力的增强，中国的进出口贸易总额有了快速增长，面临经济全球化和中国加入世界贸易组织（WTO）的新形势，中国的实验室认可工作也需要有进一步的提高，其发展方向要完全与国际接轨，因此在 2002 年 7 月 4 日，原 CNACL 和原 CCIBLAC 合并成立了"中国实验室国家认可委员会"（CNAL），实现了我国统一的实验室国家认可体系。

中国合格评定国家认可委员会（CNAS）是在原中国实验室国家认可委员会（英文缩写：CNAL）和中国认证机构国家认可委员会（英文缩写：CNAB）基础上整合而成，于

2006 年 3 月 31 日正式成立。

1.5.2　中国合格评定国家认可委员会（CNAS）的发展历史

中国认证机构国家认可委员会（CNAB）是经中国国家认证认可监督管理委员会依法授权设立的国家认可机构，负责对从事各类管理体系认证和产品认证的认证机构进行认证能力的资格认可。它成立于 2002 年 7 月，是由原中国质量管理体系认证机构国家认可委员会（CNACR）、原中国产品认证机构国家认可委员会（CNACP）、原中国国家进出口企业认证机构认可委员会（CNAB）和原中国环境管理体系认证机构认可委员会（CACEB）整合而成。2004 年 4 月，根据国家认证认可监督管理委员会与有关部门协调的意见和决定，原全国职业健康安全管理体系认证机构认可委员会（CNASC）、原有机产品认可委员会分别将职业健康安全管理体系及有机产品认证认可工作移交 CNAB，进一步促进了统一的认证机构认可制度的深度融合。

中国实验室国家认可委员会（CNAL）是经中国国家认证认可监督管理委员会批准设立并授权，统一负责实验室和检查机构认可及相关工作的国家认可机构。它成立于 2002 年 7 月，是在原国家技术监督局成立的实验室国家认可组织——中国实验室国家认可委员会（CNACL）和原国家进出口商品检验局成立的进出口领域的实验室和检查机构能力资格认可的国家实验室认可组织——中国国家出入境检验检疫实验室认可委员会（CCIBLAC）的基础上合并成立的。

中国实验室国家认可委员会（英文名称为：China National Accreditation Board for Laboratories，英文缩写为：CNAL）是由原国家质量技术监督局授权成立的中国实验室国家认可委员会（CNACL）和原国家出入境检验检疫局授权成立的中国国家出入境检验检疫认可委员会（CCIBLAC）于 2002 年 7 月 4 日正式合并组建而成的。

CNAL 根据《中华人民共和国产品质量法》、《中华人民共和国计量法》、《中华人民共和国标准化法》、《中华人民共和国进出口商品检验法》、《中华人民共和国动植物检疫法》、《中华人民共和国食品卫生法》、《中华人民共和国国境卫生检疫法》和《中华人民共和国产品质量认证管理条例》等法律法规的规定，经国家认证认可监督管理委员会授权，开展实验室和检查机构等国家认可工作，直至中国合格评定国家认可委员会（CNAS）于 2006 年 3 月 31 日正式成立。

1.5.2.1　CNAS 的组织机构

中国合格评定国家认可委员会组织机构包括：全体委员会、执行委员会、认证机构技术委员会、实验室技术委员会、检查机构技术委员会、评定委员会、申诉委员会和秘书处。中国合格评定国家认可委员会委员由政府部门、合格评定机构、合格评定服务对象、合格评定使用方和专业机构与技术专家等 5 个方面，总计 63 个单位组成。

CNAS 执行委员会是管理委员会的内设机构，在委员会全体大会闭会期间负责处理决定有关重大事宜。

评定委员会负责对评审结果的评价和批准认可工作。申诉委员会负责处理认可工作中发生的对评审组、评审员、CNAS 工作人员、CNAS 委员的投诉和对 CNAS 各项认可决定的申诉工作。技术委员会负责为 CNAS 提供技术支持，是 CNAS 技术权威性保障的基础。技术委员会下设不同领域的分委员会，负责相应领域的技术工作，包括技术政策、要求的制定和修订工作。目前，CNAS 已经成立了医学、电气、食品、化学等专业性分委员会和能力验证、测量不确定度研究等综合性的分委员会。

秘书处是 CNAS 的常设机构，由秘书长负责管理秘书处，由业务管理处、认可评审处、评审员处、研究开发与能力验证处 4 个部门组成，其组织机构如图 1-1 所示。

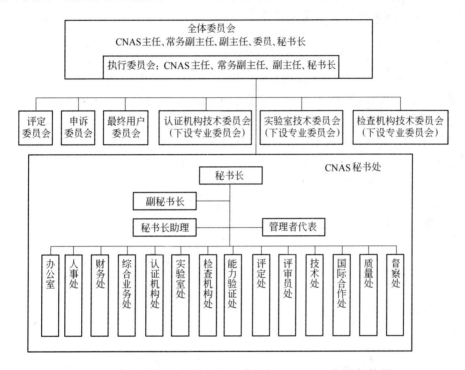

图 1-1　中国合格评定国家认可委员会（CNAS）组织机构图

1.5.2.2　CNAS 工作职责

中国合格评定国家认可委员会（英文缩写为：CNAS）是根据《中华人民共和国认证认可条例》的规定，由国家认证认可监督管理委员会批准设立并授权的国家认可机构，统一负责对认证机构、实验室和检查机构等相关机构的认可工作。

中国合格评定国家认可委员会的宗旨是推进合格评定机构按照相关的标准和规范等要求加强建设，促进合格评定机构以公正的行为、科学的手段、准确的结果有效地为社会提供服务。其主要工作职责为：

（1）按照我国有关法律法规、国际和国家标准、规范等，建立并运行合格评定机构国家认可体系，制定并发布认可工作的规则、准则、指南等规范性文件；

（2）对境内外提出申请的合格评定机构开展能力评价，做出认可决定，并对获得认可的合格评定机构进行认可监督管理；

（3）负责对认可委员会徽标和认可标识的使用进行指导和监督管理；

（4）组织开展与认可相关的人员培训工作，对评审人员进行资格评定和聘用管理；

（5）为合格评定机构提供相关技术服务，为社会各界提供获得认可的合格评定机构的公开信息；

（6）参加与合格评定及认可相关的国际活动，与有关认可及相关机构和国际合作组织签署双边或多边认可合作协议；

（7）处理与认可有关的申诉和投诉工作；

（8）承担政府有关部门委托的工作；

（9）开展与认可相关的其他活动。

1.5.2.3 CNAS 认可工作质量管理体系

CNAS 按照国际标准 ISO/IEC 导则 58《校准和检测实验室认可体系—运作和承认的通用要求》和 ISO/IEC TR 17010《对检查机构的认可机构的通用要求》和 ISO/IEC DIS 17011 建立和保持认可工作质量管理体系，配置了足够的资源以便为国内外的实验室和检查机构提供认可服务。CNAS 的质量手册和程序文件阐述了质量方针并描述了质量管理体系的要求和认可活动阶段的方式方法。

CNAS 质量管理体系以文件形式表示为：章程、规则（11 个）、准则（23 个）、指南（7 个）、信息性文件、质量手册、程序文件和作业性文件。在各类文件中规定了 CNAS 认可活动的政策、要求和工作程序以及工作记录。CNAS 向社会公开这些政策、要求和程序并承诺严格按照规定开展工作。这是国际上对认可机构的要求，也是 CNAS 工作规范性的保证，同时还是确保执行 CNAS "客观公正、科学规范、权威信誉、廉洁高效"工作方针的基础。

CNAS 具有满足体系运作的人力资源。除秘书处固定工作人员外，还有充足的评审员及技术专家资源。CNAS 现有注册评审员约 2400 多人、在册的技术专家约 2000 人。他们来自于不同行业和部门，具有不同专业领域的技术背景和工作经验。他们是 CNAS 宝贵的资源，是确保 CNAS 认可质量和认可的技术权威性的人力资源保障。"专家评审原则"是 CNAS 开展工作所遵循的原则之一，也是 CNAS 认可有别于其他评价活动的特点之一。因此，在对矿产品实验室的认可活动中，来自矿产品领域的评审员和技术专家将会发挥至关重要的作用。

CNAS 认可活动范围包括对检测和校准实验室、检查机构、能力验证提供者和标准物质生产者的认可。

CNAS 的工作方针为：客观公正、科学规范、权威信誉、廉洁高效。

CNAS 的宗旨为：推进实验室和检查机构按照国际规范要求，不断提高技术和管理水平；促进实验室和检查机构以公正的行为、科学的手段、准确的结果，更好地为社会各界提供服务；统一对实验室和检查机构的评价工作，促进国际贸易。

CNAS 的认可规范文件由认可规则和政策、认可准则和认可指南三部分组成。现已发布实施的认可规范文件见本书第 2 章。

2 铁矿石检验实验室质量管理体系的建立、运行和保持

2.1 建立铁矿石检验实验室质量管理体系应注意的几个问题

2.1.1 管理体系的建立应与实验室现行的管理模式相结合

ISO 主席汉茨先生曾说："质量是今日全球竞争的必需。""人们从来没有像今天这样认识到，必须提高和强化质量工作，他们确信 ISO 标准将继续增长其重要性。"

WTO 的通用要求是在极力消除贸易壁垒，但现实是各国（特别是主要的发达进口国）的质量立法、利用 TBT 设限越来越多，已经严重地阻碍了发展中国家的国际贸易，特别是实施国际间的实验室互认已成为其作为交换条件的基本需要之一。

为适应社会对质量要求的变化，多数组织或相对独立领域内，都自觉或不自觉地加强了质量管理力度，积极推行国际通用认证认可标准，如：用于质量管理体系认证的 ISO9000 国际标准、用于环境管理体系认证的 ISO14001 国际标准、用于社会责任认证的 SA8000 标准等。如果这些机构或独立的实验室，在没有通过 ISO/IEC17025 认可前，已经取得了上述有关国际标准的认证，那么，在新建立实验室管理体系时，如何将以往的管理体系进行整合与互融，对于提高质量管理效率具有十分重要的意义。下面将着重介绍有关 ISO9000《质量管理标准》、ISO14001《环境管理标准》、OHSAS18000《职业安全卫生管理标准》和 SA8000《社会责任守则标准》在实验室认可中的作用，以及它们与 ISO/IEC17025 标准的异同，以便为实验室建立管理体系时提供参考。

2.1.1.1 ISO9000 标准

ISO9000 质量管理体系，比较侧重于建立科学完整的质量管理体系模式，是一个系统化、程序化和文件化的管理体系，它以质量管理的八项原则为主，即：

（1）以顾客为中心，组织依存于其顾客。因此，组织应理解顾客当前的和未来的需求，满足顾客要求并争取超越顾客期望。

（2）领导作用。领导将本组织的宗旨、方向和内部环境统一起来，并创造使员工能够充分参与实现组织目标的环境。

（3）全员参与。各级人员是组织之本，只有他们的充分参与，才能使他们的才干为组织带来最大的收益。

（4）过程方法。将相关的资源和活动作为过程进行管理，可以更高效地得到期望的结果。过程方法的原则不仅适用于某些较简单的过程，也适用于由许多过程构成的过程网

络。在应用于质量管理体系时，ISO9000 标准建立了一个过程模式。此模式把管理职责，资源管理，产品实现，测量、分析与改进作为体系的四大主要过程，描述其相互关系，并以顾客要求为输入，提供给顾客的产品为输出，通过信息反馈来测定的顾客满意度，评价质量管理体系的业绩。

（5）管理的系统方法。针对设定的目标，识别、理解并管理一个由相互关联的过程所组成的体系，有助于提高组织的有效性和效率。

（6）持续改进。持续改进是组织的一个永恒的目标。

（7）基于事实的决策方法。对数据和信息的逻辑分析或直觉判断是有效决策的基础。以事实为依据做决策，可防止决策失误。在对信息和资料做科学分析时，统计技术是最重要的工具之一。统计技术可以用来测量、分析和说明产品和过程的变异性。统计技术可以为持续改进的决策提供依据。

（8）互利的供方关系。通过互利的关系，增强组织及其供方创造价值的能力。供方提供的产品将对组织向顾客提供满意的产品可能产生重要的影响，一次处理好与供方的关系，影响到组织能否持续稳定地提供顾客满意的产品。对供方不能只讲控制，不讲合作互利。特别对关键供方，更要建立互利关系，这对组织和供方双方都是有利的。

由于"质量"这一要求的一致性，现在，上述质量管理八项原则理念已经逐步引入到 ISO/IEC17025 实验室质量管理体系的建立中。

ISO9000 标准要求，所建立的质量管理体系具有持续改进的能力；强调采取过程控制的方式；强调对法律、法规的符合性；强调满足相关方的需求，有针对性地改善组织的质量管理行为，并且认为绩效的改进符合螺旋上升，以 PCDA❶为循环改进模式。这些内容，在 ISO/IEC17025:2005 版中已有体现。

从系统工程角度来分析，建立任何一个系统或体系都有既定的目标，有其针对性，是为解决规定的任务而设计的。作为从事某种活动、产品和服务的组织，根据其既定的任务、需求和特点一般都已经建立和保持有一个管理体系，即客观地存在着组织机构、管理制度、过程和资源。而按标准要求所建立的管理体系实际上是一个组织实施特定内容的管理学问，以期改善组织的管理行为，达到符合所选定标准要求的一种新的运行机制。它不能独立于组织原有的管理体系，仅是组织原有全面管理体系的一部分，是加强组织科学管理的补充，运用标准要求来规范组织原有的各项管理工作。因此，不论是建立质量管理体系，还是建立实验室管理体系，其根本过程就是按标准的要求来调整机构、明确职责、制定目标、加强控制，使管理体系与组织的全面管理系统融为一个有机的整体。

实施 ISO9000 标准的认证好处包括如下内容：

（1）ISO9000 标准作为通用的质量管理标准被广泛承认，ISO9000 标准是工业国近百年质量管理的经验总结，提供了企业进行质量管理的原则和方法，这使它不同于其他的管理书籍或文件。而且在实践中，ISO9000 标准为客户和供货商提供了方便，为社会和消费者提供了质量信任。

（2）有利于消除国际贸易中的技术壁垒。在现代国际贸易中，除了国与国之间关税壁垒外，非关税壁垒起着很大的作用。为了消除国际贸易的非关税壁垒，世界贸易组织

---

❶ P—计划（PLAN，简称 P）；D—做（DO，简称 D）；C—检查（CHECK，简称 C）；A—改进（ACTION，简称 A）。

（WTO）即原关税及贸易总协定在其贸易技术壁垒协议中规定，缔约国标准的制定应以有关的国际标准或其中的有关部分作为依据。由此可见，国际标准在国际贸易中为消除国与国之间的技术壁垒，具有重要的作用。人们说 ISO9000 是国际市场的通行证，也是从这个意义上讲的。

（3）实施 ISO9000 标准，不仅是对国际贸易竞争的推动，而且是对提高企业质量管理、适应市场竞争的推动。对于实施 ISO9000 标准，有两种动机：一是所谓"受益者推动"，即供方首先是根据顾客或其他受益者提出的直接要求实施某一质量保证模式；二是所谓"管理者推动"，即供方管理者对正在出现的市场需要和趋势做出预测，按照 ISO9000 标准建立适宜的质量体系，以提高供方的质量管理水平。ISO/TC176 主席早已提出警告：如果企业的动机仅仅是为了得到 ISO9000 证书，那么他们就忘记了整个思想，就不会真正实施 ISO9000 标准，在质量管理方面实现飞跃。这就是说 ISO9000 是质量竞争的有力武器。我们要学会正确地全面地使用好这个武器，生产顾客满意的产品，赢得市场，适应竞争。

那么，是否完成了 ISO9000 标准的认证，就达到了实验室认可的全部要求？答案是否定的。ISO/IEC17025《检测和校准实验室认可准则》的制定，为实验室实施质量管理，达到国际间的互认提供了基本要求。并且 ISO/IEC17025 制定时充分考虑了实验室的特殊性，在前言中指明了其与 ISO9000 标准的差异，具体写到："同时，本准则已注意包含了 ISO9001 中与实验室管理体系所覆盖的检测和校准服务有关的所有要求，因此，符合本准则的检测和校准实验室，也是依据 ISO9001 运作的。

实验室质量管理体系符合 ISO9001 的要求，并不证明实验室具有出具技术上有效数据和结果的能力；实验室质量管理体系符合本准则，也不意味其运作符合 ISO9001 的所有要求。"

但实验室认可准则也不是一个包罗万象的认可标准，其在 1.5 条款中写到："本准则不包含实验室运作中应符合的法规和安全要求。"因此，如果在环境管理、职业安全卫生管理或社会责任守则等方面涉及法律法规要求时，需进行独立标准的认证认可。ISO9001 与 ISO/IEC17025 的具体条款对照见表 2-1。

表 2-1　ISO9001 与 ISO/IEC17025 条款对照表

ISO9001	ISO/IEC17025
第 1 章	第 1 章
第 2 章	第 2 章
第 3 章	第 3 章
4.1	4.1，4.1.1～4.1.5，4.2，4.2.1～4.2.4
4.2.1	4.2.2，4.2.3，4.3.1
4.2.2	4.2.2～4.2.4
4.2.3	4.3
4.2.4	4.3.1，4.12
5.1	4.2.2，4.2.3
5.1a)	4.1.2，4.1.6
5.1b)	4.2.2

续表 2-1

ISO9001	ISO/IEC17025
5.1c)	4.2.2
5.1d)	4.15
5.1e)	4.15
5.2	4.4.1
5.3	4.2.2
5.3a)	4.2.2
5.3b)	4.2.3
5.3c)	4.2.2
5.3d)	4.2.2
5.3e)	4.2.2
5.4.1	4.2.2c)
5.4.2	4.2.1
5.4.2a)	4.2.1
5.4.2b)	4.2.1
5.5.1	4.1.5a), f), h)
5.5.2	4.1.5i)
5.5.2a)	4.1.5i)
5.5.2b)	4.11.1
5.5.2c)	4.2.4
5.5.3	4.1.6
5.6.1	4.15
5.6.2	4.15
5.6.3	4.15
6.1a)	4.10
6.1b)	4.4.1, 4.7, 5.4.2~5.4.4, 5.10.1
6.2.1	5.2.1
6.2.2a)	5.2.2, 5.5.3
6.2.2b)	5.2.1, 5.2.2
6.2.2c)	5.2.2
6.2.2d)	4.1.5 k)
6.2.2e)	5.2.5
6.3.1a)	4.1.3, 4.12.1.2, 4.12.1.3, 5.3
6.3.1b)	4.12.1.4, 5.4.7.2, 5.5, 5.6
6.3.1c)	4.6, 5.5.6, 5.6.3.4, 5.8, 5.10
6.4	5.3.1, 5.3.2, 5.3.3, 5.3.4, 5.3.5
7.1	5.1
7.1a)	4.2.2
7.1b)	4.1.5a), 4.2.1, 4.2.3
7.1c)	5.4, 5.9

ISO9001	ISO/IEC17025
7.1d)	4.1，5.4，5.9
7.2.1	4.4.1，4.4.2，4.4.3，4.4.4，4.4.5，5.4，5.9，5.10
7.2.2	4.4.1，4.4.2，4.4.3，4.4.4，4.4.5，5.4，5.9，5.10
7.2.3	4.4.2，4.4.4，4.5，4.7，4.8
7.3	5.5.4，5.9
7.4.1	4.6.1，4.6.2，4.6.4
7.4.2	4.6.3
7.4.3	4.6.2
7.5.1	5.1，5.2，5.4，5.5，5.6，5.7，5.8，5.9
7.5.2	5.2.5，5.4.2，5.4.5
7.5.3	5.8.2
7.5.4	4.1.5c)，5.8
7.5.5	4.6.1，4.12，5.8，5.10
7.6	5.4，5.5
8.1	4.10，5.4，5.9
8.2.1	4.10
8.2.2	4.11.5，4.14
8.2.3	4.11.5，4.14，5.9
8.2.4	4.5，4.6，4.9，5.5.2，5.5.9，5.8，5.8.3，5.8.4，5.9
8.3	4.9
8.4	4.10，5.9
8.5.1	4.10，4.12
8.5.2	4.11，4.12
8.5.3	4.9，4.11，4.12

注：ISO/IEC17025 包含了一系列 ISO9001 中未包含的技术能力要求。

2.1.1.2 ISO14000 环境管理标准

ISO14000 环境管理系列标准，是国际标准化组织（ISO）发布的序列号为 14000 的一系列用于规范各类组织的环境管理的标准。ISO 组织为制定 ISO14000 环境管理系列标准，于 1993 年 6 月设立了第 207 技术委员会（TC207）。它是在国际环境保护大趋势下，继 1992 年联合国环境与发展大会之后成立的，下设了六个分委员会和一个工作组，内容涉及环境管理体系（EMS）、环境管理体系审核（EA）、环境标志（EL）、生命周期评估（LCA）、环境行为评价（EPE）等国际环境管理领域的研究与实践的焦点问题，是近十几年来环境保护领域的新发展、新思想，是各国采取的环境经济贸易政策手段的总结，内容非常丰富。TC207 的工作是卓有成效的，用 3 年时间完成了环境管理体系和环境审核标准制定工作，其他标准统一各国意见后，已经陆续发布。

我国于 1995 年 10 月成立了全国环境管理标准化委员会，迅速对 5 个标准进行了等同转换，因而环境管理体系及环境审核也就构成了今天意义上的 ISO14000 的主要内涵。至今，我国已转换、等同采用了 ISO14000 系列国际标准为国家标准，并且一直在致力于构筑自己国家的标准体系。截至 2009 年 11 月 20 日，我国已发布国家环境保护标准 1292 项，其中废止 92 项，现行有效标准 1200 项。如在 2009 年，环境保护部发布了《清洁生产标准　水泥工业》、《环境信息网络建设规范》及《建设项目竣工环境保护验收技术规范　水利水电》的公告等近百个环境保护标准或规范。还有以前发布的如《环境标志产品技术要求　编制技术导则》等六项国家环境保护标准。其中在 2006 年 3 月底之前发布和实施了环境管理国家标准共 15 项，分为环境管理体系、审核指南、环境标志、环境绩效评价（环境表现评价）、生命周期评价和术语六个部分。

ISO14000 环境管理系列标准的宗旨是规范对环境可能产生影响的环境管理行为，加强预防与控制，不断改善企业的环境绩效，引导企业自觉地遵守环境法律、法规和其他相关的技术要求，改进工艺，提升企业管理水平，促进清洁生产，减少对环境的污染。

世界贸易组织乌拉圭回合谈判在《技术贸易壁垒协议》中规定："不得阻止任何国家采取必要的措施来保护人类、动物或植物生命的健康，保护环境。"随着环境保护被世界范围的重视，各国利用 ISO14000 标准构筑新的贸易壁垒也会愈演愈烈。事实上，我国对外贸易由于环境壁垒问题已经受到了严重打击，国外对我国出口产品的环保要求越来越严。

但实施 ISO14000 系列标准有利的一面是，可以将环境保护工作贯穿在产品设计、生产、流通和消费的全过程，优化企业的环境行为。作为一种市场标志，获得 ISO14000 标准认证的企业将具有更大的市场优势，难以被其他国家以环保的借口拒之门外，企业可获得将产品打入国际市场的通行证，减少受绿色消费保护主义的国际贸易壁垒制约。

环境管理标准中最重要的是 ISO14001:2004《环境管理体系要求及使用指南》，它为各类组织提供了一个标准化的环境管理模式，即环境管理体系（EMS）。标准对环境管理体系的定义是："环境管理体系是全面管理体系的组成部分，包括制定、实施、实现、评审和维护环境方针所需的组织结构、策划活动、职责、操作惯例、程序、过程和资源。"实际上，环境管理体系就是企业内部对环境事务实施管理的部门、人员、管理制度、操作规程及相应的硬件措施。一般的，企业对环境事务都进行着管理，但可能不够全面，不系统，不能称之为环境管理体系。另外，这套管理办法是否能真的对环境事务有效？是否能适合社会发展需求？是否适应环境保护的要求？在这些问题上各企业之间差异很大。环境问题的重要性日益显著，特别是它在国际贸易中的地位越来越重要，国际标准化组织总结了 ISO9000 的成功经验，对管理标准进行了修改，针对环境问题，制定了 ISO14001 标准。可以认为 ISO14001 标准所提供的环境管理体系是管理理论上科学、实践中可行、国际上公认且行之有效的。

ISO14001 所规定的环境管理体系共有 17 个方面的要求，根据各条款功能的类似性，可归纳为 5 方面的内容，即环境方针、规划（策划）、实施与运行、检查与纠正措施、管理评审等。这 5 个方面逻辑上连贯一致，步骤上相辅相承，共同保证体系的有效建立和实施，并持续改进，呈现螺旋上升之势。

实施环境管理体系首先必须得到最高管理者的承诺，形成环境管理的指导原则和实施的宗旨，即环境方针，要找出企业环境管理的重点，形成企业环境目标和指标；其次，应贯彻企业的环境方针目标，确定实施方法、操作规程，确保重大的环境因素处于受控状态；再次，为保证体系的适用和有效，应设立监督、检测和纠正机制；最后，通过审核与评审，促进体系的进一步完善和改进提高，完成一次管理体系的循环上升和持续改进。

ISO14001 标准第一版于 1996 年 9 月正式颁布实施，在它起草过程中借鉴和吸收了另一个较早的管理体系标准——ISO9001:1994 的许多管理思想和成功经验。ISO14001:1994 在标准的前言中明确指出：

（1）ISO14001 标准可以与其他管理要求相结合，帮助组织实现其环境目标和经济目标；

（2）ISO14001 标准不是用来制造非关税贸易壁垒，也不增加或改变一个组织的法律责任；

（3）ISO14001 标准未规定对一个组织的环境表现（行为）的绝对要求；

（4）ISO14001 标准与 ISO9000 系列质量体系标准遵循相同的管理体系原则，即：策划—实施—检查和纠正措施—持续改进，简称 PDCA。也可选取 ISO9000 质量体系，作为其环境管理体系的基础。

从以上四点说明中可以看出，ISO14001 与 ISO9001 都强调与企业现有的管理要求以及总体经营方针相协调；都是针对企业的管理体系，不同于产品标准、环境质量或排放标准，不规定产品技术指标或环境表现指标；都旨在促进国际贸易，不增加企业的额外负担。ISO14001 标准与 ISO9000 系列标准采用相同的 PDCA 的螺旋上升的负反馈机制。ISO14001 标准的 17 个要素按照 PDCA 的模式可划分为五大模块。

因此，ISO14001 与 ISO9000 都强调"预防为主、持续改进"，提供了一种建立文件化管理体系的成熟模式。ISO14001 与 ISO9000（ISO9000 与 ISO/IEC17025 对比见 ISO/IEC17025 标准介绍）之间的要素对照表见表 2-2 与表 2-3。

表 2-2　ISO9001 与 ISO14001 要素对照表

ISO9001 要素	ISO14001 要素
4.1 管理职责	4.2 环境方针
	4.6 管理评审
4.2 管理体系	4.3 规划（策划）
	4.3.1 环境因素
	4.3.2 法律与其他要求
	4.3.3 目标和指标
	4.3.4 环境管理方案
4.3 合同评审	4.3.2 法律与其他要求
4.4 设计控制	4.4.6 运行控制
4.5 文件和资料控制	4.4.5 文件控制
4.6 采购	4.4.6 运行控制
4.7 顾客提供产品的控制	4.4.6 运行控制
4.8 产品标识和可追溯性	
4.9 过程控制	4.4.6 运行控制
4.10 检验和试验	4.5.1 监测和测量
4.11 检验、测量和试验设备的控制	4.5.1 监测和测量
4.12 检验和试验状态	
4.13 不合格品的控制	4.5.2 不符合，纠正与预防措施
4.14 纠正和预防措施	4.5 检查和纠正措施

ISO9001 要素	ISO14001 要素
4.14 纠正和预防措施	4.6 管理评审
4.15 搬运、贮存、包装、防护和交付	
4.16 质量记录的控制	4.5.3 记录
4.17 内部质量审核	4.5.4 环境管理体系审核
4.18 培训	4.4.2 培训、意识和能力
4.19 服务	4.4.6 运行控制
4.20 统计技术	
仅有 ISO14001 要素规定	4.4.3 信息交流
	4.4.7 应急准备和响应

表 2-3　环境管理体系与质量保证程序的可兼容部分

ISO14001 要素	环境管理程序	质量保证程序
4.2 环境方针	环境方针评审	质量方针评审
4.3 规划（策划）		质量策划
4.3.1 环境因素	环境因素的识别	合同评审
4.3.2 法律与其他要求	客户要求与环境法律法规数据库的建立和控制	设计评审
4.3.3 目标和指标	环境目标和指标的确定和其实现情况的监测	管理评审
4.3.4 环境管理方案		
4.4 实施与运行		
4.4.1 组织结构与职责	组织结构图	组织结构图
	管理职责描述	管理职责描述
4.4.2 培训、意识和能力	培训计划	培训
	员工职责描述及对其能力的检查	员工职责描述及对其能力的检查
4.4.4 环境管理体系文件	环境管理体系文件的制定和修订	质量体系文件的编制
4.4.5 文件控制	文件和资料控制	文件和资料控制
4.4.6 运行控制	过程控制	过程控制
	环境运行计划	质量计划
	采购	采购
	顾客提供产品的控制	顾客提供产品的控制
	统计技术（如需要）	统计技术
		产品标识和可追溯性
		检验和试验状态
4.4.7 应急准备和响应	现场应急计划	
	应急响应方案	
4.5 检查和纠正措施		
4.5.1 监测和测量		进货检验
	环境监测	过程检验
		最终检验
	监测仪器的校准	检验、测量和试验设备的校准和维护

续表 2-3

ISO14001 要素	环境管理程序	质量保证程序
4.5.2 不符合、纠正与预防措施	纠正与预防措施 不合格品的控制	纠正与预防措施 不合格品的控制
4.5.4 环境管理体系审核	内部环境管理体系审核	内部质量审核
4.6 管理评审	定期环境管理体系管理评审	管理评审
		产品搬运
		贮存
		包装、防护和交付
		服务和合同担保

上述对比充分说明了国际标准核心内容的一致性要求。

2.1.1.3 OHSAS18000（Occupational Health and Safety Assessment Series）职业安全卫生管理标准和 SA8000（Social Accoutability）社会责任守则标准

OHSAS18000《职业安全卫生管理体系标准》建立在世界发达国家各自建立标准的基础上，如：1996 年英国颁布了 BS8800《职业安全卫生管理体系指南》、1996 年美国工业卫生协会制定了《职业安全卫生管理体系》的指导性文件、1997 年澳大利亚与新西兰提出了《职业安全卫生管理体系原则、体系和支持技术通用指南》草案、日本工业安全卫生协会（JISHA）提出了《职业安全卫生管理体系导则》、挪威船级社（DNV）制定了《职业安全卫生管理体系认证标准》、1999 年英国标准协会（BSI）、挪威船级社（DNV）等 13 个组织提出了职业安全卫生评价系列（OHSAS）标准，即 OHSAS18001《职业卫生管理体系—规范》、OHSAS18002《职业安全卫生管理体系—实施指南》。

中国国家经贸委于 1999 年 10 月颁布了《职业安全卫生管理体系试行标准》，其内容与 OHSAS18000 基本一致。

关贸总协定（GATT）乌拉圭回合谈判协议的要求是"各国不应由于法规和标准差异而造成非关税贸易壁垒和不公平贸易，应尽量采用国际标准"。

OHSAS18000 的发布，是世界各国均希望能在相同成本下参与竞争，发达国家特别在意不发达国家使用廉价的童工，在恶劣的生产环境和简陋的厂房下生产低成本产品，从而使竞争不平等。同时，也是为了减少工伤事故和职业病的需要。

OHSAS18000 标准也遵循 PDCA 循环圈，是 OHSAS18000 职业安全卫生管理体系的运行基础。OHSAS 术语与定义中共有 17 个术语，分别是：事故、审核、持续改进、危害、危险、危害辨识、事件、相关方、不符合、目标、职业安全卫生、职业安全卫生管理体系、组织、绩效、危险评价（风险评价）、安全、可接受的危险。

职业安全卫生管理体系一般涉及的管理内容包括：

（1）消防管理；

（2）生产设备管理；

（3）劳防用品管理；

（4）机动车管理；

（5）办公条件管理；

（6）保健管理。

职业安全卫生管理体系的工作要点为：

（1）通过自我评估了解职业安全卫生损失与风险；

（2）针对重要职业安全卫生损失与风险制定管理规定与改进计划；

（3）执行职业安全卫生管理规定与计划；

（4）定期检查评估职业安全卫生规定与计划；

（5）持续改进职业安全卫生表现，承诺符合法令规章及其他相关要求；

（6）想到的要说到，说到的要做到，做到的要有证据。

目前，在我国越来越多的企业已经着手建立和实施职业安全卫生管理体系，并取得认证，特别是在职业安全风险较高的行业，如建筑施工、煤矿、化工、纺织服装等行业。

导入 OHSAS18000 已经成为一种国际新潮流，它将给企业带来以下好处：

（1）改进和加强企业的职业安全卫生工作，降低员工的人身安全和健康风险；

（2）体现管理者对员工的关心，建立"以人为本"的企业文化，增强公司凝聚力；

（3）最大程度地减少或避免相关问题所造成的损失，达到企业持续经营的目的；

（4）承诺符合法律法规和其他要求，主动守法，善尽企业的国际和社会责任；

（5）顺应国际贸易的新潮流，克服非关税贸易壁垒；

（6）改进与政府、员工和社区的关系；

（7）提高金融信用，降低保险成本；

（8）取得第三方认证，提升企业形象。

SA8000 与 ISO9000 质量管理体系及 ISO14000 环境管理体系一样，皆为一套可被第三方认证机构审核的国际标准。它主要关注的是人，而不是产品和环境。SA8000 只有一个国际统一认证机构 SAI（Social Accountability International，简称 SAI），即社会责任国际，目前全球有 9 家授权机构进行认证。SA8000 是保护企业内部劳工的权利，它规定了企业必须承担的对社会和利益相关者的责任。SA8000 标准要求，公司应遵守国家及其他适用法律，公司签署的其他规章以及本标准。当国家及其他适用法律，公司签署的其他规章以及本标准所规范议题相同时，以其中最严格的条款为准。同时，标准要求公司遵守适用的法律法规及其他规章，公司应该定期收集并保持法律法规及其他规章的现行版本，以便根据法规要求及时调整公司政策和程序。公司签署的其他规章可能包括行业性、地区性或者全球性的组织制定的社会责任守则、劳工标准及人权宣言和公约。最新的法律法规可以从当地劳动部门、立法部门、工会、商会、图书馆、新闻媒介及有关的法律和专业咨询机构获得。当不同的法规、规章与 SA8000 标准及同一议题时，公司应遵守最严格的要求，如在工作时间方面，很多国家的法规要求与标准要求不同，公司应选用最严格的条款。

高层管理阶层应制定公司社会责任和劳动条件的政策以确保该政策，主要内容如下：

（1）包括遵守本标准所有规定的承诺；

（2）包括遵守国家及其他适用法律，遵守公司签署的其他规章以及尊重国际条例及其解释（如本标准的第二节所列）的承诺；

（3）包括不断改进工作的承诺；

（4）被有效地记录、实施、维持、传达并以明白易懂的形式供所有员工随时取阅，包括董事、经理、监察以及非管理类人员，无论是直接聘用、合同制聘用或以其他方式代表公司的人员；

（5）对公众公开。

社会责任政策是公司履行社会责任、保护工人权利、改善劳动条件的宗旨和方向，是公司生产经营总政策的组成部分，社会责任政策体现了公司管理层处理社会责任和劳工问题的原则和承诺，社会责任政策是公司建立、实施和维持社会责任管理体系的推动力。

社会责任标准要求公司最高管理者制定并签署一份社会责任政策，对政策提出了 6 个方面的要求，主要是 3 个承诺、2 个公开和 1 个文件化。

3 个承诺为：遵守 SA8000 标准的承诺、遵守法律法规和相关规章的承诺和持续改进的承诺。对 SA8000 标准和遵守法律法规的承诺，它是一项基本要求，公司在履行这一承诺时必须与中国法律法规相结合；持续改进的承诺，表明了公司最高管理者对改善劳工问题的态度，体现了公司对社会责任和劳工问题的认识和责任。

2 个公开为：向公司内部员工公开和向外部公众公开。社会责任政策由公司最高管理者制定，由公司各级管理层和全体员工具体实施，显然应该向内部员工传达，争取他们的参与。同时，公司社会责任政策不是保密的，而是向社会公众公开的，其他利益相关者可以索取。

1 个文件化为：社会责任政策应形成书面文件。社会责任政策不仅仅是口头承诺，它更应该显示政策的严肃性和重要性。另外，SA8000 标准特别强调政策要有效地实施和维持，而不仅仅是写在纸上、贴在墙上和停留在口头上。

社会责任政策应该结合公司的行业特征、地区特色和公司文化，这样制定的社会责任政策才更具个性化。社会责任政策应该文字简洁明确，易于传播，易于理解。

SA8000 标准体系的运行也需要进行内审与管理评审，通过定期审查公司政策、措施及其执行结果，看其是否充分、适用和持续有效，必要时应予以系统地修正和改进。

SA8000 标准体系与 ISO9000 质量管理体系和 ISO14000 环境管理体系不同，但与 OHSAS18000 职业安全卫生管理体系类似，SA8000 标准要求公司协助非管理层员工选出代表，即工人代表，由他们代表工人就有关社会责任的议题与公司管理层进行沟通。

如果公司有工会或其他类似的工人组织，可以由该组织推举合适的人选，作为工人和公司管理层之间沟通的桥梁。公司应提供适当的支持，方便工人代表定期联络和会见工人，收集工人的意见和建议，同时将公司的决定、计划和方案传达给公司经理，同时代表工人与高层经理平等协商。

社会责任管理体系的成功实施，需要公司全体有关人员的参与和支持，不能认为只有社会责任职能部门，如人事部，才负有这方面的责任，公司所有部门都不能置身事外，这与 ISO9000 质量管理体系有较大的差异，SA8000 社会责任管理体系必须覆盖每一个部门每一名员工，因为任何人的任何一项活动都可能影响到公司社会责任表现。

社会责任管理体系是结构化的体系，除了管理者代表，各级管理层及职能部门也要承担相应的职责。公司目标和管理方案是分级的，需要逐步细化，最后落实到人。组织架构和职责也应与公司的管理机构相适应，并配备必需的人力、物力和财力支持。

公司组织架构和职责划分是社会责任管理体系运行的关键问题。社会责任管理体系的建立不可能改变原有的公司管理模式，社会责任管理机构的设立是在原有的管理基础上补充完成的，这就要求明确职责，规定权限，为社会责任管理体系的运行打好基础。

社会责任管理体系需要每一名员工的参与，公司政策和程序要传达到全体员工，培训和沟通有助于全体员工意识的提高。公司应在招聘新工人包括临时工时为他们安排适当的培训，对在职职工也要安排定期的培训和推广。

标准要求公司持续监督有关部门的活动和结果，确保体系的有效运作，达到公司政策和标准，这就需要公司建立运行监督检测机制和内部审核制度。例如：公司应该采取适当的方法，检查公司政策和程序是否有效运行；社会责任表现是否违反标准和法规要求；是否误招童工；工人加班时间是否违反法规；是否拖欠工资；机器设备是否安全；工作场所空气质量是否合格；是否为工人提供适当的个人防护用品等。内部审核的目的是评价体系的符合性和有效性，促进体系的改进。审核依据是 SA8000 标准和公司管理体系文件及记录，审核方法包括：文件记录的审查、现场观察和与个人面谈。内部审核应有计划、系统地进行，每年应制定年度审核计划。内部审核计划可以集中一段时间进行，也可以逐个要素或逐个部门进行。一般体系建立和运行初期审核次数应多一些，当体系结构有重大变化，公司运作发生重大变化或者发生严重事故时，要及时审核。

上述四个国际标准中均要求了管理者代表的作用，与 ISO/IEC17025 要求有异曲同工之处，可以实现管理资源的共享，同时也符合持续改进的原理。

2.1.1.4 ISO/IEC17025 检测和校准实验室认可准则

由于人们关于质量意识的不断增强，对质量越来越高的期望发展为世界性的大趋势。伴随着这种趋势的发展，人们越来越清醒地认识到，只有不断改进质量才能获得良好的经济效益。在 20 世纪 40 年代，由于澳大利亚当时缺乏一致性的检测标准和手段，导致在第二次世界大战中无法为英军提供所需军火，因此组建具有全国统一性要求的检测体系成为迫在眉睫的需要。

1947 年，澳大利亚率先建立了"国家检测权威机构协会（英文简称 NATA）"，这也是世界上第一个有关检测实验室认可体系。1966 年，英国建立了大不列颠校准服务局（英文简称 BCS）。此后，世界上一些发达国家纷纷建立了自己的实验室认可机构。但发展中国家在 20 世纪 90 年代后才陆续加入了这一行列。

1973 年，在当时关贸总协定（GATT）《贸易技术壁垒协定》（TBT 协定）中采用了实验室认可制度。国际实验室认可合作组织（International Laboratory Accreditation Cooperation，简称 ILAC），其前身是国际实验室认可大会，始创于 1977 年，是在美国倡议下成立的论坛性质的国际实验室认可会议，并于 1996 年转变为实体，即国际实验室认可合作组织（ILAC）。1996 年，世界上 44 个实验室认可机构在荷兰的阿姆斯特丹签署谅解备忘录，宣告了国际实验室认可合作组织的成立。国际实验室认可合作组织的宗旨是：宣传和推广国际实验室认可活动，讨论、协调和制定共同的程序和有关技术性文件，交流实验室认可活动的进展情况。国际实验室认可合作组织是非政府组织，ILAC 秘书处为其常设机构，在澳大利亚。

1996 年 ILAC 成立时共有成员 44 个。目前，ILAC 共有成员 116 个，其中正式成员 55 个，协作成员 14 个，联络成员 20 个，区域组织机构 5 个，国家协调机构 1 个，利益相关方 21 个。其中来自 45 个国家和地区的 55 个认可机构组织签署了 ILAC 互认协议，她们分别来自：澳大利亚、奥地利、比利时、巴西、加拿大、中国、古巴、捷克、丹麦、埃及、芬兰、法国、德国、希腊、中国香港、印度、印度尼西亚、爱尔兰、以色列、意大利、日本、韩国、马来西亚、墨西哥、荷兰、新西兰、挪威、菲律宾、波兰、葡萄牙、罗马尼亚、新加坡、斯洛伐克、斯洛文尼亚、南非、西班牙、瑞典、瑞士、中国台北、泰国、土耳其、英国、美国及越南等。

国际实验室认可合作组织机构包括：全体大会、管理委员会、协议委员会、认可委员会、实验室委员会、市场与联络委员会、协议管理委员会、联合发展支持委员会、财务与审核委员会、促进合作联合委员会、检查联合委员会及秘书处，委员会还下设工作组。组织的工作语言为英语；主要活动包括建立协调一致的实验室认可的程序和指导文件；出版指导性文件和报告；把实验室认可作为促进贸易的有效手段，在全球推广实验室认可制度；主要出版物为《ILAC 信息手册》。

我国早期的认可组织（英文缩写：CNAL）成立于 2002 年 7 月，由原中国实验室国家认可委员会（英文缩写：CNACL）和中国国家出入境检验检疫实验室认可委员会（英文缩写：CCIBLAC）合并而成。

现中国合格评定国家认可委员会（英文缩写为：CNAS）是根据《中华人民共和国认证认可条例》的规定，由国家认证认可监督管理委员会批准设立并授权的国家认可机构，统一负责对认证机构、实验室和检查机构等相关机构的认可工作。

中国合格评定国家认可制度已经融入国际认可互认体系，并在国际认可互认体系中有着重要的地位，发挥着重要的作用。原中国认证机构国家认可委员会（CNAB）为国际认可论坛（IAF）、太平洋认可合作组织（PAC）正式成员并分别签署了 IAF MLA（多边互认协议）和 PAC MLA，原中国实验室国家认可委员会（CNAL）是国际实验室认可合作组织（ILAC）和亚太实验室认可合作组织（APLAC）正式成员并签署了 ILAC MRA（多边互认协议）和 APLAC MRA。目前我国已与其他国家和地区的 35 个质量管理体系认证和环境管理体系认证认可机构签署了互认协议，已与其他国家和地区的 54 个实验室认可机构签署了互认协议。中国合格评定国家认可委员会（CNAS）将继续保持原 CNAB 和原 CNAL 在 IAF、ILAC、APLAC 和 PAC 的正式成员和互认协议签署方地位。

这些国际互认协议的签署，不仅标志着我国实验室认可水平保持了与国际水平的同步，也表明我国实验室认可工作在国际上的影响不断加强，其实际意义在于：

（1）我国认可的实验室及其出具的检测或校准数据开始得到国际社会的承认，从而有利于增强 WTO 成员国对我国认可实验室的信任，有利于促进国际贸易和经济合作。

（2）多种形式的检查考核活动将逐渐被统一的实验室认可所替代，这有利于统一管理实验室认可工作，规范我国的实验室认可体系，减少重复评审、重复考核造成的人、财、物资源的浪费，从而减轻实验室的负担。

（3）加强了与亚太地区其他国家实验室认可机构的交流与沟通，有利于广泛吸收国际实验室认可工作的先进经验和技术，使我国的实验室认可工作达到先进水平，促进实验室管理水平的提高，同时，提升我国实验室出具检测或校准证书或报告的可信度和含金量。

截至 2008 年 12 月 31 日，CNAS 认可各类认证机构、实验室及检查机构三大门类共计 14 个领域的 3792 家机构，其中，累计认可各类认证机构 122 家，其中产品认证机构 55 家；认证机构领域总计 314 个，涉及业务范围类型 8079 个；累计认可实验室 3548 家，其中检测实验室 2987 家、校准实验室 491 家、医学实验室 31 家、生物安全实验室 23 家、标准物质生产者 3 家、能力验证提供者 13 家；累计认可检查机构 122 家。截至 2008 年 12 月 31 日，累计暂停各类机构的认可资格 246 家，其中认证机构 30 家、实验室

203 家、检查机构 13 家；累计撤销各类机构的认可资格 188 家，其中认证机构 22 家、实验室 158 家、检查机构 8 家；累计注销各类机构的认可资格 163 家，其中认证机构 12 家、实验室 148 家、检查机构 3 家。认证机构统计信息与分布情况见表 2-4、表 2-5 及图 2-1、图 2-2。

表 2-4　认可的认证机构统计信息（截至 2008 年 12 月 31 日）

领　域			数　量	业务范围类型	分支机构
认证机构	1	质量管理体系（QMS）认证	80	2096	96
	其中	TL9000 认证	4	14	
		中国共产党基层组织质量管理体系认证	7	7	
	2	环境管理体系（EMS）认证	71	1613	49
	3	职业安全卫生管理体系（OHSAS）认证	67	1815	40
	4	食品安全管理体系（FSMS）认证	25	200	33
	5	产品认证	67	2348	12
	其中	常规产品认证	34	2272	12
		服务认证	1	1	
		良好农业规范（GAP）认证	10	19	
		有机产品认证	22	56	
	6	软件过程及能力成熟度评估（SPCA）	3	5	
	7	人员认证	1	2	
认证机构总计：122 其中产品认证机构总计：55			认证机构领域数量合计：314	认证机构业务范围类型合计：8079 其中管理体系认证机构业务范围类型合计：5745	合计：230

表 2-5　暂停、撤销与注销机构认可资格统计信息（截至 2008 年 12 月 31 日）

序　号	机　构	暂　停	撤　销	注　销
1	认证机构	30	22	12
2	实验室	203	158	148
3	检查机构	13	8	3
总　计		246	188	163

"认可（accreditation）"一词的传统释义为：甄别合格、鉴定合格、公认合格（例如承认学校、医院、社会工作机构等达到标准）的行动，或被甄别、鉴定、公认合格的状态。与此类似，ISO/IEC 指南 2:1996 将认可定义为：权威机构对某一机构或个人有能力完成特定任务做出正式承认的程序。

引申到实验室认可，其定义为：由权威机构对检测或校准实验室及其人员有能力进行特定类型的检测或校准做出正式承认的程序。所谓的权威机构，是指具有法律或行政授权的职责和权力的政府或民间机构。这种承认，意味着承认检测或校准实验室有管理能力和技术能力从事特定领域的工作。

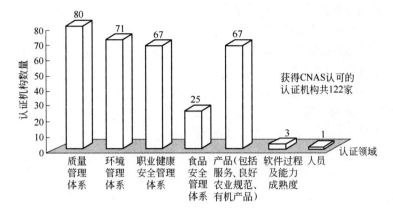

图 2-1　CNAS 认可的认证机构领域分布图（截至 2008 年 12 月 31 日）

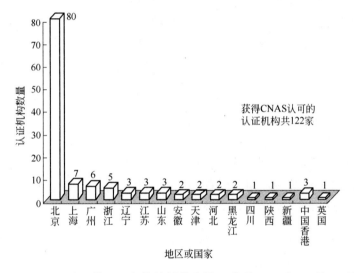

图 2-2　CNAS 认可的认证机构地域分布图（截至 2008 年 12 月 31 日）

　　在 ISO/IEC17011:2004《合格评定—对认可合格评定机构的认可机构的通用要求》中对认可给出了最新的定义：正式表明合格评定机构（合格评定机构是指提供下列合格评定服务的组织：校准、检测、检查、管理体系认证、人员注册和产品认证）具备实施特定合格评定工作的能力的第三方证明。延伸到实验室认可，即是正式表明检测或校准实验室具备实施特定检测或校准能力的第三方证明。

　　在实验室认可活动中"实验室"有特定的涵义。实验室是为获得自然科学某一学科领域内认知对象的有关知识，而进行实验研究的机构，诸如中国南极科学考察实验站、美国太空空间实验站等。在各种各样的实验室中，人们迄今只开展了对检测和校准实验室的认可，尚未包含对从事科研活动的实验室的互认。因此，我们常常可以看到：当世界上某一实验室通过科学实验发现新的理论并公诸于世后，其他实验室常常会按照其所述的实验条件、实验步骤等，通过高准确度的测量予以模拟或再现，以验证该理论的可靠性。

　　实验室认可活动中，实验室被认可的工作的范畴仅指检测或校准。如果实验室是某机构或组织的一部分，而该机构或组织除了从事检测和校准工作以外，还进行其他的活动，则"实验室"是指该机构或组织内进行检测和校准工作的那部分。也就是说，作为认可对象的实验室仅包括校准或检测实验室或从事检测或校准活动的组织。

ISO/IEC17025:2005 标准主要包括：前言、范围、引用标准、术语和定义、管理要求、管理体系、文件控制、要求、标书和合同的评审、检测和校准的分包、服务和供应品的采购、服务客户、投诉、不符合检测和/或校准工作的控制、改进、纠正措施、预防措施、记录的控制、内部审核、管理评审、技术要求、总则、人员、设施和环境条件、检测和校准方法及方法的确认、设备、测量溯源性、抽样、检测和校准物品（样品）的处置、检测和校准结果质量的保证及结果报告。这些内容重点是评价实验室校准或检测能力是否达到预期要求。按照规范要求和实验室认可标准，实验室的管理体制必须是相对独立的主管部门和工作机构，以及完善的管理制度和完整的实验室工作队伍。ISO/IEC17025 标准规定，实验室管理必须有相关的较为独立的、满足实验室要求的管理机构（4.1.1，4.1.2），实验室组织须能保证实验室工作的独立性和实验室人员具有完成其职责的相关权力与资源（4.1.4），并具有与上一级管理机构沟通的渠道（4.1.6）。应建立实验室管理的质量管理手册，提出实验室的质量管理方针，并被传达至每一个实验室相关人员（4.2）。提出了管理体制运作中的问题预防措施（4.12）、纠正措施（4.11）和改进（4.10）。建立以年为单位的管理内部审核制度（4.14），以 12 个月为典型周期对实验室管理进行评审（4.15）。可以看出，ISO/IEC17025 标准对实验室组织形式、体制结构、管理制度文件、管理有效性、管理的监督、预防和改进方面都有较为详细的规定。用 ISO/IEC17025 标准进行实验室组织和管理体制建设，不仅能保证实验室任务的实现，而且能够实现高效、规范的实验室运作模式，使得实验室在日常检验工作中发挥更大作用有体制上的保证。

ISO/IEC17025:2005 与 ISO/IEC17025:1999 版本对比发生了较大变化，特别是一些重要条款，如持续改进等的变化较大，具体对比见表 2-6。

表 2-6 ISO/IEC17025:2005 与 ISO/IEC17025:1999 对比表

序号	准则条款	ISO/IEC17025:2005	ISO/IEC17025:1999	说　明
1	前言	符合本准则的检测和校准实验室，也是依据 ISO9001 运作的。实验室质量管理体系符合 ISO9001 的要求，并不证明实验室具有出具技术上有效数据和结果的能力；实验室质量管理体系符合本准则，也不意味其运作符合 ISO9001 的所有要求	符合本标准的检测和校准实验室，其运作也符合 ISO9001 或 ISO9002。依据 ISO9001 和 ISO9002 进行的认证，并不证明实验室具有出具技术上有效数据和结果的能力	说明 ISO/IEC17025 与 ISO9001 的关系
2	1.4	本准则并不意图用于实验室认证的基础		说明和 9000 体系认证的关系
3	1.4	注 1：术语"管理体系"在本准则中是指控制实验室运作的质量、管理和技术体系	……	本准则中所有"质量体系"被"管理体系"取代；增加了注，说明"管理体系"
4	1.4	注 2：管理体系的认证有时也称为注册		解释的"认证"概念，说明实验室的认证仅表明对管理体系的证明，而不能证明能力

序号	准则条款	ISO/IEC17025:2005	ISO/IEC17025:1999	说　明
5	1.6	如果检测和校准实验室符合本准则的要求,其针对检测和校准所运作的质量管理体系也就符合了 ISO9001 的原则。 　附录提供了 ISO/IEC17025:2005 和 ISO9001 标准的对照。本准则包含了 ISO9001 中未包含的技术能力要求	……当它们从事新方法的设计(开发)和(或)结合标准的和非标准的检测和校准方法制定检测计划时,其检测和校准所运作的质量体系也符合 GB/T 19001(idt ISO9001)的要求;在实验室仅使用标准方法时,则符合 GB/T 19002(idt ISO9002)的要求。附录 A 提供了本标准与 GB/T 19001(idt ISO9001)和 GB/T19002(idt ISO9002)的条款对照。 　本标准包含了 GB/T19001(idt ISO9001)和 GB/T19002(idt ISO9002)中未包含的一些技术能力要求	为与 ISO9000 标准一致,删掉了 ISO9002 标准代号
6	1.6	注 2 中出现: ISO/IEC 17011:2004	ISO/IEC 指南 58:1993	ISO/IEC 指南 58:1993 被 ISO/IEC17011:2004 取代
7	2 引用标准	ISO/IEC 17000 合格评定—词汇和通用原则	GB/T19001:1994《质量体系—设计、开发、生产、安装和服务的质量保证模式》(idt ISO9001:1994)。 　GB/T19002:1994 质量体系—生产、安装和服务的质量保证模式(idt ISO9002:1994)。 　ISO/IEC 指南 2,标准化及相关活动的一般术语和定义	ISO9000:1994 系列标准已经废止;17000 标准已经发布,并在认证认可领域中使用
8	3 术语和定义	注:ISO9000 规定了与质量有关的通用定义,ISO/IEC 17000 则专门规定了与认证和实验室认可有关的定义。若 ISO9000 与 ISO/IEC 17000 和 VIM 中给出的定义有差异,优先使用 ISO/IEC 17000 和 VIM 中的定义	注:ISO 8402 规定了与质量有关的一般定义,ISO/IEC 指南 2 则专门规定了与标准化、认证和实验室认可有关的定义。若 ISO 8402 与 ISO/IEC 指南 2 和 VIM 中给出的定义有差异,优先使用 ISO/IEC 指南 2 和 VIM 中的定义	引用的标准发生变更
9	4.1.5 a)	有管理人员和技术人员,不考虑他们的其他职责,他们应具有所需的权力和资源来履行包括实施、保持和改进管理体系或检测或校准程序的偏离,以及采取预防或减少这些偏离的措施(见 5.2)	有管理人员和技术人员。他们具有所需的权力和资源以履行其职责、识别对质量体系或检测和(或)校准程序的偏离,以及采取措施预防或减少这种偏离(见 5.2)	在职责前增加了"包括实施、保持和改进管理体系的"定语
10	4.1.5k)	确保实验室人员理解他们活动的相互关系和重要性,以及如何为管理体系质量目标的实现做出贡献	……	新增加内容
11	4.1.6	最高管理者应确保在实验室内部建立适宜的沟通机制,并就与管理体系有效性的事宜进行沟通	……	新增加内容

序号	准则条款	ISO/IEC17025:2005	ISO/IEC17025:1999	说　明
12	4.2	管理体系	质量体系	与 ISO9000 一致
13	4.2.2	实验室管理体系中与质量有关的政策，包括质量方针声明，应在质量手册（不论如何称谓）中阐明。应制定总体目标并在管理评审时加以评审。质量方针声明应在最高管理者的授权下发布，至少包括下列内容：	4.2.2 实验室质量体系的方针和目标应在质量手册（不论如何称谓）中予以规定。总体目标应以文件形式写入质量方针声明；质量方针声明应由首席执行者授权发布，至少包括下列内容： e）实验室管理层对遵循本标准的承诺	（1）删除有争议的"总体目标应以文件形式写入质量方针声明"内容。 （2）明确对实验室"总体目标"进行管理评审； 　将"首席执行者"改为"最高管理层"
14	4.2.2 c）	与质量有关的管理体系的目的	质量体系的目标	将"质量体系"改为"管理体系"；"目标"改为"目的"
15	4.2.2e）	实验室管理层对遵循本准则及持续改进管理体系有效性的承诺	实验室管理层对遵循本标准的承诺	增加了"持续改进"内容
16	4.2.2e）注	……的方法和客户的需要来……	……的方法和客户的需要来……	为与 ISO9000 标准一致，英文以"customer"代替了"client"，中文无变化；准则中所有出现的"客户"均如此
17	4.2.3	最高管理者应提供建立和实施管理体系以及持续改进其有效性承诺的证据	……	新增条款，提出了最高管理者的概念
18	4.2.4	最高管理者应将满足客户要求和法定要求的重要性传达到组织	……	新增加条款
19	4.2.5	质量手册应包括或指明含技术程序在内的支持性程序，并概述管理体系中所用文件的架构	条款 4.2.3	条款号变更；"质量体系"改为"管理体系"
20	4.2.6	质量手册中应确定技术管理层和质量主管的作用及责任，包括确保遵循本准则的责任	条款 4.2.4	条款号变动
21	4.2.7	当策划和实施管理体系的变更时，最高管理者应确保维持管理体系的完整性	……	新增加条款
22	4.7.1	实验室应与客户或其代表合作，以明确客户的要求，并在确保其他客户机密的前提下，允许客户到实验室监视与其工作有关的操作	4.7 实验室应与客户或其代表合作，以明确客户的要求，并在确保其他客户机密的前提下，允许客户到实验室监视与其工作有关的操作	增加了 4.7.1 条款编号，内容无变化
23	4.7.2	实验室应向客户征求反馈意见，无论是正面的还是负面的。应使用和分析这些意见并应用于改进管理体系、检测和校准活动及对客户的服务	4.7 注 3：鼓励实验室从其客户处搜集其他反馈资料（例如通过客户调查），无论是正面的还是负面的反馈。这些反馈可用于改进质量体系、检测和校准工作及对客户的服务	将原【注 3】的内容作为强制要求，更改成标准条款
24	4.7.2 注	注：反馈意见的类型，例如：客户满意度调查、与客户一起评价检测或校准报告	4.7 注 3：鼓励实验室从其客户处搜集其他反馈资料（例如通过客户调查），无论是正面的还是负面的反馈。这些反馈可用于改进质量体系、检测和校准工作及对客户的服务	在【注 3】括号中的内容扩充，变成新的"注"

序号	准则条款	ISO/IEC17025:2005	ISO/IEC17025:1999	说　明
25	4.9.1 c)	立即进行纠正，同时对不符合工作的可接受性做出决定	立即采取纠正措施，同时对不符合工作的可接受性做出决定	将"纠正措施"改为"纠正"
26	4.10 改进	实验室应通过实施质量方针和目标、应用审核结果、数据分析、纠正措施和预防措施以及管理评审来持续改进管理体系的有效性	……	新增加 1 个要素
27	4.11.5	当对不符合或偏离的鉴别……	4.10.5 当对不符合或偏离的鉴别……	英文以"nonconformities"取代"nonconformances"，中文无变化；条款号由于增加了 4.10 而顺延
28	4.15.1	最高管理者	执行管理层	取消了执行管理层的概念
29	4.15.1	改进的建议	……	增加了 1 个输入
30	5.2.2	实验室管理层应制定实验室人员的教育、培训和技能目标。应有确定培训需求和提供人员培训的政策和程序。培训计划应与实验室当前和预期的任务相适应。应评价这些培训活动的有效性	5.2.2 实验室管理层应制定实验室人员的教育、培训和技能目标。应有确定培训需求和提供人员培训的政策和程序。培训计划应与实验室当前和预期的任务相适应	增加了"评价这些培训活动的有效性"要求
31	5.9.1	实验室应有质量控制程序……	5.9 实验室应有质量控制程序……	增加了 5.9.1 编号
32	5.9.2	应分析质量控制的数据，在发现质量控制数据超出预定的判据时，应采取有计划的措施来纠正出现的问题，并防止报告错误的结果	……	新增加条款

ISO/IEC17025 标准规定实验室应具有相应的管理人员和工作人员（4.1.5），条款 5.2 对人员做了具体明确的规定。实验室人员应该具有从事相关实验室管理工作的能力（5.2.1），应该进行相关的培训并考核培训的有效性（5.2.2），确保实验室人员具有相关的任职描述和任职要求（5.2.4），应该有相关的授权方法和时限，有人员的相关业绩记录（5.2.5）。从标准规定可以看出，ISO/IEC17025 标准是从保证实验人员能力和规范控制实验的进行过程，来保证了完成实验室任务的有效性。控制了中间过程，就保证了实验室人员管理要求的实现。

按照实验室认可标准，对实验室文件记录的管理具有较为严格的要求。ISO/IEC17025 标准对实验室管理体系、实验室人员管理等的文件控制（4.3）、检测实验项目进行记录控制（4.13）都有专门的明确详细的规定。文件控制规定了实验室应该建立和维持程序来控制构成其管理体系的所有文件，包括内部制定的和外部的文件（4.3.1），如规章、标准、其他规范文件、检测方法、图纸、软件、操作规程、指导书和手册。规定了文件的批准和发布（4.3.2），文件的变更控制（4.3.3）等。文件控制能够保证使用文件的完整性和有效性，使得实验室管理和运行有章可循。记录的控制是在实验进行过程中数据记录的控制。标准规定实验室应建立和维持识别、收集、索引、存取、存档、存放、维护和清理质量记录和技术记录的程序，其中包含了内部审核、管理评审和纠正、预防措施的记录

（4.13.1.1）。标准规定了记录应该存储在有效的媒体（4.13.1.2），应有安全和保密（4.13.1.3），应防止未授权的侵入或修改（4.13.1.4）。实验过程中的每项技术记录应该有足够的信息，能够进行接近原始记录条件下的复现和进行不确定度的评估（4.13.2.1）。记录应该及时并按照一定标准分类保存（4.13.22），出现错误时应进行划改并有签名和日期（4.13.2.3）。ISO/IEC17025 标准还对实验室对外开放时的客户要求，标书和合同评审做出了具体规定（4.4）。这部分对检测实验室来说是不可缺少的一个重要组成部分。按照ISO/IEC17025 标准建设实验室，需要建立一系列文件，并循序渐进进行。

　　实验室认可活动中的一个重要环节是实验室设备的管理。可从计划、经济、技术三个方面提出设备管理的方法和要求。ISO/IEC17025 标准从服务和供应品的提供（4.6）和技术要求的设备（5.5）对实验室的建设和设备的管理做了规定。规定了实验室应该有选择购买影响检测质量的设备的政策和程序，对易耗品也应该有相应的程序（4.6.1）。标准规定实验室必须有描述设备或易耗品的各种特性的技术资料和供应商名单（4.6.2，4.6.3，4.6.4）。应该配置保证实验进行并保证实验设备正常运行（5.5.1，5.5.2），设备应该由经许可的人员操作（5.5.3），应该有标志设备的唯一标示，有设备使用记录，表示设备现在状态的标示（5.5.4，5.5.5，5.5.8，5.5.9）。在设备外借或其他影响设备运行的情况时要进行校正（5.5.6，5.5.7）。由于 ISO/IEC17025 标准对设备的管理重点在于保证检测或校准结果的有效性，从这个角度进行实验室设备管理，能够更有效地发挥设备的使用效率。

　　在 ISO/IEC17025 标准中，还将实验室分为第一方、第二方和第三方实验室三种类型。第一方是组织内的实验室，检测或校准自己生产的产品，或委托某实验室代表其检测或校准自己生产的产品，数据为我所用，目的是提高和控制自己生产的产品质量。第二方也是组织内的实验室，检测或校准供方提供的产品，或委托某实验室代表其检测或校准供方提供的产品，数据为我所用，目的是提高和控制供方产品质量。第三方则是独立于第一方和第二方，为社会提供检测或校准服务的实验室，数据为社会所用，目的是提高和控制社会产品质量。另外，第一、二、三方实验室是可以互相转换的，第三方可以变成第一、二方，而第一方也可以同时是第二方。如果实验室是某机构中从事检测或校准的一个部门，且只为本机构提供内部服务，则该实验室就是一个典型的第一方实验室。

　　实验室可以是在一个固定的场所，也可以是离开固定设施的场所，或者是在临时或移动的设施中开展检测或校准活动。

　　在实验室认可中，关于能力验证的要求特别被认可组织所关注。我国的 CNAS 一直鼓励实验室参加能力验证计划，要求已获认可和申请认可的实验必须参加 CNAS 组织和指定参加的能力验证。实验室应参加能力验证计划的政策及工作质量控制程序。

　　参加了 CNAS 承认组织的能力验证，且结果属于满意，则予以确认；属正常情况没参加 CNAS 组织的能力验证，则不影响确认；参加了 CNAS 组织的能力验证，但结果可疑的 CNAS 将建议实验室采取相应的纠正措施；对在能力验证计划中出现不满意结果的实验室，CNAS 将要求其采取有效的纠正措施，并在对其进行确认并得到满意结果后，再予以安排评审或批准认可；当已认可实验室的能力验证结果不满意，且超过了其认可项目所依据标准的允差范围时，应停止其在相关项目的证书或报告中使用 CNAS 的认可标志，在完成纠正措施并经 CNAS 确认有效后，方可恢复使用认可标志。

实验室参加了 CNAS 组织的能力验证后，CNAS 将对实验室提供的检测或校准结果进行评价，并将能力验证的结果通知参与实验室。参加了 CNAS 组织的能力验证计划且结果满意的实验室，在 CNAS 能力验证政策规定的结果报告之日起四年内，可免除对能力验证项目的现场试验，对其技术能力直接确认。

2.1.2　质量管理体系是一个动态发展，不断改进和不断完善的过程

ISO/IEC17025 标准实质内容共分两大部分，前三章是 1 范围、2 引用标准、3 术语和定义，后两章为 4 管理要求和 5 技术要求。

实验室管理体系的运行，是依据 ISO/IEC17025 标准中所规定的质量方针、目标、规划要求，实施与运行、检查与纠正措施及管理评审等环节实施，并随着科学技术的进步，法律、法规的完善，客观情况的变化以及人们质量意识的提高，在按 PDCA 模式运行过程中会对管理体系进行不断地改进、补充和完善并呈螺旋式上升。每经过一个循环过程，就需要制定新的质量目标、指标和新的实施方案，调整相关要素的功能，使原有的管理体系不断完善，达到一个新的运行状态。

随着市场经济的发展，为了消除贸易壁垒，以满足各相关方的需求，增强市场竞争能力，不断改进管理体系来规范实验室的行为，并且达到国际间互认，是实验室认可发展的必由之路。许多实验室在通过实施 ISO/IEC17025 标准认可的同时，积极探索改善实验室质量管理的新渠道，如实施 ISO14000 环境管理系列标准，来改善实验室的环境管理并向社会和相关方提出承诺；实施 OHSAS18001 职业安全卫生管理体系、SA8000 社会责任国际标准等标准改善组织形象和信誉度。不论实施任何国际标准来加强实验室管理，其目的均是以实现 ISO/IEC17025 管理为根本要求，但这些标准认证体系都是从不同方面来改善和加强实验室的管理，其所涉及的要素都是全面管理的一部分。这些体系虽然其内涵不同，但建立和实施管理体系的思路相似，均强调"预防为主"，全过程控制并利用程序文件加强管理，以达到持续改进和持续发展的目的。因此，不论实验室涉及的领域如何，在建立管理体系时，应充分考虑上述客观事实。从目前的实验室认可情况来看，一些实验室所在机构首先通过了如 ISO9000 标准或 ISO14000 标准等方面的认证，但如何在全面管理的基础上，实施 ISO/IEC17025 认可，则是实验室所在机构最高管理者应该充分考虑的实际问题。合理分配资源，根据实验室的规模和特点，从可持续发展的角度来调整机构设置、明确职责、相互协调，可使各类管理体系之间既有其独立性，又能形成一体化的管理，避免重复、矛盾以及职责不清的现象。由于实验室管理体系是动态的持续改进与发展过程，并且各实验室实际情况不同，因此，影响实验室管理体系有效运行的因素会很多。但其中主要问题除了领导者作用方面存在不足外，最高管理者的参与及重视程度、体系的策划及文件编制、质量方针和目标适宜性及资源配置合理性等问题比较常见。例如，一是由于领导决策有遗漏、全员参与程度不够或实验室内部协调性不好，职责不清、接口和协调不够明确，造成部门间的责任冲突或影响到执行。体系策划时，对相关要求特别是符合法律法规和顾客的要求识别不够，造成质量目标制定困难，有些即使制定了质量目标也不能实现质量目标的量化，使得质量方针不能有效实现，实验室管理体系不能按要求充分发挥作用，导致实验室质量管理体系在建立的初期就频频出现不符合要求、运作不规范等情况。这样，就势必造成逐渐偏离质量方针、质量目标的总体要求，质量管理体系失去了持

续改进的能力。二是质量管理体系文件编写没有体现认可标准的全部要求。体系文件没有结合本实验室的特点，对影响检测质量的各种因素充分予以考虑并实施有效控制，或者是对实验室的检测能力、范围和公正性等方面论述与说明不确切。另一些则是实验室质量管理体系文件编写过于繁复，生编硬套，不具备实际操作性。还有些实验室编制的体系文件整体协调性不好，层次混乱或上下层次文件衔接有问题，内容引用重复或无出处不能保证其有效性等。三是质量管理体系在运行时出现不能按要求实现等问题。文件化的实验室质量管理体系建立后，重要的步骤是运行与实施，只有通过体系运行才能验证建立的质量管理体系是否合理、是否满足规定的要求、是否有能力得到全面实施和实现改进实验室质量管理体系。但很多实验室质量管理体系在运行初期，不能实现所有过程的有效控制，体系不能全部按控制要求运行或只有部分条款内容、某项检测范围要求等实现了按控要求，这些都不能算作实验室质量管理体系的有效运行。

只有通过建立和不断完善的监视测量、控制改进等手段，才能使质量管理体系真正运行起来。同时，为提高实验室质量管理体系运行的质量，应通过各种内部检查手段来找出改进实验室管理体系的机会，提出改进措施，对质量管理体系文件进行相应的修改或补充，以促进实验室质量管理体系的不断完善和有效运行。

2.2   实验室管理体系建立的步骤和内容

按 ISO/IEC17025 标准建立的实验室质量管理体系是一个动态的、需要不断发展和进行完善的管理体系，实验室质量管理体系建立的过程与保持的模式没有本质的区别，其内容和要求基本一致，体系的建立、运行与保持也符合 PDCA 模式。由于不同实验室的性质、规模、工作现状以及现有质量管理水平的差异，也就不可能存在一个完全相同的质量管理体系模式。

本节着重介绍铁矿检测实验室管理体系的建立过程及其相关要求，其他实验室也可作为参考。

实验室质量管理体系的建立过程一般包括领导决策与准备、确定顾客的需求与期望、建立质量方针和质量目标、确定实现目标所需的资源及过程和职责、体系策划与设计、确定每一过程有效性的测量、控制与评价方法、质量管理体系文件编制、体系试运行、内部审核及管理评审持续改进等十个阶段，具体步骤为：

（1）领导决策与准备；

（2）任命质量、技术管理者；

（3）确定建立实验室管理体系的范围和依据；

（4）建立实验室质量方针和质量目标，编制实验室管理体系文件并批准发布，实验室管理层对良好职业行为和为客户提供检测服务质量的承诺，管理层关于实验室服务标准的声明；

（5）确定实现质量目标所需的资源、过程和职责；

（6）建立并完善体系要求的各相关层次文件与规范，制定文件管理制度、设备管理制度、人员培训管理制度和记录管理制度等相关文件；

（7）质量管理体系文件培训；

（8）体系试运行；

（9）内部审核及管理评审；

（10）持续改进。

2.2.1　建立实验室质量管理体系的目的

建立实验室质量管理体系，是为了实施质量管理并使其实现与达到质量方针和目标的总体要求。实验室制定的质量方针和目标能否被全面贯彻和实现，关键在于：实验室所有与检测结果质量有关的过程及这些过程的相互作用是否已被识别和确定；这些过程是否按照确定的程序和方法执行，并处于受控状态；是否通过管理职责的协调、质量监控、质量管理体系审核和评审，以及能力验证；以比对实验等方式进行质量管理体系的评价、验证和改进。实验室通过认可的主要目的是增强实验室的技术能力，提高社会认可度和满足公正性要求。因此，实验室不但要严格按照实验室认可准则的要求，加强质量管理，规范检测行为，提升技术能力。同时，又要根据实验室的实际情况，分析和制定保障措施，并确保所采取措施的行之有效，使实验室的技术能力在改进中得到增强，社会认可度不断提高，并满足实验室检测公正性要求。在实验室质量管理的实施过程中，关键要控制好如下一些过程和要求，如：质量管理体系文件化并保持有效、职责分配与资源配置合理、质量方针能够体现实验室的实际要求和满足法律法规与客户的要求，质量目标可以量化和分解，人员技能满足要求，检测环境控制，设备的校准，服务和供应品的采购，标准物质的使用和管理，检测方法的选择，样品标识与传递，检测过程控制，检测报告审核与签发，质量管理体系的持续改进等。

ISO/IEC17025 条款 4.2.2 中要求："实验室管理体系中与质量有关的政策，包括质量方针声明，应在质量手册（不论如何称谓）中阐明。应制定总体目标并在管理评审时加以评审。"在条款 4.2.2c）中要求质量方针应包括"与质量有关的管理体系的目的"内容。从中可以看出，前部分讲的是总体目标，或者说是实验室的中期或长期目标。而 4.2.2c）中"与质量有关的管理体系的目的"指的是质量方针的要求，也就是在总体目标指导下的具体实现内容，两者既有区别，又联系紧密。中期或长期目标包括当前目标，当前目标是中期或长期目标制定的基础，有了实验室的中期或长期目标和当前目标，就可以根据要求制定实验室的现今质量方针和质量目标。旧版 ISO/IEC17025 只要求有当前目标，而ISO/IEC17025: 2005 版既要求实验室制定当前目标，又要求实验室制定中长期目标。实验室最高管理者在制定质量目标时，不仅要考虑当前实验室的具体状况，更需有战略眼光来看待实验室的总体发展趋势，既要立足于实际发展要求，更要着眼于未来，使实验室具有持续发展的动力。不同实验室质量的方针都有自己特色的内容，但基本要求是要体现三个承诺一个框架。三个承诺为：良好职业行为的承诺，4.2.2a）；服务质量的承诺，4.2.2a）；持续改进管理体系的承诺 4.2.2e）。质量目标要体现挑战性、可测性、可实现性。挑战性是要求质量目标经过努力才能实现的，不是轻而易举、一蹴而就的；可测性是指质量目标是可以测量的，也就是说要有具体的数据或可评定。可实现性是指目标既要有挑战性，又不能过于苛刻，要求经过努力是可以实现的。一个框架指质量方针为质量目标制定提供框架和评价依据。

为完全实现建立实验室质量管理体系的目的，必须在实验室质量管理体系的实施过程中不断寻求持续改进的机会，并使实验室质量管理体系确实得到改进，应按八项质量管理原则的要求，在加强实验室质量管理的同时，积极主动地利用各种质量管理体系改进手段，如利用统计技术，参加国际、国内能力验证和实验室间比对试验，采取纠正和预防措施，通过内部审核与管理评审、第三方评审等，不断改进和提高实验室管理水平和技术能力，才能使实验室质量管理活动走向可持续的良好发展轨道。

2.2.2   实验室领导层的决策与准备

质量管理体系的策划与准备是成功建立质量管理体系的关键，尤其从我国建立实验室质量管理体系的现状来看，从管理层到一般工作人员对质量管理体系的概念、依据、方法及目的的认识都已发展到一个新阶段，因此，充分利用其他领域建立质量管理体系的成功经验，在铁矿实验室质量管理体系建立的过程中显得尤为重要。

在传统的实验室经营管理与发展战略研究中，一般认为，建立实验室管理体系远远不如为实验室所在组织最终产品质量问题服务显得重要。因此，是否按国际通用规则相适用的标准要求建立实验室管理体系，实验室所在组织的最高管理者还不能像关心经济业绩那样关心实验室体系建设。另外，不论是实验室内部的发展需求，还是外部对于"质量"要求的发展趋势，特别是近十几年来的事实都证明，如果一个实验室不高度重视体系建设，其检测行为与检测结果就可能不被国内、国际所认可，最终被市场无情淘汰，这样他们就会错失给实验室带来市场化经营的机遇和在经济上有所收获的机会，以至于可能完全丧失在国际市场参与竞争的机遇。但是实施科学化的实验室管理可能需要不断地投入大量的资源，摒弃以往自认为成功的经验，而有些习惯做法却难以割舍，在质量管理体系建立和实施的初期更是如此。在这种客观前提下，实验室最高管理层要实现建立管理体系的愿望和按认可要求建立质量管理体系，就应对客户的要求以及满足法律法规的要求做出承诺，动员实验室全体人员积极参与体系的建立和运行，为他们配备适合的资源，并赋予他们与实现质量目标相对应的职责与权限。

2.2.3   实验室质量、技术管理者任命

实验室质量管理体系的建立和实施是一个系统工程，将涉及实验室的各方面工作，按标准要求，最高管理者应任命实验室质量和技术管理者（一般称质量负责人、技术负责人，可以是专职或兼职，但其职责与权限应予以明确），不论他们的其他责任是什么，至少应被授予如下职权：他们具有所需的权力和资源来履行包括实施、保持和改进管理体系的职责，识别对管理体系或检测程序的偏离以及采取预防或减少这些偏离的措施。同时，他们有渠道可以保证向最高管理层汇报体系的运行情况以供管理评审，并为体系的改进提供依据；在实验室内部，通过宣传、培训等各种方式，提高实验室全体人员维护和改进实验室质量管理体系的意识，实验室进行职责划分、资源配置等的目的，是确保实验室各级人员能够理解他们活动的相互关系和重要性，以及如何为管理体系质量目标的实现做出贡献。其中质量管理负责人还可以负责协调体系建立和运行过程中各部门间的关系及与外部进行联系，为最高管理者提出需要改进的建议。正因为如此，质量负责人在实验室管理活动中的作用应该得到重视，最好是实验室中具有一定地位、级别的管理者。质量、技术负责人可以在实验室体系策划的初期，与实验室管理人员同时得到任命，也可以由实验室直接任命。质量、技术负责人的代理人也需要得到指定。

2.2.4 确定建立实验室管理体系的范围与依据

认可准则要求实验室应建立、实施和保持与实验室活动范围相适应的管理体系，并应将实验室政策、制度、计划、程序和指导书制定成文件，以达到确保实验室检测结果质量所需的要求。因此，按 ISO/IEC17025 标准与实验室管理现状，确定实验室包含检测活动所有范畴的有关法律法规、认可政策制度、检测范围、方法及客户要求等相关信息进行收集、识别及确认适用性是建立管理体系必要的工作。

质量管理体系的建立来源于实验室的现状调查和分析，调查分析的目的是为了合理地查明认可准则各条款的满足能力。调查和分析的具体内容包括：实验室已有管理体系情况、检测结果要达到何种要求、实验室组织结构、人力资源等。经过调查和分析后，确定控制要求，主要检查有关质量管理体系认可要求是否适合本实验室检测活动的特点、是否适合本实验室资源配置和质量管理活动中的工作职责与权限明确地分配到各个职能岗位，以及是否符合相关法律法规的要求。

一般来说，铁矿实验室涉及认可准则要求的全部条款内容，但不同实验室在具体内容的繁简上还是具有一定的差别，如实验室质量职能分配上的差别、人员结构上的差别、所使用检测设备的差别、样品流转程序的差别，以及在分包与服务和供应品的采购等方面的差别。因此，确定实验室资源分配等各项质量活动的职责和接口时，应考虑："服务客户→合同→抽样→样品接受→任务下达→检测活动→数据记录→出具报告"这一完整的"质量活动环"来确定各项质量活动的资源和过程，做到职能划分清楚，职责落实到位，充分满足认可要求和实验室持续改进要求。

随着实验室认可工作的不断深入，如何满足顾客的需求和期望，是建立实验室质量管理体系需要认真考虑和解决的问题，可以说实验室质量管理体系建立的最重要目的就是满足顾客的要求，它应该是实验室质量管理体系的"终点"，更应该是新的"起点"，因为，评价质量管理是否有效的总体要求是看实验室持续改进的能力，而改进是顾客对实验室管理水平的更高要求。确定顾客的需求与期望可以通过以下的方法进行：（1）收集掌握最新法律法规的要求，进一步明确与检测活动相关的责任，其中包括法规和法律的要求，如强制性国家标准和行业标准、国家和地方法规等；（2）分析、借鉴同类实验室在国内、国际认可市场的成功经验；（3）通过市场调研，明确实验室各类客户近期与远期的需求；（4）调查顾客满意的程度，收集顾客的反馈意见，为决策与改进提供依据；（5）进一步明确客户的需求与期望对实验室的检测质量责任的影响，如合同要求能否可以满足，在认可要求及其他政策约束下的相关技术责任保证等。

铁矿实验室为检测类实验室，与其质量管理体系相关的术语和定义，在认可标准中已有确切说明。与质量有关的通用定义采用 ISO9000，与认证和实验室认可有关的采用 ISO/IEC 17000:2004（合格评定　词汇和通用原则），若 ISO9000 与 ISO/IEC 17000 和 VIM（国际通用计量学基本术语）中给出的定义有差异，优先使用 ISO/IEC 17000 和 VIM 中的定义。

ISO9000 系列标准多数已等同转换为国标，ISO/IEC17000 也等同转换为 GB/T 27000:2006《合格评定　词汇和通用原则》，但 VIM（国际通用计量学基本术语）只有非等效标准 JJF 1001:1998《通用计量术语与定义》。因此，根据认可准则要求和铁矿实验室检测活动的特性选择认可相关标准作为编制实验室文件的主要依据，是建立文件化的质量管理体系最重要的工作之一。

我国 CNAS（中国合格评定国家认可委员会）发布了一系列认可规范文件，实验室认可时可根据需要使用，清单见表 2-7。

表 2-7　CNAS 认可规范文件清单

认可规则文件		
序号	CNAS 文件编号/名称	原文件编号/名称	适用范围（备注）
1 通用认可规则			
1	CNAS-R01:2006《认可标识和认可状态声明管理规则》	CNAB-AR04:2004《认可标志和国际互认标志使用规则》 CNAL/AR04:2003《认可标志与认可证书管理规则》	通用
2	CNAS-R02:2006《公正性和保密规则》	CNAL/AR03:2003《公正性与保密规则》	通用
3	CNAS-R03:2006《申诉、投诉和争议处理规则》	CNAB-AR05:2004《申诉、投诉和争议处理规则》 CNAL/AR05:2003《申诉、投诉与争议处理规则》	通用
2 专用认可规则			
认证机构认可			
4	CNAS-RC01:2006《认证机构认可规则》	CNAB-AR01:2004《认证机构认可规则》	认证机构认可
5	CNAS-RC02:2006《认证机构认可资格的暂停与撤销规则》	CNAB-AR02:2004《认证机构认可资格的暂停与撤销规则》	认证机构认可
6	CNAS-RC03:2006《认证机构信息通报规则》	CNAB-AR03:2004《认证机构信息通报规则》	认证机构认可
7	CNAS-RC04:2006《认证机构认可收费管理规则》	CNAB-AR06:2004《认证机构认可收费管理规则》	认证机构认可
8	CNAS-RC05:2006《多场所认证机构认可规则》	CNAB-AR07:2004《多场所认证机构认可规则》	认证机构认可
9	CNAS-RC06:2006《对软件过程及能力成熟度评估机构的认可程序规则》	CNAB-AR08:2004《对软件过程及能力成熟度评估机构的认可程序规则》	认证机构认可
实验室和检查机构认可			
10	CNAS-RL01:2006《实验室和检查机构认可规则》	CNAL/AR01:2003《认可程序规则》	实验室认可、检查机构认可
11	CNAS-RL02:2006《能力验证规则》	CNAL/AR07:2003《能力验证规则》	实验室认可、检查机构认可
12	CNAS-RL03:2006《实验室和检查机构认可收费管理规则》	CNAL/AR08:2004《认可收费管理规则》	实验室认可、检查机构认可
13	CNAS-RL04:2006《境外实验室和检查机构受理规则》	CNAL/AR09:2004《中国港澳台地区及国外机构受理政策》	实验室认可、检查机构认可
14	CNAS-RL05:2006《实验室生物安全认可规则》	CNAL/AR13:2004《实验室生物安全认可程序规则》（试行）	实验室认可

基本认可准则		
序号	CNAS 文件编号/名称	原文件编号/名称	适用范围（备注）
1 认证机构认可		
1	CNAS-CC11:2006《质量管理体系认证机构通用要求》（ISO/IEC 导则 62:1996）	CNAB-AC11:2004《质量管理体系认证机构通用要求》（ISO/IEC 导则 62:1999）	认证机构认可
2	CNAS-CC21:2006《产品认证机构通用要求》（ISO/IEC 导则 65:1996）	CNAB-AC21:2004《产品认证机构通用要求》（ISO/IEC 导则 65:1996）	认证机构认可
3	CNAS-CC31:2006《环境管理体系认证机构通用要求》（ISO/IEC 导则 66:1999）	CNAB-AC31:2004《环境管理体系认证机构通用要求》（ISO/IEC 导则 66:1999）	认证机构认可
4	CNAS-CC41:2006《职业健康安全管理体系认证机构通用要求》	CNAB-AC41:2004《职业健康安全管理体系认证机构通用要求》	认证机构认可
5	CNAS-CC51:2006《软件过程及能力成熟度评估机构通用要求》	CNAB-AC51:2004《软件过程及能力成熟度评估机构通用要求》	认证机构认可
6	CNAS-CC61:2006《食品安全管理体系认证机构通用要求》	CNAB-AC61:2004《食品安全管理体系认证机构通用要求》	认证机构认可
7	CNAS-CC71:2006《人员认证机构通用要求》（ISO/IEC17024:2003）	CNAB-AC71:2004《人员认证机构通用要求》（ISO/IEC17024:2003）	认证机构认可
2 实验室认可		
8	CNAS-CL01:2006《检测和校准实验室能力认可准则》（ISO/IEC17025:2005）	CNAL/AC01:2005《检测和校准实验室能力认可准则》	实验室认可
9	CNAS-CL02:2006《医学实验室能力认可准则》（ISO15189:2003）	CNAL/AC23:2004《医学实验室质量和能力认可准则》	实验室认可
10	CNAS-CL03:2006《能力验证计划提供者认可准则》（ILAC-G13）	CNAL/AC04:2003《能力验证计划提供者认可准则》	实验室认可
11	CNAS-CL04:2006《标准物质/标准样品生产者能力认可准则》（ISO 导则 34:2000）（试用）	CNAL/AC22《标准物质/标准样品生产者能力认可准则》（ISO 导则 34:2000）（试用）	实验室认可
12	CNAS-CL05:2006《实验室生物安全认可准则》（GB19489:2004）	CNAL/AC30:2005《实验室生物安全认可准则》（GB19489:2004）	实验室认可
3 检查机构认可		
13	CNAS-CI01:2006《检查机构认可准则》（ISO/IEC17020:1998）	CNAL/AC02:2003《检查机构认可准则》	检查机构认可
认证机构指南和方案		
序号	CNAS 文件编号/名称	原文件编号/名称	适用范围（备注）
1 应用指南		
1	CNAS-CC12:2006《质量管理体系认证机构通用要求》应用指南（IAF GD 2:2005）	CNAB-AC12:2004《质量管理体系认证机构通用要求》应用指南（IAF GD 2:2003）	认证机构认可

续表 2-7

	认证机构指南和方案		
序号	CNAS 文件编号/名称	原文件编号/名称	适用范围（备注）
	1 应用指南		
2	CNAS–CC22:2006《产品认证机构通用要求》应用指南（IAF-PL-99-005）	CNAB-AC22:2004《产品认证机构通用要求》应用指南（IAF-PL-99-005）	认证机构认可
3	CNAS–CC23:2006《产品认证机构通用要求》有机产品认证的应用指南	CNAB-AC23:2004《产品认证机构通用要求》有机产品认证的应用指南	认证机构认可
4	CNAS–CC32:2006《环境管理体系认证机构通用要求》应用指南（IAF GD6:2003）	CNAB-AC32:2004《环境管理体系认证机构通用要求》应用指南	认证机构认可
5	CNAS–CC42:2006《职业健康安全管理体系认证机构通用要求》应用指南	CNAB-AC42:2004《职业健康安全管理体系认证机构通用要求》应用指南	认证机构认可
6	CNAS–CC62:2006《食品安全管理体系认证机构通用要求》应用指南	CNAB-AC62:2004《食品安全管理体系认证机构通用要求》应用指南	认证机构认可
7	CNAS–CC72:2006《人员认证机构通用要求》应用指南（IAF GD24:2004）	CNAB-AC72:2004《人员认证机构通用要求》应用指南	认证机构认可
	2 认可指南		
8	CNAS–GC01:2006《认证证书管理实施指南》	CNAB-AG01:2004《认证证书管理实施指南》	认证机构认可
9	CNAS–GC02:2006《管理体系认证的结合审核管理实施指南》	CNAB-AG02:2005《管理体系认证的结合审核管理实施指南》	认证机构认可
10	CNAS–GC11:2006《质量管理体系认证机构认证业务范围管理实施指南》	CNAB-AG11:2004《质量管理体系认证机构认证业务范围管理实施指南》	认证机构认可
11	CNAS–GC21:2006《产品认证机构认证业务范围管理实施指南》	CNAB-AG21:2004《产品认证机构认证业务范围管理实施指南》	认证机构认可
12	CNAS–GC31:2006《环境管理体系认证机构认证业务范围管理实施指南》	CNAB-AG31:2004《环境管理体系认证机构认证业务范围管理实施指南》	认证机构认可
13	CNAS–GC32:2006《认证机构实施依据新版 GB/T24001 国家标准的环境管理体系认证的转换指南》	CNAB-AG32:2005《认证机构实施依据新版 GB/T24001 国家标准的环境管理体系认证的转换指南》	认证机构认可
14	CNAS–GC41:2006《职业健康安全管理体系认证机构认证业务范围管理实施指南》	CNAB-AG41:2004《职业健康安全管理体系认证机构认证业务范围管理实施指南》	认证机构认可
	实验室应用说明、专门要求、指南和认可申请书		
序号	CNAS 文件名称/编号	原 CNAL 文件名称/编号	适用范围（备注）
	1 应用说明和专门要求		
1	CNAS–CL06:2006《量值溯源要求》	CNAL/AR10:2003《量值溯源政策》	实验室认可、检查机构认可
2	CNAS–CL07:2006《测量不确定度评估和报告通用要求》	CNAL/AR11:2003《测量不确定度政策》	实验室认可

	实验室应用说明、专门要求、指南和认可申请书		
序号	CNAS 文件名称/编号	原 CNAL 文件名称/编号	适用范围（备注）
	1 应用说明和专门要求		
3	CNAS–CL08:2006《评价和报告测试结果与规定限量符合性的要求》	CNAL/AR12:2003《评审和报告符合规范的规则》	实验室认可
4	CNAS–CL09:2006《实验室认可准则在微生物检测实验室的应用说明》	CNAL/AC05:2003《实验室认可准则在微生物检测实验室的应用说明》	实验室认可
5	CNAS–CL10:2006《实验室认可准则在化学检测实验室的应用说明》	CNAL/AC06:2003《实验室认可准则在化学检测实验室的应用说明》	实验室认可
6	CNAS–CL11:2006《实验室认可准则在电子和电气检测实验室的应用说明》	CNAL/AC07:2003《实验室认可准则在电子和电气检测实验室的应用说明》	实验室认可
7	CNAS–CL12:2006《实验室认可准则在医疗器械检测实验室的应用说明》	CNAL/AC08:2003《实验室认可准则在医疗器械检测实验室的应用说明》	实验室认可
8	CNAS–CL13:2006《实验室认可准则在汽车和摩托车检测实验室的应用说明》	CNAL/AC09:2003《实验室认可准则在汽车和摩托车检测实验室的应用说明》	实验室认可
9	CNAS–CL14:2006《实验室认可准则在无损检测实验室的应用说明》	CNAL/AC10:2003《实验室认可准则在无损检测实验室的应用说明》	实验室认可
10	CNAS–CL15:2006《实验室认可准则在电声检测实验室的应用说明》	CNAL/AC11:2003《实验室认可准则在电声检测实验室的应用说明》	实验室认可
11	CNAS–CL16:2006《实验室认可准则在电磁兼容检测实验室的应用说明》	CNAL/AC12:2003《实验室认可准则在电磁兼容检测实验室的应用说明》	实验室认可
12	CNAS–CL17:2006《实验室认可准则在玩具检测实验室的应用说明》	CNAL/AC13:2003《实验室认可准则在玩具检测实验室的应用说明》	实验室认可
13	CNAS–CL18:2006《实验室认可准则在纺织检测实验室的应用说明》	CNAL/AC14:2003《实验室认可准则在纺织检测实验室的应用说明》	实验室认可
14	CNAS–CL19:2006《实验室认可准则在金属材料检测实验室的应用说明》	CNAL/AC15:2003《实验室认可准则在金属材料检测实验室的应用说明》	实验室认可
15	CNAS–CL20:2006《实验室认可准则在信息技术软件产品检测实验室的应用说明》	CNAL/AC16:2003《实验室认可准则在信息技术软件产品检测实验室的应用说明》	实验室认可
16	CNAS–CL21:2006《实验室认可准则在卫生检疫实验室的应用说明》	CNAL/AC17:2003《实验室认可准则在卫生检疫实验室的应用说明》	实验室认可
17	CNAS–CL22:2006《实验室认可准则在动物检疫实验室的应用说明》	CNAL/AC18:2003《实验室认可准则在动物检疫实验室的应用说明》	实验室认可
18	CNAS–CL23:2006《实验室认可准则在植物检疫实验室的应用说明》	CNAL/AC19:2003《实验室认可准则在植物检疫实验室的应用说明》	实验室认可

	实验室应用说明、专门要求、指南和认可申请书		
序号	CNAS 文件名称/编号	原 CNAL 文件名称/编号	适用范围（备注）
	1 应用说明和专门要求		
19	CNAS-CL24:2006《实验室认可准则在黄金、珠宝检测实验室的应用说明》	CNAL/AC20:2003《实验室认可准则在黄金、珠宝检测实验室的应用说明》	实验室认可
20	CNAS-CL25:2006《实验室认可准则在校准实验室的应用说明》	CNAL/AC21:2003《实验室认可准则在校准实验室的应用说明》	实验室认可
21	CNAS-CL26:2007《检测和校准实验室能力认可准则在感官检验领域的应用说明》		实验室认可
	2 认可指南		
22	CNAS-GL01:2006《实验室认可指南》	CNAL/AG01:2003《实验室认可指南》	实验室认可
23	CNAS-GL02:2006《能力验证结果的统计处理和能力评价指南》（试用）	CNAL/AG03:2003《能力验证结果的统计处理和能力评价指南》（试用）》	实验室认可
24	CNAS-GL03:2006《能力验证样品均匀性评价指南》（试用）	CNAL/AG04:2003《能力验证样品均匀性评价指南》（试用）	实验室认可
25	CNAS-GL04:2006《量值溯源要求的实施指南》	CNAL/AG05:2003《量值溯源政策实施指南》	实验室认可
26	CNAS-GL05:2006《测量不确定度要求的实施指南》	CNAL/AG06:2003《测量不确定度政策实施指南》	实验室认可
27	CNAS-GL06:2006《化学分析中不确定度的评估指南》（等同采用 EURACHEM）	CNAL/AG07:2002《化学分析中不确定度的评估指南》（等同采用 EURACHEM）	实验室认可
28	CNAS-GL07:2006《EMC 检测领域不确定度的评估指南》	CNAL/AG08:2003《EMC 检测领域不确定度的评估指南》（试用）	实验室认可
29	CNAS-GL08:2006《电器领域不确定度的评估指南》	CNAL/AG09:2003《电器领域不确定度的评估指南》（试用）	实验室认可
30	CNAS-GL09:2006《校准领域不确定度的评估指南》（等同采用 EA04）		实验室认可（正在批准中）
31	CNAS-GL10:2006《材料理化检验测量不确定度评估指南及实例》		实验室认可
32	CNAS-GL11:2007《检测和校准实验室能力认可准则在软件和协议检测领域的应用指南》		实验室认可
33	CNAS-GL12:2007《实验室和检查机构内部审核指南》		实验室认可
34	CNAS-GL13:2007《实验室和检查机构管理评审指南》		实验室认可
35	CNAS-GL14:2007《医学实验室安全应用指南》		实验室认可
36	CNAS-GL16:2007《最佳测量能力评定指南》		实验室认可

	实验室应用说明、专门要求、指南和认可申请书		
序号	CNAS 文件名称/编号	原 CNAL 文件名称/编号	适用范围（备注）
	2 认可指南		
37	CNAS-GL17:2007《医学实验室质量和能力认可准则在信息系统的实施指南》		实验室认可
38	CNAS-GL18:2008《量值溯源在医学领域的实施指南》		实验室认可
39	CNAS-GL19:2008《医学实验室质量和能力认可准则在临床血液学检验领域的指南》	CNAS-CL27:2007《医学实验室质量和能力认可准则在临床血液学检验领域的应用说明》	实验室认可
40	CNAS-GL20:2008《医学实验室质量和能力认可准则在体液学检验领域的指南》	CNAS-CL28:2007《医学实验室质量和能力认可准则在临床体液学检验领域的应用说明》	实验室认可
41	CNAS-GL21:2008《医学实验室质量和能力认可准则在临床生物化学检验领域的指南》	CNAS-CL29:2007《医学实验室质量和能力认可准则在临床生物化学检验领域的应用说明》	实验室认可
42	CNAS-GL22:2008《医学实验室质量和能力认可准则在临床免疫学检验领域的指南》	CNAS-CL30:2007《医学实验室质量和能力认可准则在临床免疫学检验领域的应用说明》	实验室认可
43	CNAS-GL23:2008《医学实验室质量和能力认可准则在临床微生物学检验领域的指南》	CNAS-CL31:2007《医学实验室质量和能力认可准则在临床微生物学检验领域的应用说明》	实验室认可
44	CNAS-GL24:2008《医学实验室质量和能力认可准则在输血医学领域的指南》	CNAS-CL32:2007《医学实验室质量和能力认可准则在输血医学领域的应用说明》	实验室认可
45	CNAS-GL25:2008《医学实验室质量和能力认可准则在病理学检查领域的指南》	CNAS-CL33:2007《医学实验室质量和能力认可准则在病理学检验领域的应用说明》	实验室认可
46	CNAS-GL26:2008《医学实验室质量和能力认可准则在基因扩增检验领域的指南》	CNAS-CL34:2007《医学实验室质量和能力认可准则在基因扩增检验领域的应用说明》	实验室认可
	3 认可申请书		
47	CNAS-AL01:2006 《实验室认可申请书》	CNAL/AI02:2003《实验室认可申请书》	实验室认可
48	CNAS-AL02:2006 《医学实验室认可申请书》		实验室认可
49	CNAS-AL03:2006《能力验证计划提供者认可申请书》		实验室认可
50	CNAS-AL04:2006《标准物质生产者认可申请书》		实验室认可
51	CNAS-AL05:2006《生物安全实验室认可申请书》		实验室认可
	检查机构应用说明、指南和认可申请书		
序号	CNAS 文件名称/编号	原 CNAL 文件名称/编号	适用范围（备注）
	1 应用说明		
1	CNAS-CI02:2006《检查机构认可准则的应用说明》（等同采用 ILAC/IAF 关于 ISO/IEC 17020 标准的应用指南）	CNAL/AC03:2003《检查机构认可准则的应用说明》（等同采用 ILAC/IAF 关于 ISO/IEC 17020 标准的应用指南）	检查机构认可

序号	检查机构应用说明、指南和认可申请书		
	CNAS 文件名称/编号	原 CNAL 文件名称/编号	适用范围（备注）
1 应用说明			
2	CNAS–CI03:2006《检查机构认可准则在锅炉、压力容器（含气瓶）和压力管道检查机构的应用说明》	CNAL/AC24:2003《检查机构认可准则在锅炉、压力容器（含气瓶）和压力管道检查机构的应用说明》	检查机构认可
3	CNAS–CI04:2006《检查机构认可准则在大型游乐设施检查机构的应用说明》	CNAL/AC25:2003《检查机构认可准则在大型游乐设施检查机构的应用说明》	检查机构认可
4	CNAS–CI05:2006《检查机构认可准则在工厂检查机构的应用说明》	CNAL/AC26:2003《检查机构认可准则在工厂检查机构的应用说明》	检查机构认可
5	CNAS–CI06:2006《检查机构认可准则在起重机械检查机构的应用说明》	CNAL/AC27:2003《检查机构认可准则在起重机械检查机构的应用说明》	检查机构认可
6	CNAS–CI07:2006《检查机构认可准则在建设工程领域的应用说明》	CNAL/AC28:2003《检查机构认可准则在建设工程领域的应用说明》	检查机构认可
7	CNAS–CI08:2006《检查机构认可准则在商品（货物）重量鉴定检查机构的应用说明》	CNAL/AC29:2003《检查机构认可准则在商品（货物）重量鉴定检查机构的应用说明》	检查机构认可
2 认可指南			
8	CNAS–GI01:2006《检查机构认可指南》	CNAL/AG02:2003《检查机构认可指南》	检查机构认可
3 认可申请书			
9	CNAS–AI01:2006《检查机构认可申请书》	CNAL/AI03:2003《检查机构认可申请书》	检查机构认可

2.2.5   实验室质量方针、目标、质量承诺和服务标准声明

　　每个实验室的质量管理体系都有其方针和目标，但每个实验室的个体情况不同，质量方针和目标也不同，因此，质量方针和目标的制定必须实事求是。依据国际标准的质量管理体系最终受益的将是三方：实验室本身、服务对象及实验室资源供应方。不同的实验室，应根据自己的具体情况，来制定质量管理体系。质量管理体系方针和目标的制定应考虑以下四个方面的内容：

　　（1）实验室的服务对象和任务。以检验为主的铁矿检测实验室，要求的是实验结果的准确性和精确性，还应考虑客户的满意度与节约检测成本。因此，由于实验室的服务对象和任务不同，其质量方针和目标肯定不同。

　　（2）实验室的人力资源、物质资源及资源供应方情况。不同规模、不同实力的实验所能达到的质量是不一样的，质量方针和质量目标既不偏高，也不可偏低，关键是既可以实现，又具有持续改进的能力。

　　（3）要与上级组织保持一致，实验室的质量方针和目标应是上级组织有质量方针和目标的细化和补充，尽可能保持一致。

　　（4）各个实验室成员能否理解和坚决执行，不能理解和执行的方针及目标是毫无意

义的。

2.2.5.1　质量方针

实验室质量方针和质量目标是由实验室最高负责人主持制定的，是在质量方面的总的宗旨、方向和目标，并指明质量管理体系应达到的水平。

质量方针一定要适用于本实验室，在满足认可要求的前提下，包含有满足顾客的需求和期望，实验室服务标准的声明，以及实验室对持续改进的承诺，为建立和评审质量目标提供框架，并且有具体的措施，要求层次鲜明，确保实验室各级人员理解、贯彻和执行。实验室的最高管理者应定期评审质量方针的持续适宜性，质量方针的管理应符合实验室文件控制程序的规定。实验室在建立质量管理体系最初阶段所制定的质量方针可以是直接批准发布并实施的，也可以是在体系的策划运行阶段批准发布实施。因此，开始制定的质量方针往往是较为粗浅的认识，是否可以完全表述以满足标准的要求，视不同组织对标准的理解、掌握程度不尽相同，但至少应为下阶段的工作提供一个基本的框架。

2.2.5.2　质量目标

实验室应确保在各相关职能和层次上建立质量目标，最高管理者应有能力确保依据质量方针的要求制定质量目标，并与质量方针保持一致。质量目标应量化，并与质量方针承诺的持续改进要求相一致。质量目标应切实可行，根据需要可在实验室内部各相关职能和层次上进行分解，并且应是可测量的，质量目标应明确地传达到各级有关人员，以便员工能通过努力将这些目标转化为个人对实验室的贡献。

制定质量目标时，最高管理者应考虑到实验室长远目标和当前目标的要求及实现持续改进能力的实际状况、管理评审的结果、顾客的满意程度、充分反映质量方针所承诺的持续改进的要求。

在最初制定的质量方针、目标的基础上，应通过对标准的学习，及顾客要求和实验室审核及评审的结果，重新考虑或予以调整。

2.2.5.3　实验室管理层对良好职业行为和为客户提供检测服务质量的承诺及管理层关于实验室服务标准的声明

认可准则要求，如果实验室希望作为第三方实验室得到认可，应能证明其公正性，并且实验室及其员工能够抵御任何可能影响其技术判断的、不正当的商业、财务或其他方面的压力。并且要求，第三方检测或校准实验室不应参与任何损害其判断独立性和检测或校准诚信度的活动。

在准则 4.1.5 中要求，实验室应：a）……；b）有措施保证其管理层和员工不受任何对工作质量有不良影响的、来自内外部的不正当的商业、财务和其他方面的压力和影响；c）有保护客户的机密信息和所有权的政策和程序，包括保护电子存储和传输结果的程序；d）有政策和程序以避免卷入任何可能会降低其能力、公正性、判断或运作诚实性的可信度的活动。

在准则 4.7.1 中要求，实验室应与客户或其代表合作，以明确客户的要求，并在确保其他客户机密的前提下，允许客户到实验室监视与其工作有关的操作。这种合作可包括：a）允许客户或其代表合理进入实验室的相关区域直接观察为其进行的检测和/或校准；b）客户为验证目的所需的检测和/或校准物品的准备、包装和发送。客户非常重视与实验室保持技术方面的良好沟通并获得建议和指导，以及根据结果得出的意见和解释。实验室在整个工作过程中，宜与客户尤其是大宗业务的客户保持联系。实验室应将检测和（或）校准过程中的任何延误和主要偏离通知客户。

在准则 4.7.2 中要求，实验室应向客户征求反馈意见，无论是正面的还是负面的。应使用和分析这些意见并应用于改进管理体系、检测和校准活动及对客户的服务。反馈意见的类型包括：客户满意度调查、与客户一起评价检测或校准报告。所有这些均体现了实验室服务客户的宗旨，需要实验室对良好职业行为和为客户提供检测服务质量的承诺，以及管理层关于实验室服务标准的声明得到体现。

在我国成为 WTO 成员国之后，实现了多个国际认可组织的双边或多边互认，这也是实验室进入市场为社会提供有效技术服务的首要条件。认可准则 4.1.1 要求，实验室或其所在组织应是一个能够承担法律责任的实体；4.1.2 要求实验室所从事检测工作除应符合准则的要求外，并能满足客户、法定管理机构或对其提供承认的组织的需求，实验室检测活动的公正性、独立性、诚实性也是实验室在市场经济中的形象和生命。顾客的利益既包括了顾客的机密和所有权、满足规范要求的检测活动，也包括了服务时间、价格等因素。因此，实验室作为检测市场的一个主体，要求它至少承诺包括服务收费、服务时限、检测质量、对由于实验室过错造成客户损失的对客户进行赔偿、保护客户机密信息和所有权、申诉受理等方面的内容，对于实验室不能遵守统一规定的特殊情况，实验室应在事先通过附加特殊条款加以声明。实验室一旦接受了委托，就和顾客形成了一种合同关系。为此，实验室有必要公开对顾客的质量承诺，明确在检测活动中应承担的质量责任。质量承诺的内容通常可以包括：保证检测数据可信、结论正确；保证将顾客的合法权利置于首位；恪守相关法律和制度的规定，对出具的报告／证书负责；视顾客的时间为自己的生命，以最合理的价格按时向顾客提供最优秀的服务；在质量要求的指导下开展活动，不断完善质量管理体系。

2.2.6　确定实现质量目标所需的资源及过程和职责

质量管理体系应是实验室全面质量管理的有机组成部分，传统的质量管理方法在实验室管理领域应用成效不大，除了选择的管理方法本身不适用外，大多数的关键原因是有些实验室将质量管理孤立于所在组织的整体管理之外，使得实验室的质量管理工作偏离了整个系统的发展战略要求。因此，为了保证实验室的质量管理体系有效运作，并将之融入到全面质量管理体系之中，就形成了实验室相对的质量管理组织结构以及对应的职责。利用现有资源策划质量管理体系的组织机构及资源分配，其目的不是创造和完全改变新的资源安排、职责等级及管理层次，而是为了简洁有效地实现实验室功能。

2.2.6.1　实验室职责分配

铁矿实验室的质量管理体系组织结构，同其他管理体系一样也应至少包括如下四个主要要素：

（1）组织结构图；

（2）工作职责和范围描述；

（3）明确的汇报途径和步骤；

（4）行为规范和任务指标。

组织结构图最直接的功能是使全体员工明确"谁应做什么？"与"如何实施控制？即

向谁请示和汇报，指示谁做什么和检查做得怎样？"

不同层次和不同角色具有不同的职责。实验室在建立质量管理组织机构和划分职责时，最简单和最有效的办法是按照等级制度来安排。这种结果最容易被理解，并能很快使结构和职责发挥作用。

认可标准中各个条款的要求应充分予以体现，相互协调、相互沟通。为了使体系中各个条款及功能整体发挥作用，首先抓好信息交流，在确定组织结构的信息传递和控制机制（如途径或方向）时，应予以充分考虑。职责划分必须明确，应充分考虑工作的便于实施，考虑方针、目标的易于实现，以避免责任的重复或出现空白。

应该充分发挥最高管理者及质量、技术负责人的作用。实验室主任应对组织的质量管理行为和体系运作承担最终责任。但日常的，如建立、维护体系的工作可由质量管理人员，如质量负责人具体执行。实验室的质量目标与责任应分解到实验室的相关岗位和工作人员，使他们都清楚自己应该承担的责任和相应的职责，并且努力实现和创造改进的机会。

在职责与权限划分时，应考虑它们的对应关系，不仅仅划分了职责，还应授予相应的权限，并提供相应的资源保障，以使他们能够承担责任和发挥作用。

不同实验室都各具特色，其组织结构、运行惯例及组织人事制度，不可能有统一的职责和权限划分。以下从几个角度介绍职责和权限的划分方法，供实施时参考。

（1）按质量管理职责和权限的重要性划分。

1）最高管理层（需要时还应包括实验室主任的上级管理者）；

2）质量、技术负责人；

3）中、低层管理者；

4）重点及相关质量管理、技术岗位人员；

5）其他一般员工。

（2）直接按组织机构图的层次进行划分。

1）最高管理层（需要时还应包括实验室主任的上级管理者）；

2）质量、技术负责人；

3）中、低层管理者；

4）所有其他员工。

（3）按 ISO/IEC17025 的标准要求及其功能进行划分。

常见的实验室职责分配见表 2-8。

表 2-8　实验室职责分配表

质量管理职责	责　任　人
1．确定总体方向	1．实验室主任
2．制定质量方针	2．实验室主任
3．制定质量目标、指标和方案	3．质量、技术负责人及有关管理人员
4．监控体系整体工作	4．质量负责人、监督人员
5．确保符合法规	5．实验室各级管理人员
6．确保符合体系要求	6．质量负责人、质量管理专、兼职人员

质量管理职责	责　任　人
7. 确保检测符合要求	7. 技术负责人及所有检测人员
8. 确保持续改进	8. 实验室管理层
9. 确保客户需求	9. 实验室管理层
10. 确定服务采购需求	10. 服务采购专、兼职人员
11. 建立和保持资源保障程序	11. 设备、财务专、兼职人员
12. 遵守规定的程序和作业指导书	12. 实验室全体人员

实验室组织结构和职责的有效规定、划分和执行对建立体系，增强管理，改进质量管理行为至关重要。以下几个职责划分上可能出现的问题应引以为戒，如：

（1）对职责规定不清或理解不清，重复规定或疏忽规定；

（2）培训和资源不充足；

（3）权限不明确或太少；

（4）某些员工职责过多或某些却没有；

（5）职责划分出现矛盾或不一致；

（6）质量负责人权限太小或被行政管理取代、孤立；

（7）各检测岗位、管理人员之间缺乏协调；

（8）当关键人员不在时，无人代理其职责。

2.2.6.2　确定每一过程有效性的测量方法与评价方法

为了使检测工作满足顾客要求，并使质量管理体系确保符合性和实现持续改进，实验室应根据自身的特点，规定、计划和实施所需要进行的测量和监控活动。测量和监控活动应采用适当的方法，包括统计技术的应用。

"持续改进"是组织应遵循的八项质量管理原则之一，也是改进实验室管理的永恒目标。可参考 ISO9000 选择适用的统计技术和方法，保证测量和监控活动有效进行。在测量和监控活动中选择什么样的方法、手段以及在何种情况下采用何种统计技术，可在相关的文件中加以规定。

选择统计技术和方法，决定于被测量和监控对象的特性，以及对检测结果的质量影响程度等多种因素。

统计技术可广泛应用于合同评审、检测过程、服务采购过程、质量分析等各方面，并可应用于持续改进活动中。其应用的效果往往与培训的程度、应用人员的素质有关。选择适用的统计技术并较好地用于实践中，需要专门的人员并具有一定的相关知识。

"顾客满意"程度是反映实验室质量管理体系业绩的指标，也是以顾客为中心质量管理原则的具体体现。因此，对顾客满意的测量和监控，是实验室质量管理活动的重要环节之一。实验室应规定获得并使用顾客满意或不满意信息的方法。但是，由于顾客满意与否的信息，是多种多样的，有时是难以预料的，所以，其具体要求、内容应根据实验室的检测工作特性加以确定。对于上述这些信息，实验室都应加以测量和监控。对于顾客满意程度，也就是"顾客满意度"，可进行量化，确定满意指数，从而来测量实验室质量管理体系的业绩。如何获取顾客满意或不满意的信息，如何规定收集信息的渠道和方式，往往会影响到所获得信息的准确性、代表性和可信性，而如何使用这些信息则更为重要。对于信息的传递、分析、综合以及职能部门的责任，实验室均应加以明确规定并确保发挥这些信息的作用。获取顾客满意或不满意信息的方法有很多种，例如，通常采用的"顾客意见征询表和调查表"、顾客投诉热线、对重要顾客的定期走访和调查等。对搜集得来的信息应侧重于传递给相应的职能部门，以便对这些信息进行下一步的综合和分析，从而决定采取何种相应的措施，同时，这些信息也往往是纠正和预防措施极为重要的输入内容，需要时应提交实验室管理评审，并且相关的顾客意见信息有畅通的渠道上报至实验室最高管理层。

虽然 ISO/IEC17025 没有像 ISO9000 那样明确列出了过程控制的条款，但按质量管理原则基本要求，实验室在实施质量管理时，可以参照其过程控制的方法来加强实验室的质量管理。如 ISO/IEC17025 中 5.9 条款，检测和校准结果质量的保证要求：

（1）实验室应有质量控制程序以监控检测和校准的有效性。所得数据的记录方式应便于可发现其发展趋势，只要可行，应采用统计技术对结果进行审查。这种监控应有计划并加以评审，可包括（但不限于）下列内容：

1）定期使用有证标准物质（参考物质）或次级标准物质（参考物质）进行内部质量控制；

2）参加实验室间的比对或能力验证计划；

3）利用相同或不同方法进行重复检测或校准；

4）对存留物品进行再检测或再校准；

5）分析一个物品不同特性结果的相关性。

选用的方法需与所进行工作的类型和工作量相适应。

（2）应分析质量控制的数据，在发现质量控制数据超出预定的判据时，应采取有计划的措施来纠正出现的问题，并防止报告错误的结果。

最简化的方法是参照 ISO9000 对"产品实现"中所需的满足顾客要求的过程进行测量和监控的要求进行。采用适当的方法，对检测过程的输入、输出及过程活动的各个阶段或环节的相关参数进行必要的测量和监控，以证实每个过程达到预期目标的持续能力。过程的持续能力，一般是指保证过程处于正常状况下运行和达到预期目标的能力。这是人员、资金、设备、设施、材料、环境、生产或服务操作方法，以及测量和监控等活动诸多因素的综合表现。

对于过程的测量和监控的方法、步骤、抽样、评价、判断等应形成计划或规程、规范，注重对过程各阶段是否达到规定要求进行测量和监控。这种测量和监控活动应当保证每个过程活动的有关因素均处于受控状态下。在选择测量方法时，实验室可考虑以下几种方法：1）检测工作及服务和供应品采购对规定要求的符合性；2）在实验室的过程控制中每个控制点的确定；3）在各控制点，所测量的数据、使用的文件和验收评价方法；4）所要求的监督方法与人员；5）客户或其代表合理进入实验室的相关区域直接观察为其进行的检测所建立的控制点；6）法律、法规规定的检验；7）检测工作的分包；8）取样、检测、试剂采购、报告签发、人员培训及质量管理体系的有效性评价；9）不符合检测工作的控制；10）报告与意见的解释。

当测量与控制发现有不符合检测工作存在时，应按标准 4.9 条款要求，评价其检测校准工作的任何方面，或该工作的结果不符合其程序或客户同意的要求程度。对管理体系或检测活动的不符合工作或问题的鉴别，可能在管理体系和技术运作的各个环节进行，例如客户投诉、质量控制、仪器校准、消耗材料的核查、对员工的考察或监督、检测报告和校准证书的核查、管理评审和内部或外部审核。采取的保证措施包括检查实验室已制定的政策和程序，确保该政策和程序：

　　1）确定对不符合工作进行管理的责任和权力，规定当不符合工作被确定时所采取的措施（包括必要时暂停工作，扣发检测报告和校准证书）；

　　2）对不符合工作的严重性进行评价；

　　3）立即进行纠正，同时对不符合工作的可接受性做出决定；

　　4）必要时，通知客户并取消工作；

　　5）确定批准恢复工作的职责。

　　当评价表明不符合工作可能再度发生，或对实验室的运作对其政策和程序的符合性产生怀疑时，应立即执行标准4.11条款中规定的纠正措施程序。

　　测量和监控记录以文件形式提供了检测结果符合验收评判准则的证据，实验室应制定形成文件确保不符合检测工作不出现，或者即使是出现了也有方法消除影响，使顾客、实验室的损失最小。实验室的所有人员都应有权在过程的任何阶段向管理层报告不符合检测工作的倾向，尤其是那些负责监督和验证检测过程的人员，只有这样才能及时采取纠正措施，保证检测工作按要求有效实施。

　　为达到持续改进实验室质量管理的目的，应规定对不符合检测工作进行控制的权限，对出现的不符合检测工作控制措施包含内容的识别等，如，不符合检测工作的界定、评审、处置、记录、解释、报告收回和更改签发，以及与顾客的信息传递。实验室需要记录那些在正常工作程序中已纠正的检测工作出现偏离的数据，将这些数据作为过程控制中的有价值信息提供给实验室，以便持续改进。同时，实验室有必要对不符合检测工作的评审指定专人负责，以分析确定不符合检测工作的发展趋势，这种趋势可作为管理评审的输入内容之一。此外，也应记录不符合检测工作及其处置的情况，以便吸取教训，并可在分析和采取改进措施时予以考虑。通常情况下，若出现了不符合检测工作，实验室应尽可能向顾客、报告接受者、法定机构或其他上级机构提出必要的报告。

　　为评定实验室长期或短期目标的实施状况，确定质量管理体系的适宜性和有效性，并识别出需要改进的地方，实验室需要收集和分析各种渠道获得的相关质量的、技术的数据和资料，这些也包括在测量和监控活动以及其他相关来源所产生的数据和资料，以便帮助实验室评定质量管理体系的控制和改进效果。有用的信息一般是指应用统计技术方法对原始数据和资料经过分析和处理，能反映质量活动和质量状况变化及发展趋势的数据组合资料。数据和资料一般指通过多种渠道和方式获得的未经处理和分析的原始记录信息，例如，质量管理体系中的各种质量记录、报告，过程控制记录、检验记录、内审报告、纠正措施记录、预防措施记录、不符合检测工作评审和处置记录、顾客投诉、质量信息，以及其他有关的记录等。实验室应规定数据和资料收集的职能部门、渠道和方法。数据分析的结果可形成记录，并让实验室相关管理人员知道，并将数据和资料分析的输出作为质量管理体系持续改进的输入内容之一。

　　通常选用的统计方法有排列图、因果图、控制图等。

　　对数据和资料的收集、分析和处理后，得出的信息一般可以包括：

（1）质量管理体系运行状况和发展趋势；

（2）过程控制状况；

（3）检测结果准确性及其趋势；

（4）顾客满意度或不满意度；

（5）工作有效性和效率；

（6）满足顾客要求；

（7）满足适当的法律和法规要求；

（8）对服务和供应品的质量控制状况。

通过上述各个方面信息的收集，实验室的最高管理者和管理层应综合评价实验室质量管理体系的适宜性和有效性。针对评价中发现的质量方针、质量目标、组织机构、体系文件、运行活动的不足之处，制定纠正和预防措施，以不断完善和改进质量管理体系。

2.2.7　文件管理、设备管理、人员培训等管理制度及相关文件制定

ISO/IEC17025 标准条款 4.2 管理体系中有关质量管理体系文件的要求如下：

"4.2.1　实验室应建立、实施和维持与其活动范围相适应的管理体系。应将其政策、制度、计划、程序和指导书制定成文件，并达到确保实验室检测或校准结果质量所需的程度；体系文件应传达至有关人员，并被其理解、获取和执行。

4.2.2　实验室管理体系中与质量有关的政策，包括质量方针声明，应在质量手册（不论如何称谓）中阐明。应制定总体目标并在管理评审时加以评审。质量方针声明应在最高管理者的授权下发布，至少包括下列内容：a）……；d）　要求实验室所有与检测和校准活动有关的人员熟悉与之相关的质量文件，并在工作中执行这些政策和程序。注意：质量方针声明宜简明，可包括应始终按照规定的方法和客户的需要来进行检测或校准的要求。当检测或校准实验室是某个较大组织的一部分时，某些质量方针要素可以列于其他文件之中。

4.2.5　质量手册应包括或指明含技术程序在内的支持性程序，并概述管理体系中所用文件的架构。

4.2.6　质量手册中应确定技术管理层和质量主管的作用和责任，包括确保遵循本准则的责任。"

由于质量方针声明、管理层关于实验室服务标准的声明在前面已经说明，本节不再赘述。

质量管理体系文件（有时称质量体系文件、管理体系文件、体系文件，从标准要求的称谓上看，不外乎是描述范畴的问题，管理体系包含了质量的、技术的或其他的体系，关键是前后称谓的一致性）是描述质量管理体系有关要求的一套完整文件，它是一个实验室实施内部质量管理的总要求，也是第一方或第二方证实其质量管理体系适用性和实际运行状况的证明。它除了应满足质量管理体系有效运行的需要外，也是开展各项质量管理活动的依据和提供认可的依据资料。多数的质量管理体系文件不仅可以是书面的，也可以是其他任何形式的媒体。

质量管理体系文件编制要体现全部体系条款的要求，对实验室所有检测活动的控制要求以文件的形式加以规定和描述，特别是质量手册，更应该清晰、完整、易于理解和

执行。

传统的质量管理体系文件，包括质量手册、程序文件、作业指导书和仪器操作规程等方面的内容，它们的编制顺序在各实验室间也不尽相同，但基本的原则是要保证文件的完整性、一致性、可操作性和接口清晰、方便实施。

2.2.7.1 质量管理体系文件的结构

参照 ISO10013《质量手册编制指南》附录 A 所描述的内容，一般质量管理体系的文件结构可分为三个层次，即：

（1）质量手册；

（2）质量管理体系程序文件；

（3）作业指导书及其他有关文件。

实验室的体系文件也可参照编制，它们的关系如图 2-3 所示。

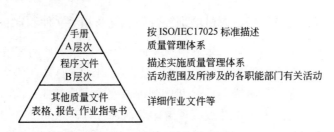

图 2-3 质量管理体系文件结构

体系文件在编写过程中应注意以下五个方面的问题：

（1）体系文件的先进性和适用性。认可准则提出的要求是对实验室能力的通用要求。有的基础薄弱的实验室，在按照认可准则的要求编写体系文件时，可能会担心今后难以施行。为促进质量管理的科学性、先进性，实验室应坚持认可准则的要求，严格控制各项质量活动。同时，考虑到管理成本，体系的实际运作既要符合要求，又要合理、实用、可操作，尽可能降低运行成本。质量管理体系文件内容应符合 ISO/IEC17025 条款的要求，充分体现出"标准要求的要写到，写到的要做到，做到的要有效"。为此，草拟的文件应经过充分的讨论和评审，以具备可操作性，并反映实验室质量管理活动的客观需求。

实验室最高管理者还应为体系建立承诺提供其他资源，如时间、资金、办公条件、配合部门、人员及信息资源等。各种资源及条件一旦具备，就可进入实质性工作。首先是确定资源需要并提供这些资源，目的是满足建立、保持和改进质量管理体系的需要，以及使顾客满意。ISO/IEC17025 标准引入了质量管理原则的过程方式，而过程就是指利用资源，将输入转化为输出的活动方式。因此，确定过程的资源需要并提供充分的资源是实施和改进质量管理体系过程的必要前提。资源可包括：人员、信息、基础设施、工作环境等，也可包括无形资源，例如：知识产权。实验室最高管理者应确保获得必要的资源，主要体现在：1）实验室是否适时地确定了资源的需要；2）实验室是否在建立、保持和改进质量管理体系过程中，以及使顾客满意方面提供了必要的资源。

实验室应委派具有能力的人员承担质量管理体系中各岗位的工作。这些人员应经过适当的教育、培训，并具备相应的技能和经历，才能胜任其所担任的工作。实验室应识别从事对质量有影响活动人员的能力需求。根据这些人员的能力需求，组织应策划并实施培训。培训计划可以包括：培训目标、培训内容、培训方法、培训时间、培训所需的资源、确定必要的支持。同时，应根据培训计划要求，以及培训后的实际效果对所提供的培训有效性进行评价。实验室应确保工作人员能清楚地了解他们所从事工作与其他过程的相关性和接口，以及此项工作的重要性和所承担的责任。同时，还应让他们认识到本职工作对实验室质量管理体系的影响和意义，从而积极有效地工作，为达到质量目标而做出自己的贡献。实验室应保存教育、经历、培训和资格的适当记录，以证明从事对质量有影响活动人员的能力符合要求，培训过程有效，并符合培训计划要求，并且关键岗位人员得到了授权。

实验室人员培训的主要目的有如下几个方面：1）是否确定了与质量相关的各岗位人员所需要的能力，包括教育、培训、技能和经历；2）是否策划和实施了必要的培训；3）是否对培训的效果进行了评价总结，并在以后的培训过程中加以改进；4）实验室工作人员是否清楚地了解其所从事的工作对实现改进质量管理体系的贡献，以及是否了解其所从事工作的相关性和重要性；5）是否保存了教育、经历、培训和资格的适当记录，并且关键岗位人员得到了授权。

实验室应识别、提供和保持检测活动所需的设施和环境要求，包括：

1）工作场所和相关设备工作环境的要求；

2）关键设备操作人员的授权；

3）必要的支持性服务。

检测活动所需要的设施和环境要求不但是实现质量管理体系过程正常运行的保障，也是按要求完成检测活动的必要前提。为使实验室的检测活动满足顾客要求和法律法规要求，实验室需识别、提供和保持检测活动所需要的设施和环境要求，并且制定和实施相应的维护方法，以保证设施持续正常地运行。设施可以包括：实验场所、硬件、软件、工具、设备、装置、支持性服务、通讯、运输等。实验室还需识别和管理工作环境中人和物理的因素。影响工作环境的人的因素可包括：创造性的工作方法，激发人的工作热情和进一步参与的机会，以发挥人的所有潜力；为员工配备专用的设备，以减轻劳动强度和提高工作效率。影响工作环境的物理因素可包括：热量、噪声、光线、辐射、湿度、清洁度、振动、污染、空气流通等。

（2）体系文件的系统性和一致性。体系文件呈金字塔形结构，所有的文件都共存于一个系统，文件之间相互关联、相互引用。质量手册是纲领性文件，其他文件都不能有与它不符或矛盾的地方，而只能是它的细化、展开或具体化。在文本的表现形式上，应采用统一的格式，按照同一规则编号。为了做到体系文件的系统性和一致性，需要主编和所有参与编写人员的充分沟通和协作。

由于质量管理体系文件的多层次性，在编制体系文件过程中时应注意以下几个问题：

体系文件反映了实验室的质量管理特征，对于在体系中的各个环节有关活动的技术、管理和人员等因素的控制做出了规定。体系文件的各层次间，文件与文件之间应做到层次清楚，接口明确，结构合理，调用有序。为此，在策划编制质量管理体系文件时，应从组织质量管理体系的整体出发，统一思想、统一规划、统一步骤地进行。

最高管理者应授权质量管理者代表组建一个精干的工作班子，其主要任务是负责文件的编写、建立质量管理体系、对体系进行日常的维护及使之保持有效。由于质量管理体系几乎涉及组织的各个部门、全体职工以及所有检测活动等各个方面，工作班子成员应具备一定的管理科学和检测技术的知识和能力。工作班子最好由对实验室有较深了解并来自不同部门的人员组成。工作班子在全面开展工作之前，应接受 ISO/IEC17025 标准及相关知识的培训，培训内容主要包括质量管理体系基本知识、ISO/IEC17025 相关标准及有关法律、法规等知识，最好有人通过 ISO/IEC17025 实验室内审员或审核员培训，这样就更有利于对 ISO/IEC17025 标准的理解和实施。

（3）体系文件的符合性和权威性。体系文件是实验室实施质量管理和保证质量因素得到控制的行为准则，体系文件应遵循 ISO/IEC17025 标准要求，以及国家有关法律、法规及其他的要求来编写。

质量管理体系文件一旦经实验室最高管理者发布实施，就成为实验室所必须执行的内部法规性文件，是指导实验室一切活动的行为规范和实施审核的依据之一。

手册、程序文件的内容应符合认可准则的要求，不能随意裁减标准要求的内容。作业指导书要有可靠的技术依据，符合相关规范性文件的要求。体系文件应履行起草、审核、批准手续，由责任部门编号、印刷、发布，明确文件解释人，确立并维护其在实验室内部的"法规"地位，而不仅仅是在文件中包含批准人的姓名这一形式。

既然明确了体系文件的结构，那么质量手册和程序文件，先编哪个比较好？由于质量管理体系文件化是质量管理体系有效运行的基础，体系文件化不是单纯的文字工作，而是伴随着体系的策划、建立，记录着体系从建立、运行到不断完善的发展历程。先编手册后编程序和先编程序后编手册各有利弊。如果先写手册，对实验室控制过程原则性的描述难以体现实验室质量管理的特色。如果先写程序文件，没有手册作指导，不确定因素多，编写效率受到影响。因此，多数实验室采取了齐头并进的办法。先成立体系文件编写小组，由质量负责人组织或其他高级管理人员组织，通过学习认可准则和质量管理知识以及先进实验室的管理经验，深入理解和掌握认可准则。在初步确定组织机构、部门职能和人员职责后，根据认可准则并参照检测和校准实验室认可准则应用说明，以及实际工作的需要，研究确定需编写的程序文件目录，然后编写质量手册，由参与质量管理的人员分头编写程序文件。由参与质量管理的人员来编写程序文件的好处在于：他们比较了解国家相关法规的规定、实验室现行管理程序形成的历史原因、目前工作状况和日常工作中相关部门的反映，比较熟悉检测工作的实际要求，因而写出的程序更容易符合实际，同时也有利于使实验室参与质量管理工作的人员产生参与感和责任感。

质量手册和程序文件是一种对实验室内部具有约束力的应用文件，它是在全面满足认可准则的基础上，管理层就实验室质量管理体系达成的共识。因此，高层管理者对质量工作的认识和质量管理体系的科学构建，是实验室具体质量管理活动的文件性体现，它不仅应满足认可准则的要求，也应该真实体现实验室持续改进管理能力的愿望。同时，由于质量手册和程序文件的编写不同于专业技术论文的撰写，重要的是要求起草人员对实验室的现状有正确、真实的认识，对实验室高层管理者的意图能充分领会，对认可准则有较为全面、准确和深刻的理解，而且还要有驾驭文字的能力，充分掌握文件编写技巧。只有具备了以上条件，起草人员才能编写出一份既满足认可准则要求，又易于操作的质量管理体系文件。

质量管理体系实际是一套文件化的管理制度和方法。编制体系文件是组织实施

ISO/IEC17025 标准、建立与保持质量管理体系并保证其有效运行和持续适用的重要基础工作，也是组织达到预定的质量目标，评价与改进体系，实现持续改进必不可少的依据和见证。当然，体系文件需要在体系运行过程中进行定期、不定期的评审和修改，以保证它的完善和持续有效。首先要对实验室全体人员进行教育培训，让每个成员对质量管理体系的概念、目的、方法、所依据的原理和国际标准都有充分的认识，同时要让他们认识到实验室的质量管理现状和与先进管理模式之间的差异，认识到先进质量管理体系的意义。对决策层，要在对有关质量管理体系国际标准的充分认识上，明确建立、完善体系的迫切性和重要性，明确决策层在质量管理体系建设中的关键地位和主导作用；对管理层，更让他们全面了解质量管理体系的内容；对于执行层，主要培训与本岗位质量活动有关的内容。

（4）文件的见证性。质量管理体系文件可作为客观证据（适用性证据和有效性证据）以向管理者、相关方及第三方审核机构证实本实验室质量管理体系的运行情况。例如对内审或外审来说，质量管理体系程序文件可作为下列方面的客观证据：

　　1）资源得到了保障，职能已经分配明确；

　　2）有关活动的程序已被确定并得到批准；

　　3）有关活动处于全面的监督检查之中；

　　4）程序更改处于控制之中。

（5）文件的适宜性。质量管理体系文件应充分反映出实验室活动的特点、组织规模、技术水平以及人员素质等因素。同时质量管理问题也是一个发展的问题，随着科学技术的进步、检测技术的扩大与改进，国家法律法规要求的强化，质量管理体系也反映出动态特性，为了达到可持续发展的目的，确保体系的持续适宜性、充分性和有效性，必须充分考虑到质量管理体系要不断跟踪质量法律、法规要求的更新，顾客要求的提高及企业发展对质量管理所带来的新变化。

编写实验室质量管理体系文件可以参考的方法是 GB/T19023:2003《质量管理体系文件指南》，GB/T19023:2003《质量管理体系文件指南》4.4.1 条指出："本标准允许各类组织在将其质量管理体系形成文件时，在文件的结构、格式、内容或表述的方法方面有灵活性。""对小型组织，将对质量管理体系整体的描述写入一本质量手册中可能是适宜的。对大型、跨国的组织而言，可能需要在不同的层次上形成相应的质量手册，并且文件的层次结构也更为复杂。"GB/T19023:2003 规定，质量手册应当包括：标题和范围、目录、手册的评审、批准和修订、组织结构描述、引用文件、质量管理体系的描述、附录。质量手册和质量目标可以作为一份独立的文件，也可以作为质量手册的一部分在手册中阐述。这点与《认可准则》4.2.2 条的规定"实验室管理体系中与质量有关的政策，包括质量方针声明，应在质量手册（不论如何称谓）中阐明"的要求不同。实验室的组织结构图、流程图和（或）岗位说明书表示的职责、权限及其相互关系可以直接包括在质量手册中，也可以被质量手册所引用。就内容的编排顺序，GB/T19023:200 标准 4.4.8 条指出："组织应当按照过程的顺序、所采用标准的结构或任何适合于组织的顺序将其质量管理体系形成文件。"大多数实验室的质量手册按照批准页、修改页、手册目录、实验室的行为准则、前言、质量方针、质量目标和质量承诺、管理要求、技术要求、手册附录的顺序编排。二级法人的实验室的手册中包括授权书，授权书一般紧随批准页。

其中，前言部分包括实验室背景、历史和规模、实验室的机构设置、经济性质和工作形态、检测或校准业务类别、实验室的法律地位和资质、通信资料。在质量手册章节中，应对质量手册及其编制、审批、维护、宣贯以及修订、发放、回收、借阅、持有者的责任提出要求，给出质量手册的版本、使用范围、应用说明、名词术语与缩略语以及参考文件。

2.2.7.2 质量手册

具体如下。

（1）质量手册的作用。

1）对质量管理体系总体性描述；

2）描述实验室的质量方针、目标，展示实验室质量管理体系重点解决的问题；

3）向实验室各级管理人员展示本实验室质量管理体系的总框架；

4）向各级管理人员提供查询所需文件与记录的途径；

5）明确组织中各部门的职责及相互关系；

6）各章节必须覆盖 ISO/IEC17025 标准的所有要求。

（2）质量手册的内容。

1）质量方针、目标、指标和质量管理方案；

2）影响实验室检测活动的管理、执行、审核或评审工作的人员职责、权限和相互关系；

3）关于程序文件的说明及查询路径；

4）关于手册评审、修改和控制的规定。

质量手册在深度和广度上可以不同，取决于实验室的性质、规模、技术要求及人员素质，以适应实验室质量管理的需要，有些实验室把质量手册和程序文件合成一套文件，但多数实验室为便于管理仍把质量手册、程序文件分开，这样文件层次更清晰，利于使用。

（3）质量手册的结构和形式。质量手册是对实验室质量管理体系的书面描述，它是全部体系文件的"索引"，对体系的建立和运行具有特殊意义。质量手册的结构和格式没有统一的要求，但应准确、全面、简明地阐述实验室的质量方针、目标和指标，组织机构、职责权限以及与标准要求相对应的程序的描述。质量管理手册一般的结构和格式如下：

1）范围和应用领域。应清楚表明手册和体系文件的适用范围和应用领域，包括实验室涉及的检测领域、地理和应用范围。

2）目录。应列出手册各章、节的题目和页码，包括章、节、主要附录等。

3）前言及声明。主要介绍实验室的概况、手册梗概等。

质量方针声明是管理层关于实验室服务标准的承诺，需要时也有关于保护客户机密信息和所有权的政策和程序声明等。

实验室的概况主要内容有：实验室简介、实验室的地址（包括分地址）、管理结构与法律责任的实体描述、建立日期、规模、实验室所从事的检测活动、主要检测项目及方法概述、员工人数、质量表现历史及现状（如各种质量先进等）等信息、实验室检测流程、流程简图等，以及主要质量控制方法和质量手册管理规定。

4）术语和定义。编写质量手册时，建议使用 ISO/IEC17025 标准要求的、使用 ISO/IEC 17000 和 VIM 中给出的相关术语和定义。但是，由于 ISO9000 规定了与质量有关的通用定义，而 ISO/IEC 17000 则专门规定了与认证和实验室认可有关的定义。若

ISO9000 与 ISO/IEC 17000 和 VIM 中给出的定义有差异，优先使用 ISO/IEC 17000 和 VIM 中的定义。有时还应包含某些专用术语和定义，特别是对不同的专门检测实验室，有不同含义的词或对那些具体领域有特定含义的词。这些定义就需要在质量手册中给出一个完整的、统一的和明确的解释。

（4）质量手册要求。质量手册中应包含有与标准要求相对应的程序内容，具体内容大致包括：

　　1）标准要求所对应的程序文件名称；

　　2）程序适用的内容和范围；

　　3）该程序的主管部门及相关部门的职责与任务；

　　4）对该过程的控制及要求等；

　　5）附录；

　　6）列出引用的文件、图表等。

2.2.7.3　程序文件

程序性文件是实验室人员工作的行为规范和准则，它明确规定从事与某一程序对应的工作，应由哪个部门做，由谁去做、怎样做及由谁来协助，应用何种材料、设备，在何种环境条件下去做、做到什么程度、达到什么要求，如何控制、形成使用记录和报告，以及相应的审批手续等。程序有管理性程序和技术性程序两种，一般所说的程序都是指管理性的，即质量管理体系程序，技术性程序一般指作业指导书之类。

质量管理体系程序要求形成文件。编制一份书面的或文件化的程序，其内容通常包括目的、范围、工作流程、引用文件和所使用的记录表格等。程序性文件作为实验室相关人员的行为准则，必须能客观地反映实验室内部的现实，反映实验室整体素质。因此，在建立程序文件时，应遵循实事求是的原则，不能简单地照抄照搬其他实验室的文件。程序文件既然作为实验室客观工作的反映，就应对实验室人员具有约束力，任何涉及某一工作领域的人员均不能违反相应的程序。程序文件的制定、批准、发布都应遵从文件控制程序。

ISO/IEC17025 标准条款中出现"实验室应建立和维持程序"之处，即要求必须建立该程序，形成文件，并加以实施和保持。不同实验室的质量管理体系文件的详略程度取决于检测活动所涉及的领域对应于标准条款要求的内容、实验室的规模和类型；过程及其相互作用的程度、人员的努力等。

程序文件是实验室对完成各项质量、技术等活动的方法做出相应规定的文件，程序文件应简练、明确和易懂，每个程序文件都应对 ISO/IEC17025 标准一个条款或一组相互关联的要求进行描述。程序文件应说明实验室该项活动各环节输入、转换和输出所需的文件、物资、人员、记录以及与有关活动的接口关系。要明确规定开展各环节活动在物资、人员、信息和环境等方面应具备的条件和在每个环节内转换过程中各项因素的关系。规定输入、转换和输出过程中需要注意的例外或特殊情况的纠正措施。程序文件是质量手册的基础，是质量手册的支持性文件，是手册中原则性要求的展开和落实。因此，编写程序文件时，必须以手册为依据，符合质量手册的总体要求，并且程序文件上接质量手册，下接作业文件，并把质量手册纲领性的规定具体落实到作业文件中，控制作业文件的实施，从而为实现对检测报告质量的有效控制创造条件。

（1）程序文件的作用。按 ISO9000 标准的定义，将程序定义为"为进行某项活动或过程所规定的途径"。就是为完成质量管理体系要求所规定的方法。在程序文件中通常包括活动的目的和范围，做什么和谁来做；何时、何地以及如何做；应采用什么材料、设备和文件；如何对活动进行控制和记录。其内容是描述为实施质量管理体系要素所涉及的各职能部门的活动，是质量管理体系文件结构中的 B 层次文件。质量管理体系程序（文件）的作用主要包括如下几个方面：

1）程序文件是对那些产生质量影响的活动进行策划和管理所用的基本文件，是质量管理手册的支持性文件。

2）每一个程序文件都应包含质量管理体系要素中一个逻辑上独立的内容。这可能是质量管理体系的一个要素；或要素中的一个部分；或几个质量管理体系要素相关要求的一组活动等。程序文件的数量、内容、格式和外观由实验室自行确定，质量管理体系程序文件一般不应涉及纯技术性的细节，细节通常在作业指导书中规定。

3）程序文件有效的实施。只有这样，才能体现质量管理体系的功能，因此程序文件的内容及要求，要密切结合实验室的实际情况。程序文件展开的广度和深度，取决于实验室检测任务的复杂性、采用的工作方法和对执行活动人员的水平、能力、技术与培训所达到的程度。

4）程序文件实质是实验室质量管理中的科学管理制度，是法规性文件，要强制执行，因此程序文件应有可操作性和可检查性。

（2）程序文件内容和格式。实验室在建立质量管理体系的程序文件时，建议应以相同结构和格式编制每一个文件化程序，这样便于使用者熟悉体系每项要求的固定格式，也体现了整个体系满足了标准要求。其内容参照如下：

1）文件编号和标题。编号可以根据活动的层次进行编排，同一层次的程序文件应统一编号，以便识别。标题应明确说明开展的活动及其特点，如"质量管理体系文件控制程序"、"质量管理体系预防措施程序"等。

2）目的和适用范围。一般简单说明开展这项活动的目的和所涉及的范围。

3）相关文件。相关文件系指需引用的或与本程序相关联的文件，如其他程序文件和作业指导书。

4）定义。定义指本程序中涉及的并需说明的术语或名词。

5）职责。指明实施该程序文件的主管部门及相关部门，职责、权限、接口及相互关系。

6）工作程序。列出开展此项活动的步骤，保持合理的编写顺序，明确输入、转换和输出的内容；明确各项活动的接口关系、职责、协调措施；明确每个过程中各项因素由谁做，什么时间做，什么场合（地点）做，做什么，怎么做，如何控制与评价？以及最终所要达到的要求，需形成记录和报告的内容；出现例外情况下的处理措施等。必要时辅以流程图。

7）报告和记录格式。确定使用该程序时的记录和报告格式，记录和保存期限。

程序文件必须得到主管部门负责人员的同意和接受，以及相关部门对接口关系的认可，经过审批、实施。

（3）程序文件的编制。

1）清理和分析实验室原有规章制度。实验室原有的各种管理资料、规章和制度等文件，其中有很多是行之有效的制度，有些也具有"程序"的性质，当然也有不足之处。因此，对实验室原有的各种管理文件在保证质量管理体系有效运行前提下，按ISO/IEC17025标准要求对原有管理文件进行清理和分析，摘其有用，删除无关，按程序文件内容及格式要求进行改写。

2）编制程序文件明细表。根据质量管理体系的总体策划，按所确定的程序文件的内容，特别是 ISO/IEC17025 标准中规定必须编制的章节要求逐级展开，首先制定出程序文件的明细表，明确程序文件的主管部门及相关部的职责，对照已有的多种文件，确定哪些文件重写，哪些文件改写以及哪些文件需完善，制订计划逐步完成。

3）程序文件内容。除 ISO/IEC17025 标准要求必须建立的程序外，实验室可以根据实际情况编制其他程序文件，但基本原则是删繁就简，除非必须编制，最好的办法是以作业文件的形式体现。

按 ISO/IEC17025 标准要求编制的程序文件主要有：保护客户的机密信息和所有权的程序、保证实验室诚信度的管理程序、文件控制程序（要求）、标书与合同的评审程序、服务和供应品的采购（包括消耗品的购买、验收、存储）程序、处理客户投诉的程序、不符合工作的控制程序、实施纠正措施的程序、实施预防措施的程序、质量记录和技术记录的控制程序、内部审核程序、管理评审程序、人员培训程序、实验室内务管理程序（必要时）、开展新工作的评审程序、不确定度的评定的确认程序、检测方法确认程序、自动化检测的数据保护程序、设备维护程序、量值溯源与校准程序（包括参考标准、标准物质）、期间核查程序、抽样程序、样品处理程序、结果质量的保证控制程序、在实验室固定设施以外进行检测抽样时的附加程序及证书与报告管理程序，共 26 个。

实验室管理程序文件的编写也涉及：样品、技术资料、检测成果、委托人专利、检测报告、实验室验证或比对结果等过程。以下是有些实验室增加程序文件，如：检测工作管理程序，内容包括：确定检测任务、制定检测计划、抽样、样品接收和管理、组织实施检测活动、数据控制、编制和签发检测报告、发送报告和事后处理、相关程序文件；验证试验及内部质量控制程序，内容包括：实验室间的比对、实验室内部的比对、检测过程的控制、验证活动记录和评审结果的归档；评审新工作的程序，内容包括：计划的编制、实施的分工、开展熟练检测、批准和认可、记录表格和相关文件；安全与内务管理程序，内容包括：安全、环境保护与员工健康、内务卫生、记录表格与相关程序文件；检测环境的识别、控制和维护程序，内容包括：检测环境的识别、监测设施与设备的配置、相互影响环境的隔离、检测中环境的监控、对检测环境的维护、相关记录表格与程序文件；外部设备的使用程序，内容包括：外部设备的使用、审批过程、记录与相关程序文件。

2.2.7.4　作业指导书、记录

具体如下。

（1）作业指导书。作业指导书是实验室质量管理体系文件中必不可少的一个组成部分，同时也是满足顾客要求，达到顾客满意，确保实现质量目标要求的一个关键控制环节。作业指导书是一个《质量手册》与《程序文件》的支持性文件，又是对质量管理体系的完善、有效运行起到关键性的作用支持文件。在 ISO/TR10013:2001 中对作业指导书作了如下描述：作业指导书（work instructions）是"有关任务如何实施和记录的详细描述"，过去有时也用"实施细则"、"作业规程"等说法，在什么情况下需要制定哪些作业

指导书，一般来说没有统一的要求。但是，如果没有作业指导书就会对质量管理产生不利影响时，就应当制定并保持作业指导书。所以说，对每个实验室都要根据任务、对象、标准规范、使用的设备及方法、人员素质、活动的复杂程度及活动的目的等具体情况，制定相应的作业指导书，并指导各项活动的完整、规范的实施。规范、指导各项活动的目的，就在于减少差错，预防差错，从而提高检测工作质量。对于不同的实验室，都要根据相关文件要求和实验室的具体情况编制作业指导书，从格式、内容、发放及管理等方面进一步规范实际检测工作，进而完善和健全实验室的质量管理体系，切实起到指导检测活动的作用，以使实验室的质量方针和质量目标得以实现。

作业指导书一般由实验室内部根据需要制定，并列入质量管理体系的第三层次文件。它是实验室质量管理体系中的支持性文件，ISO/IEC17025 各条款是实验室质量管理体系建立总的要求，质量手册是实验室质量管理活动的系统论述，程序指明了某一过程的控制途径，而作业指导书则是具体某一项工作的具体实施方法。比如在 ISO/IEC17025 条款中，5.4 检测和校准方法及方法的确认："实验室应使用适合的方法和程序进行所有检测或校准，包括被检测或校准物品的抽样、处理、运输、存储和准备，适当时，还应包括测量不确定度的评定和分析检测或校准数据的统计技术。如果缺少指导书可能影响检测或校准结果，实验室应具有所有相关设备的使用和操作说明书以及处置、准备检测或校准物品的指导书，或者两者兼有。所有与实验室工作有关的指导书、标准、手册和参考资料应保持现行有效并易于员工取阅。"要求当需要给出测量结果的同时，还应包括测量不确定度的评定和分析检测数据的统计技术，而程序文件中要求制定不确定度的评定和分析检测数据的统计技术的程序，规定了实验室在不确定度的评定和分析检测数据的统计技术及表达这一类工作时应遵循的一般原则、方法及其适用范围，而作业指导书则是按哪一个方法，用什么仪器，测量何种参数，哪一个结果的不确定度的评定和分析，检测数据的统计技术，具体评定过程及数值的详细说明。

作业指导书可以是标准、规范、指南，也可以是图表、图片、模型、录像等，结构上可采用标准格式，也可采用非标准格式。实验室最常用和使用最多的作业指导书，是详细的书面描述文件，如市场抽查检验细则、统检细则、抽样细则、样品制备（准备）指令、仪器设备操作规程等。

作业指导书的结构和格式一般不宜统一为一种结构和格式，但为避免混乱和不确定性，不同特点的实验室，可以对各类作业指导书规定各自的结构和格式，以保持作业指导书的格式或结构的一致性。无论采用何种格式或组合，作业指导书内容的表述顺序应当与作业活动的顺序相一致，准确地反映要求及相关活动。作业指导书的结构、格式以及详细程度应当适合于实验室检测活动使用的需要，并取决于其描述活动过程的复杂程度、使用的方法、实施前的培训时间与深度，以及具体操作执行人员的技术水平、技能和资格等。

作业指导书应包含以下几方面的内容：

1）标题和封面。作业指导书应该有明确的标题，即明确写明其描述活动过程的名称，一般可采用"作业活动名称+作业指导书"或"作业活动名称+作业规程或规范"的结构。如设置封面，则应在封面上写明编号、起草人、审核人、批准人、批准日期及修订状态；若无封面，则这些内容应写在标题下方。注明文件编号、受控标识及受控状态、发放日期、岗位名称。

2）作业指导书的编写要求。作业指导书是只限于某一项质量管理活动、内部指导作业人员使用的文件，没有普遍的统一格式，可根据实验室质量手册、程序文件要求及检测活动的特殊要求编制。根据检测标准、技术规范等进一步细化、解释和补充。

作业指导书的编写由技术负责人或其他指定人员来完成，根据实验室的实际情况，进行编写作业指导书时要求注意：一，作业指导书设计和编写应符合本实验室的《质量手册》规定，作业指导书所规定的程序应符合检测工作实际，包括环境、检验仪器设备、检验范围的要求。二，一项活动只能规定唯一的程序，只能有唯一的理解，因此一项作业指导书只能规定一个作业要求。三，作业指导书一旦批准实施，就必须认真执行，如需修改，须按《质量手册》的规定程序进行，确实履行"应建立识别管理体系中文件当前的修订状态和分发的控制清单或等同的文件控制程序并易于查阅，以防止使用无效或作废的文件"的认可要求。四，作业指导书的构成和详略程度应适合于本实验室实际使用的需要，并取决于活动的复杂程度、使用方法、实施的培训以及人员的技能和资质等。在实施中应避免两个极端：一是不论是否需要，统统编写作业指导书，甚至将相关标准、规程规范重新抄写为"作业指导书"。这种"形而上学"的做法不是为了工作需要，而是对实验室资源的浪费，应该尽量避免；二是担心缺少指导书可能影响检测结果，实验室就将所有相关设备的使用和操作说明书以及处置、准备检测物品等写成作业指导书。

所有与实验室工作有关的指导书、标准、手册和参考资料应保持现行有效并易于员工取阅。其次要考虑使用作业指导书的必要性。由于不同的实验室人员结构、活动的复杂程度等实际情况，并不是百分之百需要有作业指导书才能完成检测工作。比如一台仪器，所有使用该仪器的人员已熟练掌握了操作并熟悉该仪器性能，那么作业指导书中就没有必要再编写该仪器的"操作规程"。由于现在使用的仪器设备越来越先进，功能也越来越多，而我们做某一项试验时，可能只能用到设备的局部功能。作为操作规程只能规定一些主要试验操作方法。因此，针对每一项试验的仪器操作方法应该在作业指导书中得以体现，不能以仪器设备操作规程代替作业指导书。产品标准或检测方法中往往规定了一些仪器的使用原则，比如规定了使用环境、检测误差、检测量程、检测速度等，具体使用哪种仪器可能并未作出具体规定。这就需要在作业指导书中针对不同实验室的具体情况，选用符合标准要求的仪器设备。在实际检测工作中经常会遇到对同一检测项目，规定了不止一种检测方法，那么就需要在作业指导书中根据具体情况规定使用哪一种方法，因此，不能以产品标准或检测方法完全代替作业指导书。在仪器设备更新换代、检测标准、规范修订、改版等变更都需要更改或重新编制作业指导书，以保证其适用性。编写作业指导书的目的就是使不同的检测人员进行同一项试验时，当采用的方法、使用的仪器设备一致时，最终均能得出同样的检测结果。因此，编制实验室作业指导书是开展质量管理活动的首要基础性工作。

（2）作业指导书的类型。虽然认可准则对质量控制提出了要求并提示了一些方法，但并未对所用的方法作进一步展开和说明，因此，应由实验室自行选择和制定作业指导书，如：设备或标准物质的期间核查方法；ISO/ IEC 17025 中 5.9 检测或校准中结果质量保证所选用的具体方法；某测量结果不确定度评定；检测方法补充实施细则，有一些检测工作，虽有相应的标准、规程和规范，但是部分章节描述不细、不具体，从而造成不确定性或随意性，并影响到结果或判定，为克服这一不足，可补充一些实施细则；有些标准只规定了对样品"随机抽样",那么就应细化为具体的"随机抽样、采样的实施方案与记录";有些化学分析方法,只提出了诸如回收率、萃取率、解析率等要求或者修正,但并未指出如何操作,这时就应制定相应的"作业指导书"。

作业指导书按其用途主要分为八大类,即:检验细则;非标准检验方法;检测设备自校准方法和量值溯源图;检测结果不确定度分析;检测设备操作规程;检测样品采集、传送、制备、保存与处置规定;其他有关管理办法或规定。

1)检验细则。检验工作程序是《检测和校准实验室能力认可准则》和《实验室资质认定评审准则》要求的体现,不同实验室结合自身检验工作的实际情况进行编制,用框图的形式将样品受理、样品流转、方法选择、样品检测、结果报告等整个检验检测活动的路径,以及对各路径的活动实施质量控制与管理的信息清晰明了,一目了然地标识出来,实现整个检验检测工作管理程序化。在这些过程的质量管理活动中,如果没有作业指导书为支撑,很难完成全部的工作内容。如当某技术标准(规范)对某一检验方法的描述不够完善或者说操作性不强时,必须根据此标准编制"检验细则作业指导书",作为标准检验方法的补充和细化。此类作业指导书的内容包括:名称、目的、适用范围、职责、检验步骤、引用文件等。

2)非标准检验方法。采用标准检验方法以外的其他检验方法时,要制定专门的作业指导书,此类作业指导书要经过论证、学术委员会鉴定等程序并经技术管理层负责人批准发布后才可实施。其内容包括:目的、适用范围、职责、样品收集和准备(适用时)、检验项目和参数、检测环境条件、被测样品、材料、试剂、标准物质(参考物质)、所需参考标准、检验原理、检验步骤、检验记录和数据处理、操作时应特别注意的事项(适用时)、引用文件(该非标准方法来源于何参考书、杂志等)、质量记录和附录(包括使用表格格式的设计)等。

3)检验设备自校准方法和量值溯源图。国家计量鉴定部门不能检定的设备及仪器设备的两次例行检定之间必须进行的自校准,都必须编制此类作业指导书进行自校准。内容包括:名称、目的、适用范围、职责、概述、技术要求、标准条件和量值溯源图、校准项目和校准方法、校准结果、校准周期以及引用文件和有关记录表格和报告式样。

计量标准的量值传递框图反映了计量标准在某一量值传递系统中的地位,JJF1033—2001《计量标准考核规范》将计量标准的量值溯源或量值传递框图作为建标技术文件之一,并在其宣贯教材中对其绘制提出了具体的要求。在编制量值传递图时应避免以下几个常见的错误:第一,将量值传递框图命名为××××检定系统表。检定系统表是计量法中规定的检定工作所必须依据的一种技术法规,是为开展计量检定工作而编写的,它反映的是某一量值,从计量基(标)准器具传递到工作计量器具的量值传递关系中的地位,只包括计量标准的上级、本级和下级,是检定系统图的一部分,覆盖范围明显小于检定系统图,应命名为"××××计量标准量值传递框图"。第二,用双线方框表示上级计量标准。JJF1104—2003《国家计量检定系统表编写规则》6.9.2 条规定:"各种标准器或计量具的名称、量值或测量范围、量值的不确定或计量特性参数,均填其内。"根据这一规定,无论哪一级的计量器具,均用单线方框表示。第三,量值传递关系不全。量值传递关系不全面有多种表现形式。主要有:一,当计量标准在不同的测量范围其量值不确定度不同时,时值传递图中仅描述了某个范围内的量值的不确定度;二,当计量标准包括多个主标准器时，量值传递图中漏缺了部分主标准器的溯源关系；三，计量器具少于计量标准证书上给出的开展项目。

4）检测结果不确定度分析。对某种测量方法进行测量不确定度的分析，能找出影响不确定度的因素；对不确定度进行评估，能如实反映测量置信度和准确性。所以需要编制此类作业指导书。内容包括：作业指导书名称、目的、适用范围、职责、不确定度分析、检验方法简述、测量数学模式、不确定度来源及估算、不确定度表达方式。

5）检测设备操作规程。通过编制此类作业指导书，规范仪器操作与维护，保证检测工作顺利进行，保证操作和仪器设备的安全。内容包括：设备名称、目的、适用范围、职责、操作规程、引用文件和有关质量记录表格。

6）检测样品采集、传送、制备、保存与处置规定。送到实验室检验的样品就是被检样品，它往往代表的是总体样本，被检样品是否具有代表性，它直接影响总体样本的质量。实验室应根据国家标准要求编制样品采集、封存运输、交接验收、留样保存的程序，每一个过程都应有相关的详细信息记录，如采样地址、现场的环境条件、采样布点示意图、采样容器、采样介质、采样数量、样品的唯一性标识、样品运输时间和条件、样品交接和验收记录以及样品保留数量、入库时间和保存条件等。采样人员必须经培训考核持证上岗。现场采样设备在领用前或用毕返回时必须对其性能是否满足检测要求进行核查或校准，并有详细记录。实验室应配备符合样品保存要求的样品库，以避免样品在检验或保存过程中发生丢失、变质、损坏或交叉污染。采样是实验室检测工作的源头，按照规定的采样程序并结合客户的要求，客观地从总体的样本中采取有代表性的或特征性的样品，以确保检测结果的有效性。检测样品的唯一性、有效性和完整性将直接影响检测结果的准确度。因此，必须对样品的抽取、贮存、保存、交接、处置以及样品的识别等各个环节实施有效的控制。被检样品的代表性应从两个方面考虑，一方面是考虑从总体样本中抽取的被检样品的代表性。另一方面还要考虑从被检样品中取出测定用样品的代表性。从总体样本中抽取的被检样品标准都有明确要求，但在对样品测定时，方法只是明确需要取多少样品来测定，测定用的样品如何才具有代表性，就没有这方面的说明。这往往容易被我们所忽略。对于可流动的液体样品，考虑样品内的漂浮物、沉淀物或可挥发性气体等，必须先混合均匀再取样。对于粉末状样品，需在原包装充分混合均匀后再取样。对于固体样品，需从被检样品中取出一部分粉碎均匀后再取样。进行样品分析过程的步骤越多，对检验结果的质量影响因素的控制就越困难，往往这种实验很难做得平行，也就是说两次实验操作的每个步骤不可能都控制到相同的水平，重现性差就是这个原因。

7）其他有关管理办法或规定。在 ISO/IEC 17025 中 1.5 "本准则不包含实验室运作中应符合法规和安全要求"。然而任何一个实验室都应遵守我国的法规，做好安全生产，保障员工的健康和安全。因此，有必要制定与实验室相关的法规和安全生产的细则。有关法规在实验室的特定要求，特别是依法设立或依法授权的实验室，这一点特别重要。另外，包括有毒有害、易燃易爆物品（含样品）及贵重物品的接受、保管、领用、处置等细则等都是实验室需要考虑编制的内容。

8）制定检测工作程序。对检验过程中的某些工作制度、工作方法编制作业指导书，保证检验工作紧张有序进行。

（3）作业指导书的管理。作业指导书同其他质量管理体系文件一样，应由参与过程和活动的人员编写，这将有助于加深对必须的要求的理解，并使员工产生参与感和责任感。编制草案应经审核和评审，广泛征求意见，集思广益，形成报批稿，最后按规定审批。这样的程序不仅使作业指导书能保障其水平和质量，在科学性、可操作性、完整性和协调性等方面奠定基础；而且，经审批后可以避免编制者的过重责任，有利于作业指导书的权威性、可行性。

1）作业指导书的分发与更改。经批准的作业指导书，分发放行应得到负责文件实施的管理者的批准，由被授权的人员编号分发到使用者，使其能够得到适用文件的正确版本。使用者应妥善保管适时使用。同时，使用者应当有机会对文件的适用性、可行性的实际情况进行评价和发表意见，并按一定程序和权限做出更改或修订。文件的更改控制是必要的、重要的，更改的方法是多种的，但都应按已定程序控制更改过程，并使新修订的版本及时代替被修改的文件。

2）作业指导书的归档及保存。作业指导书同其他质量管理体系文件一样，实验室应进行归档保存（包括修订更改的版本），并建立完整的、全部的实验室作业指导书目录。作业指导书一般不外借实验室以外的人员和单位，因特殊原因需要外借，按有关程序规定办理。

（4）记录。实验室应建立并实施有效的、与实验室工作相匹配的质量管理体系，并不断加以完善。而记录是质量管理体系运行与完善的证据，也是检测工作可追溯性的依据。认可准则将记录分为质量记录和技术记录两种，并对记录的控制做了明确的要求。记录是实验室认可评审的重要证据，记录是阐明所取得的结果或提供所完成活动的证据的一种文件，它为可追溯性提供文件及提供验证、预防措施、纠正措施的证据。实验室在质量管理体系运行中，应做到每项工作均有程序，有程序必须执行，有执行必须有记录。因此，记录作为质量管理体系运行和完善的证据，是实验室认可评审专家进行审查的重要依据和内容，是评审专家评判实验室是否具有规定的检测能力，是否符合认可准则的主要参数之一。记录的格式应满足实际工作的需要和认可的要求，表格由相关使用人员设计、审核、编号、备案。在设计上应考虑适用、有效、方便使用和验证。

由于质量记录、技术记录种类繁多，数量庞杂，为方便整理记录，在记录的保管、收集、整理、检查和归档等的管理上应予以明确，使记录分类清晰，内容齐全，保管完善，便于调阅。部分 ISO/IEC17025 标准要求的记录见表 2-9。

表 2-9 部分 ISO/IEC17025 标准要求记录目录

ISO/IEC17025 条款	记 录 名 称
4.3 文件控制	a）管理体系文件目录及发放记录；b）法规类文件目录及发放记录；c）技术规范类受控文件目录及发放记录；d）电子文件备份记录；e）管理体系文件修改记录；f）失效文件销毁记录
4.5 检测和校准的分包	a）分包方名录；b）分包方能力调查资料；c）分包协议；d）分包合同
4.13 内部审核	a）内审年度计划；b）内审具体计划；c）会议签到表；d）内审报告；e）不合格工作报告；f）内审检查表及检查情况
4.14 管理评审	a）管理评审年度计划；b）管理评审具体计划；c）管理评审报告；d）管理评审会议记录；e）管理评审会议签到记录；f）管理评审改进跟踪记录；g）会议纪要
5.2 人员	a）个人技术档案目录；b）年度培训计划；c）上岗证发放记录；d）人员偏离审批记录

ISO/IEC17025 条款	记 录 名 称
5.3 设施和环境条件	a）实验室环境设施检查表；b）安全消防设施检查表；c）无菌室灭菌监控记录；d）固液废弃物处理交接记录；e）废弃物处理单位资质证明材料；f）本站"三废"排放监测数据
5.9 检测和校准结果质量的保证	a）实验室比对与能力验证材料；b）密码平行样监测结果评定记录；c）密码样考核记录保留样品再检测资料；d）校核方法有效性评审表

2.2.7.5　文件、记录的控制

文件是信息及其承载的媒体。ISO/IEC17025 标准所指的质量管理体系文件可以是采用任何媒体的，文件可以是方针声明、程序、规范、校准表格、图表、教科书、张贴品、通知、备忘录、软件、图纸、计划等。这些文件可能承载在各种载体上，无论是硬拷贝或是电子媒体，并且可以是数字的、模拟的、摄影的或书面的形式。包括：纸张、磁媒体、电子媒体、计算机光盘、照片、样品或以上组合等。实验室的文件主要有：质量手册、程序文件、作业指导书、质量计划和质量记录等。另外，也可将文件分为内部文件和外来文件（包括：标准、顾客提供的技术资料、实样和图纸等）。

实验室应建立形成文件的文件控制程序来控制上述质量管理体系所要求的文件。文件控制程序应规定：文件在发布前，批准其适用性；对文件进行评审、必要时更改并重新批准；标明文件的现行修订状态；保证使用现场能得到相关文件的有效版本；文件字迹清晰、易于标识和检索；外来文件应进行标识并控制其分发；防止作废文件的非预期使用；需要保留的作废文件应适当标识。

实验室对规定作为质量记录的文件按标准 ISO/IEC17025 中 4.13 要求进行控制，主要控制内容如下：

（1）组织对文件控制是否建立了形成文件的程序；

（2）是否按标准要求对质量管理体系所要求的文件（包括外来文件）都进行了控制；

（3）文件控制的现况是否符合文件控制程序的规定要求；

（4）本标准中提到"形成文件的程序"之处是否都已建立了形成文件的程序；

（5）文件发布前是否已经审批其适用性；

（6）是否对文件进行评审，必要时，更改后是否经重新批准；

（7）文件的现行版本状态是否加以标识；

（8）在使用现场，能否得到适用文件的相关版本；

（9）质量文件和质量记录是否字迹清晰、易于标识和检索；

（10）外来文件是否已加以标识并控制其分发；

（11）作废文件是否已防止其非预期使用；

（12）保留的作废文件是否已加以标识；

（13）规定作为质量记录的文件是否已受控。

质量记录是提供符合要求和质量管理体系有效运行的证据。实验室应建立一个文件化的程序来控制质量管理体系所要求的质量记录。程序应规定质量记录的标识、贮存、检索、防护、保存期和处置等。实验室应对其质量管理体系的运行情况进行记录，正确标识，在保存期内做好贮存、检索、防护工作，对超期的质量记录按程序规定进行处置。

2.2.7.6 实验室资质认定评审准则

实验室和检查机构资质认定管理办法于 2007 年 1 月 1 日起实施，原准则为 13 个要素，新准则为 19 个要素，新准则在旧准则的基础上增加了 19 条特别要求，这是中国的实验室管理制度，准则均是以 ISO/IEC17025 为基础，评审准则基本相同，但还有其他不同，资质认定侧重的是计量认证、授权及验收评审。因此，在编制相关质量文件时应一并考虑资质认定的要求。

实验室计量认证、授权及验收评审是为了使监测结果始终保持可靠，就必须对可能影响结果的各种因素和环节进行全面控制、治理，使这些影响因素都处于受控状态，因此，要按系统学的原理建立起一个体系。实验室计量认证、授权及验收评审的内涵，是为了持续不断地改进和提高实验室管理水平，计量认证现场评审一般分为软件组和硬件组开展工作，无论是软件组还是硬件组的工作，基本上是查看资料，所以在日常工作中一定要把基础工作做好，尤其是仪器设备资料。各种质量记录要齐全、细化，并按程序文件的要求做好记录，才能保证实验室计量认证、授权及验收评审工作取得成功。

CMA/CAL 计量认证、授权及验收评审的一般要求见表 2-10。

表 2-10　CMA/CAL 计量认证、授权及验收评审表

序　号	评审内容	评 审 意 见					
		符合	基本符合	不符合	缺此项	不适用	整改项及说明
4	管理要求						
4.1	实验室应依法设立或注册						
	能够承担相应的法律责任						
	保证客观、公正和独立地从事检测或校准活动						
4.1.1	实验室一般为独立法人；非独立法人的实验室需经法人授权						
	能独立承担第三方公正检验						
	独立对外行文和开展业务活动						
	有独立账目和独立核算						
4.1.2	实验室应具备固定的工作场所						
	应具备正确进行检测或校准所需要的并且能够独立调配使用的固定、临时和可移动检测或校准设备设施						
4.1.3	实验室管理体系应覆盖其所有场所进行的工作						
4.1.4	实验室应有与其从事检测或校准活动相适应的专业技术人员和管理人员						
4.1.5	实验室及其人员不得与其从事的检测或校准活动以及出具的数据和结果存在利益关系						
	不得参与任何有损于检测或校准判断的独立性和诚信度的活动						
	不得参与和检测或校准项目或者类似的竞争性项目有关系的产品设计、研制、生产、供应、安装、使用或者维护活动						
	实验室应有措施确保其人员不受任何来自内外部的不正当的商业、财务和其他方面的压力和影响，并防止商业贿赂						

序　号	评　审　内　容	评　审　意　见					
		符合	基本符合	不符合	缺此项	不适用	整改项及说明
4.1.6	实验室及其人员对其在检测或校准活动中所知悉的国家秘密、商业秘密和技术秘密负有保密义务，并有相应措施						
4.1.7	实验室应明确其组织和管理结构、在母体组织中的地位，以及质量管理、技术运作和支持服务之间的关系						
4.1.8	实验室最高管理者、技术管理者、质量主管及各部门主管应有任命文件						
	独立法人实验室最高管理者应由其上级单位任命						
	最高管理者和技术管理者的变更需报发证机关或其授权的部门确认						
4.1.9	实验室应规定对检测或校准质量有影响的所有管理、操作和核查人员的职责、权力和相互关系						
	必要时，指定关键管理人员的代理人						
4.1.10	实验室应由熟悉各项检测或校准方法、程序、目的和结果评价的人员对检测或校准的关键环节进行监督						
4.1.11	实验室应由技术管理者全面负责技术运作，并指定一名质量主管，赋予其能够保证管理体系有效运行的职责和权力						
4.1.12	对政府下达的指令性检验任务，应编制计划并保质保量按时完成（适用于授权或验收的实验室）						
4.2	管理体系						
	实验室应按照本准则建立和保持能够保证其公正性、独立性并与其检测或校准活动相适应的管理体系						
	管理体系应形成文件						
	阐明与质量有关的政策，包括质量方针、目标和承诺，						
	使所有相关人员理解并有效实施						
4.3	文件控制						
	实验室应建立并保持文件编制、审核、批准、标识、发放、保管、修订和废止等的控制程序，确保文件现行有效						
4.4	检测或校准分包						
	如果实验室将检测或校准工作的一部分分包，接受分包的实验室一定要符合本准则的要求						
	分包比例必须予以控制（限仪器设备使用频次低、价格昂贵及特种项目）						
	实验室应确保并证实分包方有能力完成分包任务						
	实验室应将分包事项以书面形式征得客户同意后方可分包						
4.5	服务和供应品的采购						
	实验室应建立并保持对检测或校准质量有影响的服务和供应品的选择、购买、验收和储存等的程序，以确保服务和供应品的质量						
4.6	合同评审						
	实验室应建立并保持评审客户要求、标书和合同的程序，明确客户的要求						

续表 2-10

序　号	评 审 内 容	评 审 意 见					
		符合	基本符合	不符合	缺此项	不适用	整改项及说明
4.7	申诉和投诉						
	实验室应建立完善的申诉和投诉处理机制，处理相关方对其检测或校准结论提出的异议						
	应保存所有申诉和投诉及处理结果的记录						
4.8	纠正措施、预防措施及改进						
	实验室在确认了不符合工作时，应采取纠正措施						
	在确定了潜在不符合的原因时，应采取预防措施，以减少类似不符合工作发生的可能性						
	实验室应通过实施纠正措施、预防措施等持续改进其管理体系						
4.9	记录						
	实验室应有适合自身具体情况并符合现行质量体系的记录制度						
	实验室质量记录的编制、填写、更改、识别、收集、索引、存档、维护和清理等应当按照适当程序规范进行						
	所有工作应当时予以记录						
	对电子存储的记录也应采取有效措施，避免原始信息或数据的丢失或改动						
	所有质量记录和原始观测记录、计算和导出数据、记录以及证书或证书副本等技术记录均应归档并按适当的期限保存						
	每次检测或校准的记录应包含足够的信息以保证其能够再现						
	记录应包括参与抽样、样品准备、检测或校准人员的标识						
	所有记录、证书和报告都应安全储存、妥善保管并为客户保密						
4.10	内部审核						
	实验室应定期地对其质量活动进行内部审核，以验证其运作持续符合管理体系和本准则的要求						
	每年度的内部审核活动应覆盖管理体系的全部要素和所有活动						
	审核人员应经过培训并确认其资格						
	只要资源允许，审核人员应独立于被审核的工作						
4.11	管理评审						
	实验室最高管理者应根据预定的计划和程序，定期地对管理体系和检测或校准活动进行评审，以确保其持续适用和有效，并进行必要的改进						
	管理评审应考虑到：政策和程序的适应性；管理和监督人员的报告；近期内部审核的结果；纠正措施和预防措施；由外部机构进行的评审；实验室间比对和能力验证的结果；工作量和工作类型的变化；申诉、投诉及客户反馈；改进的建议；质量控制活动、资源以及人员培训情况等						
5.1	人员						

序 号	评审内容	评审意见					
		符合	基本符合	不符合	缺此项	不适用	整改项及说明
5.1.1	实验室应有与其从事检测或校准活动相适应的专业技术人员和管理人员						
	实验室应使用正式人员或合同制人员						
	使用合同制人员及其他的技术人员及关键支持人员时，实验室应确保这些人员胜任工作且受到监督，并按照实验室管理体系要求工作						
5.1.2	对所有从事抽样、检测或校准、签发检测或校准报告以及操作设备等工作的人员，应按要求根据相应的教育、培训、经验或可证明的技能进行资格确认并持证上岗						
	从事特殊产品的检测或校准活动的实验室，其专业技术人员和管理人员还应符合相关法律、行政法规的规定要求						
5.1.3	实验室应确定培训需求，建立并保持人员培训程序和计划						
	实验室人员应经过与其承担的任务相适应的教育、培训，并有相应的技术知识和经验						
5.1.4	使用培训中的人员时，应对其进行适当的监督						
5.1.5	实验室应保存人员的资格、培训、技能和经历等的档案						
5.1.6	实验室技术主管、授权签字人应具有工程师以上（含工程师）技术职称						
	熟悉业务，经考核合格						
5.1.7	依法设置和依法授权的质量监督检验机构，其授权签字人应具有工程师以上（含工程师）技术职称						
	熟悉业务，在本专业领域从业 3 年以上						
5.2	设施和环境条件						
5.2.1	实验室的检测和校准设施以及环境条件应满足相关法律法规、技术规范或标准的要求						
5.2.2	设施和环境条件对结果的质量有影响时，实验室应监测、控制和记录环境条件						
	在非固定场所进行检测时应特别注意环境条件的影响						
5.2.3	实验室应建立并保持安全作业管理程序						
	确保化学危险品、毒品、有害生物、电离辐射、高温、高电压、撞击以及水、气、火、电等危及安全的因素和环境得以有效控制						
	并有相应的应急处理措施						
5.2.4	实验室应建立并保持环境保护程序						
	具备相应的设施设备，确保检测或校准产生的废气、废液、粉尘、噪声、固废物等的处理符合环境和健康的要求						
	并有相应的应急处理措施						
5.2.5	区域间的工作相互之间有不利影响时，应采取有效的隔离措施						
5.2.6	对影响工作质量和涉及安全的区域和设施应有效控制并正确标识						
5.3	检测和校准方法						

序 号	评审内容	评审意见					
		符合	基本符合	不符合	缺此项	不适用	整改项及说明
5.3.1	实验室应按照相关技术规范或者标准，使用适合的方法和程序实施检测或校准活动						
	实验室应优先选择国家标准、行业标准、地方标准						
	如果缺少指导书可能影响检测或校准结果，实验室应制定相应的作业指导书						
5.3.2	实验室应确认能否正确使用所选用的新方法						
	如果方法发生了变化，应重新进行确认						
	实验室应确保使用标准的最新有效版本						
5.3.3	与实验室工作有关的标准、手册、指导书等都应现行有效，并便于工作人员使用						
5.3.4	需要时，实验室可以采用国际标准，但仅限特定委托方的委托检测						
5.3.5	实验室自行制定的非标方法，经确认后，可以作为资质认定项目，但仅限特定委托方的检测						
5.3.6	检测和校准方法的偏离须有相关技术单位验证其可靠性或经有关主管部门核准						
	由实验室负责人批准						
	客户接受						
	将该方法偏离进行文件规定						
5.3.7	实验室应有适当的计算和数据转换及处理规定，并有效实施						
	当利用计算机或自动设备对检测或校准数据进行采集、处理、记录、报告、存储或检索时，实验室应建立并实施数据保护的程序						
	该程序应包括（但不限于）：数据输入或采集、数据存储、数据转移和数据处理的完整性和保密性						
5.4	设备和标准物质						
5.4.1	实验室应配备正确进行检测或校准（包括抽样、样品制备、数据处理与分析）所需的抽样、测量和检测设备（包括软件）及标准物质						
	并对所有仪器设备进行正常维护						
5.4.2	如果仪器设备有过载或错误操作、或显示的结果可疑、或通过其他方式表明有缺陷时，应立即停止使用，并加以明显标识						
	如可能应将其储存在规定的地方直至修复						
	修复的仪器设备必须经检定、校准等方式证明其功能指标已恢复						
	实验室应检查这种缺陷对过去进行的检测或校准所造成的影响						
5.4.3	如果要使用实验室永久控制范围以外的仪器设备（租用、借用、使用客户的设备），限于某些使用频次低、价格昂贵或特定的检测设施设备						
	且应保证符合本准则的相关要求						

序　号	评审内容	评审意见					
		符合	基本符合	不符合	缺此项	不适用	整改项及说明
5.4.4	设备应由经过授权的人员操作						
	设备使用和维护的有关技术资料应便于有关人员取用						
5.4.5	实验室应保存对检测或校准具有重要影响的设备及其软件的档案。该档案至少应包括：						
	a）设备及其软件的名称；						
	b）制造商名称、型式标识、系列号或其他唯一性标识；						
	c）对设备符合规范的核查记录（如果适用）；						
	d）当前的位置（如果适用）；						
	e）制造商的说明书（如果有），或指明其地点；						
	f）所有检定、校准报告或证书；						
	g）设备接收或启用日期和验收记录；						
	h）设备使用和维护记录（适当时）；						
	i）设备的任何损坏、故障、改装或修理记录						
5.4.6	所有仪器设备（包括标准物质）都应有明显的标识来表明其状态						
5.4.7	若设备脱离了实验室的直接控制，实验室应确保该设备返回后，在使用前对其功能和校准状态进行检查并能显示满意结果						
5.4.8	当需要利用期间核查以保持设备校准状态的可信度时，应按照规定的程序进行						
5.4.9	当校准产生了一组修正因子时，实验室应确保其得到正确应用						
5.4.10	未经定型的专用检测仪器设备需提供相关技术单位的验证证明						
5.5	量值溯源						
5.5.1	实验室应确保其相关检测或校准结果能够溯源至国家计量基（标）准						
	实验室应制定和实施仪器设备的校准或检定（验证）、确认的总体要求						
	对于设备校准，应绘制能溯源到国家计量基准的量值传递框图（适用时），以确保在用的测量仪器设备量值符合计量法制规定						
5.5.2	检测结果不能溯源到国家计量基（标）准的，实验室应提供设备比对、能力验证结果的满意证据						
5.5.3	实验室应制定设备检定或校准的计划						
	在使用对检测、校准的准确性产生影响的测量、检测设备之前，应按照国家相关技术规范或者标准进行检定或校准，以保证结果的准确性						
5.5.4	实验室应有参考标准的检定或校准计划						
	参考标准在任何调整之前和之后均应校准						
	实验室持有的测量参考标准应仅用于校准而不用于其他目的，除非能证明其作为参考标准的性能不会失效						

序　号	评审内容	评审意见					
		符合	基本符合	不符合	缺此项	不适用	整改项及说明
5.5.5	可能时，实验室应使用有证标准物质（参考物质）						
	没有有证标准物质（参考物质）时，实验室应确保量值的准确性						
5.5.6	实验室应根据规定的程序对参考标准和标准物质（参考物质）进行期间核查，以保持其校准状态的置信度						
5.5.7	实验室应有程序来安全处置、运输、存储和使用参考标准及标准物质（参考物质），以防止污染或损坏，确保其完整性						
5.6	抽样和样品处置						
5.6.1	实验室应有用于检测或校准样品的抽取、运输、接收、处置、保护、存储、保留或清理的程序，确保检测或校准样品的完整性						
5.6.2	实验室应按照相关技术规范或者标准实施样品的抽取、制备、传送、贮存、处置等						
	没有相关的技术规范或者标准的，实验室应根据适当的统计方法制定抽样计划						
	抽样过程应注意需要控制的因素，以确保检测或校准结果的有效性						
5.6.3	实验室抽样记录应包括所用的抽样计划、抽样人、环境条件、必要时有抽样位置的图示或其他等效方法						
	如可能，还应包括抽样计划所依据的统计方法						
5.6.4	实验室应详细记录客户对抽样计划的偏离、添加或删节的要求，并告知相关人员						
5.6.5	实验室应记录接收检测或校准样品的状态，包括与正常（或规定）条件的偏离						
5.6.6	实验室应具有检测或校准样品的标识系统，避免样品或记录中的混淆						
5.6.7	实验室应有适当的设备设施贮存、处理样品，确保样品不受损坏						
	实验室应保持样品的流转记录						
5.7	结果质量控制						
5.7.1	实验室应有质量控制程序和质量控制计划以监控检测和校准结果的有效性，可包括（但不限于）下列内容： a）定期使用有证标准物质（参考物质）进行监控或使用次级标准物质（参考物质）开展内部质量控制； b）参加实验室间的比对或能力验证； c）使用相同或不同方法进行重复检测或校准； d）对存留样品进行再检测或再校准； e）分析一个样品不同特性结果的相关性						
5.7.2	实验室应分析质量控制的数据						
	当发现质量控制数据将要超出预先确定的判断依据时，应采取有计划的措施来纠正出现的问题，并防止报告错误的结果						
5.8	结果报告						

序　号	评 审 内 容	评　审　意　见					
		符合	基本符合	不符合	缺此项	不适用	整改项及说明
5.8.1	实验室应按照相关技术规范或者标准要求和规定的程序，及时出具检测或校准数据和结果，并保证数据和结果准确、客观、真实						
	报告应使用法定计量单位						
5.8.2	检测或校准报告应至少包括下列信息：						
	a）标题；						
	b）实验室的名称和地址，以及与实验室地址不同的检测或校准的地点；						
	c）检测或校准报告的唯一性标识（如系列号）和每一页上的标识，以及报告结束的清晰标识；						
	d）客户的名称和地址（必要时）；						
	e）所用标准或方法的识别；						
	f）样品的状态描述和标识；						
	g）样品接收日期和进行检测或校准的日期（必要时）；						
	h）如与结果的有效性或应用相关时，所用抽样计划的说明；						
	i）检测或校准的结果；						
	j）检测或校准人员及其报告批准人签字或等效的标识；						
	k）必要时，结果仅与被检测或校准样品有关的声明						
5.8.3	需对检测或校准结果做出说明的，报告中还可包括下列内容：						
	a）对检测或校准方法的偏离、增添或删节，以及特定检测或校准条件信息；						
	b）符合（或不符合）要求或规范的声明；						
	c）当不确定度与检测或校准结果的有效性或应用有关，或客户有要求，或不确定度影响到对结果符合性的判定时，报告中还需要包括不确定度的信息；						
	d）特定方法、客户或客户群体要求的附加信息						
5.8.4	对含抽样的检测报告，还应包括下列内容：						
	a）抽样日期；						
	b）与抽样方法或程序有关的标准或规范，以及对这些规范的偏离、增添或删节；						
	c）抽样位置，包括任何简图、草图或照片；						
	d）抽样人；						
	e）列出所用的抽样计划；						
	f）抽样过程中可能影响检测结果解释的环境条件的详细信息						
5.8.5	检测报告中含分包结果的，这些结果应予清晰标明。分包方应以书面或电子方式报告结果						
5.8.6	当用电话、电传、传真或其他电子或电磁方式传送检测或校准结果时，应满足本准则的要求						

序　号	评审内容	评审意见					
		符合	基本符合	不符合	缺此项	不适用	整改项及说明
5.8.7	对已发出报告的实质性修改，应以追加文件或更换报告的形式实施；并应包括如下声明："对报告的补充，系列号……（或其他标识）"，或其他等效的文字形式。报告修改应满足本准则的所有要求，若有必要发新报告时，应有唯一性标识，并注明所替代的原件						

2.2.8　质量管理体系文件培训

GB/T 19023:2003《质量管理体系文件指南》4.2 中指出：质量管理体系文件的目的和作用，是将组织的质量管理体系形成文件，可实现（但不限于）以下目的和作用：

（1）描述组织的质量管理体系；

（2）为跨职能小组提供信息以利于更好地理解相互的关系；

（3）将管理者对质量的承诺传达给员工；

（4）帮助员工理解其在组织中的作用，从而加深其对工作的目的和重要性的认识；

（5）使管理者和员工达成共识；

（6）为期望的工作业绩提供基础；

（7）说明如何才能达到规定的要求；

（8）提供表明已经满足规定要求的客观证据；

（9）提供明确和有效的运作框架；

（10）为新员工培训和现有员工的定期再培训提供基础；

（11）为组织的秩序和稳定奠定基础；

（12）通过将过程形成文件以达到作业的一致性；

（13）为持续改进提供依据；

（14）通过将体系形成文件为顾客提供信心；

（15）向相关方证实组织的能力；

（16）向供方提供明确的框架要求；

（17）为质量管理体系审核提供依据；

（18）为评价质量管理体系的有效性和持续适宜性提供依据。

那么这些要求的实现必须以全员理解和参与为前提，因此，在体系运行前进行文件培训显得尤为重要。目的是使人人熟悉并理解体系文件，对各自的职责做到谙熟于心，便于体系在运行中结合运行情况及时查找问题，使各项质量活动有章、有序、有效、协调地进行。以下是关于体系运行的思考问题和答案，供培训时参考。

质量管理体系培训试题及答案

部门：　　　　　　姓名：　　　　　　得分：

一、是非判断题（正确的打√，错的打×）

1. 第三方实验室应能确保其活动的公正性，而第一、二方实验室则不需如此要求。

（×）

2．实验室应设立监督员对本实验室的所有人员进行监督。（×）

3．如果实验室是某个组织中的一部分时，则该组织的人员不能兼任实验室的关键职能。（×）

4．为防止使用作废或无效文件，所有体系文件应经过审批，并有程序加以控制。（√）

5．体系文件必须依据文件的修改程序进行修改，不允许任何手写修改。（×）

6．由分包实验室（非政府或客户指定）承担的那部分工作如果出现问题，发包的实验室承担主要责任。（√）

7．当实验室发现不符合工作时，应立即采取纠正措施。（×）

8．对检测实验室、校准实验室都要求制定评定测量不确定度的程序。（√）

9．实验室用于检测或校准的所有设备在每次使用前必须进行校准。（×）

10．在与客户有书面协议的情况下，可用简化方式报告结果。（√）

二、场景题（与认可准则条款的符合情况）

1．某理化检测室有 15 名检测人员，设立了一名监督员，评审员问该室负责人，这样的比例合适吗？他说一名监督员可以实现有效的监督。（符合 4.1.5 g)）

2．评审员在检查实验室编制的"期间核查程序"时发现，程序要求对每台设备都要进行两次校准（检定）期间的"期间核查"，以确保它们校准状态的可信度。（不符合 5.5.10 和 5.6.3.3）

质量管理体系文件考核题及答案

部门：　　　　　姓名：　　　　　考试时间：　　　　　成绩：

一、判断题（在（　　）中填"√"或"×"）（12 分）

1．原始记录不允许在检测工作结束后追记。（√）

2．客户只要经过部（室）领导批准就可以到实验室观看任何试验。（×）

3．新购的仪器设备，如果有出厂合格证 CMC 标志，也必须送计量部门检定。（√）

4．实验室不允许租借外部仪器设备。（×）

5．检测方法由检测人员决定，不需要经委托方同意。（×）

6．具备大学以上学历的人员，不需要培训考核，就可以开展检测工作。（×）

7．公司工作人员可以查看与自己岗位无关的被检测样品或检测结果。（×）

8．通常对涉及质量管理体系的各部门、各要素每年至少审核一次。（√）

9．只要认为自己的检测结果正确无误，对客户的抱怨可以置之不理。（×）

10．公司检验报告的封面和首页以及质量记录表格可以随时修改。（×）

11．受控文件过期了不能自行处理。（√）

12．作业指导书和检测或检查使用的标准必须到公司业务部登记，加盖受控章。（√）

二、填空（10 分）

1．质量管理体系文件有（4）层次，分别是：（质量手册、程序文件、作业指导书、质量和技术记录表格）。

2．报告结果不以（电话或口头）形式通知客户。

3．坚持以客户为关注焦点的服务理念，努力做到（客观公正、科学准确、方便客户），使客户投诉率低于（1%）。

4．检验报告不出现结论性的差错，其他差错低于（1%）。

5．本公司的检测工作以（法律）为准绳，以（标准）为依据，检测结果遵循以（数据）为准的判定原则。

6．检测工作需要抽样时，应填写（抽样）登记表。

7．当试验方法不在公司认可范围内时，应填写（新开展项目合同）评审表。

8．为了保证计算机采集数据准确有效，应按（计算机数据采集与管理）程序执行。

9．新开展的检测项目，应按（新增检测或检查项目评审）程序执行。

10．购买仪器设备时，应填写（仪器设备购置申请）表。

三、选择题（可多项选择，24 分）

1．见证试验的报告，应注明（A、C）。
　　A 见证单位　　　　B 监督单位　　　　C 见证人　　　D 施工单位

2．当报告发出后需要进行更改时，应该（A、C、D）。
　　A 在原编号后加"更改"　　　　　　　　B 在原编号后加"GZ"
　　C 在报告中注明更改内容　　　　　　　D 收回原已发出的所有报告

3．贴黄色标签（准用证）的仪器设备，表示（A、B、C）。
　　A 该设备经检定部分功能正常，可满足试验要求
　　B 该设备经检定精度不符合原设备要求，但可满足试验要求
　　C 该设备为试验工作的辅助设备，功能正常不需要检定
　　D 该设备为自校设备

4．有分包项目的检验报告应在报告中注明（B、D）。
　　A 分包单位资质证书编号　　　　　　　B 分包项目名称
　　C 分包单位最高管理者姓名　　　　　　D 分包单位名称

5．抽样工作必须有（C）。
　　A 抽样单位领导参加　　　　　　　　　B 被抽样单位领导参加
　　C 抽样单位 2 人以上参加　　　　　　　D 抽样单位 3 人以上参加

6．需要进行期间核查的设备是（B、D）。
　　A 检定有效期已过的设备　　　　　　　B 使用频繁的设备
　　C 进口设备　　　　　　　　　　　　　D 抗干扰能力弱的设备

7．因故障修理好的仪器设备，（A），才能投入使用。
　　A 送计量部门检定或校准合格后　　　　B 请有关专家确认精度满足要求
　　C 设备间比对确认满足精度后　　　　　D 实验室间比对确认满足精度后

8．检测的原始数据（B、C、D）。
　　A 可以由同一个人记录和校核　　　　　B 不能由同一个人记录和校核

C 可由主检人担当记录人，但不能同时担当校核人

D 由计算机自动采集时，记录一栏可以不签

四、问答题（54 分）（答题要点）

1．文件控制与记录控制有何不同？

文件控制要保证版本现行有效，要经过批准发布，无保存期，新文件及时发布，过期文件及时收回，可以随时修改。

记录控制通常不需要控制版本，无须批准发布，没有作废一说，只有保存期，一经记录就不允许修改。

2．质量手册第 4.7 节服务客户内涵是什么，你认为应该如何做好服务客户的工作？

积极与客户沟通合作，努力为客户提供优质服务，尽量满足客户要求，确保客户机密和所有权不受侵犯。经部（室）主任同意，且保证其他客户利益不受侵犯的情况下，允许客户进入实验室参观自己的产品试验。

3．质量手册第 4.10 节纠正措施和第 4.11 节预防措施有何区别？

纠正措施为消除已发现的不合格项所采取的措施；采取纠正措施的目的在于防止问题再发生。

预防措施是为了消除潜在的不合格项所采取的措施。

4．检验报告在什么情况下给出不确定度？

（1）检测方法的要求；

（2）客户的要求；

（3）某检测结果处于某一窄限，需依此做出满足某些规范的判定时；

（4）其他需进行不确定度评定的情况。

5．实验室选择检测方法的原则是什么？

（1）国际、区域或国家标准；

（2）知名的技术组织；

（3）有关书籍和期刊公布的方法；

（4）设备商制造商指定的方法；

（5）实验室自己研制的方法。

6．公司质量方针是什么，你如何理解质量方针的内涵？

略。

7．测试（校准）证书与检定证书有什么不同？如果某设备送检后，取回的是测试（校准）证书，应如何确认其有效性？

检定证书是计量部门依据检定规程，对仪器设备是否合格做出评价的文件。测试（校准）一般是在无检定规程情况下，计量部门依据其相关资源给出的测试数据的文件。因此当取回测试证书时，必须经过检测部主任签字确认设备的精度满足检测的要求之后，该设备才能投入使用。

8．你在检测工作中授权的业务范围和岗位是什么，如何保证工作的质量？

略。

实验室认可 103 个问题

在回答这 103 个问题之前，下面几个基本概念最好先了解清楚，这样也有利于对 103 个问题的理解。

（1）什么是实验室认可？

认可：由权威机构对检测或校准实验室及其人员有能力进行特定类型的检测或校准做出正式承认的程序。

所谓权威机构，是指具有法律或行政授权的职责和权力的政府或民间机构。这种承认，意味着承认检测或校准实验室有管理能力和技术能力从事特定领域的工作。

因而，实验室认可的实质是对实验室开展的特定的检测或校准项目的认可，并非实验室的所有业务活动。

（2）实验室为什么要申请认可？

进行实验室认可，可以提高实验室自身的管理水平和技术能力，确保出具数据的准确性和可靠性，增加顾客对实验室的信任。具体而言，可以归纳为以下几个方面：

1）表明实验室具备了按有关国际准则开展校准或检测的技术能力。

2）增强实验室在校准或检测市场的竞争能力，赢得政府部门和社会各界的信任。

3）参与国际间实验室认可双边、多边合作，得到更广泛的承认。

4）列入《国家实验室认可名录》，提高实验室的知名度。

5）可在认可项目范围内使用认可标志。

（3）实验室申请认可需满足什么条件？

根据 CNAS 的要求，申请认可的检测或校准实验室必须满足的条件包括：具有明确的法律地位，即实验室或所在母体应是一个能够独立承担法律责任的实体；按认可准则及其应用说明建立质量管理体系，且各要素（过程）都已运行并有相应记录，包括完整的内部审核和管理评审；质量管理体系运行至少六个月；在申请后三个月内可接受 CNAS 的现场评审；具有申请认可范围内的检测或校准能力，并在可能时至少参加过一次 CNAS 或其承认的能力验证活动；具有支配所需资源的权力；遵守 CNAS 认可规则、认可政策等有关规定，包括支付认可费用，履行相关义务。

CNAS 能够向实验室提供全面的认可，包括对产品或材料进行检测、测试或评价的实验室，以及对检测仪器或测量装置进行校准的实验室。实验室认可机构许诺不对申请认可的实验室有任何的歧视行为，即不论其属性，为私有的，股份制的、行业的或政府的，也不论其人员数量的多少，规模的大小或检测或校准活动范围的大小，都一视同仁地提供认可服务。

（4）实验室认可完全是自愿的吗？

国际上实验室认可采用的四项原则是自愿申请、非歧视性、专家评审和国家认可。

自愿申请原则是指：实验室是否申请认可，是根据其需求自主决定的，即认可机构不会强制任何一个实验室申请。但对于实验室而言，这一自愿性原则实际上会受到顾客需求的制约，即当顾客提出实验室必须通过认可方可承担起检测或校准业务，而实验室又希望承接这项业务时，申请认可便可成为一种强制行为；另外，当实验室的母体机构或其管理机构有要求时，申请认可也会成为一种强制要求。无论基于上述哪一种情况，强制的要求都不会来自认可机构。

（5）认可和认证有什么不同？

根据 ISO/IEC 指南 2 的定义，认可（accreditation）是"由权威机构对某一机构或人员有能力完成特定任务作出正式承认的程序"。在最近的 ISO/IEC17011:2004《合格评定—对认可合格评定机构的认可机构的通用要求》中对认可给出了最新的定义："正式表明合格评定机构具备实施特定合格评定工作的能力的第三方证明。"

认证（certification）则是"第三方对产品或服务，过程或质量管理体系符合规定要求做出书面保证的程序"。其主要的差异在于：

1）实施的主体不同。认可活动的主体是权威机构，而认可机构的权威常来自于政府，因此认可机构一般是由政府授权的。目前的主管机构是中国合格评定国家认可委员会。中国合格评定国家认可制度已经融入国际认可互认体系，并在国际认可互认体系中有着重要的地位，发挥着重要的作用。原中国认证机构国家认可委员会（CNAB）为国际认可论坛（IAF）、太平洋认可合作组织（PAC）正式成员并分别签署了 IAF MLA（多边互认协议）和 PAC MLA，原中国实验室国家认可委员会（CNAL）是国际实验室认可合作组织（ILAC）和亚太实验室认可合作组织（APLAC）正式成员并签署了 ILAC MRA（多边互认协议）和 APLAC MRA。目前我国已与其他国家和地区的 35 个质量管理体系认证和环境管理体系认证认可机构签署了互认协议，已与其他国家和地区的 54 个实验室认可机构签署了互认协议。中国合格评定国家认可委员会（CNAS）将继续保持原 CNAB 和原 CNAL 在 IAF、ILAC、APLAC 和 PAC 的正式成员和互认协议签署方地位。

认证活动的主体是独立于供方和顾客的第三方，它可以是民间的、私有的、也可以是官方的。认证机构以公正的身份依靠自身服务质量来树立在行为中的威信，以此吸引顾客，但不具备法律上的权威性。

2）实施客体不同。认可活动的对象是合格评定机构，即提供下列合格评定服务的组织：校准、检测、检查、管理体系认证、人员注册和产品认证，其目的是承认某机构或完成特定任务的能力或资格。认可机构评审的是某个机构从事特定检测、校准、检查、认证或人员注册等活动的能力。这里的能力既包含了质量要求，又包括了技术要求。

认证活动的对象是产品或体系，其目的是证明某产品或体系符合特定标准规定的要求。认证机构审核的则是某个机构生产或提供的产品、过程、服务或质量管理体系对标准规定要求的符合性。

3）实施效力不同。正是由于两者实施主体和客体不同，其实施效力也是不同的。可以认为，政府或其授权部门做出的"第三方证明"所具有的权威性和有效性，重于认证机构所做出的"书面保证"。

因此，对于检测或校准实验室而言，应选择 ISO/IEC17025 实验室认可，而不是ISO9000 质量管理体系认证。

（6）实验室认可和 ISO9000 认证有什么关系？

实验室认可是由主任评审员（主要负责质量管理体系的审核）和技术评审员（主要负责对技术能力的评审）对实验室内所有影响其出具检测或校准数据的准确性和可靠性的因素（包括质量管理体系方面的要素或过程以及技术能力方面的要素和过程）进行全面的评审。评审准则是检测或校准实验室的通用要求即 ISO/IEC17025，及其在特殊领域的应用说明。

ISO9000 认证只能证明实验室已具备完整的质量管理体系，即向顾客保证实验室处于有效的质量管理体系中，但并不能保证检测或校准结果的技术可信度，显然认证不适合于实验室和检查机构。

ISO/IEC17025 中 1.6 指出："如果检测和校准实验室遵守本准则的要求，其针对检测和校准所运作的质量管理体系也就满足了 ISO9001 的原则。附录提供了 ISO/IEC 17025:2005 和 ISO9001 标准的对照。本准则包含了 ISO9001 中未包含的技术能力要求。"因此，如果检测或校准实验室符合 ISO/IEC17025 的要求，则其检测或校准所运行的质量管理体系也符合 ISO9001，即前者覆盖了后者所有要求。而如果检测或校准实验室获得了 ISO9001 的认证，并不能证明实验室就具备了出具技术上有效数据和结果的能力。

（7）实验室认可和合格评定有什么关系？

合格评定是世贸组织（WTO）对各国企业的产品和服务进行评价的程序，即对产品、工艺或服务满足规定要求的程度而进行的系统检查和确认活动的一种途径。

合格评定制度包括了：供方自我声明、第二方验收和第三方认证，涉及认证和认可两个领域的所有活动。

作为 WTO 的成员国，2002 年 4 月，我国建立了与国际惯例接轨的合格评定体系，其中包括实验室国家认可体系。

实验室认可 103 个问题与答案

1. 为什么要建立质量管理体系？

质量管理体系的基本作用是帮助实验室提供持续满足要求的数据和报告、提高竞争力、增强顾客满意度。

（1）实验室为顾客持续提供满意的服务需要质量管理体系。质量管理体系方法鼓励实验室分析顾客要求，规定满足顾客要求的检测或校准实现过程及相关的支持过程，并使其持续受控。质量管理体系能提供持续改进的框架，以增加顾客和其他相关方满意的机会。

（2）质量管理体系也是顾客的需要。顾客可通过质量管理体系评价实验室的能力，选择满意的供方。

2. 最高管理者、技术管理层和质量主管在实验室中各担负哪些职责？

一般情况下，最高管理者、技术管理层和质量主管构成了实验室的最高管理层。最高管理层通常界定为：领导实验室贯彻执行上级有关方针政策，传达满足法律、法规、规范和顾客要求的重要性；主持策划、建立（含变更）质量管理体系即确定组织结构和管理结构，实施质量管理体系评审；制定质量方针目标，批准《质量手册》，发布质量承诺；任命关键岗位管理人员，指定关键岗位代理人；确保获得检测或校准所必要的资源等。如质量管理体系中的首席执行者、管理评审中的执行管理层都是最高管理者。

《认可准则》4.1.5h）和 4.1.5i）分别对技术管理层和质量主管的作用作了阐述："技术管理层，全面负责技术运作和确保实验室运作质量所需的资源"；"指定一名人员作为质量主管，不管现有的其他职责，应赋予其在任何时候都能保证质量管理体系得到实施和遵循的责任和权利。质量主管应有直接渠道接触决定实验室政策和资源的最高管理层。"

一般认为，对检测或校准技术方面可能存在问题的分析判断，校准或检测方法的最终确认，以及确保检测或校准工作质量所需技术资源的供应、调配等由技术管理层负责。也就是说，影响检测或校准质量的供应品、试剂和消耗材料的采购应由技术管理层负责。

内部审核及质量活动的管理，如体系运行过程中实验室人员未遵守质量手册或程序文件规定的处置、内审员管理等则由质量主管负责。大体而言，技术管理层通过对专业技术问题的处理和把握，从有效性方面确保检测或校准质量；质量主管则是通过对质量管理体系的运行和维护，从持续改进方面来保证检测或校准质量。

3．纠正措施的实施由谁负责？

要纠正不符合项，可能有几种不同的预案，会涉及多个不同的要素（过程）和部门，如果实验室希望从根本上消除某个不符合项，则纠正措施的制定、实施势必涉及多个要素（过程）和部门。由部门主管负责纠正措施的实施，由技术管理层或质量主管负责验证纠正措施的有效性。

纠正措施作为一个要素，应该明确一个部门负责，由产生不符合工作的部门实施。ISO/IEC17025 中所说的不符合工作有两类：一类是就产品而言的，称为不合格品，即实验室的数据的不合格，对这类不合格纠正措施实施的有效性需进行评价，一般由技术管理层来进行比较好；而就质量管理体系而言，所产生的不合格，称为不合格项，对这类不合格纠正措施实施的有效性也应作出评价，一般由质量主管来进行比较好。

4．质量主管是否应对检测或校准质量承担领导责任？

从实验室的最高管理者到每一位工作人员，尽管责任不同，但都承担着质量管理的职责，他们工作质量的优劣都可能直接或间接地影响到检测或校准的结果。认可准则明确了质量主管的责任在于"在任何时候都能保证质量管理体系得到实施和遵循"，即质量主管是对质量管理体系运行全面负责的人，而并非对检测或校准质量承担领导责任的人。在质量手册和程序文件中有必要使之具体化，而不能简单地认为质量主管就是对检测或校准质量承担领导责任的人，也不能把认可准则中管理要求部分的所有内容都认定为质量主管的职责范围。

5．在检测或校准活动中，实验室员工应对顾客的什么信息承担保密责任？

认可准则 4.1.5 要求实验室"有保护客户的机密信息和所有权的政策和程序"。

实验时应予保护的秘密不仅包括顾客提供的用于形势评价或样机实验的产品及其技术资料所携带的信息，如工艺流程、设计图纸、技术依据、外观设计、产品技术说明书、新产品技术先进性的信息（如专利技术）、顾客的送检信息，还包括实验室给出的检测或校准数据和结果，以及可能被顾客的竞争对手所利用的其他信息。同时，现场检测还可能接触到顾客先进的管理方法、技术装备等有关信息，检测人员也有义务对此予以保密。为做好保密工作，必要时，实验室可以和顾客订立保密协定，明确保密范围和保密责任。

当检测或校准工作分包给其他实验室时，应对分包方提出保密责任要求，并对分包方的检测或校准工作实施保密监督。

6．什么是二级法人的实验室？

二级法人实验室通常是指承担检测或校准工作的实验室本身不是独立法人，而是某个母体组织（一级法人）的一部分，尽管它有批准文件，有自己的名称、组织结构的场所，甚至有时财务经费可以独立核算，却不能独立承担法律责任（如赔偿责任、侵权责任），对外签署的协议仍要由母体组织承担法律后果。

7. 如何绘制组织结构图？

组织结构图分为外部组织结构图和内部组织结构图。

外部组织结构图重在描述和外部组织的接口，二级法人需描述其在母体组织中的地位以及与母体组织中其他结构之间的关系；一级法人则可以描述上级行政主管部门和有业务指导关系的机构。一级法人通常不必在手册中提供外部组织结构图。内部组织结构图应真实反映机构的内部设置，包括最高管理层的组成和分工、各管理部门和专业科室的设置，非常设机构的设立以及他们各自在实验室中的地位、作用和相互关系。内部组织结构和外部组织结构优势也可在一张图中表示出来。

组织结构框图中领导关系用实线。这里要注意的是，专业科室和管理部门虽然在行政级别上是平行关系，但由于管理部门的组织、协调和服务职能，在组织机构框图中有时可居于专业科室之上。管理部门可用实线和箭头指向表示他们与专业科室间的相互关系。非常设机构可用虚线方框表示，和最高管理层中的分管负责人之间用虚线相连。对二级法人的实验室，当技术保障和供应由实验室外的其他部门提供时，可用虚线相连。

在有的国际组织和国外检测或校准实验室提供的组织结构图中有这样一些情况：上下级之间的连线不带箭头；没有反映出非常机构；方框中没有职能或职责的简单描述；管理部门和专业科室是并行关系，同样接受实验室最高管理层的领导等。

8. 实验室可分配的资源有哪些？

实验室可分配的资源包括财务资源、设备资源、设施资源、环境资源、组织资源、人力资源、技术资源、方法资源、信息资源、分供方和合作者、自然资源的可获得性等。

9. 二级法人的实验室如何保证质量活动的公正性？

由于二级法人本身不能独立承担法律责任，在保证质量活动的公正性方面存在着某些不同于一级法人实验室之处。为此，通常规定如下：

（1）母体组织的最高管理者授权实验室开展检测或校准活动，承诺为其承担法律责任。

书面授权的文件应说明授权内容和授权有效期，规定实验室可以自主采取的行为，声明在业务行文、签订合同、计划管理等方面具有相对独立性，明确可以享受的财产分配和处置权，以便使二级法人在享有部分自主权的前提下开展检测或校准活动和实施质量管理，履行相应的法律义务。

（2）限制和约束母体组织中的有关部门和人员，避免对实验室检测或校准活动可能造成的潜在利益冲突。

二级法人只是母体组织的一部分，不享有完全的人、财、物的处置分配权，在各种资源的获取方面不得不受制于母体组织最高管理者以外的其他领导者或其他部门，当母体组织中其他领导者或其他部门提出有违于公正性、独立性和诚信度的某些要求或建议时，实验室会担心，拒绝他们的要求是否会使自己的正当利益受损。因此，作为母体组织，有必要对其他部门和人员的行为做出一些限制和约束，并形成书面文件。

（3）最高管理者兼任二级法人实验室的负责人，实验室在组织结构上应独立于生产、财务、商贸经营部门并不受其管辖，而接受母体组织的直接领导。

有时母体组织的最高管理者可能无暇顾及实验室的具体工作，需要设立常务副主任主持日常工作；但由最高管理者兼任二级法人实验室的负责人，可以保证实验室日常工作的管理者和母体组织最高管理者的直接接触和有效沟通。反之，如果缺乏最高管理者应有的关注，各种明文规定可能会流于形式，不能真正起到作用。为此，实验室在组织结构上应接受母体组织的直接领导，以便有利于资源的获取和利益的维护。

10．如何进行实验室的组织设计？

组织设计的目的是协调实验室的活动，使重复或冲突减至最小。设计组织要考虑顾客需求、产品、服务、环境变化、经营理念、目标、有限资源、分工合作、权利和责任等诸因素。实验室的组织设计可参考下列原则：

（1）管理幅度原则。各级领导能有效管理的人数是有限的，管辖的人数过多易失去控制，过少会产生过度控制的倾向。

（2）阶梯原则。组织应该有明确的归属关系，每个人必须知道应向谁负责以及应指导或监督谁。

（3）业务明定原则。每个人的工作必须事先规定，才不会笼统地分派工作。

（4）权利层面原则。决策应由具有相应决策权的人做出，避免某个人做一切决定。

（5）授权原则。权利必须授权下属，方能更好地完成自己岗位上规定的任务。

（6）统一指挥原则。每个人的工作只有一个直接领导，才不致产生无所适从的情形。

（7）权利与责任相等原则。假使一个人对某一特定任务负有责任，则他也应有相应的权利。

组织设计包含划分部门与层级、选择控制幅度、明确授权程度与权责关系等工作。实验室可先列出建立组织的目标，再据此列出完成目标所需的工作，然后将相关工作组合成适当的部门与职位，接着规定每一职位和其他职位间的关系以及部门与职位的责任和权限。

11．质量管理和全面质量管理的目标是什么？

质量管理就是要通过系统的管理，确保产品或服务符合顾客需求，达到持续的顾客满意这一目标。

产品或服务的质量受到各阶段互动作业的交互影响，为经济地达到满意的质量，实验室应关注各阶段的质量，推行全面质量管理。

全面质量管理是指全体员工共同改进绩效的集体努力，即通过组织各阶层人员，同心协力持续改进绩效，以提升顾客满意水平。全面质量管理强调通过改善流程、顾客与供应商的参与、团队合作以及培训，来完成符合顾客要求且低成本、高效益、零缺陷的工作。所以，全面质量管理的两大目标和理论基础是顾客满意和精益求精。

12．实验室如何加强质量管理？

管理的系统方法是质量管理的八项原则之一，加强质量管理工作需要考虑多方面的因素，从技术上、管理上采取多种手段。

（1）抓住作业流程的关键环节。例如，对发出报告或证书的修改情况应由相应部门备案，记录修改起因、修改内容及发生过程，将原来有误的报告或证书存档。这样，通过对实验室异常情况的掌握，为质量改进提供第一手材料。

（2）做好日常质量监督的指导工作。根据工作的进展、监督员发现的问题、顾客反馈的意见或其他渠道得到的信息，制定质量监督计划，可以是年度计划、季度计划，也可以是不定期的。要求监督员在特定时间段，对某些导致不符合工作常发或易发的质量因素

（过程）进行重点监督。

（3）实施质量要素（过程）的监督抽查。组织人员比对，以检查同一检测或校准项目不同人员操作结果的一致程度；组织设备比对，以及时发现设备的异常情况；建立质量抽查制度，对定期变动的要素及时组织抽查。例如，测量设备校准后，检查其校准状态标识是否更换，报告或证书上的相关信息是否修改。抽查结束后，对抽查结果在一定范围内进行通报。

（4）依靠现代信息技术，实施动态管理。

13．ISO/IEC17025 中监督主要指什么？

在 ISO/IEC17025 中的监督主要是对人员的监督，因为实验室的人员是十分重要的，是第一资源，只有对人员控制好了，才能确保数据的正确、可靠。如《认可准则》4.1.5 g）指出："有熟悉各项检测和（或）校准的方法、程序、目的和结果评价的人员对检测和校准人员包括在培员工进行足够的监督"；5.2.1 规定："当使用在培员工时，应对其安排适当的监督"；5.2.3 规定："在使用签约人员和额外技术人员及关键的支持人员时，实验室应确保这些人员是胜任的且受到监督"。

实验室要对检测或校准人员进行充分的监督，监督的目的在于确保其具有所从事的检测或校准工作的初始能力和持续能力。监督有动态的和静态的。动态是指随时随地的、预先不通知的、对人员现场的检测和校准过程的监督；静态的是指有计划地对人员的检测和校准过程实施监督，对新设备试运行过程的人员监督、对在培养人员的操作和原始记录的检查等。

14．质量管理部门和监督员的工作有何不同？

在检测或校准实验室中，质量主管、质量管理部门和专业科室的监督员对实验室的检测或校准工作共同实施质量活动的过程控制，但质量管理部门与监督员的工作内容、范围和对象有所不同，这一差异体现在具体工作中。

以检测或校准方法为例，负责方法文件控制的管理部门在收集到现行有效的技术规范并经评审后，将其以受控文件形式发至专业科室。在具体的检测或校准工作中，监督员对人员执行相关文件的情况进行监督，如何种物品适用该规范，具体的操作方法、操作步骤以及检测或校准数据的处理和检测或校准结果是否符合要求等。

实验室可根据自己的需要和特点设立专门的质量管理部门并规定其职责，也可将质量管理职能分配至有关部门。如果实验室设立了专门的质量管理部门，则它应该是协助质量主管管理质量工作的一个职能部门，例如由它负责质量文件的受控管理、顾客抱怨的受理、质量事故的处理、校准计划执行情况的检查，以及各项质量管理制度执行情况的检查等。

15．怎样做到足够的监督？

ISO/IEC17025 强调足够，主要是强调监督的有效性，足够监督首先要保证监督人员满足："由熟悉各项检测和校准的方法、程序、目的和结果评价的人员对检测和校准人员包括在培员工进行足够的监督"的条件才能保证监督的有效性。足够的监督可以从几个方面来保证：

（1）监督员数量应足够。监督员一般占专业技术岗位人员数量的 10%左右。

（2）监督员专业技术水平足够。质量监督主要是技术工作，就专业知识而言，对监督员的资质要求应高于一般检测或校准、核验人员。

（3）监督员的权力要足够。实验室应赋予监督员一定的权力。例如，当场指出问题，责令立即改正；当不符合工作的处置发生困难时，可以直接向质量主管或技术主管报告，以便对不符合工作及时采取补救措施；如果报告或证书存在问题，可予以扣发；对纠正措施效果不满意的，可以通过和相关人员沟通，提出整改意见等。

（4）监督员的工作岗位应有利于监督工作。监督员应工作在检测或校准现场，以利于掌握最新动态，了解技术操作环节中的难点，及时发现过程控制中的问题并予以纠正，对连续的检测或校准活动实施有效的质量监督。

16．监督员由谁担任合适？

《认可准则》4.1.5 g）条对监督员的要求主要是专业技术方面的。例如，《实验室认可准则在无损检测实验室的应用说明》指出，"无损检测领域实验室应根据需要设立一名或多名技术监督员，该人员应有能力、有时间和权力对检测工作提供足够的技术指导和对检测结果进行评价和说明。如技术监督人员发生变化，应通知认可委员会重新进行评审，在重新评审之前和缺少技术监督人员的情况下，实验室不得出具带有认可标识的检测报告。在生产车间、安装工地、使用现场等实验室以外工作场地检测时，检测人员应按技术监督人员批准的检测工艺进行工作，检测报告须由技术监督人员审核并签字"。

监督员通常是兼职的，当专业科室主任的技术能力满足要求时，也可以同时担任监督员；如果专业科室主任无力承担，也可由熟悉本专业的技术骨干担当。

值得注意的是，有的专业科室主任被授权担任监督员，但由于他们承担的工作量较为繁重，监督工作会受到冲击，不能起到应有的效果；有的实验室授权其他一些人员为监督员，但由于他们的技术能力不能满足要求，同时缺乏足够的组织资源，无力对不符合工作的纠正实施监控，这些都会对监督的有效性造成影响。

17．授权签字人的数量多少较为合适？

有的实验室规定专业科室正或副主任、业务管理部门的负责人、技术管理层的人员均可签发报告或证书，无先后之分。有的实验室规定"先正后副"，正职在时正职签，正职不在时副职签，两者都不在时由业务管理部门的负责人签；倘若全不在，则交技术管理层的人员签。这样有多人签发报告或证书，不同的人把握标准可能不一，报告或证书的质量就容易滑入失控状态。

实验室在向认可委推荐授权签字人时，既要考虑被授权人的能力和资格条件，也要满足实验室业务正常开展的需要。根据 CNAS/AR04:2003《认可标志与认可证书管理规则》的规定，"带认可标志报告或证书和带有对本机构认可状态的声明内容的文件，必须由 CNAS 批准的授权签字人签发，其他人员不得签发。经批准的授权签字人不在的情况下，在报告和证书上应限制使用认可标志或对认可状态的其他声明。"也就是说，经批准的授权签字人无权委托他人代为签发报告或证书。为此，有的实验室为确保报告或证书质量，申报时严格控制授权签字人人数，一个专业仅推荐一个授权人。但在实际工作中却发现有不便之处，一旦该人离开实验室，报告或证书就因无人签发而无法及时交付顾客。有的实验室为了方便业务开展对同一专业领域授权多人，却无法保证这些人都能满足"与检测或校准技术接触紧密"的要求。因此，实验室必须综合考虑，权衡各方面的利弊，做出正确决策。

18. 如何制定实验室质量方针？

质量方针是由组织的最高管理者正式发布的该组织的质量宗旨和质量方向，真情、切实的质量方针、质量目标和质量承诺是实验室工作的灵魂，检测或校准实验室的质量方针既要体现检测或校准工作科学求真的精神，也要体现实验室以顾客为焦点的服务宗旨。

为避免质量方针过于空洞，在制定质量方针时，首先要思考：实验室的顾客是谁？他们有什么需求？为什么提出这样的需求？实验室能满足顾客什么样的需求？提供什么样的服务？竞争优势是什么？回答了这些问题，就清楚了自己的目标和如何来实现这些目标。实验室可以把质量管理八项原则作为制定质量方针的基础，由最高管理者召集管理层举行政策规划会议，把目标市场、主要顾客、顾客需求、专业能力与竞争优势作一综合讨论，从而产生清晰明确、结合顾客需求与实验室业务的质量方针。

试举两例："样品空间有限，科学追求无限；数据真实无情，服务顾客有情"；"行为公正、方法科学、测量准确、服务及时"。这些质量方针基本上体现了实验室的工作内容，反映了质量宗旨和为顾客着想的服务理念。

质量方针不宜太笼统。例如"自己永不满足，顾客永远满意"的质量方针，没有体现实验室作为检测或校准机构的特点，另外，顾客的需求既有明示的，也有潜在的，同时还随着环境的变化而不断发展，实验室在向顾客提供满意服务的同时，需要保证公正性、科学性，从这个意义上来说，实验室是难以满足所有顾客的所有要求的，将"永远满意"作为实验室的质量宗旨和质量方向不免欠妥。

19. 如何制定实验室质量目标？

质量目标是在质量方针和实验室战略策划的大框架下，实验室所追求的质量方面的目标。质量方针可以是抽象的，质量目标则是可实现、可量化、可考核的。例如，有的实验室提出了"遵循认可准则，贯彻质量方针，完善质量管理体系，采用先进技术，追求报告或证书一次交验合格率 99%，力争顾客满意率 99%"的质量目标。在有的实验室的质量目标中，还包括了某些可量化的子项目以及实现目标的时限，并制定了相应的测算办法。

实验室最高管理者应在体系策划的过程中依据质量方针制定能够导致业绩改进的质量目标，并针对不同部门制定相应质量目标。由于内、外环境的变化，必要时实验室会对质量目标相应作一些调整。太长时期的质量目标不易把握，因而在质量手册中通常给出 3～5 年的质量目标。为了实现这一中长期质量目标，实验室还可以另外制定年度目标或阶段性目标。

年度目标属短期目标，实验室应在年度计划中提出，在下次管理评审时对质量目标的完成情况进行评估，以利于质量改进的实施。

20. 质量承诺应包括什么内容？

实验室一旦接受了委托，就和顾客形成了一种契约关系。为此，实验室有必要公开对顾客的质量承诺，明确在检测或校准活动中应承担的质量责任。

质量承诺的内容通常可以包括：保证检测或校准数据可信、结论正确；保证将顾客的合法权利置于首位；恪守相关法律和制度的规定，对出具的报告或证书负责；视顾客的时间为自己的生命，以最合理的价格按时向顾客提供最优秀的服务；在质量手册的指导下开展活动，不断完善质量管理体系。

顾客的利益既包括了顾客的机密和所有权、满足规范要求的检测或校准，也包括了服务时间、价格等。为保证公正性，实验室的服务收费、服务时限应是公开的，可查询的。有的实验室将质量承诺张榜公布在收发大厅的显著位置，增加了工作的开放度和透明度，这不仅可以增强顾客的信任度，同时对实验室本身也具有约束力，体现了实验室主动接受顾客监督的姿态。

对于一些特例，实验室应事先声明。例如，在校准实验室，由于标准温度计、标准热电偶的校准所需时间长，同时专门为少量标准温度计、标准热电偶开炉，成本过高，此时就有必要针对这些特殊物品的服务时限单独作出声明，并将此写入服务承诺。如果确实由于某些不可预测或其他原因，质量承诺不能兑现，实验室应及时和顾客沟通，争取顾客的谅解。

21．实验室有哪些质量管理体系文件？

质量管理体系文件因实验室的规模、活动类型、过程及其相互作用的复杂程度以及人员的能力而有所不同。质量管理体系文件通常包括质量手册、程序文件、作业指导书、质量计划、质量和技术记录、外来文件、档案文件和网络文件。

质量管理体系文件可以按照内容、管理方式、来源或载体等进行划分。按管理方式划分时，有受控文件和非受控文件。按来源划分时，有实验室编制文件和外来文件。

ISO9000:2000《质量管理体系 基础和术语》将"文件"定义为"信息及其承载媒体"，"媒体可以是纸张，计算机磁盘、光盘或其他电子媒体，照片或标准样品，或它们的组合。"由于电子媒体具有可随时访问相同的最新信息、访问和更改易于完成和控制、可实现远程访问以及作废文件的回收简单有效等优点，越来越受到实验室的欢迎，受到了越来越普遍的应用。

22．如何对文件进行受控管理？

受控文件包括指导实验室员工开展检测或校准和实施质量活动的文件，以及阐明所取得的结果或提供所完成活动的证据的记录。实验室对这些文件和记录实行不同的管理办法，如对质量手册、程序文件、作业指导书和记录格式等文件实行修改受控，对记录（包括质量记录和技术记录）实行检索受控。

《认可准则》4.3 条中所指的文件即指实行修改受控的文件。修改受控包括部分内容的修改受控和文本整体的作废换版。负责文件控制的人，要对文件进行编号，按批准的发放范围进行发放登记，保证使用的能及时得到现行有效版本的文件，文件修订后按规定要求予以更新，并回收使用人员手中的过期文件。

记录类文件的编号方法和具体的管理办法，可以由实验室根据需要在体系文件中作出具体规定。实验室的各类记录要保存备查，妥善保管，易于检索，方便查找，无论文件借出、归还，还是过期销毁，都应有专人负责，并做好记录。

非受控管理的文件包括由资料情报部门保管的科技书籍、期刊等各种参考文献资料，也包括由行政办公室保管的来往公文等。这些文件由于和检测或校准工作质量没有直接关系，在实验室中一般不实行受控管理，而是按照国家图书档案管理的有关办法进行分类、编目和建档管理。

23．如何获得外来法规性文件发布或更新的信息？

外来法规性文件包括法律法规、规章、标准、规范等。外来文件的及时获得是实验室开展检测或校准活动的基础，尤其是技术法规的有效性更是确保检测或校准方法有效性的前提，实验室必须畅通信息来源渠道，确保在最短的时间内获得最新的信息。

（1）向标准情报部门查询。检测依据的是各类标准，截至 2008 年底，单单有色金属国家标准总数就已达 1801 项，再加上其他行业标准和地方标准，一般用户欲跟踪所有标准的发布和更新信息，几乎是不可能的。所以只能借助国家、部门和地方的标准情报部门。就实验室而言，较为稳妥的一种做法是和情报部门建立长期固定的协议关系，由情报部门定期提供相关产品标准的发布、更新信息和所需的标准。

（2）订购权威机构出版的国家标准和计量技术法规目录。中国标准出版社每年出版《国家标准目录总汇》，该目录收集了截至上一年度批准发布的全部现行的国家标准信息，同时补充载入被代替、被废止国家标准的目录及国家标准修改、更正、勘误通知等相关信息。中国计量出版社每年出版《国家计量技术法规目录》，该目录收集了国家计量检定规程、国家计量检定系统、国家计量技术规范和国家计量基（标）准、副基准操作技术规范的信息，并将国家质检总局公布的已修改的计量技术法规的编号和名称作为附录编入。

（3）从期刊获取最新信息。《国家质量监督检验检疫总局公报》不仅公告与质量监督检验检疫有关的各种法律、法规、规章以及重要文件，也发布标准、计量技术规范更新的信息，还有专业型的技术刊物，由于科技期刊的连续性，顾客必须期期关注，不能遗漏。

（4）应用互联网查询。ISO、IEC、OIML 以及我国的国家标准情报部门等都建立了网站，顾客可以查询到现行有效的国际标准、国际建议、国际文件以及国家标准。许多行业网站也提供标准和计量技术法规的查询服务。

（5）参加技术交流会。即使有了上述各种渠道，参加各类专业技术委员会的活动仍然是有必要的。与会人员不仅可获取学科发展动向等信息，还可以了解技术法规编制计划，积极主动地参与到标准、计量技术法规的编制或修订工作中去，这对实验室今后业务的开展有着积极的作用。

24．如何获得外来技术文件的文本？

中国标准出版社通常会有单行本的标准出版。但由于标准文件专业性强，再版不多，发布时间比较早的标准在出版社或专业书店很难买到，此时，可向其授权的标准情报部门购买。

某些产品的标准汇编一般几年发行一册，出版时往往编有序号。由于相关产品的国家标准、部门标准都集中在这几册书中，查阅起来很方便；但缺点是实时性不强，实验室需要结合其他手段跟踪标准的更新情况。有的标准汇编是由该产品的国家级专业研究所编辑发行。

由于目前涉及校准项目的技术法规数量较少，相对容易获得。一旦获知计量技术法规更新的信息，可与中国计量出版社联系获取所需的文本。

25．如何获得国际标准？

实验室应对国际标准的来源渠道有所了解，以便需要时能及时获得。若实验室所在国是某个国际组织的成员，实验室可以向国际标准的发布机构或其委托机构索取。这些机构的文件中心虽然不对公众开放，但成员国可索取信息。

此外，国际组织在各成员国都设有秘书处，秘书处会向本国用户提供国际标准化文本及其他相关信息。

乌拉圭回合多边贸易谈判结果《技术性贸易壁垒协定》10.4 条要求"各成员国应采取

其所能采取的合理措施，保证其他成员或其他成员中的利害关系方按照本协定的规定索取文件副本，除递送费用外，应按相同的价格提供。"根据这一规定，如实验室所在国是世贸组织的成员，检测或校准活动中需要用到对方国家标准时，对方国家应能提供有关标准化文件并设立咨询点回答提出的合理询问。

26．为什么要进行文件的定期评审？

和法律、法规需要随着社会的发展不断重新修订一样，国家技术法规也都要进行定期清理。例如，我国国家标准大致是 5 年清理一次，根据原国家质量技术监督局质技监局标函（1998）216 号《关于废止专业标准和清理整顿后应转化的国家标准的通知》的要求，专业标准或者被废除，或者转化为国家标准。乌拉圭回合多边贸易谈判结果《技术性贸易壁垒协定》第二条对中央政府机构制定、采用合适的技术法规做出了规定，该协议 2.7 条规定"只要适当，各成员即应按照产品的性能而不是按照其设计或描述特征来制定技术法规"。为符合这一要求，作为世界贸易组织的成员国，我国需要对国家标准进行相应修订。

国际标准或一些外国标准更新比较快，如美国 UL 标准用增订页的方式修改标准，修改是随时随地的。

实验室的体系文件是指导实验室员工开展各项质量工作的文件，同样存在制定、维护、修订、废除等问题。国家法律法规的不断更新、不断发展变化的相关方的要求、管理科学的进步、人员的调整、资源的改善等，都可能导致实验室组织和管理结构的变化；而外来文件的更新、新技术、新方法、新装备的应用等又可能导致技术性程序的更新。这些都要求实验室对体系文件进行定期评审，对文件中不适合、不恰当、不全面之处进行修订，以确保文件持续适用、有效和充分。

27．如何进行文件的定期评审？

文件评审应根据文件性质分类进行。质量手册、程序文件是实验室所有人员共同遵循的行为规范，这类文件在金字塔形的文件体系架构中处在高端，涉及日常质量活动和检测或校准工作，一般需在管理评审时进行评审，评审时实验室中负有特定管理职责的人员要共同参加，这样做不仅可集思广益，也有利于评审后的质量改进。评审前相关职能部门应列出在用质量管理体系文件清单和自上次评审到本次评审期间修订、增补文件一览表，收集有关文件以及实验室人员提出的意见和建议，通知与会人员，做好相应准备工作。

当然，内审前也应安排对质量管理体系文件的评审，以确保实验室当前使用的文件其内容与可获得的外来文件相符，所引用的文件是最新而有效的，即相关的实验室编制文件已得到了及时的修订和控制。

技术性的作业指导书，包括外来的技术文件可由技术管理层的人员组织该项目参与人员、相关专业技术人员和技术管理部门的人员进行评审。评审频次视具体情况（例如作业指导书数量和技术领域覆盖面）而定，通常每年一至两次。当作业指导书数量较多，技术领域覆盖面较宽时，频次可相应增多。

通过定期评审可以发现在上次评审中尚未暴露的问题，或在运行中接口不清晰等系统性的问题。实验室不仅是要通过评审发现问题，更要积极采取纠正和预防措施，使工作不断得以改进。

28．外来文件的评审包括哪些内容？

外来文件包括法律法规规章和技术文件两大类。法律法规规章适用面宽，其制定、修订、废除是国家立法或行政机关的职能，实验室应遵循法律法规的规定，履行相应职责，按规定程序操作。技术文件则有所不同，并不是所有公开发布的，国家、行业、地方批准的技术文件都可以拿来就用，实验室应首先对这些外来技术文件的有效性、适用性进行评审，确认文件现行有效，而且实验室符合文件所规定的条件时，才能使用。

对于新增项目，实验室大多会在新项目评审的同时对所依据技术文件进行评审，但是在规范、标准更新时却往往会忽视对技术文件的评审。在得到新版技术文件的时候，我们需要澄清：新版技术文件和老版本有什么不同，为什么要做这样的变更，其依据是什么，本实验室是否能够满足新版的要求，例如，实验室环境条件、现有设备、人员技术能力是否能够满足要求，是否需要改造环境设施、新添设备、培训人员，是否要增加相关文件，如质量计划、作业指导书等。同时，在首次使用新方法时，还应尽量参与量值比对、能力验证等活动，组织设备比对和人员比对，以判定新方法的适宜性，审核确认本实验室开展这一项目的能力。此外，还应经过实验室技术管理层的确认，并记录相关评审活动。

29．外来文件的控制要求有哪些？

按《认可准则》要求，质量管理体系所要求的文件均应予以控制。由于实验室的外来文件有很多，如与管理体系有关的标准、法律法规、外来函件（包括顾客反馈的信件）等，都属于质量管理体系所要求的文件。虽然实验室不能对外来文件进行更改或修订，但不能以此为理由而认为外来文件都是非受控文件。实验室必须确保外来文件得到识别，并控制其分发，这是《认可准则》要求要做到的。

实验室对外来文件进行控制，首先要识别外来文件是否为质量管理过程的有效策划、运行和控制所需的文件，并注意识别其时效性。有些外来文件不属于这类文件，如实验室不适用的标准、无针对性的信函、宣传资料等。

实验室对外来文件应首先确定发放范围，在受控条件下分发，确保在使用处可获得适用的有效版本。同时还应确保文件清晰、易于识别。

实验室还要关注外来文件可能发生的变化，如建立相应的控制过程，跟踪实验室应用的检测标准或其他外来文件的版本更新。必要时换发新文件或加以标识，确保文件的更改和现行修订状态得到识别，防止作废文件的非预期使用。

30．过期的技术文件是否一定不能使用？

实验室认可要求，对于超过保存期限或被新文件替代的实验室档案、资料，由档案管理员报由最高管理者批准后统一收回并及时销毁，以保证所有相关人员均能在需要时得到文件的有效版本，由于法律或知识保存目的而需要保留的作废文件要加盖蓝色作废章，由档案管理员独立保存，不得在实验室现场出现。如果希望对过期的技术文件重新使用，实验室需要按新文件的控制要求进行审批后使用。

31．技术文件的格式是否需要经过批准？

技术文件包括：技术标准、工艺文件、产品图纸、明细表、作业指导书、工艺卡、产品说明书、标贴、包装资料等。一个完整的技术文件包括文件封面、文件目录、设备清单、检测标准要求及流程控制等。技术文件的审核批准应该按规定的文件控制程序执行，实验室的技术文件一般由最高管理层授权技术主管组织评审并批准实施。

32．受控的文件是否一定要盖"受控文件"印章？

受控文件是否必须加盖"受控文件"印章，应视文件的受控管理方式和文件的实际用途而定。文件管理部门对提供实验室内部人员使用的实施修改受控的文件，应加盖"受控文件"章，其中包括对文件管理员本人使用的文件。"受控文件"印章中，可以包括受控级别、受控编号、受控起始时间、作废时间等项目。对实施检索受控管理的各类记录、档案，如原始记录、报告或证书副本、设备档案、人员技术档案、计量标准档案等，则应按照档案管理办法进行编目归档，不需要在每份文件上加盖"受控文件"章。

记录格式虽实施修改受控，一般不需加盖"受控文件"章。有的实验室在备案的记录格式上加盖"样张"，作为可对照的样板。当修改标准或规范或其他原因需要更新记录格式时，则应废除旧格式，并在发放新的记录格式的同时回收作废的记录格式，这需要履行一个更改申请、更改批准、有效表格发放、作废表格回收的程序，而不能图省事随意更改记录格式，实验室应做好发放文件的备案登记，以便于今后查找核对。有关人员在收取记录时，要识别记录格式是否为有效版本。记录格式的识别一般靠格式版本号或启用日期。

对不作为检测或校准依据，而仅作为文献资料提供技术人员查阅的规程汇编或标准汇编，不作受控管理，为防止误用，有的实验室给这类文件加盖了"参考资料"章。如果作为检测或校准依据，则应对其中作废的规程或标准作出明显的作废标记。

33．如何建立文件的受控编号？

下发的对质量有影响的文件，一定要有受控号，并在发放台账上登记，对于作废的文件，一定要收回加盖作废章，这样才能保证实验室的文件是有效的版本。

受控文件的编号，比如：

"文件编号 QM　1　08（其中 QM 为质量管理体系，1代表质量手册，08是第8个章节）

第×页　　　　共××页

第 A 版　　　　第×次修订

颁布日期：　　　"

以上作为一个固定格式，每次修改后，把修订次数改一下，然后按照文件规定，经过几次修改后或在其他情况下进行换版。

34．如何建立文件的识别编号？

文件的编号分为文件的识别编号（即文件代号）和文件的发放编号。识别编号反映该文件的种类、属性及版本，发放编号则反映该文件的发放对象，即所有权人（有时是部门），这两种编号都应是唯一的。有了识别编号，在提及该文件时，可以不必再叙述名称，而以识别编号代之。有了发放编号，就不必再在文件上标注使用人姓名，文件使用人变更（例如人员调离、退休）时也不需重新标注发放编号，而只需要在文件发放清单上做好使用人变更的记录和发放、回收的登记即可。

由于国家有关部门（或国际组织）在批准发布技术文件时，已给出文件的识别编号，实验室无需对外来技术文件重新给出识别编号。需要建立文件识别编号的，大多是实验室制定的文件。文件识别编号可用英文字母和阿拉伯数字的组合来表示，例如：×××/××、×××-××××。代号最前面是用英文缩写表示的机构代号，"/"后面的第一、二位用英文字母表示文件类型识别，不同的字母组合分别代表质量手册、程序文件、作业指导书

（可细分为检测或校准实施细则、操作规程、测量不确定度评定书、期间核查办法、型式评价大纲等）、表格、质量计划、记录、网络文件等。"/"后面的第三、四、五位用阿拉伯数字表示文件序号，如该测量不确定度评定书是实验室的第 8 份测量不确定度评定书，则表示为"008"。"–"后面的四位阿拉伯数字表示文件批准的年份。

35．网上发布文件应注意什么？

随着计算机应用的日益普及，建立局域网并在局域网上发布文件的实验室越来越多，《认可准则》4.3.3.4 对此做出了规定："应制定程序来描述如何更改和控制、保存在计算机系统中的文件。"

实验室网上发布文件有几个需要注意的环节。

（1）明确文件控制的部门和人员。规定哪个部门具有更改和控制保存在计算机系统中的文件的职责和权力，规定何人提出发布或更改的要求，何人审核，何人批准，何人在网上发布。根据文件的性质不同，提出要求的部门各异，但批准和发布的人就是唯一的。

（2）对网上文件进行保护，防止未经授权的侵入或修改。有的实验室在网上发布文件，并把它放在一个可任意修改和下载的目录下，这样尽管方便了操作，文件版本却得不到控制。为此，可对文件进行只读处理，例如以 PDF 格式发布，未授权人员就不能随意更改了。

（3）对同时发布纸质文件和电子文件，并且均作为受控文件使用的，应做到两种版本的同步，以免执行者无所适从。

36．表格的制定应注意什么？

实验室通过对质量记录所用表格的控制，保证质量记录表格处于受控状态。

表格的格式应满足实际工作的需要和认可的要求，表格由相关使用人员设计、审核，质量管理室编号、备案。在设计上应考虑适用、有效、方便使用和验证。

由于质量记录、技术记录种类繁多，数量庞杂，为方便记录的整理，在记录的保管、收集、整理、检查和归档等的管理上应予以明确，使记录分类清晰、内容齐全、保管完善，便于调阅。

质量记录表格的编制、审核、编号、发放和管理由实验室指定人员完成。表格由分管人员批准后，并在质量记录表格式样背面签名和注明开始使用时间。依据实验室编号规则对其进行编号，注明版本号，登记入《受控文件清单》中，并执行正式质量记录表格的打印或印制下发给使用部门。实验室要保存质量记录表格的原件，相关部门负责保存所使用的质量记录表格。

37．怎样进行要求、标书和合同的评审？

对顾客要求、投标书和合同的评审简称合同评审，该要素（过程）是《认可准则》较之导则 25 新增加的内容。合同评审是在"合同签订前，为了确保质量要求规定的合理、明确并形成文件，且供方能实现，由供方所进行的系统的活动"。"合同评审是供方的职责，但可以和顾客联合进行"，也"可以根据需要在合同的不同阶段重复进行"，它是实验室服务顾客的第一个环节，历来受到管理者重视。

（1）按照服务项目的具体情况实施分类评审。服务项目有的是新项目、有的是老项目，有的复杂，有的简单，有的技术要求高，有的技术要求低，有的关系重大，有的影响一般等，千差万别，实验室应区别不同情况、组织不同人员、按照不同要求、遵循不同程序进行评审。

（2）要充分重视评审记录。尤其是对综合性大型项目、涉及大宗贸易的项目、影响重大的项目和首次开展的项目，不仅要分析实验室自身是否有技术能力和充分资源来承接以及是否需要分包；也要记录下对方的观点，包括提出的异议或认同的意见，明确双方最后达成的一致意见。在整个过程中往往需要先草签一份合同，经过反复磋商才形成正式的合同文本，实验室要在双方达成一致的基础上开展检测或校准工作。

（3）注意风险规避。对打包和需要分包的合同，实验室尤其需要考虑风险规避的问题，不能为了争取业务而大包大揽，应在尽量为顾客提供方便的同时保护自己，防止无谓的利益损失。

（4）合同书应充分体现顾客要求。实验室既要重视大宗业务的检测或校准合同（协议）书中起草、评审和签订的细节问题；也要认真考虑通用的检测或校准合同格式，使顾客要求和意见在合同书上充分得以体现。对双方可能意见不一的问题设计选择项，在检测或校准实施前由顾客做出选择。譬如有的顾客只要求对仪器设备进行校准，不希望实验室进行修理；而有的顾客则要求当发现设备故障时，能由实验室进行修理。这些都可以设计在合同（协议）书中，既明确了顾客的要求，也方便了自己的工作。

38．在检测或校准分包活动中，发包方和接包方分别承担什么法律责任？

为实现社会资源的共享，向顾客提供更多的便利，实验室可利用分包，在检测或校准分包活动中，发包方和接包方承担的法律责任是不同的。

《认可准则》4.5.3 条指出："实验室应就分包方的工作对客户负责。"在检测或校准分包工作中，如果接包方不是由顾客指定或法定管理机构指定，则因接包方的错误或失误而造成顾客机密信息泄露、物品损坏、检测或校准数据出错等，以致给顾客造成损失的，由发包方承担责任，包括经济赔偿以及其他形式的法律责任，接包方负连带责任。这点和我国民法通则中的规定缘由是一致的。也就是说，一旦出现此种情况，法院首先追究发包方的责任，发包方对由接包方错误或过失对顾客造成损失的部分予以赔偿。发包方无力赔偿时，法院才判由接包方直接向顾客赔偿。当然，发包方为挽回经济损失，在向顾客做出相应赔偿后，可另案起诉，要求接包方承担由其过错对发包方造成的利益损失。

为此，我们应重视对发包方的评价工作，对接包方进行切实深入的了解，充分认识接包方的质量管理体系和技术能力，并保存证明其工作满足认可准则要求的记录，实验室应尽量和接包方建立稳定的合作关系，明确双方的责任和义务，对检测或校准时间、费用和质量等问题取得一致意见后，签署书面的分包协议。

39．如何选择服务的供方？

实验室需要采购的服务包括测量设备溯源服务，人员培训服务，设施和环境条件设计、制造、安装、调试和维护服务等。实验室要通过比较、选择、评价来确定服务的供方，保留相关评价记录和服务方的名单及其资质材料。

实验室的溯源服务方是指在量值溯源图中居于更高等别的校准机构（例如法定计量检定机构及授权的技术机构认可的校准实验室）。对校准实验室而言，其最高计量标准的主标准器属于强制检定管理的对象，溯源服务方是在建标时就得到政府计量行政管理部门确认的；而其他设备的溯源服务方，实验室可以根据需要自主选择有校准能力的机构，实验室在索取资质材料时，不仅要查阅供方的计量授权证书或认可证书，更要查看所提供的服务项目是否在授权或认可范围内。

除大专院校、科研院所以外，还有专门的培训机构和一些社会团体，如协会、学会、专业委员会等，向社会提供培训服务。某些特定的项目对培训机构有资质要求，实验室需要首先了解培训机构的资质、信誉、师资，尽可能选择教学设施完善、教师水平高超、信誉度高、取得了相应资质的培训机构。就技术文件而言，由于文件起草人的信息渠道直接，了解来龙去脉，学员在培训中对关键问题可以获得较深的理解，因此，参加由技术文件起草人主讲的宣贯会是最佳的选择。

设施和环境条件的设计、制造、安装、调试等有关工作，是影响校准实验室和某些特殊领域检测实验室工作质量的重要因素。以中央空调系统为例，其功能的正常实现不仅依赖于设计、制造的质量，也和安装、调试有着密切的关系。实验室不仅要考察服务方的资质、信誉及技术能力，还要向供方以前的顾客做细致的调查，了解其生产的同类设备是否安全、可靠、稳定，售后服务是否及时、周到；同时要兼顾将来的发展，考察制造商根据顾客要求进行设备技术改造的能力。

40．实验室如何选择供应商？

如果实验室要以合理的价格、适时适量地获得符合要求的设备或消耗品，因此，就不能只凭购入后的严格检查来满足检测要求，而应有一套完整的评价方式，在采购前对供方达到要求的能力进行评估。

在重要供应品的供应商评选中，在明确评估人和决策人之后，实验室应"货比三家"，明确评价方式和订立评价标准。评价的方式有时可采用记分或计票，评价的标准包括商业信誉、价格和质量、技术能力等，下列各项都是可能考虑的评价标准：

（1）相关经验的评估；

（2）所采购产品的质量、价格、交货绩效；

（3）供应商的服务，安装与支持能力（例如产品检测能力），过去的绩效记录；

（4）供应商对于相关法令及法规要求的认知及符合性；

（5）供应商的后勤能力，包括场所及资源。

实验室可按照采购优先考虑的因素和产品技术指标，排出先后次序。相同功能和准确度的测量设备，应比较性能价格比、功能的可扩充性；进口设备还应考虑国内适用性、附件的可获得性。

有的消耗品质量直接影响到检测或校准质量，例如，用于清洗量块的汽油如果纯度不能达到要求，就会对量块表面质量造成伤害。由于消耗品是一次性的，除标准物质外大多价格不高，实验室容易忽视对消耗品供应商的评价。对消耗品供应商的评价和对测量设备供应商的评价应遵循同样的原则，供方应提供消耗品的检测或检验报告。

41．采购合同包括什么内容？

采购合同是最重要的采购文件。采购合同通常包括：

（1）质量：采购规格、检查标准、质量保证期、售后服务事项、包装、运输方式、不良品的处理；

（2）数量、期限：订购批、量的大小，交货期限，交货方式，交货地点；

（3）价格、交付方式。

采购合同中很重要的一项内容是采购规格。采购规格是所购产品的质量要求，检验方法及各种条件的具体书面规定。为了避免错误与误解，将对供应商的所有要求，列于采购规格书上，使买卖双方都能一目了然。采购规格书的内容一般包括：

（1）品名；

（2）使用目的和用途；

（3）数量以及交货日期、地点，分批交货时还需清楚标示每批的数量；

（4）质量特性与规格；

（5）制造方法或加工方法、搬运方法；

（6）检测方法与验收标准；

（7）检测结果的处理方法。

42．实验室如何验收设备？

《认可准则》4.6.2条要求："实验室应确保所购买的、影响检测和（或）校准质量的供应品、试剂和消耗材料，只有在经检查或证实符合有关检测和（或）校准方法中规定的标准规范或要求之后才投入使用。"

设备验收工作包括功能、短期稳定性和技术指标的检查以及完整性、一致性的检查。接收人员要在设备到达的第一时间，检查所收到的设备的型号规格是否与采购合同一致，包装是否完好，外观是否存在明显磕碰，包装盒内的附件、配件是否与装箱单相符，是否附有出厂合格证和保修单。电子仪器还要按照说明书的要求提供电源，进行通电试验；压力仪器则要对油路、气路进行密封性试验，观察一段时间后再进行技术性能的检测。

有的设备，供方人员调试时正常，但不久就会"罢工"，甚至在保修期内也经常发生故障。对这样的设备，应多通电、多使用，多和该制造商的其他顾客联系。由于对新设备的性能不熟悉，有时会误以为操作不当或运行条件（例如环境条件）没有满足要求所致，实际原因却是设计原理或制造上的问题。对确认对方原因造成故障的，要及时向设备供方提出退货或索赔。

设备验收合格后，应移交设备使用人保管和维护。如判定为不合格，则需迅速将其移入特定的存放区域或贴上"不合格"的鲜明标志，同时将验收结果通知供应商。无论验收合格与否，都应予以记录，以便于今后对供应商进行考核。

43．顾客是否有权进入实验室？

《认可准则》4.7条"服务客户"是较之《指南25》新增加的要素（过程），该条指出："实验室应与客户或其代表合作，以明确客户的要求，并在确保其他客户机密的前提下，允许客户到实验室监视与其工作有关的操作。"它不仅对实验室提出了应与顾客保持良好沟通、加强合作的要求，也明确了顾客的现场监督权。如果顾客要求实施检测或校准的现场监督，在确保其他顾客的机密不被其获得的情况下，应允许顾客进行现场监督。

每次检测或校准的服务对象都是特定的，委托者是当前服务的对象。强制性产品认证检测、产品质量监督抽查检验、政府采购产品或设备的质量检测，是受政府管理部门委托开展的检测或检验工作，具有法制管理的性质，制造商、使用方此时并不一定是此次服务的对象，因此只有政府部门的代表才可以观看。

在本次检测或校准的服务对象进入实验室时，应注意如何既满足当前顾客的要求，又能保证其他顾客的机密不被其获得。为此，实验室应合理布置，保护好其他顾客的物品、技术资料、检测或校准数据等。外来人员进入实验室需经一定的批准手续，进入实验室应安排专人陪同。

44．顾客对质量管理体系起什么作用？

质量管理的目的是达到持续的顾客满意，顾客对质量管理体系起重要作用。

（1）顾客要求是建立质量管理体系的起点。理解顾客的要求和期望是质量管理体系建立和运行的起点。质量管理体系的输入是顾客和其他相关方的要求，输出应是顾客和其他相关方的满意。因此，建立质量管理体系的出发点和目的都在于为顾客提供满意的服务。

（2）顾客是质量管理体系运行有效性的评判员。随着检测或校准市场的开放，顾客的法律意识、市场意识、校准意识不断增强，有资格、有能力向顾客提供检测或校准服务的实验室越来越多，顾客在接受服务的同时，也在观察、比较和评判实验室。体系是否有效运行，作为外部评价者的顾客是最有发言权的。

（3）顾客是推动质量管理体系改进的动力。顾客是实验室质量管理体系持续改进的三个推动力之一（另两个是竞争压力和科技进步）。顾客抱怨既可能是当前服务的不满，也可能是潜在的需求所致。实验室应积极主动地和顾客进行沟通，识别、理解和确定顾客的需求，了解顾客不断变化的要求和期望，找出改进之处，从而促进实验室质量管理体系的不断完善。实验室只有从顾客推动走向管理者推动，质量管理体系才能真正不断完善、不断改进。

45．纠正措施和预防措施有什么区别？

纠正措施和预防措施是《认可准则》中的两个要素（过程），和《指南 25》相比较，对纠正措施扩展了要求，而预防措施是新增的。纠正措施是"为消除已发现的不合格或其他不期望情况的原因所采取的措施"，预防措施是"为消除潜在不合格或其他潜在不期望情况的原因所采取的措施"。两者的区别主要体现在：

（1）目的不同。前者是对已发现的不合格或其他不期望情况的处理或被救，目的在于防止不合格再发生；后者是不合格或其他不期望情况尚未产生时的防范性措施，目的在于防止不合格发生，以使质量活动不偏离、质量事故不发生。

（2）措施的能动性不同。纠正措施属不合格或其他不期望情况已形成后的应对，其措施的本身有一定的被动性。预防措施则是在不合格尚未出现前主动地完备制度、细化职责、完善设施，防止不合格发生，属主动行为。即纠正措施是"有则改之"，预防措施是"防患于未然"。

（3）措施的层面不同。相对而言，由于潜在的不合格不易发现，预防措施的提出往往需要运用统计的方法，寻找变化趋势，由表及里地分析、预测潜在因素或可能隐患，实施起来时间跨度长，更多地表现出系统性和完整性。

不是所有的不合格都需要制定纠正措施，也不是所有的潜在的不符合都需要制定预防措施，因为纠正措施和预防措施制定都是需要成本的，它们应与不合格所造成的危害和风险相适应。然而，纠正措施和预防措施的实施是质量改进的重要方面，也是实验室质量管理体系自我完善机制的组成部分，因此是实验室质量管理不可或缺的一项工作。

46．技术记录的信息包括哪些？

根据《认可准则》4.12.2.1 条的要求，"如可能，每项检测或校准的记录应包含足够的信息，以便识别不确定度的影响因素，并保证该检测或校准在尽可能接近原条件的情况下能够复现。"为复现检测或校准过程，技术记录的信息应尽可能足够。技术记录的信息主要包括以下六方面的内容：

（1）被检测或校准物品的相关信息。例如被测量仪器的名称、型号规格、委托者及其地址、制造厂、出厂编号或设备编号等。

（2）为复现检测或校准条件所需的信息。包括检测或校准依据、环境条件（如温度、湿度、大气压）检测或校准所用测量设备的名称、型号规格、编号、示值误差、准确度等级等可能影响检测或校准结果的信息。校准的原始记录，还可包括所用主标准器的证书编号或有效期。

（3）检测或校准数据和结果。包括原始观测数据、中间计算步骤、计算过程中用到的所有修正量、常量以及它们的来源（必要时）、计算结果、图表等。心算的数据通常不能直接记录在原始记录上。自动化设备如其输出信息不足以满足完整信息的要求，打印输出的字条应直接粘贴在原始记录纸上（有图谱输出的要保留图谱），而不能誊抄，并加盖骑缝章或进行相应标识。

（4）参与人员的标识。如签名，参与人员包括检测或校准人员、核验人员，有时还包括抽样人员。

（5）检测或校准的时间和地点。检测或校准操作具体是何年何月何日，经过连续多日试验才得到检测或校准结果的，应能看出哪一个项目是什么时候进行的，有时间段的表示。对在户外或顾客单位进行检测或校准的，必须给出检测或校准的具体场所，如房号，以便日后追溯。

（6）有关标识和标志。记录标识如记录编号、记录的总页数和每页的页码编号等。

47．技术记录应保存多长时间？

《认可准则》4.12.2.1 条规定"实验室应将原始观察记录、导出数据、开展跟踪审核的足够信息、校准记录、员工记录以及发出的每份检测报告或校准证书的副本按规定的时间保存。"这一条提出了保存技术记录的要求，我们可以把"规定的时间"理解为有关技术文件或实验室自己在质量文件中做出的明文规定。

有的技术文件对技术记录的保存期限提出了要求。例如，CNAS 发布的《实验室认可准则在玩具检测实验室的应用说明》中规定："所有检测记录，包括原始记录、校准、检测报告必须至少保存三年。"又如，CNAS 发布的《实验室认可准则在校准实验室的应用说明》中规定："校准记录宜保存适当较长的时间，以监视校准装置的稳定性和被校准样品的复现性。"前者给出了最短时限的规定，后者所确定的保存期限则以能监视校准装置的稳定性和被校准样品的复现性为准。

若技术文件无相关规定，则实验室可以从实际出发，根据所保存技术记录的用途，在体系文件中做出明文规定。

48．什么是审核？

审核是为获得审核证据并对其形成客观的评价，以确定满足审核准则的程度所进行的系统的、独立的并形成文件的过程。

49．实验室审核有几种类型？

按审核主体分，实验室审核可分为三种类型：第一方审核、第二方审核和第三方审核。

第一方审核也称为内部审核，其输出是管理评审和纠正、预防措施输入，并能够为实验室的自我合格声明提供保证。

第二方审核由与实验室利益相关的一方进行，如顾客，或由其他人以顾客的名义进行的审核。有些行业内部或行业管理部门对实验室实施的认可、达标考核，也属于第二方审核。

第三方审核则是由与实验室和顾客无关的独立方进行，例如 ISO9000 质量体系认证，其目的是为认证或注册提供充分的证据。第二方审核和第三方审核均属于外部审核。

需要指出的是，实验室认可的现场评审（assessment）既不同于审核（audit），也不属于 GB/T19000《质量管理体系基础和术语》中的评审（review），它包括了对实验室管理能力和技术能力的评价，因此不是简单的第三方审核。

50．内审和监督有什么不同？

内审和监督的不同主要体现在以下五个方面：

（1）目的不同。内审从改善内部管理出发，通过对发现的问题采取相应纠正措施、预防措施，推动质量改进。监督是通过对人员的监督来确保检测和（或）校准的方法、程序、目的和结果评价的正确性。

（2）执行者不同。内审由经过专门培训，具备资格（一般认为是培训合格后获证并经过实验室授权）的内审员执行。监督由监督员执行，监督员不一定要经过专门的培训。内审只要资源允许，审核人员应独立于被审核的活动。监督则一般由本部门的人员执行，实行内部监督。

（3）程序不同。内审作为一项体系审核工作，已有相应国际标准，并已转化为国家标准，形成了一套规范的做法。监督工作大多是每个实验室自行做出规定。

（4）对象不同。内审的对象是质量管理体系相关的各个部门或各质量要素（过程）的运行情况，监督的对象则是校准、检测人员执行的检测或校准工作的全过程。

（5）时机不同。内审是按计划进行、不连续的；监督则是连续进行的。

51．内审和外审有什么不同？

内审和外审的不同主要体现在：

（1）目的不同。内审从改善内部管理出发，通过对发现的问题采取相应纠正措施、预防措施，推动质量改进；外审是通过对实验室质量管理体系和技术能力的评价，为顾客承认或第三方认可或注册提供依据。

（2）审核组的组成不同。内审以实验室的名义组成审核组，由实验室最高管理者或质量主管负责聘任有资格的人员和有关人员实施；外审则由顾客或第三方委派审核组（实验室认可的现场评审，由 CNAS 确认的有资格的人员实施）。

（3）审核计划不同。内审可编制集中式或滚动式计划，一年覆盖全部要素（过程）和所有部门；外审则编制短期内（通常三天，时间的长短取决于申请人认可范围）审核所有要素（过程）和相关部门的现场评审计划。

（4）不符合项分类不同。内审的不符合项考虑到纠正措施的不同，往往分为体系性不符合、实施性不符合、效果性不符合；外审中出现的不符合项不再分类。

（5）审核员对纠正措施的处置不同。内审对纠正措施可以提建议咨询，可以提方向性意见供参考，内审员对完成情况需跟踪和验证；外审对纠正措施不能提建议，对整改计划及其落实情况要经审核组长认可，并进行跟踪审核。

52. 内审和管理评审有什么不同？

为维护质量管理体系的有效运行，不断完善和改进质量管理体系，实验室必须进行内部审核和管理评审，但两者之间有不同之处，主要体现在：

（1）目的不同。内部审核目的在于验证质量管理体系运行的持续符合性和有效性，找出不符合项并采取纠正措施。管理评审的目的在于评价质量管理体系现状对环境的持续适用性、有效性、并进行必要的改动和改进。

（2）组织者的执行者不同。内部审核由质量主管组织，与被审核活动无直接责任关系的审核员具体实施。管理评审由最高管理者主持实施，技术管理层人员、质量主管、各部门负责人、关键质量管理人员参与。

（3）依据不同。内部审核主要依据实验室制定和使用的体系文件，包括质量管理体系标准、质量手册、程序文件、作业指导书、合同以及国家法律法规和相关的行政规章。管理评审则主要考虑受益者（管理者、员工、供方、分包方、顾客、社会）的期望。

（4）程序不同。内部审核由内审员按照一套系统的方法对体系所涉及的部门、活动进行现场审核，得到符合或不符合体系文件的证据。管理评审由最高管理者召集开会，研究来自内审、外审、顾客、能力验证等各方面的信息，解决体系适宜性、充分性、有效性方面的问题。

（5）输出不同。内审时，对双方确认的不符合项，由被审核方提出并实施纠正措施，由审核组长编制内审报告。内审的输出是管理评审输入的重要内容。管理评审往往涉及文件修改、机构或职责调整、资源增加等，其输出是实验室计划系统（包括下年度的目标、目的和活动计划）的输入，是对质量管理体系及其过程有效性和与顾客要求有关的检测或校准活动的改进。

53. 实验室内部审核可否履行实验室管理评审职能？

如前所述，实验室内部审核和管理评审是有显著差别的，但在有的情况下，内部审核也可能涉及管理评审的内容。

在审核某项要素时，内审员应证实是否与程序相符，如发现不符合，内审员应通过纠正措施确保程序得到严格遵守。另外，如果发现程序本身在满足质量目标方面是无效的，质量主管应提请实验室最高管理者予以关注，由最高管理者对程序的充分性进行评审并进行必要的修改。内审员并没有修改程序的责任。

实践中，内审员提出的建议，如果对质量管理体系的改变不大，就可能被受审部门和质量主管接受并执行，而不用通过实验室最高管理者。但是，这种变化应在质量主管和被审部门的授权范围内。此时，审核就履行了评审的某些功能。

54. 如何在日常工作中验证质量管理体系运行的持续符合性？

审核的目的之一是验证质量管理体系运行的持续符合性。符合性包括文件符合性和运行符合性两个方面。文件符合是指体系文件（如质量手册和程序文件）的规定是否符合认可准则的要求；运行符合性是指体系的实际运行和体系文件的规定是否一致。持续性是指体系文件各项规定是否始终如一地在实验室得到实施。实验室在日常工作中可以通过以下三个环节来验证体系的持续符合性：

（1）从要素（过程）入手。质量管理体系是由许多质量要素（过程）组成的，体系运行的落脚点在要素（过程），每个要素（过程）都符合认可准则的要求，符合体系文件的规定，体系的符合性也就得到了保证。

（2）重视质量记录的作用。质量记录是验证体系运行持续符合性的最好证据。体系实际是如何运行的，实验室是不是一丝不苟地执行了体系文件的规定，这些都可以从质量记录中得到反映。

（3）抓住关键问题对体系进行分析。由于过程的关联性，只要我们抓住了问题的切入点，就可以牵一发动全身，发现体系运作中的关键问题，通过对他们的分析，得到对体系运行持续符合性的全面认识。

55．什么情况下实施附加审核？

当不符合或偏离导致对实验室符合其政策和程序，或符合认可准则产生怀疑时，才对相关活动区域实施附加审核。

实验室应对纠正措施的结果进行检验，以确保所采取的纠正活动的有效性。附加审核常常在纠正措施实施后并非都必须通过附加审核来确定其有效性，只有当出现问题的严重性已达一定程度或对检测或校准造成危害时，才有必要进行附加审核。

另外，由于实验室在制定方针、政策、程序时，未充分理解认可准则的要求，在对不符合或偏离进行鉴别时，可能导致对是否符合其政策和程序，或符合认可准则产生怀疑，此时也需要附加审核。

56．内审是否必须涉及实验室所有部门和活动？

内审是实验室对质量管理体系进行自我审核，验证质量活动和有关结果是否符合计划的安排，并保持质量管理体系持续符合和有效的活动。为此，实验室质量管理体系所涉及的所有部门都应纳入内部审核范围。

由于质量管理体系只是实验室诸多的管理体系之一，关注的是在质量方面的指挥和控制活动，与检测或校准质量无直接关系的部门（如仪表修理部门、某些行政管理事务部门）一般不列入内审范围。与此类似，未被体系覆盖的，不对实验检测或校准质量造成重要影响的活动，内审工作也不涉及。

由于实验室测量能力和组织结构的差异，不同实验室质量管理体系所涉及的部门不同，审核覆盖的部门也有所不同。例如，对于一般实验室，保卫部门不作为被审核部门，但对于黄金珠宝、贵重物品、有毒化学物品之类的检测实验室，保卫部门是较为重要的部门，需要纳入内审。

有时，实验室以外某些部门可能需要纳入内审。例如，对于二级法人的实验室，其设备、消耗品由母体组织提供保障，则母体的相关部门也应包括在内审范围内。

57．质量主管在审核活动中的作用是什么？

在审核活动中，质量主管的作用主要体现在：

（1）确保实验室质量管理体系在日常运行的基础上得到执行。

（2）负责计划组织内部审核，确保针对所发现的不符合采取的纠正措施得到及时和有效的实施。

（3）在小型的实验室，内部核查通常由质量主管执行。在检测或校准活动范围较宽，规模较大的实验室，可能涉及多个专业学科，质量主管需要任命几名审核员来覆盖特定的领域或活动。由于内审员应尽可能独立于被审核部门，这样他们可为被审核部门带来新观念。审核员应接受审核技巧方面的训练，他们的活动应向质量主管报告并受到质量主管的监控。

（4）在提名实验室外部人员承担内审工作时，质量主管负责确保所选择的人员在审核技巧方面接受过培训，对认可准则的要求、质量手册和相关程序十分熟悉。

（5）当实验室有资格进行现场检测、校准、抽样时，质量主管应确保在内审计划中包括这些活动。

58．内审员的配置应满足什么要求？

满足例行和临时附加审核以及派往分包方或派往供应商进行审核的需要，质量管理体系内审员应达到一定的数量。实验室应选择有专业特长、工作经验、较强的交流表达能力并为人正直的人员接受内审培训。

由于内审员应尽可能独立于被审核活动，在条件允许的情况下，每个部门的内审员应来自于其他部门，所选择的人员应适当覆盖不同部门。就知识结构而言，内审组应由不同专业的技术人员组成，以使内审工作有助于发现问题，提高实验室的技术管理水平。

59．是否经过内审员培训就可以承担内审工作？

认可准则要求内部审核员必须经过培训，培训应有效，实验室应有内审人员的培训计划和程序，有相关的培训、考核记录。但并非经内审培训的人员就理所当然地能够承担内审。

作为具体承担体系内部审核的人员，至少需要满足两个条件：

（1）审核员应经过专门培训并经考试、鉴定合格；

（2）审核员应得到授权或委派。

经过专门培训并经考试、鉴定合格是承担内审工作的条件之一。而培训内容除了审核基础知识，还应包括体系标准和质量管理体系。对认可的实验室，内审员必须掌握认可准则和体系文件。获得 ISO17025 内审员资格的人员，还需要在进一步学习认可准则和实验室体系文件的基础上，通过最高管理者授权才能取得参与本实验室内审的资格。

内审是维持质量管理体系自我完善机制的关键环节，是一项专业性很强的活动，对实验室体系的持续正常运行起着重要作用。内审员是内审工作的具体承担人员，对内审员提出工作能力和专业知识方面的要求是确保内审工作质量的基础。因此，除了培训、授权以外，实验室还应对内审员的工作经历和职业素养做出相应的规定。

60．内审中的不符合项是如何分类的？

内部审核通过持续符合性和有效性验证，发现和纠正质量管理体系在建立和实施中的问题，因此内审中的不符合不是按其严重性，而是考虑到纠正措施的不同按性质分为以下三类。

（1）体系性不符合。体系性不符合是指制定的质量管理体系文件与有关法律法规、认可准则、合同等的要求不符。例如，某实验室未建立处理抱怨（申投诉）程序；体系文件中没有规定影响检测或校准质量的辅助设备和消耗性材料的采购应优先考虑质量的原则。

（2）实施性不符合。实施性不符合是指未按文件规定实施。例如，某实验室对原始观测记录虽然规定了要包括多种信息，以便复现，但实际上环境条件、使用设备、测量方法等都未予记录，这就属于实施性的不符合。

（3）效果性不符合。质量管理体系文件虽然符合认可准则或其他文件要求，但未能实现预期目标。文件规定不完善、原因分析不到位等都会导致效果性不符合。例如，实验室都按文件规定在运行，但质量目标未实现；纠正措施采取了，但是类似问题继续发生等，这种不符合称为效果性不符合。

还有一类问题虽未构成不符合，但有发展成不符合的趋势。这类问题可作为"观察项"向受审方提出，以引起重视并做出相应的预防措施。

为了使最高管理者注意到那些比较严重的不符合项并引起重视，在审核报告中可将各类问题按重要程度排列，并重点指出重要的问题。

61. 审核记录包括哪些文件？

实验室应保留详细的审核记录，这些记录向管理层提供了执行情况的连续记载以及鉴别体系缺陷的一种手段。审核记录包括以下几类文件：

（1）审核检查表。可以按照被审核的每个要素列出清单。由于内审针对本实验室的质量管理体系，可采用编制较全面而且又能在较长时期内使用的固定检查表，每次内审可根据不同情况做灵活修改。

检查表的编制应突出典型性、针对性、完整性和实用性。每个部门、每个要素的质量活动常有一些典型的质量问题，检查表的精华就在于突出受审对象的特点。

内审时不能仅按准则提问题，还要查看文件、记录和现实情况。检查表不仅应有要调查的问题，以判别其质量管理体系的各项活动是否与认可准则或手册的规定相符，而且还应有具体的检查方法，如选抽什么样本，数量多少；通过问什么问题、观察什么事物而取得客观证据等。只有包含具体检查方法的检查表才是完整的，而仅把认可准则的规定改写为问题，实际上只是一张判别表，缺乏可操作性。

（2）不符合项报告。不符合项报告应完整记录每项与质量管理体系要求的不符合，包含具体的理由、要求的纠正措施、怎样执行和由谁执行以及得到同意的执行时间表。时间表应和质量主管协商确定，质量主管应评估不符合的严重性。在某些情况下，实验室可能要停止特定范围的检测或校准活动，直到执行了令人满意的纠正措施。对已经完成的工作，现在被认为是令人怀疑的，也可以采取相应措施。

每份不符合报告应包括：内审员姓名；审核日期；被审核的区域；被检查方面的细节；任何观察到的不符合或改进建议；不符合的原因；同意的纠正措施，承担的责任，纠正措施完成时限；执行纠正措施的确认日期；证实纠正措施的步骤已经完成的签名；对是否有必要采取预防措施的建议。

（3）审核总结。总结应有助于提示有缺陷的领域，使质量管理体系的任何恶化很快得以发觉。总结应包括令人满意的表现的正面陈述。总结应由质量主管签名。审核总结揭示严重不符合的，应考虑在近期内对相关领域再次进行审核，以检查采取的措施是否仍然有效。

（4）按审核程序制作的过程记录。例如，内审员委派表、内审会议首、末次会议签到表等。

62．管理评审主要对什么问题做出决策？

管理评审解决质量方针、目标在内部和外部环境发生变化情况下是否仍然适宜；质量管理体系的运行是否协调，组织机构职责分配是否合理；程序文件是否充分、适宜、有效；过程是否受控；资源配置，包括人力资源（涉及学历、培训、经历、经验、技能等）、物质资源（涉及设备、设施和环境条件、计算机软件、技术方法、资金等）和信息资源（包括标准信息、设备信息、人才信息等）是否满足要求等问题。

管理评审的结果是质量管理体系和过程的改进，管理评审可能导致：发展战略和发展目标、质量承诺的完善；质量文件（包括程序）的变更；组织结构和管理结构的调整，职责分工的改变；人力资源的优化、调整；设备设施的更新或增加；为新的和现有的员工提供培训，能力验证等。

管理评审涉及的议题可能很大，也可能十分具体，对什么样的问题做出决策，不同的管理者会有所不同。但细节的问题、不涉及全局的问题、可以在平时解决的问题，不一定留到计划中的管理评审才提出和解决。全局性的、涉及资源调配的、具有普遍意义的、需要有关各方深入研讨获得最佳解决方案的问题，是管理评审的重点评审。为此，有关部门需要收集大量信息，做出初步的分析、判断，在此基础上提交管理评审决策。

63．什么是质量管理体系的适宜性和有效性？

体系的适宜性是质量管理体系满足环境变化后要求的程度。环境包括内环境和外环境。内环境包括了实验室的组织文化和运行条件。运行条件是维持运行的必要条件，主要是指人员、组织结构、设备设施、薪酬、运行机制以及各种内部管理制度。实验室管理者对内环境的营造起着重要作用；外环境分为一般环境和任务环境，一般环境由政治、法律、社会、文化，科技和经济组成；任务环境由顾客、供应商、同盟、对手、公众、政府和股东构成。

体系的有效性是完成策划的活动和达到策划结果的程度。同时体系的有效性也要考虑质量管理体系运行的经济性，考虑运行效果和所花费成本之间的关系。

64．如何对管理评审提出的改进措施进行跟踪验证？

由于管理评审一般只对重大的、全局性的问题做出决策，因此对管理评审提出的改进措施进行跟踪验证和对内审中发现的不符合项的纠正措施进行跟踪验证有不同之处。

（1）最高管理者签发管理评审报告。管理评审的现场会议结束后要形成决议，明确管理评审中提出的问题以及针对该问题采取的对策和措施，对相关责任部门提出要求，经最高管理者签发后发布。

（2）制定改进措施实施表。由实验室质量主管制定改进措施实施日程表，明确责任部门、责任人、要达到的要求和完成期限。

（3）对改进措施的实施情况进行跟踪。按要求组织责任部门进行改进，并对改进措施的实施情况进行跟踪，验证结束后应形成验证报告，向最高管理者报告。

（4）对改进措施的实施效果进行评价，获得改进措施是否切实有效的结论。纠正或预防措施未达到预期效果，不符合的原因或潜在的原因仍然存在，类似问题仍重复出现或不希望产生的问题仍发生，则可判定纠正或预防措施无效，需重新采取措施。如客观证据不足以判断纠正或预防措施是否有效，则需要继续跟踪验证，收集进一步的证据。

管理评审确定下来的事项并非每件都需要立即验证，例如人力资源的改善、组织结构的调整等，这些工作进入实施阶段后，需要相对较长时间才能完成和表现出效果。对这样一类改进措施的有效性评价，往往可以在下一次管理评审中进行。

65. 实验室哪些人员必须经过授权？

《认可准则》5.2.5 条明确要求："管理层应授权专门人员进行特殊类型的抽样、检测和（或）校准、发布检测报告和校准证书、提出意见和解释以及操作特殊类型的设备。"在一个质量管理体系中，技术管理层组成人员、质量主管、监督员、内部审核员也需要以书面的形式予以授权。

值得注意的是，进行特殊类型检测或校准的人员不仅需要进行资格确认，还需要授权。意见和解释无论是在报告或证书中给出，还是口头给出，都可能看做是一种服务，对顾客使用（甚至更新）设备、改进产品性能有着重要的指导意义，因此《认可准则》要求对这类人员进行书面授权。

有的人虽然以前承担了某项检测或校准工作，但中途离开岗位较长一段时间，就需要通过培训或者经过一定考核，确认其能力资格，重新授权后再上岗。例如，在纺织品检测实验室，三个月以上未从事外观、黑板、棉花品级、抱合、色牢度、起毛起球、棉结杂质等用目光评定的检测项目的检测人员，必须经过目光校对。同样时期未从事过羊绒、羊毛手排长度和棉花手扯长度检测工作的人员，必须经过操作比对，合格后方重新从事上述项目的检测工作。在珠宝玉石实验室，两年以上未从事珠宝玉石检验的人员，在重新上岗检验时，必须重新经过培训并获得所规定的资格证书后才能承担主要检测任务。

66. 授权签字人与对结果提出意见和解释的人有何不同？

授权签字人与对结果提出意见和解释的人是和报告或证书有着直接关系的两种人，前者是对结果报告内容负责的人，而后者是帮助顾客正确理解和运用结果或结果出现不合格时帮助顾客提出改进措施的人，但授权签字人不一定就是对结果提出意见和解释的人。

授权签字人对报告或证书的质量全权负责，发现问题，责令责任人纠正，以确保经其批准签发的报告或证书的正确性。而提出意见和解释的人则是根据检测或校准结果对相关问题作出意见和解释，包括对报告或证书反映的内容做出深层次的解释，可能涉及样品如仪器设备为何出现这样的状态、如何使用检测或校准结果、结果出现不合格如何改进等等。

工作职责上的差异决定了授权签字人与对结果提出意见和解释的人资格和能力的侧重点不同。授权签字强调依"法"办事，这里的法是指所依据的技术文件。对检测报告提出意见和解释的人除了具备相应的资格和能力以及所进行的检测方面的足够知识外，还需具有：

（1）制造被检测物品、材料、产品等所用的相应技术知识，已使用或拟使用方法的知识，以及在使用过程中可能出现的缺陷或降级等方面的知识。

（2）法规和标准中阐明的通用要求的知识。

（3）所发现的对有关物品、材料和产品等正常使用的偏离程度的了解。

CNAS 允许已认可实验室在带有认可标志的报告或证书上出具意见和解释，但这些意见和解释需获 CNAS 认可，如未获得许可，应清晰标注该意见和解释未经 CNAS 认可。起草和签发解释或意见声明的人员应得到授权。需要指出的是，授权签字人并不一定有能力做出意见和解释。

67. 操作什么设备应持证上岗？

《认可准则》对操作特殊类型设备的人员提出了授权的要求，所谓特殊类型的设备一般包括以下五类：

（1）复杂、大型、价值昂贵的设备。例如，电磁兼容检测设备。

（2）应用于不可复现的试验，可能对被试验物品造成破坏的设备。例如，被试验物品在腐蚀试验后，性能将发生变化。

（3）涉及人身安全的设备。例如，电气安全性能试验设备，这些设备若不按照操作规程操作，就可能导致意外事故的发生，对人身造成伤害。

（4）重要程度相对较高的设备。例如计量基、标准装置。

（5）对操作熟练程度有要求，测量结果对操作经验依赖性较强的设备。例如，使用某些干涉仪校准量块时，如果操作手法不熟练，得出的数据就会有较大差异，甚至造成误判。

68．为什么要对关键人员进行授权？

通常来说，人们的教育和专业技术水平可以通过学历证书、学位证书、培训证书、资格证书（如检定员证、操作员证、专业技术职称资格证等）、论文论著、科研课题、发明创造以及各种奖励证书、聘书来反映，从业经历可以通过工作履历来印证，而管理能力以及工作经验、技能是难以用量化的指标来衡量的，而只能凭平日的观察来获得感性的认识。

在实验室日常质量活动中，管理人员的协调能力和工作经验、技能都会影响到检测或校准工作质量，实验室关键岗位的人员需要具备较高的综合素质，才能保证工作质量。《认可准则》赋予最高管理者掌握这个标准的权力，即关键人员（通常是指技术管理层、质量主管、授权签字人、对结果提出意见和解释的人）必须经过最高管理者的授权或任命，在使用 CNAS 标志的报告或证书上签字的授权签字人还需经认可机构的考核认可。

69．实验室哪些人员应有任职条件的要求？

通过对满足一定任职条件的人员进行授权，赋予其相应的组织资源是组织管理的一种手段。人员的资格条件是其拥有和使用资源的前提，满足一定资格条件的人员才能享有和合理利用资源，包括权利资源。

《认可准则》对最高管理者、技术管理层组成人员、质量主管、监督员、内部审核员、特殊类型的抽样与检测或校准人员、发布检测报告或校准证书的人员、提出意见和解释的人员、操作特殊类型设备的人员、检测和校准方法的制定人员的配备提出了要求，这些人员有的直接影响着检测或校准质量，有的是重要的管理人员。因此，为有效地管理实验室，通常有必要对上述几类人员提出任职条件的要求。

70．人员任职要求应包括哪些方面的内容？

大致而言，对实验室人员的任职要求可分为以下七方面的内容：

（1）从业资格。在一些技术要求高、专业性强的领域，要求检测或校准人员取得从事岗位所需的相应资格。例如，无损检测人员应具有无损检测Ⅱ级资格；黄金珠宝实验室必须至少应有 2 名取得国家珠宝玉石质量检验师资格并已注册的检验人员，其他主要检验人员必须经过专业培训并取得相应的资格证书，诸如中国珠宝玉石协会 GAC 证书、美国宝石协会（GIA）和美国宝石协会实验室（AGSL）证书、英国皇家宝石协会 FCA 证书等；在校准实验室，要求校准人员应经过培训，经考核合格后持证上岗。

（2）培训经历。检测或校准人员不仅应掌握专业基础知识，还应不断接受专业知识和相关法律法规的培训。例如，医疗器械检测实验室应确保与检测质量有关的人员受过医疗器械相关法律、法规的培训；电磁兼容检测人员应经过必要的培训和考核；在金属材料检测领域，从事抽样和制样的工人应经过培训；信息技术软件产品检测人员至少应具备软件、硬件和网络技术等方面的技术培训，接受过知识产权保护方面的专门教育。

（3）从业经历。在一些操作性强、对工作经验依赖程度较高的岗位上，对检测人员的最低工作年限提出了要求。例如，在纺织品检测实验室中，羊绒、羊毛手排长度、棉花手扯长度的检测工作操作技巧性强，要求检测人员有2年以上的实际操作经历，方可独立开展工作。

（4）专业知识。熟悉并掌握本专业的知识是对检测或校准实验室专业技术人员的通用要求。例如，微生物检测人员应熟悉生物检测安全操作知识和消毒知识；电磁兼容检测人员应具有相应的电磁兼容基础理论和专业知识；信息技术软件产品检测人员应具有相应的信息技术软件检测基础理论和专业知识等。

（5）经验和工作能力。只有具备一定的经验和工作能力才能保证检测或校准工作质量，因此尽管这是一项"软"指标，但却是实验室在授权时需要考虑的一个十分重要的因素。例如，在医疗器械检测实验室中承担医疗器械或附件安全性能检测的人员，应能按规定程序判定与被检测物品相关的危害，并有估计其风险的能力，并能正确出具风险分析报告、进行风险分析评审；无损检测实验室的技术监督人员和检测人员，应具有整理分析有关无损检测数据和结果的经验和能力；校准实验室监督员以上的管理人员应有测量不确定度的评定能力，能对校准结果的正确性做出判断。

（6）生理要求。这一要求主要针对某些特殊领域的实验室。例如，在微生物检测实验室中，有颜色视觉障碍的人员不能执行某些涉及辨色的检测。在电声检测实验室中，要求视听检测人员听力正常，具有听力鉴别率。

（7）其他要求。例如，在医疗器械检测实验室中，若人员与检测物品的接触会影响物品的质量，则实验室应建立并维持对检测人员的健康、清洁和服装的要求，并形成文件；在汽车、摩托车检测实验室中，要求从事道路试验的驾驶人员必须获得驾驶证；在校准实验室中，校准或检定人员任职基本条件、职责应满足《计量法》及相应法规的要求。

71．如何实施人员技术档案的管理？

人员技术档案是全面反映人力资源整体情况，充分发掘人力资源的基础，为此，《认可准则》5.2.5条要求："实验室应保留所有技术人员（包括签约人员）的相关授权、能力、教育和专业资格、培训、技能和经验的记录，并包含授权和（或）能力确认的日期。这些信息应易于获取。"

人员技术档案应全面、客观、真实，其主要内容包括以下五个方面：

（1）学历和学业证书。例如，毕业证书、学位证书、结业证书、培训证明等。

（2）资格证书。例如检定员证、操作员证、上岗证、内审员证、审核员证、评审员证、技术职称资格证书等。

（3）技术水平证明材料。例如论文论著、科研课题鉴定证书、英语等级证书、计算机等级证书等。

（4）各类聘书和授权文件。

（5）工作履历。工作经历是一种非常重要的资源，在人员技术档案中包括这一内容很有必要，不仅要反映技术人员在本实验室从事的工作，还应该包括自参加工作以来的经历。

人员技术档案一旦建立起来，就实施动态管理，全面跟踪。在具体操作中应注意以下三点：

（1）实施"一人一档"，即对每位员工分别建立档案。为便于档案管理，了解实验室员工的专业背景及岗位变动情况，需要建立包括专业技术人员和管理人员在内的每人一套的技术档案。

（2）将文件的收集贯穿到日常工作中去。例如，可以规定外出人员学习结束后向培训管理部门上交一份培训证明（复印件），由培训归口管理部门再向人员技术档案管理部门移交。

（3）在技术职称评定和技术职务聘任时同步收集材料。评聘工作为个人技术能力和业绩的集中展示提供了机会，有些不能通过官方渠道得到的证明材料可以通过这一渠道来收集。

72．实验室在什么情况下需要监测、控制和记录环境条件？

不同的检测或校准项目对环境条件的要求有很大差异，根据《认可准则》第 5、3、2 条的规定，"相关的规范、方法和程序有要求，或对结果的质量有影响时，实验室应监测、控制和记录环境条件。"

对环境条件比较敏感的检测或校准项目，实验室必须满足相关要求并进行监测、控制和记录。例如在纺织品检测实验室中，物理指标（如强力、伸长、捻度、细度、纺织材料静电性能静电电压半衰期的测定等）检测时环境条件必须符合标准规定，检测区域内必须配置温度自动记录仪（或温湿度自动监控装置），并且保留工作期间的连续监控记录。

对环境条件无特殊要求的检测项目，实验室无需进行监测、控制和记录。例如，在黄金珠宝检测实验室中，有的仪器和方法对环境无特殊要求。

由于校准项目对环境温度的准确度、均匀度和波动度要求较高，为保证符合要求，许多校准实验室安装了可自动监控和记录房间温湿度的智能型中央空调系统。此时，如果对中央空调系统实施了定期校准，并可确保其显示的信息及时传达到校准人员，则手工记录有时就可能被计算机自动记录所取代。

73．如何对检测或校准区域的进入和使用实施控制？

为获得正确的检测或校准结果，实验室必须对检测或校准区域的进入和使用实施有效控制。具体措施和办法有：

（1）按功能对实验室区域进行划分。不同工作对环境要求不同，因此要对实验室区域进行划分和标示。实验室可按功能划分为办公区、检测或校准区、维修区、科研区和接待区。按试验要求，检测或校准区又可分设温湿度高稳定作业区、高电压作业区、超洁度作业区、无菌作业区等。

（2）对人员进入的控制。进入实验室的外来人员应经批准。为避免不正常的干扰，对实验室内部人员也应予以控制，以限制非授权人员的进入。为此，有的实验室采用可自动识别的门禁系统。否则，对人员进出造成温湿度波动而影响检测或校准结果的房间，应设立"正在工作，请勿干扰"的警示标识。对有卫生要求的，进入实验室的人员应进行消毒或采取其他净化措施。

（3）对实验区或使用的控制。例如，校准或检测区中不得从事与检测或校准无关的工作，不得接受外来人员的技术咨询。在校准实验室的某些区域（例如天平、量块、砝码），由于相对湿度要求小于 60%，不允许用水；在磁测校准区域，不得带入手机。

74. "允许偏离"与"不符合检测和（或）校准工作控制"有什么区别？

"允许偏离"与"不符合检测和（或）校准工作控制"是不同的。《认可准则》对"允许偏离"的规定在 5.4.1 条："对检测和校准方法的偏离，仅应在该偏离已被文件规定、经技术判断、授权和顾客同意的情况下才允许发生。"

所谓"不符合检测和（或）校准工作"是指："当检测和（或）校准工作的任何方面，或该工作的结果不符合其程序或顾客同意的要求"（见《认可准则》4.9.1）。

因此，不符合是不允许发生的，"允许偏离"是在测量设备、测量结果和产品质量有保障的情况下允许发生的"偏离"。而未经文件化规定并批准的偏离，可以作为不符合来处理。

75. 什么是"标准方法"和"非标准方法"？

标准作为一类技术文件，是"为促进最佳的共同利益，在科学、技术、经验成果的基础上，由各有关方面合作起草并协商一致或基本同意而制定的适于公用并经标准化机构批准的技术规范和其他文件"。有的时候，标准并不以标准的名称出现，如国际法制计量组织（OIML）制定的国际建议。有的文件以标准名称出现，但并不符合上述定义，如企业标准。

引申到标准方法，则是指得到国际、区域（如亚太地区）、国家或行业认可的，由相应标准化组织批准发布的国际标准、区域标准（如欧洲标准化委员会标准）、国家标准、行业标准等文件中规定的技术操作方法，计量检定规程和校准规范也属标准方法。与此相对应，非标准方法是指未经相应标准化组织批准的检测或校准方法。

由知名的技术组织或有关科学书籍和期刊公布的方法，尽管不属于标准方法，但因为在业内已得到公认（即属于公认方法），因此是可以直接选用的检测或校准方法，不需确认。

76. 标准分为哪几类？

根据标准的适用领域、发生作用的范围、标准对象和性质，通常有以下四种分类方法。（1）按标准发生作用的范围或标准的权限分为国际标准、区域标准、团体标准、行业标准、地方标准和企业标准。（2）按标准的约束性分为强制性标准和推荐性标准。这是中国特殊的划分法，在实行市场经济的国家，标准都是自愿性的。（3）按标准本身的属性分为技术标准、管理标准和工作标准。技术标准是对标准化领域中需要协调统一的技术事项所制定的标准，主要包括基础标准、产品标准、方法标准和安全、卫生与环境保护标准。管理标准是对标准化领域中需要协调统一的管理事项所制定的标准，主要包括生产管理、技术管理、经营管理和劳动组织管理等标准。工作标准是对标准化领域中需要协调统一的工作事项所制定的标准，如作业方法、设计程序、工艺流程等标准。（4）按标准化对象在生产过程中的作用，一般有材料标准、零部件（半成品）标准、工艺和工装标准、设计维修标准、产品标准、检验与试验方法标准等。

77. 标准方法和非标准方法在实验室应用中有何不同？

标准是妥协的产物，从提议、起草到最终批准、发布，需要通过法定程序，周期较长，有时并不能反映最新科技成果，标准滞后于新产品是普遍现象。因此，在先进国家中，尽管标准化组织发布了相关标准，实验室使用非标准方法的现象仍然相当普遍。

标准方法在制定过程中大部分均已经过确认，因此只要适用即可使用。但非标准方法在使用前，必须具备两个条件：一是征得顾客同意，二是对方法进行确认。对专家型的顾客，取得顾客同意是项技术研讨活动，方法是否科学、先进、实用，是否满足检测或校准对象的特殊要求，是否有一定的科学依据等都需要经过双方共同讨论。非标准方法在确认后，下次使用时，就只需考察适用性了。

78．如何进行方法的确认？

确认（validation）是"通过核查并提供客观证据，以证实某一特定预期用途的特殊要求得到满足"。校准或检测方法有许多特性，例如结果的测量不确定度、检出限、线性、重复性、复现性、稳健性和交互灵敏度等，方法确认就是评估这些特性，以确定方法能否符合要求。

确认有多种办法，如使用参考标准或标准物质（参考物质）进行校准；针对温度、气压、湿度等多种影响结果的因素进行系统性评审；与其他方法所得的结果进行比较（当新方法代替老方法时常采用此方法）；进行实验室间比对（例如新项目）；根据对方法的理论原理和实践经验的科学理解，对所得结果的不确定度进行评定。

方法的确认工作可以分为以下三个阶段：

（1）确认顾客的需求，说明实际的检测或校准问题，制定相应要求；

（2）选择确认的方法，并记录和分析该方法的特性；

（3）评估方法的特性是否满足检测或校准要求。

由于确认是在成本、风险及技术可行性间的一种平衡，所以实验室可以进行复杂完整的确认，也可以只作部分特性的确认。只要能够在兼顾三者的情况下，找到符合顾客需求的方法即可，因此方法的确认是实验室根据顾客的需要、技术的要求与资源的限制而进行的一项综合性工作。

有的非标准方法不需要经过确认。例如，根据《实验室认可准则在动物检疫实验室的应用说明》的规定，在动物检疫实验室中，"OIE 规定或推荐的方法为实验室标准方法。有关国家（如美、加、澳、新等）正在使用的官方（农业部或兽医部门）确认的方法，我国农业部或质检总局确认的方法为不须验证的非标方法。"国际上普遍采用、行业广泛认同的某些公司、行业协会的标准虽然不是标准方法，已经在行业内得到公认并得到普遍应用，其方法也不需再行确认。

79．如何建立设备的唯一性标识？

每台仪器设备上至少应有两种标识，即设备状态标识和唯一性标识，对检测结果准确度有影响的设备还应有校准仪器的唯一性标识，是本单位给它的一个编号，就像样品编号一样是这台仪器的一个代码；状态标识是指这台仪器是否被允许使用，若能使用还分为合格与准用两种状态标识。评审准则规定，应对所有仪器设备进行正常维护，并有维护程序；如果任一仪器设备有过载或错误操作、或显示的结果可疑、或通过检定（验证）或其他方式表明有缺陷时，应立即停止使用，并加以明显标识，每一台仪器设备（包括标准物质）都应有明显的标识来表明其状态。有红黄绿三色标识，标识上有足够的信息量就可以。一般使用的绿色标签分 abc 三类，对于计量仪器，通过检定合格后，加贴绿色标签，上边有检定证书编号、使用人、有效期、检定单位、仪器编号这些信息。对于功能性仪器，检查完性能良好后，加贴绿色标签，有使用人、设备编号就可以。如果仪器的一些功能丧失或损坏，但不影响使用，可以加贴黄色标签。不能够使用的加贴红色标签。

80．如何防止缺陷设备的误用？

缺陷设备误用的直接原因一般表现为：监控不认真；操作不认真、职责执行不到位；标示标牌不清晰等。要杜绝缺陷设备的误用，要做到以下几点：一是要勤。要勤于查看操作前的设备状态，在操作前把操作用具准备好，防止操作混乱。二是要细。在操作中有任何异常，操作人都必须认真思考，必要时必须停止操作。设备使用人员应按设备缺陷管理制度进行汇报、登记、管理。如需停用设备，应向实验室主管人员提出申请，并采取相应的防止误用措施，加强监护。

81．什么是期间核查？

虽然检定规程中给出了检定周期，但人们无法保证在有效期内测量设备的技术性能够始终保持。为此，实验室认可准则中提出了期间核查（intermediatechecks）的要求，期间核查在《指南 25》中又称运行检查（in-servecheck），期间核查是指使用简单实用并具相当可信度的方法，对可能造成不合格的测量设备或参考标准、基准、传递标准或工作标准以及标准物质（参考物质）的某些参数，在两次相邻的校准时间间隔内进行检查，以维持设备状态的可信度，即确认上次校准时的特性不变。

期间核查的目的，在于及时发现测量设备和参考标准出现的量值失准及缩短失准后的追溯时间，当核查发现不能允许的偏移时，实验可以采取适当的方法或措施，尽可能减少和降低由于设备校准状态失效而产生的成本和风险，有效地维护实验室和顾客的利益。

82．期间核查和校准有什么不同？

期间核查和校准的不同主要体现在以下四个方面：

（1）目的不同。期间核查的目的是维持测量仪器校准状态的可信度，即确认上次校准时特性不变。校准的目的是确定被校对象与对应的由计量标准所复现的量值的关系。

（2）方法不同。期间核查的方法有：参加实验室间比对；使用有证标准物质；与相同准确等级的另一个设备或几个设备的量值进行比较；对稳定的被测件的量值重新测定（即利用核查标准进行期间核查）。在资源允许的情况下，可以进行高等级的自校。校准应采用高等级的计量标准。

（3）对象不同。期间核查的对象是使用者对其计量性能存疑的测量仪器，校准的对象是对测量结果有影响的测量仪器。期间核查的测量仪器一般是自有的，校准的测量仪器不仅包括自有的，还包括顾客的。

（4）执行时间不同。期间核查在两次相邻的校准时间间隔内。

83．如何对测量设备进行期间核查？

在期间核查的具体工作中，应考虑哪些测量设备或参考标准需进行期间核查、采用的核查方法和频次。实验室一般应对处于下列情况的设备或标准进行期间核查：

（1）使用频繁；

（2）使用环境严酷或使用环境发生剧烈变化；

（3）使用过程中容易受损、数据易变或对数据存疑的；

（4）脱离实验室直接控制后返回的；

（5）临近失效期；

（6）第一次投入运行的。

实验室应针对具体的设备或计量标准的各自特点，从经济性、实用性、可靠性、可行性等方面综合考虑相应的期间核查方法。使用技术手段进行期间核查的方法常见的有以下五种：

（1）参加实验室间比对；

（2）使用有证标准物质；

（3）与相同准确等级的另一个设备或几个设备的量值进行比较；

（4）对稳定的被测件的量值重新测定（即利用核查标准进行期间核查）；

（5）在资源允许的情况下，可以进行高等级的自校。

不同实验室所拥有的测量设备和参考标准的数量和技术性能不同，对检测或校准结果的影响也不同。实验室应从自身的资源和能力、设备和参考标准的重要程度以及质量活动的成本和风险等因素考虑，确定期间核查的对象、方法和频率，并针对具体项目制定期间核查的操作方面和程序。实验室应在体系文件中对此做出规定。

84. 什么是溯源性？

化学在测量方面，虽然历史悠久，成就辉煌，但测量结果要保证的可比性、一致性还存在一定的困难。进入 20 世纪 90 年代，一些国家发起并组织了"分析化学与 21 世纪"国际研讨会，认为国际化学测量系统是 21 世纪的主要任务，组成了分析化学国际溯源协作组织并提出溯源性是质量的基础。

什么是溯源性（traceability）？这个术语越来越多地用于描述测量的可靠性。从绝对意义上看，就是通往测量单位的基本系统（国际单位制 SI）或其导出单位。在国际通用计量学基本术语（VIM）中，溯源性更概括地定义为："通过不间断的比较链，一个测量结果能够与适当的标准器，通常是国家或国际标准器相联系的特性。"

如果是物理特殊性标准物质，通过一系列的仪器校准，通常可用适当的 SI 基本单位建立起溯源性。

而化学成分标准物质建立溯源性是很困难的。在研制标准物质的任何一个过程或全部过程都是溯源链中的环节，带有自身的不确定度。在化学成分定值时大多数以质量分数或质量浓度来表示，而不是以摩尔表示的物质的量。

标准物质的量值在测量系统中，通过给出的不确定度，即可了解标准物质的量值传递的可靠程度。

标准物质的研制，应从各工序，如均匀性的检验、测量结果的可靠性、定值的准确性以及稳定性层层把关，而标准物质的定值工作是直接建立标准值的，是溯源性的关键。因此，在研制标准物质时我们考虑到以下几个方面：

（1）定值方法的选择。一般采用标准方法，国外的标准方法大约有 400 多种，如国际标准（ISO）、日本标准（JIS）、美国标准（ASTM）、英国标准（BS）、法国标准（NF）、德国标准（DIM）和前苏联标准（ΓOCT）等。国内的方法除国标外，还有经常采用的原冶金工业部部标准（YB）、第三机械工业部部标准（UB），这些方法具有较高的精密度和稳定性，准确度也用基准物质或不同原理的其他方法进行了核验，分析结果的总不确定度，国际上称其为 reference method，标准方法不确定度水平目前可达到 0.05%～10%范围。

标准物质定值应该尽量采用绝对分析法，权威方法一般是指绝对测量法，它有两种：

一是完全基于物理标准的方法，如复现七个基本量的方法；另一种是基本基于物理标准的方法，为分析化学中常用的重量法、容量法，还有库仑法和同位素稀释质谱法。这类方法准确度高。可信程度大。但由于绝对测量法常需要专门的仪器设备，也有的方法操作复杂费时，可供选择的方法有限，在定值元素数量较多时，不可能都找到合适的绝对测量法，就应采用相对分析法进行定值。在分析过程中，应选用标准物质的标准溶液，因为它有不确定度范围，保证定量的准确性。同时，还选用了多种不同原理的准确、可靠的相对分析方法，通过与标准相对比较才能得出结果的方法，如国内外实验室经常采用的分析方法：分光光谱法、原子吸收光谱法、等离子体发射光谱法等。

（2）定值单位的分布。国内分析实验室很多，大部分集中在大城市内，如北京、上海院校和研究机构较多，各个地区也有不少中、小型的分析实验室，研制标准物质并按照一级标准物质技术规范实施，实验室的条件并不能完全齐备，虽然我国在不长的时间内已经能够研制出 800 多种一级标准物质，但是仍然集中在少数的工厂、科研单位和院校。不少实验室有条件、有能力参加标准物质的定值。为了发挥实验室的特点，在研制工作中我们也注意到地区实验室的定值单位的分布，为我们在研制铝合金、钛合金标准物质以及镁合金、高温合金标准物质时，在东北地区考虑一两个实验室，在西北地区，也有一两个实验室参加分析，还有广州、上海和北京地区都有实验室参加定值。我国疆土辽阔，从南到北，从东到西，分析实验室分布的地区范围很广，温度差别相当大，对于不能够做到恒温、恒湿的实验室来说，在配制基准物质时，体积变化很大，对定值结果带来较大影响。因此在选择定值单位时，应考虑到不同地区、不同条件的实验室，这样对分析结果的可信程度和准确程度会更大一些。

（3）定值实验室的条件。实验室的条件包括环境的整洁、仪器的完好和人员的分析水平。一些微量元素容易污染，如分析 Ca、Mg、Zn、Si、P、B 及一些杂质元素，首先要考虑水的质量，自来水中 Ca、Mg 含量很高，在洗玻璃仪器时应特别当心，一是自来水带进样品中，含量比原来要高出几十倍甚至几百倍。因此，在分析中的每一过程都必须干净、整洁，不受污染。另外，分析工作者的水平是第一位的，分析人员对方法的原理、关键步骤理解越深，试验结果就越准确。分析工作者既要有理论水平，还要具备一定的实践经验。其次是仪器的质量，仪器分析是现代化学分析的主要工作手段。要保证仪器性能在使用时处于最佳状态，才能获得高质量。现代仪器是一个复杂的系统，需要做好日常维护，定期校准。仪器维修、校准结果作书面记录，存档备查。

（4）标准物质校对试验。有条件的单位可发放国外标准物质给参加定值的实验室，或请个别国外实验室进行结果对照，这也是保证标准物质溯源性的一个方面。

（5）标准物质的可比性试验。定值工作过程中，可带国外的标准物质同时进行分析，最好选用同类的标准或者化学成分相近的标准物质进行试验。这样得到的分析数据会客观一点，可信程度和准确性更高一些。

为了保证标准物质的溯源性，应该加强技术管理和监督。目前市场上标准物质销售比较混乱，究竟是哪一级标准，标志不清，有的无三证（即定级证书、制造计量器具许可证、标准物质证书）。为了防止伪劣商品和保证质量，希望技术监督部门和有关部门加强监督，制定具体措施，便于标准物质和标准化工作的推广和应用。

另一点是写好、用好、保存好标准物质证书及其成分单。标准物质证书是研制者向使用人员提供的质量保证书，也是指导正确使用标准物质的说明书。标准物质证书是向使用人员提供足够的技术信息和量值溯源性的依据，使用者在采用标准物质之前，应熟读和理解证书的内容，按照证书中所提出的要求和规范使用和保存标准物质，同时标准物质证书也是使用者检验分析结果所具有溯源性的证明书。

85."检测报告"是否可作为测量仪器溯源的证据?

检定证书是"证明计量器具已经过检定，并获满意结果的文件。"具体地说，是以国家计量检定规程和国家检定系统表为技术依据，由国家法定计量检定机构出具，证明被检测量仪器符合国家相关计量检定规程要求的文件。由于计量检定规程对评定方法、计量标准、环境条件等已做出规定，并满足检定系统表的量值传递的要求，当被评定测量仪器处于正常状态时，对示值误差评定的测量不确定度将处于一个合理的范围内，因此《认可准则》5.6.2.1.1 条规定，"……由这些实验室发布的校准证书应有包括测量不确定度和（或）符合确定的计量规范声明的测量结果"。这意味着，有规程一类的技术依据可以不给出测量结果不确定度。

校准证书是校准实验室依据校准规范，是通过校准得出被校准对象所指示的量值和实验室所拥有的更高准确度等级的标准所复现的标准值之间关系的证明文件。校准证书不仅给出了不同测点的校准数据，也给出了测量结果的不确定度报告，表明测量结果以一定的置信概率落在一定区间内。由于测量不确定度永远存在，符合性评定的临界模糊区（待定区）就永远存在。从校准证书给出的扩展不确定度，即可期望被测量之值分布的大部分落在这个区间内。

由上可知，标准器送检时，上级部门应出具检定证书（不合格通知书）或校准证书，检定证书和校准证书可以作为测量设备溯源的依据。

有的实验室送检、校计量标准器或测量仪器时，提供校准服务的实验室不是出具检定证书（不合格通知书）或校准证书，而是出具所谓的"检测报告"。在该报告中也没有给出测量不确定度，使用单位得到的只是单纯的测量数据，无法获知测量结果的可信度。当实验室使用这些仪器检测顾客产品时，是否具有相应检测能力不得而知；校准测量仪器时，其作为上级计量标准是否符合量值溯源的要求也不得而知。这样，无法得出该测量仪器本身对所得测量结果的影响程度，因此所谓的"检测报告"不能作为测量仪器溯源的证据。

86.测量仪器出厂合格证书可以代替检定或校准证书吗?

出厂检验是生产厂家为了避免不合格产品进入市场，在出厂前按一定的抽样检验方法，对产品进行的检验，对符合企业标准质量水平的合格批次开具出厂合格证。它代表产品符合企业标准，但不具备法律的效力，不能代替计量检定合格。因此，计量器具的出厂检验不能代替计量检定或校准证书。

87.如何确定再校准的时间间隔?

再校准的时间间隔取决于测量风险和经济因素，即测量设备在使用中超出允许误差的风险应当尽量小，而年度的校准费用应当保持最少，也即如何使风险和费用两者的平衡达到最佳化。

在确定测量设备校准间隔时，一般需要考虑：

（1）相关计量检定规程对检定周期的规定；

（2）在进行型式试验批准时有关部门的要求或建议；

（3）制造厂商的要求或建议；

（4）使用的频繁程度；

（5）维护和使用的记录；

（6）以往校准记录所得的趋向性数据；

（7）磨损和漂移量的趋势；

（8）环境的严酷度及其影响（例如，腐蚀、灰尘、振动、频繁运输和粗暴操作）；

（9）追求的测量准确度；

（10）期间核查和功能检查的有效性和可靠性。

为便于校准间隔的确定，实验室可绘制仪器随时间变化的曲线图。采用固定的校准周期较易管理，也是目前广泛使用的方法。

88．是否实验室所有测量设备都需要定期校准？

测量设备在不同的检测或校准项目中有不同的用途，有的用作标准器，有的用作辅助设备；有的显示数据用于得出检测或校准结果，有的用于提供或设定设备的测量条件；有的用于测量，有的用于监测等。对于不同用途的测量设备，实验室可采取不同管理办法。

对检测或校准结果产生直接影响的测量设备（例如显示数据用于得出检测或校准结果）和有重要影响的测量设备（例如某些高稳电源），应实行严格的校准。对这样的测量仪器应规定校准的具体时间、溯源路径，并且需要对得到的数据和结果是否符合检测或校准工作的要求做出判断。其中，有的测量设备还要进行期间核查。

对应用于检测的，当测量设备校准所带来的贡献对扩展不确定度几乎没有影响时，可以不校准。

对用于提供或创设测量条件的测量设备，例如作为电源向测量设备供电的普通交直流稳压电源，如果电源特性对最终的检测或校准数据没有影响，或者作为工具使用的万用表可以不进行严格的校准，而采用简单的核查。

89．如何确认参考物质（标准物质）的溯源性？

在 ISO 指南 30：1992《与参考物质有关的术语和定义》中，参考物质（RM）定义为"具有一种或多种足够均匀和很好地确定了的特性，用以校准测量装置、评价测量方法或给材料赋值的一种材料或物质"。有证参考物质（CRM）被定义为"附有证书的参考物质，其一种或多种特性值用建立了溯源性的程序确定，使之可溯源到准确复现的表示该特性值的测量单位，每一种出证的特性值都附有给定置信水平的不确定度"。

国家级研究机构提供的 CRMs 的测量溯源性是得到普遍承认的。但是，由于参考物质范围大，成分、浓度和基体组织的多样性，这些机构不可能覆盖所有的化学分析领域。因此，也需要其他方法来证明化学溯源性。目前，还没有保证有证参考物质或标准溶液质量的国际协议。

当技术文件明确要求使用某种 CRMs 时，实验室应使用指定的物质。在没有指定时，如果可获得由国家级机构提供的合适的 CRMs，则无需进一步验证即可使用。由其他制造商提供的 CRMs 需要验证。验证的目的是证明其给定值是可靠的，并且质料均匀，作为 CRMs 使用是稳定的。验证的范围取决于制造商提供的信息以及 CRMs 的本质和特性。

在我国，CNAS 承认国务院计量行政部门批准的机构提供的有证标准物质，如《标准物质手册》（中国计量出版社出版）中所列的标准物质，除此之外，CNAS 也承认有合格证书的国际标准物质提供者的标准物质，认可国内行业制备的实物标样。标准物质应规定有效期或校准（复标）周期。

90．如何确认标准溶液的溯源性？

实验室有时要通过混合一定已知数量的化学试剂，或在溶剂中溶解化学试剂的方法制备标准溶液。实验室有时也购买和使用可购买的"标准溶液"。但是，这些溶液通常没有被鉴定，这样就不能得到这些溶液的测量溯源性。

无论是内部生产，还是直接从外部供应商那里购买，实验室都应有一个指定的系统来验证标准溶液的准确度。验证办法有：

（1）只要 CRMs 可得到，利用适当的 CRMs；

（2）当不能获得适当的有证参考物质或基准时，对来源于不同制造商的溶液进行比对；

（3）如果（1）和（2）均不适用的话，和以前检查过的溶液进行不同历史时期的比对。

实验室应保留完整的验证文件，标准溶液应是唯一可识别的。实验室应掌握用于设备校准的标准溶液的不确定度对检测或校准结果的扩展不确定度的贡献。验证的不确定度应和所用方法相适应。

91．测量设备校准出现异常怎么办？

如果校准发现测量设备显著地超出其允差范围，该设备的使用者和实验室的设备管理员均应获知相关信息，并采用贴标签或其他合适的方法来显示其状态。同时，实验室应对使用该设备开展检测或校准出示的数据进行核查，并对其影响进行分析和确认。通过对测量设备的校准，实验室可以建立测量设备校准或检定的历史档案和数据库。利用这一历史档案和数据库，实验室可以得到不少有益的信息，例如：

（1）对于同一台测量设备的同一参数或指标，如果通过校准、核查发现其反复出现超差，此时应引起实验室的高度关注，对其可能原因和后续问题进行研究，必要时应采取适当措施，比如进行调整、修理、降级使用甚至报废处理；

（2）对于偶尔出现的计量性能异常的测量设备，则应暂时停止使用并加以标识，直到查清问题并得到控制为止；

（3）对于在状态趋势与控制图上，显示某些参数正在超出预定控制限的测量设备，也应暂停使用并加以标识，直到查明原因、得到纠正并进行适当校准或检定为止。

实验室应配有专人或专门机构，对测量设备的校准状态进行识别和认定。

92．如何建立检测或校准物品的标识系统？

为防止检测或校准物品发生混淆，提高实验室工作的准确性，对物品进行恰当的标识是十分重要的。物品标识系统包括唯一性标识、检测或校准状态标识、群组标识和传递标识。

（1）唯一性标识。唯一性标识是对物品进行唯一性编号，可以用计算机自动生成的送件顺序号和检测或校准类别的组合来表示。许多校准实验同时承担校准和多种产品的检测工作，譬如校准、定量包装商品净含量计量检验、计量产品质检、测试等，不同的服务类型用不同的英文字母可清晰地表示顾客的要求，同时也便于对各种业务类型的需求量进行统计。

（2）检测或校准状态标识。建立检测或校准状态标识的目的，在于区分出留样物品、待检或校物品和已检或校物品。如果实验室没有建立检测或校准状态标识，在业务繁忙、工作量大时就容易发生重复、遗漏检测或校准的现象。

（3）群组标识。成组成套的送检或校物品需要进行群组标识，这可以采用在唯一性标识后附加组（套）内序号来表示。

（4）传递标识。传递标识表示的是，物品在传递或流转过程中哪些项目已经检测或校准，哪些项目尚待检测或校准。当被检或校物品在不同检测或校准人员、不同专业科室中流转时，应该是具有传递标识。

在确定了物品的标识后，第二步是将标识固定在检测或校准物品上，用不干胶粘贴、用橡皮筋拴住、用细绳捆绑都可以，但要确保标识的牢固性和清晰可识别，并且不能对顾客物品造成损坏。由于该标识在离开实验室即丧失作用，为不破坏顾客物品的外观，应选择容易去除的固定材料和固定办法。

93．顾客物品接受包括哪些工作？

实验室接受顾客委托首先要面对的是接收物品工作。该项工作基本上包括记录需求、检查状况与识别存储。

（1）识别需求。记录顾客需求是要求、标书和合同评审工作的一部分。收发人员负责识别例行的检测或校准要求，并协助顾客填写检测或校准合同，保证顾客的需求在合同书上得到真实全面的反映。

（2）检查状况。收件时，当不能发现检测或校准物品潜在的缺陷时，物品收发人员应予注明："检测或校准物品没有发现明显的外观缺陷，其他隐含特性待查"。交接双方应对检测或校准物品的数量、外观缺陷、附件、资料和检测或校准物品的可检或校性一一确认。

（3）识别存储。收发人员对顾客物品建立标识后，应将顾客物品存放在满足要求的环境中，以防止物品的丢失、损坏或变质。

94．检测和校准结果质量的保证有哪些技术方法？

在《认可准则》5.9 条中，给出了五种监控检测或校准结果有效性的方法。分别是：

（1）定期使用有证标准物质（参考物质）或次级标准物质（参考物质）进行内部质量控制；

（2）参加实验室间的比对或能力验证计划；

（3）利用相同或不同方法进行重复检测或校准；

（4）对存留物品进行再检测或再校准；

（5）分析一个物品不同特性结果的相关性。

比对和能力验证属于外部活动，系利用实验室间比对来确定实验室的能力，其目的是在检测或校准类型和水平相当的实验室之间发现是否存在系统偏差。它是对实验室能力进行持续监控的一种技术活动，特别是当量值难以或无法溯源、开展新项目、对检测或校准质量进行监控时显得尤为重要。

分析被检或校物品不同特性结果的相关性属于内部活动。某些物品被测的两个特性之间存在着理论上的相关性，通过一个特征可以推断出另一特征，以此可以监控实测结果。

95．检测或校准过程中的异常情况有哪些？

检测或校准过程中的异常情况主要包括以下几种情况：

（1）检测设备出现异常。例如，设备出现故障，不能正常使用，此时需关闭有故障的仪器设备电源，更换检测设备。

（2）环境条件出现异常。例如，影响检测或校准质量的环境条件，包括温湿度、磁场发生异变或突然断电、断水不能继续检测或校准等，需等待环境条件符合要求，并稳定相当一段时间后才能继续检测或校准。

（3）顾客物品出现异常。顾客物品故障或损坏时，应分析原因，如属正常损坏，需通知顾客，更换、补充样品；如属人为因素，应分析责任事故的原因，采取必要的纠正、预防措施。

（4）检测人员出现异常。检测人员因故离开检测现场，需要由其他人员继续该产品或测量仪器的检测或校准。

96. 报告或证书应包含哪些信息？

《认可准则》5.10.1 条指出："结果通常应以检测报告或校准证书的形式出具，并且应包括客户要求的、说明检测或校准结果所必需的和所有方法要求的全部信息。"5.10.2 条列出了每份检测报告或校准证书应至少包括的 11 条信息，并在 5.10.3 条给出了在某些情况下检测报告应增加的 5 条信息（如包含抽样工作，还需增加 6 条），在 5.10.4 条给出了校准证书应增加的 3 条信息。

具体而言，报告或证书应包含的信息可分为以下六类：

（1）报告或证书应包含对检测或校准结果直接造成影响的信息。对有保质期的物品，如食品、药品等，若有必要报告不仅要有接收日期和检测日期，还应包含出厂日期、保质期或产品批号等表明物品检测时所处状态信息，以表明检测在保质期内进行。结果给出符合或合格与否判定的，应在报告或证书中给出判定所依据的技术文件的名称、编号以及条款号。

（2）必要时，报告或证书可包括检测类型的信息。以产品质量检验为例。目前，政府设置的产品质量监督检验机构承担着统一监督检验、定期监督检验、仲裁检验以及普通顾客委托的质量检验等几种不同的检验任务。不同性质的产品质量检验其相应报告的法律效力是不同的。批次不合格的，行政监督管理部门可能还要据此对制造、经销企业进行处罚。因此，必要时，在检验报告中应提供产品检验类型，并编制不同的分类信息栏目。

（3）报告或证书的形式和内容应满足顾客的要求。报告或证书所给出的信息要以满足顾客要求为原则，在对实验室自身的商业利益不造成伤害的前提下，应尽量满足顾客的要求。有的顾客生产的是出口产品，或者有的顾客是外资企业，他们要求提供中英文对照报告或证书，实验室也应满足。

（4）相关文件规定提供的信息。例如《实验室认可准则在电磁兼容检测实验室的应用说明》中规定，电磁兼容项目检测报告中还应包括：测量设备的名称、型号、校准状态；辅助设备名称、型号、校准状态；与测量设备有关的辅助设备名称、型号、校准状态；与测量设备有关的辅助设备名称、型号、连接方式；被测设备的连接图；检测布置图和检测数据等，那么在电磁兼容项目的检测报告就应包含这些内容。

又如，《量值溯源政策实施指南》5.3.1 条规定："校准证书应在认可校准实验室认可范围之内，并具有量值溯源信息（如上一级标准器的标识和检定或校准证书号），有具体的校准数据，有校准的技术依据，有测量不确定度及置信概率等信息。"《量值溯源政策》5.4.2 条规定："校准实验室提供的校准证书（报告）应提供溯源性的有关信息，包括不确定度及其包含因子的说明。"因此，校准证书需要包括所使用标准器的名称、准确度等级或不确定度、唯一性标识、标准器有效证书的编号以及可溯源至相应的机构的声明和测量不确定度。

（5）证书在其相应应用范围内有效性的标识。例如执行检验工作的产品质检站，接受行政部门委托，开展检验任务出具的检验报告中需要包括 CMA（计量认证）和 CAL（审查认可）的标识。

（6）实验室主动提供的信息。在报告或证书中包含责任免除的声明是非常有必要的。有的实验室还给出了实验室的多种联系方式和投诉电话。为提高实验室的信任度，认可实验室在认可项目的报告或证书中使用认可标志。这些都属于实验室主动提供的信息。

97．证书或报告是否需要报告测量不确定度？

校准项目（包括自校准项目）在其校准证书上必须报告测量不确定度。

检测项目在以下 4 种情况下必须在其检测报告上报告测量不确定度：

（1）当不确定度与检测结果的有效性或应用有关；

（2）顾客有要求的；

（3）当不确定度影响到对规范限度的符合性时；

（4）当检测方法中有规定时以及 CNAS 有要求的（如《认可准则在特殊领域的应用说明》中有规定）。

98．如何设计通用的报告或证书格式？

《认可准则》5.10.8 条指出："报告和证书的格式应设计为适用于所进行的各种检测或校准类型，并尽量减少产生误解或误用的可能性。"一般而言，报告或证书由封面、首页、续页组成。

封面提供的信息包括：标题（如"检测报告"或"校准证书"等）、实验室地址和联系方式、顾客名称和地址、所检测或校准物品的名称、型号规格、制造厂、出厂编号以及报告或证书批准人的签名和批准的日期。检测或校准专用章和授权标志（如认可标志、CMA 章或 CAL 章）一般盖在封面。

首页包括的信息通常有：授权证书编号、所依据技术文件的名称及其代号、校准所使用主要测量设备及其相关信息、工作地点和环境以及一些需要声明的信息。例如，"本报告或证书仅对所检样品有效"、"未加盖检测或校准专用章无效"、"未经书面授权不得部分复制报告或证书"等。由于检测实验室有时需要同时出具内容完全相同的多份报告，实验室自身也会复制报告，还可能声明"复制报告或证书需加盖检测机构章"。

续页一般用于提供检测或校准数据和结果。包括检测或校准项目、每一项目的实测数据和结果。报告或证书的末页，在检测或校准内容结束的地方应包括"以下空白"之类的专门声明。

有的信息是在报告或证书的每一页都应包括的，如：实验室标识（有的实验室还制作了包含英文名称缩写的图标）、报告或证书的唯一性标识（报告或证书的编号）、页码和总页数。有的信息，不同的实验室在不同的地方给出，例如检测或校准员和核验员的签名，有的实验室出现在封面，有的实验室则放在末页。

99．在报告或证书中如何下结论？

使用报告或证书的人可能不仅是委托方，还可能是其他相关利益方。对非专业人士来说，最为关心的莫过于结论，故实验室必须重视报告或证书结论的下法。

《认可准则》5.10.2 条要求"每份检测报告或校准证书应至少包括……所用方法标识……检测和校准的结果，适当时，带有测量单位"。所用方法的不同可能导致数据、结论大相径庭，因此在报告或证书中首先应明确所用方法。检测或校准依据的技术文件必须是完全适合所做项目的，无论是标准、规范还是规程或其他技术文件。从所用方法中，人们可以看出所依据方法的适用性，是国家标准、区域标准、国家标准、行业标准、地方标准还是协议标准，从而对报告或证书的可接受程度有个初步的认识。

对检测或校准结果的描述，语言应规范、准确，避免引起歧义，描述应尽量清晰具体，尤其是进行符合性判定时。例如在校准证书中仅仅给出"合格"两字是不够的（降级使用的测量仪器对应于降低了的准确度等级是合格的），而应包括所校准测量仪器的准确度等级；与此类似，如果依据的技术文件中给出了质量分级标准，应依据标准给出相应质量等级，如"一等"、"一等品"等。在质量监督检验中，当所有试验组都判为可通过时，应判定"监督总体可通过"或"监督抽查合格"，但不能判定"批合格"或"产品合格"。

如果技术文件中仅给出检测或校准方法，而没有判定方法，但顾客要求判定时，则应由顾客提供判定依据，或根据有关技术文件形成书面的判定方法。在校准或证书结论中应申明顾客的要求，明确所依据的判定方法，而不能简单地仅仅给出"合格"、"不合格"的结论。如果所依据的技术文件中有几种可供选择的试验方法，此时有必要在报告或证书中说明实际检测或校准所选择的方法。必要时，对结论的使用还应给出适用范围，如"本报告对来样负责"等，避免结论的扩大使用。

100．如何加强对报告或证书的规范性审核？

检测或校准人员编制报告或证书后，经核验人员核验即可由授权签字人签发。在这一过程中，核验人员和授权签字人都承担了报告或证书的审核。为加强证书或报告的规范性，实验室可以采取以下方法。

明确核验人员、授权签字人各自的职责，把对报告或证书规范性审核的具体内容进行分解，例如核查人员负责数据，授权签字人负责结论。

有的实验室设立了专职审核员。授权签字人已签名的报告或证书通过他们审核后，再发给顾客。专职审核员主要负责审核：

（1）报告或证书是否采用统一的格式；

（2）填写项目是否完整；

（3）计量单位是否正确；

（4）测量不确定度表述是否符合要求；

（5）语言是否严谨；

（6）报告或证书与原始记录的信息是否一致。

也有实验室对即将发出的报告或证书实行随机抽查，或对特殊应用的或重要证书或报告实施更为细致的审核。

101．报告或证书可否采用电子签名？

电子签名也称作"数字签名"，是通过密码技术对电子文档的电子形式的签名，并非书面签名的数字图像化。利用它，收件人能在网上轻松验证发件人的身份和签名以及文件的原文在传输过程中有无变动。电子签名所具有的真实性、完整性、不可抵赖性、不可篡改性这四大属性决定了电子签名在网络环境中的应用。

含有电子笔迹技术的办公自动化系统可以大大减少重复劳动，把各个部门、各个环节单独处理的工作串联起来，同时也能处理流程上多个环节的任务。除了可以方便进行各个环节的审核、批复、签字，同时也可以进行不同环节批复的查询。

为建立安全可靠的电子交易环境，普及电子商务及电子政务，德、英、美、法、意、澳等国和我国的台湾和香港地区以及联合国、欧盟都通过了电子签名的相关立法。十届全国人大常委会第十一次会议 2004 年 8 月 28 日表决通过了《中华人民共和国电子签名法》，这部法律于 2005 年 4 月 1 日起实施。《签名法》在总则中指出，制定这部法律主要是为了规范电子签名行为，确立电子签名的法律效力，维护有关各方的合法利益。法律规定，可靠的电子签名与手写签名或者盖章具有同等的法律效率。

有的实验室为了减少报告或证书在检测或校准人员、核验人员和签发人员之间的流转时间，采取网上审读、电子签名、统一输出打印的方式。有的实验室考虑到，授权签字人不在实验室可能延误报告或证书的发出时间，采取互联网远程传送报告或证书、电子签名的形式来签发。电子签名必须起到两个作用，即识别签名人身份、保证签名人认可文件中的内容。在此基础上，电子签名具有与手写签名或者盖章同等的效力。电子签名需要相应的技术支持，实验室需要在保证其可靠性的前提下使用。而要保证报告或证书电子签名的可靠性，需经作为第三方的电子认证服务机构对电子签名人的身份进行认证。

102．报告或证书可否采用电子副本？

在实验室中，报告或证书是提供给顾客，说明所检测或校准物品技术性能的书面文件。正本是唯一的，手写签名的法律效力是得到公认的。因此，《认可准则》5.10.2 条要求"……每份检测报告或校准证书应至少包括……检测报告或校准证书批准人的姓名、职务、签字或等同的标识。"等同的标识可以是图章。如果一个人有几枚图章，必须固定其中一枚图章用于报告或证书的签发。

副本用于提示正本所包含的信息，可以不止一份。在司法实践中作为证据时，必须和相关联的其他证据相互印证来表明其真实性，单纯的副本是不能作为直接依据的。就报告或证书而言，副本仅表明原来由实验室发出的报告或证书包含的信息，保存副本是实验室出于自我保护的目的而采取的一种内部措施。一旦报告或证书数据被人篡改，报告或证书的发出单位可通过与保存的副本进行比较得知改动的内容。

副本有不同形式，例如复印件、电子副本，也有由颁发部门制作一式两份后，在其中一份上标识"副本"标记的，形式多种，不一而足。电子副本作为副本的一种形式，由于具有适合集中统一管理、不易损坏、占空间小、记录信息量大等优点，实际上要优于复印件。为了避免电子扫描带来的人力、物力消耗，证书在局域网中传输时使用电子签名，其副本在服务器中自动保存下来，只要服务器中的数据有效地得到了控制和保护，电子副本是可以采用的。

103．以电子形式向顾客传输报告或证书应满足什么条件？

在某些情况下，顾客无法赶到实验室，可能要求电子传输报告或证书。《认可准则》5.10.7 条认可了实验室在满足数据控制要求的前提下，可采用电话、电传、传真或其他电子或电磁方式送检测或校准结果。

为规避风险，规范报告或证书的电子或电磁传输，实验室应满足以下五条要求：

（1）建立相关程序，当遇到此类情况时，严格执行该程序。

（2）对送检或校时顾客提出电子或电磁传输要求的，应让顾客在合同评审时签名确认，并约定通讯方式、通讯时间和双方联络人；对事后提出要求的，应确认对方当事人的身份、姓名、职务以及具体要求。

（3）对顾客信息的保护。

（4）发送前，应确认电话、电传、传真或其他电子或电磁方式的通讯代码是正确的，防止误传至其他机构。

（5）由专人执行这一工作，无关人员不得经手过目，当事人详细记录事件发生时间、地点和经过，传输前经实验室相关负责人批准。

2.2.9　体系试运行与保持

2.2.9.1　体系运行

体系试运行与正式运行无本质区别，都是按所建立的质量手册、程序文件及技术规程等文件的要求，整体协调地运行。试运行的目的是要在实践中检验体系的充分性、适用性和有效性。实验室应加强运作力度，并努力发挥体系本身具有的各项功能，及时发现问题，找出问题的根源，纠正不符合并对体系给予修订（包括文件修订），以尽快度过磨合期，并为申请认可做好准备。试运行多以质量手册等文件编写完成后，由最高管理者批准发布的实施日期开始。

在质量管理体系文件编制完成后，体系进入试运行阶段。其目的是通过试运行，考验质量管理体系的有效性和协调性，并对暴露出的问题采取改进和纠正措施，以达到进一步完善质量管理体系的目的。CNAS 规定实验室在提出认可申请时，其质量管理体系应经过正式有效运行超过 6 个月（手册换版后需运行 3 个月以上），且进行了完整的内审和管理评审，申请方的运作处于稳定运行状态，方可予以正式受理。

在质量管理体系试运行中，要重点做好以下工作：

（1）有针对性地宣贯质量管理体系文件。使全体员工认识到新建立的质量管理体系是对过去质量管理体系的变革，是为了与国际接轨，要适应这种变革就必须认真学习、贯彻质量管理体系文件。

（2）实践是检验真理的唯一标准。体系文件通过试运行必然会出现一些问题，全体员工应将实践中出现的问题和改进意见，如实反映给有关部门，以便采取纠正措施。

（3）将体系试运行中暴露出的问题，如体系设计不周、项目不全等进行协调、改进。

（4）加强信息管理。这不仅是体系试运行的需要，也是保证试运行成功的关键。所有与质量活动有关的人员都应按体系文件要求，做好质量信息的收集、分析、传递、反馈、处理和归档工作。

质量管理体系的运行就是执行质量管理体系文件、贯彻质量方针、实现质量目标、保持质量管理体系持续有效和不断完善的过程，通过内部审核发现体系运行中的问题，对实验室的各个环节进行全面、系统、深入的检查，对内审中发现的影响检测工作质量以及服务质量等方面存在的问题，出具不合格项报告，要求责任部门提出纠正措施和提交整改报告。通过管理评审对现行质量管理体系的现状的适宜性、有效性进行评价，找出质量管理的薄弱环节和质量管理体系的不适宜处，对质量管理体系的不适宜方面进行修订，使质量管理体系文件更加适用于本实验室，从而形成不断实施质量管理体系的改进和自我完善机制。

质量管理体系试运行中的监督是为了加强对各项质量活动的监控，实验室应发挥质量监督员的作用。监督范围包括检测报告或校准证书质量形成的全过程。质量监督员应将日常监督中发现的问题随时记录保存，作为审核和评审的依据材料。

试运行中的审核和评审质量管理体系文件即使规定得再好，如不认真执行，则不能起到控制质量的作用。因此，建立质量管理体系既要求"有法可依"，即制定体系文件，又要"执法必严"，即坚决执行。在试运行阶段，审核的重点，主要是验证和确认体系文件的适用性和有效性。审核和评审的主要内容包括：（1）规定的质量方针和目标是否可行。（2）体系文件是否覆盖了所有主要的质量活动，各文件之间接口是否清楚。（3）组织结构能否满足质量管理体系运行的需要，各部门、各岗位的质量职责是否明确。（4）质量管理体系要素选择得是否合理。（5）质量记录能否起到体系运行的证实作用。（6）所有员工是否养成了按体系文件工作的习惯，执行情况如何。

这个阶段审核的特点是：

（1）体系正常运行时审核的重点在符合性，而在试运行阶段，通常是将符合性与适应性结合起来进行。

（2）为使问题尽可能在试运行阶段暴露出来，除进行例行审核外，还应有全体员工的参与，鼓励他们通过试运行的实践，发现并提出问题。

（3）在试运行的每一个阶段结束后，一般应正式安排一次内审，以便及时对发现的问题进行纠正，对一些重大问题也应根据需要，适时地组织临时内审。

（4）在试运行中要对所有要素审核一遍。

（5）在内审的基础上，由最高管理者组织一次体系的管理评审。

2.2.9.2 体系保持

保持质量管理体系有效运行的手段是对过程的有效控制和监视测量与改进（内部审核及管理评审在下节介绍），重要的是对检测过程的控制和体系有效性的控制，使得检测结果准确可靠。在检测样品开始到检验结果输出的过程中，由于操作人员、检测所使用的材料、检测设备、检测程序和检测方法以及测量时环境条件的不断变化等因素，使得检测结果不可能很稳定。实施实验室的检测质量控制计划是保证检测数据准确可靠的重要环节，对理化实验室的检验质量控制点和检测质量控制计划的实施情况、适用性、有效性进行评价，将有利于理化实验室检测结果质量的不断改进和提高。在铁矿检验过程中，影响检验结果的因素很多，主要有：人员、仪器、实验材料、方法、环境、测量溯源、被检样品以及样品的处置等。只要对这些主要影响因素加以有效地控制，才能确保理化检验结果的准确、可靠。铁矿实验室检验质量控制的要点主要包括：

（1）人员。这是指包括检测及相关人员检验岗位的所有人员。实验技术人员应配备以老、中、青、高、中、初级，不同学历，具有各种学科和专业知识相结合的人员，以满足各岗位工作的需要。制定各类人员的岗位职责和相应的考核办法，建立各级各类人员定期考核制度，每年按照岗位职责的考核要求对各类人员进行考核评定。建立各级各类检测人员、大型仪器及特种设备操作人员的培训及培训效果评价制度，这些人员必须获得常年的、持续的培训和继续教育，上岗前须经考核合格，持证上岗。建立人员的技术档案，收集有关技术人员的学习经历、资格证书、培训和继续教育情况及考核情况、技能、工作经历、科研、发表论文以及获奖情况记录等资料。

人员的专业知识、技术能力以及对工作的态度等都直接影响检验结果的质量。所以，在整个检验过程中，人员起关键性的主导作用。因为检验工作要通过人的操作来完成的。所以检验人员的专业知识、技术能力以及对工作的态度，都会直接影响检验结果的质量。因此，检验人员必须具备与其工作相适应的专业理论知识、专业技术能力和操作水平以凸显其重要性。具体体现在检验过程中能够选择适当的方法和措施对影响检验结果的因素予以有效地控制，使影响控制在可以接受的程度，这些控制是通过实验过程的规范化操作来实现的。因为对每个项目的检测，都是按照相应的标准方法和程序来进行操作的。

在检验操作前，要正确地选择好检验方法，熟记和读懂检验方法的原理和操作过程（步骤）的技术要求，并能对检验过程中哪些因素影响检验结果的质量进行分析。没有经过专业理论知识的学习和培训，就不能胜任这些检验工作要求。检验人员在上岗前必须经过专业理论知识的考试和操作技能的考核，合格者方可持证上岗。检验人员的上岗证是证明其技能的资格确认，也是实验室认可、计量认证评审中对实验室考核必须具备的条件之一。

（2）仪器。这是指检验检测所用的仪器设备。对实验室仪器设备的装备计划、调研论证、采购验收、安装调试、检定校准、结果确认、标识管理、资料建档、使用维护、期间核查、性能评价、报废处理等环节进行管理，制定详细的仪器设备管理制度。编制仪器设备使用、维护、核查作业指导书，建立仪器设备使用、维护、核查记录制度。精密、大型仪器设备的操作人员必须获得相关知识和操作技能的培训，经考核持证上岗。建立仪器设备档案管理制度，档案的收集包括仪器设备装备计划、调研论证报告、采购合同、验收记录、仪器出厂合格证、安装调试报告、仪器使用说明书、历年检定校准证书、检定校准结果确认记录、历年仪器使用、维护、核查记录、性能评价和报废处理记录等。常用玻璃量器需申请建立标准，由玻璃量器检定员进行自检。

实验室应配备进行检测所要求的所有设备，并保证在用仪器设备性能处于完好的和经检定合格的受控状态，满足检测工作的要求，确保检测数据的质量。在实验室的检验检测工作中，绝大部分的检验检测项目都是通过仪器设备的采集和分析来完成的，这些仪器设备通常用于样品的采集、定容、培养（如生化需氧量）和分析检测。仪器设备技术性能和测量灵敏度都可直接影响检验结果的质量。所以，应该选择技术性能良好、灵敏度满足检验标准、规范要求的仪器设备。凡是对检验结果有影响的计量仪器设备使用前必须经检定或校准合格，对检定合格的仪器设备在检定周期内应对其进行维护和进行期间核查。

（3）实验材料。这是指理化检验检测用的实验材料（包括试剂及消耗材料等）。试剂的质量对检验结果的影响主要有两种情形，一种是试剂不纯（本身含有被测组分）而使结果偏高；另一种是试剂失效或灵敏度低而影响检测结果的准确性。可以根据试剂的技术要求进行验证，从而可以判断该试剂是否符合技术要求的规定；还可以根据试剂的质量要求进行确认，对试剂的验证和确认都是通过实验来实现的，但并不限于这两种方法，必须建立试剂验证、确认记录和合格供应商、合格和不合格试剂名录制度，为正确采购试剂提供依据。检测试剂、消耗材料等供应品的采购是整个检测工作中的重要组成部分，直接影响检测工作质量，因此必须对外部支持服务和供应品的质量进行严格控制，以确保检测质量不受影响。如实验试剂的质量优劣、好坏都可直接影响检测工作质量。又例如：在做食品中的铅、镉、砷等的项目测定时，样品前处理时先要用硫酸、硝酸对食品进行消解，这时所用的硫酸、硝酸就不能含有铅、镉、砷等离子，否则，将随着样品消解用酸量的增加，消化浓缩后，将酸中所含的铅、镉、砷等离子带到了消解的样品液中。虽然我们同时做试剂空白试验，但在操作时不可能做到消化样品所用的酸，也同等量地加到空白管中，往往是空白液所消耗酸的量远远地少于样品液，空白液就无法抵消消解样品时酸所带来的铅、镉、砷等离子的量，这时就会使样品液铅、镉、砷等的项目测定结果偏高，严重时就会导致样品中铅、镉、砷等的项目含量错误超标。所以，只有对这些实验试剂的质量进行了严格控制，才能确保检测结果质量不受影响。

（4）方法。这是指检验检测方法（包括检测方法及方法的确认）。实验室应配备产品标准、采（抽）样标准和检测方法标准。应制定标准收集、受控发放、确认备案、跟踪变更制度，在选择标准方法时，优先采用国家标准、行业标准和地方标准，也可选用客户指定的国际、区域的最新有效标准方法。同时必须注意实验室认可资质认定通过项目备案的标准的正确选择。在没有这些标准依据时，可选择知名的技术组织、权威文献公布的方法，但必须通过空白试验、制备标准曲线、精密度试验、回收试验和测量结果不确定度分析或实验室间比对、能力验证来确认使用新方法的可靠性，并经实验室技术主管批准方可使用。无论何种原因产生的检验方法偏离或采用非标准方法时，必须经过技术判断、授权和经客户同意这些程序。应使用适合的方法和操作程序（当方法不详尽时编制的操作程序）开展检测工作，适当时还包括不确定度评定和采用统计技术对检测数据进行分析。对检测方法的偏离，仅应在该偏离已被文件规定、经技术判断、授权和客户同意的情况下才允许发生。理化检验检测方法是检验工作中对应某个项目检验分析的唯一依据。为了确保在全国范围内、某个领域或某个区域范围内的检验结果的可比性，我国对检验方法的要求规定有四个等级，第一级为国家标准、第二级为行业标准、第三级为地方标准、第四级为企业标准，这些检验标准都是推荐性标准。在我国实验室认可或计量认证的评审中只认可前三级标准，第四级企业标准是不被认可和认证的。我们选择的方法如果灵敏度达不到预期的目的也会影响检验结果质量。

（5）环境。这是指实验设施和环境条件。为保证检验工作质量，实验室的设施和环境条件必须满足工作需要，实验室除了配备必需的能源、照明外，应根据实验功能的不同配备相应的实验室，并对诸如生物消毒、灰尘、电磁干扰、辐射、湿度、供电、温度、声级和振级等影响检验结果质量的因素进行监测、控制和记录，还应考虑对不相容的检测活动进行有效的隔离；对于有高污染的实验室，应根据工作流程设置污染区、非污染区，并予以明显标识；对影响检测质量和高污染区的实验室应有限制进入标识。实验室还应考虑对实验产生的废气、废水和废渣（废弃物）进行收集、降解、破坏等无害化处理，不允许随便排放和丢弃而污染环境和危害健康。为了保证检测结果的准确性和有效性，实验室应根据检测需求来配置相应的设施和对可能影响检测工作的环境因素进行有效的控制、记录，使设施和环境条件满足检测需要，有利于检测的正确实施，并确保实验室生产安全和实验室人员的安全。有些实验对设施和环境条件是有严格要求的，如做玻璃吸管及定量容器的检定，必须在恒温的设施环境中进行实验操作。又如，做水的电导率的测定时，结果报告要求为（25±1）℃时的电导率，这就意味着要求水温在 24~26℃的范围内测定，所以，必须在设置有空调设施的环境中进行控制才能满足实验要求。否则，结果是不真实和无效的。

（6）测量溯源。这是指通过一条具有规定不确定度的不间断的比较链，使测量结果或测量标准的值能够与规定的参考标准（通常是与国家测量标准或国际测量标准）联系起来。实验室绝大部分项目的检验检测结果都是通过检测仪器进行分析并与标准物质比较后获得的。

测量溯源是贸易全球化和实验室结果互认的基础，它需要通过实施计量检定校准来实现。所以，凡对检验结果有影响的计量仪器设备或计量器具使用前必须经检定或校准合格，若没有有证标准物质可用时，应通过比对试验、能力验证等方式证明量值的正确和溯源。通过对有证标准物质的检测、对保留样品的再测试、仪器比对、实验室间比对或参加能力验证计划等方式，实施对仪器设备、标准物质的期间核查，确保其校准状态的置信度。

为保证检验检测结果的准确性和有效性，应对检测和抽样结果的准确性或有效性有显著影响的所有设备（包括辅助测量设备）按计划定期进行检定或校准和期间核查，凡对检验结果有影响的计量仪器设备或计量器具使用前必须经检定或校准合格。对在用的检定或校准合格的仪器设备在检定周期内应对其进行维护和进行期间核查。已破损的虽经检定合格的计量器具已失去了其原有的准确性，不能作为准确定量的器具使用。新设备在投入使用前，设备在维修后必须经过检定或校准，合格后才能投入使用。标准物质（参考物质）应溯源到国际单位制（SI）单位或有证标准物质。以保证测量的溯源性。检测仪器的技术参数是否满足要求和标准物质的量值是否准确，都直接影响检测结果。所以，对检测仪器、标准物质量值的溯源就尤为重要。实验室通过不间断的校准链或比较链与相应测量的国际单位制（SI）单位基准相连接，以建立测量标准和测量仪器对国际单位制（SI）单位的溯源性。

（7）分析方法验证。分析方法验证的目的是证明采用的方法适用于相应检测要求，包括铁矿样品及使用试剂等测定有关项目。

方法验证是一个实验室研究过程，应设计一个方案，有步骤地、系统地收集实验数据，进行数据处理，形成文件，证明所用的实验方法准确、灵敏、专属和重现。应按照实验室认可及有关法律法规的要求，对仪器设备的软、硬件进行设计认证、安装认证、操作认证、性能验证和电子记录保护等。另一个重要方面是对实验室人员进行培训，包括方法和仪器设备工作原理、标准操作步骤、样品处理和业务水平的提高。

实验室方法验证是一个持续的发展过程，在检测方法变更、样品的组分变更、原分析方法进行修订或规定的常规方法用于新检测领域，则分析方法需要再验证。再验证应证明分析方法能保证其性能（如专属性），适用于相应的检测要求。如采用的分析方法，为了满足系统适应的要求，需要调整其操作条件，则分析方法需进行适当的再评价、修正和再验证。再验证的程度，取决于变更的性质。

2.2.10　内部审核及管理评审

2.2.10.1　内部审核

质量管理体系的内部审核和管理评审是体系整体运作的组成部分。通过内部审核和管理评审，可以按标准要求来判断体系的符合性、适用性和有效性，并确定是否可以实施第三方（或其他）认证。审核就是为获得审核证据并对其进行客观的评价，以确定满足审核准则的程度所进行的系统的、独立的并形成文件的过程。对于质量管理体系内部审核，审核的主持人一般是实验室的质量主管。受审核方是指实验室的某个部门或过程。审核方案一般是年初制定的年度审核计划。审核准则是实验室的质量管理体系文件，但是在审核质量管理体系文件的符合性时要以实验室认可准则为依据。内审员应由经过培训和具备资格的人员来担任。只要资源允许，内审员应独立于被审核活动。审核证据可以是存在的客观事实、被访问的负责人员的陈述、现行有效的文件和记录，它是可描述并可验证的，不含任何个人的推理和猜想。

内审员在审核过程中应采取正当手段，获取客观证据，对收集到的客观证据根据审核准则进行客观评价，以形成审核发现。审核发现可以是符合项或不符合项，它包括审核证据、审核准则和比较评价。内审组在综合考虑了审核目标和所有的审核发现后，汇总编写出内审报告，并形成最终的审核结论。内部审核是一个形成文件的过程，它必须按照实验室制定的内部审核程序定期进行，目的是验证实验室的运行是否能持续符合质量管理体系和实验室认可准则的要求，内审的范围包括检测活动涉及质量管理体系的全过程或条款。内审可以是集中式、滚动式和临时内审 3 种。内审一般分为 4 个阶段：审核策划、审核实施、审核报告和跟踪审核。审核策划阶段，要按照内审程序规定，制定年度内审计划，实验室管理者授权成立内审组，由内审组长制定专项内审活动计划，准备内审工作文件，通知审核。在审核实施阶段，审核组长应对审核的全过程实施控制。以首次会议开始现场审核，内审员运用各种审核方法，收集审核证据得出审核发现，进行分析判断，开具不符合项报告，并以末次会议结束现场审核。现场审核后，内审报告的编制、批准、分发、归档、纠正、预防及改进措施的提出、确认和分步实施的要求，也是内部审核的重要工作内容。审核报告应由审核组长亲自编写，或在组长的指导下编写，审核报告应如实反映审核的实际情况。内审还应加强审核后对部门、过程（或条款）实施纠正措施的跟踪审核，并在下一次内审时，对措施的实施情况及效果进行复查评价，写入报告，实现内审的闭环管理，以推动持续的质量改进。

实验室内部审核也称第一方审核，是为了确定管理体系的符合性和有效性，由实验室自己进行的系统的、独立的检查，是实验室内部对管理体系的自我发现、自我纠正、自我完善的一种手段，同时内审过程及其结果也是管理评审输入和认可机构审核的重要内容之一，因此，做好内审尤为重要。实际操作时应注意以下几点：

（1）根据实验室自身的工作特点，确定内审的方式、时机和频次。

（2）培养造就高素质的内审人员，是做好内审工作的基本保证。内审人员应具备下列条件：

1）经过《认可准则》和审核要求、审核方法、审核技巧方面的培训，并能在内审过程中灵活应用；

2）熟悉实验室的管理体系和技术运作；

3）业务能力较强，为人公正，善于观察，有良好的沟通能力。

（3）编制检查表时，要注意覆盖体系要素和所有的活动，要选择典型的质量问题，抓住重点，并充分利用以下信息：

1）上次审核有关信息；

2）已知的质量问题；

3）管理上的重点或薄弱环节；

4）客户反馈的重要信息；

5）实验室内部日常反馈的相关信息。

（4）注重跟踪验证。通过内审发现问题只是手段，借此改进才是目的。在对不符合项目实施跟踪验证时，首先要验证所分析的原因和制定的措施是否到位，然后再到现场验证实施效果，使整个改进过程得到控制，确保有效。

对于申请认可实验室的初次评审，一般结合实验室资质认定评审同时进行，因此，在进行实验室内审时也应把实验室资质认定的要求一并实施。实验室资质认定现场评审过程应对的策略主要是：实验室资质认定现场评审活动是评审方与被评审方双方协作配合的全过程，在短时间内达到真实反映和客观评价的效果，技术性很强，工作量很大。要求双方在现场评审整个过程当中严密周全地策划，科学合理地安排，密切坦诚地配合，提高办事效率。实验室资质认定工作的重点应放在质量管理体系和技术层面上探讨、改进和完善，而被评审方往往不知如何应对实验室资质认定现场评审活动。实验室资质认定工作的评审依据国家质检总局发布的《实验室和检查机构资质认定管理办法》（总局令第 86 号）和国家认监委印发的《实验室资质认定评审准则》（国认实函[2006]141 号）要求。对《实验室资质认定评审准则》"管理要求"和"技术要求"两部分、19 个要素、76 条、153 款的要求进行逐项评审。现场评审由于专家人员少、时间短、项目多，为能够真实、客观、公正地反映出被评审方的实际能力，有赖于双方的精诚合作与相互配合。

现场评审一般包括：

（1）按《实验室和检查机构资质认定管理办法》的要求在国家认监委网站下载申请材料填报完毕后，与实验室认可申请材料一并报国家认监委，尽可能满足和符合实验室资质认定的资料审查和评审前的书面调查。

（2）配合并提供国家认监委拟派出的评审组专家对被评审方事先需了解掌握的信息，交流和沟通现场评审前的具体准备事项、注意要点和衔接要求，对所涉及的有关事项做出相应的调整和补充，不留"空白"，为现场评审夯实基础，获得最佳评审状态。

（3）现场评审主要针对《实验室资质认定评审准则》中"管理要求"和"技术要求"两部分展开评审，重点是对实验室检验能力的评审，所以在现场评审之前，做好文件资料的收集归类，管理和技术人员业绩档案和质量意识的认知准备，检测报告信息记载的审核，检测条件和环境要求，仪器设备的性能状态，标准物质、标准样品和检测试剂的管理档案等相关资料，是保证现场评审顺利进行的前提条件，也是在短时间内获得最佳评审效果的关键因素。

（4）内部审核。在现场评审前进行内部审核的结果可以评价管理体系运行的质量，可以证实管理体系是否持续符合了评审准则的要求。对于被评审方来说相当于一个全真的"现场评审"的模拟演示，有利于及时从中发现存在的问题并予以纠正。对于评审方来说，审核了内审材料，就相当于审核了"现场评审"的缩影。所以内部审核是现场评审前非常关键的工作。

（5）考虑到现场评审中评审人员少，时间紧，检测项目多而且评审前没有具体确定等情况，所以盲样的准备工作就显得尤为重要，主要从以下三个方面着手：一是项目筛选，根据《申请计量认证或审查认可（验收）项目表》所列项目，对每一项可能盲样考核的项目都进行充分准备；二是人员确定，根据项目合理安排人员分工，确保考核人员持证上岗，并能兼顾评审全局；三是实验室条件，确保每个人员有及时独立完成项目的药品、仪器、实验室等条件。

2.2.10.2 管理评审

最高管理者应按计划的时间间隔对组织运行的质量管理体系进行评审，以确保质量管理体系持续的适宜性、充分性和有效性。管理评审的时间间隔可取决于实验室的具体情况，但最大间隔不应超过 12 个月。一般来说，管理评审的形式可以是管理评审会议。管理评审应评价实验室内外部条件变化影响到质量管理体系必须随之变化的需要，包括质量方针和质量目标，以及当前体系运作的业绩和改进机会等。

管理评审是实验室最高管理者为确定质量管理体系达到规定目标的适宜性、充分性和有效性而对质量管理体系所进行的系统评价。管理评审要求由最高管理者主持，并按策划的时间间隔（典型的周期为 12 个月）进行；其对象是实验室的质量方针、质量目标和质量管理体系整体；其目的是通过评审确保实验室的方针、目标得以实现，并保持质量管理体系整体的有效性及环境变化后的适应性，提高市场竞争力。

管理评审的要求如下：

（1）确保质量管理体系持续的适宜性。由于实验室所处客观环境的不断变化，要求实验室的质量管理体系也要不断变更，以达到持续与客观环境变化及顾客要求的变化相适应。

（2）确保质量管理体系持续的充分性。不论是由于外界环境变化引起的，还是实验室自身引起的，实验室总会发现各种持续改进的需求。持续改进活动从内容上不但要达到策划的结果，还要考虑达到同样结果所使用的资源。从步骤上讲，持续改进活动将涉及对检测实现过程或体系现状的评价和分析，改进目标的建立，纠正和预防措施的提出或新过程的识别（也可能是对现有过程的重组）等。

（3）确保质量管理体系持续的有效性。质量管理体系的有效性是通过完成质量管理体系所需的过程或活动，而达到质量方针和质量目标的程度。为了判定实验室的质量管理体系是否达到预定的目标，就必须把顾客反馈、过程绩效、报告质量的符合性等作为评审的输入，并与规定的方针和目标进行比较，来判定质量管理体系的有效性。

管理评审的输入：为了能准确地评价质量管理体系的适宜性、充分性和有效性，应根据实验室的具体情况，从以下内容中选择管理评审的输入：

（1）内、外部质量管理体系审核结果的分析；

（2）质量方针贯彻情况及质量目标实现情况；

（3）实验室的发展战略及发展规划的要求；

（4）现有体系文件的分析；

（5）检测报告的质量分析；

（6）实验室间比对和能力验证结果的分析；

（7）统计技术应用效果的分析；

（8）内、外部环境和客户需求的变化；

（9）服务质量分析；

（10）业务范围及工作量的变化趋势；

（11）纠正、预防措施的效果分析；

（12）标准或规程的更新、检测技术的发展；

（13）人员素质及培训情况；

（14）管理、监督人员的报告、信息反馈；

（15）上次评审决定及改进措施执行情况。

评审输入是为管理评审提供充分和准确的信息，是管理评审有效实施的前提条件。以上各种输入应从当前的业绩上考虑，找出与预期目标的差距，同时考虑各种可能的改进机会。

管理评审的方式：管理评审一般采取两种方法：一是专题讨论。即将所需评审的项目和要求分成若干个专题，事先责成有关部门和人员进行专题讨论，分别写出专题报告，汇总后报最高管理者审定，最后形成集中式的评审报告。二是集体会议讨论法。在召开评审会前，先制定评审计划，列出所有需要评审的议题，事先发给相关部门和人员，然后通过评审会议广泛讨论，集思广益，将讨论、分析、评价和确认的结果形成评审报告。

管理评审的输出：依据管理评审输入的信息，通过开展评审活动，实验室将做出以下的管理评审输出：质量管理体系及其过程有效性改进方面的决定和措施；与客户要求有关的检测报告质量的改进决定和措施；资源需求的决定和措施。

实验室质量管理体系内部审核与管理评审效果评价的关键是有关不符合的整改验证，以达到确实提高质量管理水平的目的。具体包括：

（1）整改计划。针对末次会上评审组提出的不符合项分析原因，制定整改计划。计划内容包括：针对每个不符合项确定最有效的整改措施，落实整改责任人和明确整改完成期限。

（2）落实整改措施。整改责任部门根据整改计划内要求，按照实验室内部的《纠正措施程序》的规定实施整改并做好纠正记录；当整改措施涉及受控文件的更改，应执行《文件控制程序》；当整改措施与实验室的客户服务工作有关时，应执行《客户服务工作控制程序》。注重整改过程中相关文件的修订和资料收集，对每一个不符合项做到整改件件有落实、项项有凭证，包含整改前后对比，同时图、文并举，尽可能做到清晰直观，一目了然，充分见证其整改过程，以客观地反映出整改的效果。及时召开全实验室资质认定工作再动员大会，在肯定前阶段工作基础上，把不符合项告知每位员工，要求强化认识、从我做起、不留隐患，做到思想、行动、措施三到位，全力以赴以纠正不符合项为契机，全面提升实验室的能力建设。

（3）验证整改结果。由质量管理部门指定相关人员对整改措施的实施过程和时效性进行跟踪，对责任部门提交的整改结果进行验证和有效性评价，并根据汇总的纠正记录和所附证明材料编写整改报告。

实验室认可评审的要求可以在实验室内审及管理评审时参考，特别是实验室认可的现场评审必须得到充分的认识。实验室现场评审建立在相互了解、沟通、信任的原则基础上，作为被评审方应积极主动地为评审活动提供帮助，具体做法如下：

（1）日程安排。现场评审双方应先就评审日程具体商议，通过沟通，制定出详细可行的评审活动安排。首先，必须熟悉现场评审程序，一般为：预备会议、首次会议、理论考试、现场评审、授权签字人考核、《质量手册》执行情况检查座谈考核、末次会议、评审材料的整理及封存。其次，核对评审计划，即确认评审各环节的具体时间，按计划有针对性地进行准备。同时了解评审组的分工，以便安排现场评审分组对应陪同首次、末次及座谈会的参加人员，以取得现场评审活动效率的最优化。

（2）工作条件。日程确定后，被评审方对评审活动的全过程应提供工作便利，遵循相应的实验室管理条款与要求，以及实验室对客户的各种技术保密的事项和所有权的程序与措施。有条件的情况下，最好能提供一个专门的小型会议室，备有相应的办公条件（电脑、打印机、网络等）及一名熟练的打字员。作为评审组的临时办公场所，以提高双方的办事效率；由于文件资料数量大，在做好后勤保障工作的同时，还应设立临时文件资料室，并配备相应的软件联络员和硬件联络员，将各种质量管理体系文件、能力验证、分包、投诉、监督和内审等质量活动记录，以及人员、仪器档案和检测报告等材料分类保管，以便评审组查阅资料和评审专家随机抽取和审核。

（3）软硬件联络员。鉴于评审时间有限，需考核验证的项目多，为保证评审的顺利进行，针对评审人员软件组和硬件组的具体分工，各指派 1 名专业对口人员作为软件联络员和硬件联络员。联络员不但要对本实验室质量管理体系文件和有关技术方法的要求熟悉、流程熟悉并具有较强的协调能力，还应有较强的语言表达能力，能及时准确地回答评审专家的提问，或能在第一时间联系到相关的人员，来回答评审专家的询问或提供相应的资料。

（4）汇报材料。现场评审不仅考被评审方的业务能力，也考管理水平。在首次汇报时除重点介绍质量管理体系的建立、运行、维持和实验室能力建设改进外，还应围绕质量方针，结合单位实际，确定质量管理体系以及运行情况，从管理层面叙述具体的思路、做法、成效和存在的问题，尽可能使评审组较全面、客观地了解在开展实验室资质认定中所做的工作，使现场评审更富有针对性、指导性和完整性。

（5）盲样考核。这是评审组较关注的一项考核内容，检测结果直接判定实验室能力建设的好坏，也是被评审方质量管理体系运行状态的综合反映。所以要在事先准备充分的同时，要合理安排检测人员，确保考核持证上岗，做到从容应对，既紧张又有条不紊。接样、任务下达、样品交接、样品预处理、样品分析及出具分析报告等全过程，都要严格按操作规程操作，确保一次性报出合格的检测结果。

（6）能力验证。在承接现场抽检任务前，对已参与上级权威部门或机构组织的实验室比对及能力验证项目等质控活动，应事先告知并提供相关材料给评审组，以便确定调整与否。

（7）现场评审。技术能力的确认，除盲样考核、现场试验外，还通过操作演示、技术提问等方式以及查阅记录或报告、仪器配置与核查等方法展开，甚至有的是到野外现场完成（例如：噪声和气的现场采样）。对实验室检测人员来讲是承受着很大的精神压力和体力透支。要求实验室人员做好充分准备，调整好心态，重要的是对每个环节的技术要求全面细致掌握到位，做到心中不慌、步骤不乱、有问必答、有难必解，真正展现出实验室能力建设的技术水平。

（8）项目确认。现场评审不仅要检查实验室的质量管理体系与认可条件的符合性，更重要的是围绕申报项目对实验室技术能力进行考核确认。所以在评审前应认真准备各现场评审文件资料，尽可能通过资料展现、交谈沟通或现场评审多提供信息，让专家较详细地了解各申请项目的基本情况，方便评审专家按照评审准则的要求逐一核查落实。

（9）不符合项。现场评审结束后，对评审员提出的不符合项，如果有不同意见，应及时沟通，看出该问题的依据与相关说明，以求达成共识，避免不必要的争执。

在质量管理体系的建立和运行过程中，必然会发现一些体系文件中规定的不合理或不完善之处，尤其是新建体系的实验室更为明显。有些在编写文件时考虑不周的问题，经过一段时间的试运行后，会一一暴露出来，因此，质量管理体系试运行后的修改、完善就成为实验室建立质量管理体系过程中的一个必然阶段。总之，实验室质量管理体系的修改、运行、再修改、再运行，循环往复，不断完善是实验室管理的永恒主题。

2.2.11　持续改进

铁矿实验室质量管理体系有效运行的标志是：对可能影响检测质量的各种因素都能经常、有序地、有办法使其处于受控状态，能够减少和消除质量问题的产生，在运行中，一旦出现质量问题，体系能立即反馈，及时研究，采取纠正和预防措施。

质量管理体系有效运行应该做到：

（1）建立了一个科学的和完善的文件化质量管理体系，该文件化体系符合认可准则的要求，该体系与实验室的活动范围（工作类型、工作范围和工作量）相适应，有适用的质量方针，质量目标和质量承诺。

（2）质量管理体系严格按体系文件规定的要求去运行，执行（实施）中应该保留必要的记录。

（3）质量管理体系完全处于受控状态，使差错降低到规定的限度以内，体系中一旦出现偏差，有机制迅速反馈，并马上采取纠正措施。

（4）质量管理体系定期开展内部审核，建立一套质量管理体系自我检查、自我完善和不断改进的管理体制。

（5）除了质量管理体系定期审核外，实验室应建立一套有关检测结果的质量控制和质量保证程序，确保测试的质量及其正确性和可靠性。

（6）最高管理者定期开展管理评审，对质量管理体系和检测活动中的问题（包括潜在的）采取纠正措施和预防措施，利用一切可以改进的机会，贯彻持续不断改进的政策。

实验室在建立了文件化的质量管理体系并运行一段时间后，可能会发现某些不完善的环节或不适应环境的变化。况且，质量管理体系的建立是为了能持续稳定地提供满足顾客要求的检测报告，最终达到检测数据可比、互认。究竟是否达到了这个目的，就有必要进行评价。顾客和认可机构都可以对实验室质量管理体系的有效性进行评价，但最重要的是实验室必须建立自身的评价机制，对所策划的体系过程及其运行的符合性、适宜性和有效性进行系统、定期评价，从而保证质量管理体系的自我完善和持续改进。

持续改进是增强满足要求能力的循环活动。为了改进实验室的整体业绩，实验室应不断改进质量管理体系，提高质量管理体系及过程的有效性，以满足顾客的需求和期望，只有坚持持续改进，实验室才能不断进步。持续改进要求不断寻找进一步改进的机会，可采取 PDCA 的方式进行。

为实现实验室质量管理体系的持续改进，应注意以下几点：通过质量方针的建立和实施，营造一个激励改进的氛围和环境；确立质量目标，以明确改进的方向；通过数据分析，内部审核不断寻求改进的机会，并做出适当的改进活动安排；实施纠正措施和预防措施，以及其他适用的措施实现改进；在管理评审中评价改进效果，确定新的改进目标和改进的决定。

实验室通过数据分析（统计技术的应用）和内部审核来发现体系运行中的问题，由最高管理者通过管理评审来确认问题，做出决策，再通过纠正和预防措施来解决问题，达到质量目标的要求，实现体系的持续改进，从而形成质量管理体系的自我评价和自我完善机制。

质量管理体系的改进根据在试运行中发现的问题，从各个方面获得的信息，通过管理评审由实验室的最高管理者确认并做出决策，再通过纠正措施和预防措施解决问题，使质量管理体系得到完善和改进。对于一个质量管理体系的检查，应抓住六个字，三句话，即程序、执行与记录，也就是干工作必须有程序，有程序必须执行和执行过的工作必须记录。

另外，要加强实验室间比对，促进实验室技术能力和质量管理体系的改进。实验室间比对是判断实验室能力最有效的方法，是通过不同实验室间对同样样品进行分析，及时发现自身在质量控制过程中存在的问题，找到自身不足，有利于提高分析质量，进一步改进质量管理体系。其目的是为提高实验室检测能力，保证检测结果准确性和可靠性，提高自身的核心竞争力。如每年按一定比例对所分析的样品，在同行间及能力验证机构进行比对实验，是判断和监控实验室能力的有效手段，实验室通过外部措施补充内部质量控制方法的技术，也是维持认可机构间国际互认的基础之一。

欧洲认可合作组织（EA）1999 年 12 月发布了 EA-4/02 号文件《校准中的测量不确定度》，其中第 1.3 条对最佳测量能力（best measurement capability 或缩写为 bmc）有如下表述："实验室在其认可范围内，当对近乎理想的测量标准（用于定义、实现、保存或复现某量的单位或其一个值或多个值）进行近乎常规的校准时，可以达到的最小测量不确定度；或者，当对近乎理想的测量仪器（用于测量某量）进行近乎常规的校准时，可以达到的最小测量不确定度。""对获得认可的校准实验室最佳测量能力的评定（assessment），应建立在本文件描述的方法基础之上，通常应得到实验证据的支持或确认。"为有助于认可组织对最佳测量能力的评定，EA-4/02 附录 A 还就最佳测量能力做了进一步说明。在国内诸多技术规范中，对最佳测量能力也有类似的表述。例如：JJF1069《法定计量检定机构考核规范》给出的定义是："通常提供给用户的最高测量水平，它用包含因子 $k=2$ 的扩展不确定度表示。有时称为校准测量能力（calibration and measurement capability 或缩写为 cmc）。"该规范 2003 年修订后，定义的校准测量能力是："通常提供给顾客的最高校准与测量水平，它用置信水准为 95% 的扩展不确定度表示。有时称为最佳测量能力。"在中国实验室国家认可委员会的公开文件中，对最佳测量能力也有明确阐述。例如，CNAS–CL07《测量不确定度评估和报告通用要求》指出："为了便于用户比较实验室的能力和水平，对于一般应用，扩展不确定度应对应 95% 的置信水平。在表述实验室的能力时，一般采用最佳测量能力，即根据日常校准或检测系统，被校或被测样品接近理想状态时评定的最小测量不确定度。"从另一角度来看，最佳测量能力的概念仅仅适用于认可实验室。

由于实验室测量能力需要得到外部客户的信任，认可实验室的测量不确定度可能大于它的技术能力。因此，有时最佳测量能力并不一定反映实验室真实的能力。最佳测量能力的定义意味着在认可条件下，进行正常的校准活动时，实验室无权宣称具有比最佳测量能力更小的测量不确定度，即实验室实际的校准过程会明显增加测量不确定度，这样得出的测量不确定度总是大于最佳测量能力。具有代表性的是，被校准的测量仪器会对测量结果的测量不确定度有贡献。显然，实际的测量不确定度永远不会小于最佳测量能力。只有当"被校仪器"比较稳定，其对测量不确定度的影响可以忽略的情况下，所得到的测量结果的测量不确定度可以认为与最佳测量能力相同。当陈述实际的不确定度时，可要求实验室应用现有程序文件规定的原则。认可组织不仅依靠测量不确定度评定，还组织（或由其代表组织）开展证实测量不确定度评定的实验室间比对，因此，实验室应充分利用这种机会来改进实验室的技术和管理能力。

持续改进在质量管理中是一种渐进的活动，因此应积极地探索和寻求各种改进的机会。持续改进的措施一般包括以下步骤：选择改进的领域和改进的原因；评价现有过程的效率，收集并分析数据以发现什么类型的问题最常出现，选择一个问题并制定一个改进目标；识别和验证问题的根本原因；探索替代和实施方案，消除问题根本原因，防止其再发生；确认问题及其根本原因已经消除，方案生效，改进的目标已经达到；用新过程取代旧过程，以防止问题及其根本原因再发生；评审改进项目的有效性、遗留问题的解决方案的计划和进一步的改进目标。

3 铁矿石检验实验室资质认定申请

3.1 资质认定申请流程

3.1.1 资质认定的形式和对象

资质认定的形式包括计量认证和审查认可。经确定的具体行政审批形式有四项：实验室计量认证、检查机构审查认可、监督检验机构授权和监督检验机构验收。

计量认证是指国家认监委和地方质检部门依据有关法律、行政法规的规定，对为社会提供公证数据的产品质量检验机构的计量检定、测试设备的工作性能、工作环境和人员的操作技能和保证量值统一、准确的措施及检测数据公正可靠的质量体系能力进行的考核。

审查认可是指国家认监委和地方质检部门依据有关法律、行政法规的规定，对承担产品是否符合标准的检验任务和承担其他标准实施监督检验任务的检验机构的检测能力以及质量体系进行的审查。

资质认定的对象包括从事下列活动的机构：

（1）为行政机关做出的行政决定提供具有证明作用的数据和结果的；

（2）为司法机关做出的裁决提供具有证明作用的数据和结果的；

（3）为仲裁机构做出的仲裁决定提供具有证明作用的数据和结果的；

（4）为社会公益活动提供具有证明作用的数据和结果的；

（5）为经济或者贸易关系人提供具有证明作用的数据和结果的；

（6）其他法定需要通过资质认定的。

按具体行政审批形式来分，可分为以下三类：

（1）计量认证的对象。依法设立、向社会出具具有证明作用的数据和结果的检测和校准实验室。生产企业所属检测机构和生产企业投资设立的检测及校准实验室不属于计量认证的对象。由流通、储运、工程建设、科研教育等单位建立的检测和校准实验室可以进行计量认证。

（2）检查机构审查认可的对象。从事与认证有关的设计、产品、服务、过程或者生产加工场所的核查、并确定其符合规定要求的技术机构。目前，该项资质认定工作暂由国家认监委统一受理，待条件成熟时分国家和地方两级受理。

（3）监督检验机构授权/验收的对象。质检行政主管部门依法设置和授权的具有监督检验职能的质检机构。这些机构应符合国家或省级质量技术监督局对产品质量监督检验机构的规划要求。

国家鼓励实验室、检查机构取得经国家认监委确定的认可机构的认可，以保证其检测、校准和检查能力符合相关国际基本准则和通用要求，促进检测、校准和检查结果的国际互认。

申请计量认证和申请审查认可的项目相同的，其评审、评价、考核应当合并实施。符合相关规定要求的，可以取得相应的资质认定。

取得国家认监委确定的认可机构认可的实验室和检查机构，在申请资质认定时，应当简化相应的资质认定程序，避免不必要的重复评审。

3.1.2 资质认定准则的相关要求

3.1.2.1 管理要求

A 组织

实验室应依法设立或注册，能够承担相应的法律责任，保证客观、公正和独立地从事检测或校准活动。

实验室一般为独立法人；非独立法人的实验室需经法人授权，能独立承担第三方公正检验，独立对外行文和开展业务活动，有独立账目和独立核算。

实验室应具备固定的工作场所，应具备正确进行检测和/或校准所需要的并且能够独立调配使用的固定、临时和可移动检测和/或校准设备设施。

实验室管理体系应覆盖其所有场所进行的工作。

实验室应有与其从事检测和/或校准活动相适应的专业技术人员和管理人员。

实验室及其人员不得与其从事的检测和/或校准活动以及出具的数据和结果存在利益关系；不得参与任何有损于检测和/或校准判断的独立性和诚信度的活动；不得参与和检测和/或校准项目或者类似的竞争性项目有关系的产品设计、研制、生产、供应、安装、使用或者维护活动。

实验室应有措施确保其人员不受任何来自内外部的不正当的商业、财务和其他方面的压力和影响，并防止商业贿赂。

实验室及其人员对其在检测和/或校准活动中所知悉的国家秘密、商业秘密和技术秘密负有保密义务，并有相应措施。

实验室应明确其组织和管理结构、在母体组织中的地位，以及质量管理、技术运作和支持服务之间的关系。

实验室最高管理者、技术管理者、质量主管及各部门主管应有任命文件，独立法人实验室最高管理者应由其上级单位任命；最高管理者和技术管理者的变更需报发证机关或其授权的部门确认。

实验室应规定对检测和/或校准质量有影响的所有管理、操作和核查人员的职责、权力和相互关系。必要时，应指定关键管理人员的代理人。

实验室应由熟悉各项检测和/或校准方法、程序、目的和结果评价的人员对检测和/或校准的关键环节进行监督。

实验室应由技术管理者全面负责技术运作，并指定一名质量主管，赋予其能够保证管理体系有效运行的职责和权力。

对政府下达的指令性检验任务，应编制计划并保质保量按时完成（适用于授权/验收的实验室）。

B　管理体系

实验室应按照资质认定准则建立和保持能够保证其公正性、独立性并与其检测和/或校准活动相适应的管理体系。管理体系应形成文件，阐明与质量有关的政策，包括质量方针、目标和承诺，使所有相关人员理解并有效实施。

C　文件控制

实验室应建立并保持文件编制、审核、批准、标识、发放、保管、修订和废止等的控制程序，确保文件现行有效。

D　检测和/或校准分包

如果实验室将检测和/或校准工作的一部分分包，接受分包的实验室一定要符合资质认定准则的要求；分包比例必须予以控制（限仪器设备使用频次低、价格昂贵及特种项目）。实验室应确保并证实分包方有能力完成分包任务。实验室应将分包事项以书面形式征得客户同意后方可分包。

E　服务和供应品的采购

实验室应建立并保持对检测和/或校准质量有影响的服务和供应品的选择、购买、验收和储存等的程序，以确保服务和供应品的质量。

F　合同评审

实验室应建立并保持评审客户要求、标书和合同的程序，明确客户的要求。

G　申诉和投诉

实验室应建立完善的申诉和投诉处理机制，处理相关方对其检测和/或校准结论提出的异议，应保存所有申诉和投诉及处理结果的记录。

H　纠正措施、预防措施及改进

实验室在确认了不符合工作时，应采取纠正措施；在确定了潜在不符合的原因时，应采取预防措施，以减少类似不符合工作发生的可能性。实验室应通过实施纠正措施、预防措施等持续改进其管理体系。

I　记录

实验室应有适合自身具体情况并符合现行质量体系的记录制度。实验室质量记录的编制、填写、更改、识别、收集、索引、存档、维护和清理等应当按照适当程序规范进行。

所有工作应当时予以记录。对电子存储的记录也应采取有效措施，避免原始信息或数据的丢失或改动。

所有质量记录和原始观测记录、计算和导出数据、记录及证书 /证书副本等技术记录均应归档并按适当的期限保存。每次检测和/或校准的记录应包含足够的信息以保证其能够再现。记录应包括参与抽样、样品准备、检测和/或校准人员的标识。所有记录、证书和报告都应安全储存、妥善保管并为客户保密。

J　内部审核

实验室应定期地对其质量活动进行内部审核，以验证其运作持续符合管理体系和资质认定准则的要求。每年度的内部审核活动应覆盖管理体系的全部要素和所有活动。审核人员应经过培训并确认其资格，只要资源允许，审核人员应独立于被审核的工作。

K　管理评审

实验室最高管理者应根据预定的计划和程序，定期地对管理体系和检测和/或校准活动进行评审，以确保其持续适用和有效，并进行必要的改进。

管理评审应考虑到：政策和程序的适应性；管理和监督人员的报告；近期内部审核的结果；纠正措施和预防措施；由外部机构进行的评审；实验室间比对和能力验证的结果；工作量和工作类型的变化；申诉、投诉及客户反馈；改进的建议；质量控制活动、资源以及人员培训情况等。

3.1.2.2　技术要求

A　人员

实验室应有与其从事检测和/或校准活动相适应的专业技术人员和管理人员。实验室应使用正式人员或合同制人员。使用合同制人员和其他的技术人员及关键支持人员时，实验室应确保这些人员胜任工作且受到监督，并按照实验室管理体系要求工作。

对所有从事抽样、检测和/或校准、签发检测/校准报告以及操作设备等工作的人员，应按要求根据相应的教育、培训、经验和/或可证明的技能进行资格确认并持证上岗。从事特殊产品的检测和/或校准活动的实验室，其专业技术人员和管理人员还应符合相关法律、行政法规的规定要求。

实验室应确定培训需求，建立并保持人员培训程序和计划。实验室人员应经过与其承担的任务相适应的教育、培训，并有相应的技术知识和经验。

使用培训中的人员时，应对其进行适当的监督。

实验室应保存人员的资格、培训、技能和经历等的档案。

实验室技术主管、授权签字人应具有工程师以上（含工程师）技术职称，熟悉业务，经考核合格。

依法设置和依法授权的质量监督检验机构，其授权签字人应具有工程师以上（含工程师）技术职称，熟悉业务，在本专业领域从业 3 年以上。

B　设施和环境条件

实验室的检测和校准设施以及环境条件应满足相关法律法规、技术规范或标准的要求。

设施和环境条件对结果的质量有影响时，实验室应监测、控制和记录环境条件。在非固定场所进行检测时应特别注意环境条件的影响。

实验室应建立并保持安全作业管理程序，确保化学危险品、毒品、有害生物、电离辐射、高温、高电压、撞击以及水、气、火、电等危及安全的因素和环境得到有效控制，并有相应的应急处理措施。

实验室应建立并保持环境保护程序，具备相应的设施设备，确保检测和/或校准产生的废气、废液、粉尘、噪声、固废物等的处理符合环境和健康的要求，并有相应的应急处理措施。

区域间的工作相互之间有不利影响时，应采取有效的隔离措施。

对影响工作质量和涉及安全的区域和设施应有效控制并正确标识。

C　检测和校准方法

实验室应按照相关技术规范或者标准，使用适合的方法和程序实施检测和/或校准活动。实验室应优先选择国家标准、行业标准、地方标准；如果缺少指导书可能影响检测和/或校准结果，实验室应制定相应的作业指导书。

实验室应确认能否正确使用所选用的新方法。如果方法发生了变化，应重新进行确认。实验室应确保使用标准的最新有效版本。

与实验室工作有关的标准、手册、指导书等都应现行有效并便于工作人员使用。

需要时，实验室可以采用国际标准，但仅限特定委托方的委托检测。

实验室自行制定的非标方法，经确认后，可以作为资质认定项目，但仅限特定委托方的检测。

检测和校准方法的偏离须有相关技术单位验证其可靠性或经有关主管部门核准后，由实验室负责人批准且客户接受，并将该方法偏离进行文件规定。

实验室应有适当的计算和数据转换及处理规定，并有效实施。当利用计算机或自动设备对检测或校准数据进行采集、处理、记录、报告、存储或检索时，实验室应建立并实施数据保护的程序。该程序应包括（但不限于）：数据输入或采集、数据存储、数据转移和数据处理的完整性和保密性。

D 设备和标准物质

实验室应配备正确进行检测和/或校准（包括抽样、样品制备、数据处理与分析）所需的抽样、测量和检测设备（包括软件）及标准物质，并对所有仪器设备进行正常维护。

如果仪器设备有过载或错误操作、或显示的结果可疑、或通过其他方式表明有缺陷时，应立即停止使用，并加以明显标识，如可能应将其储存在规定的地方直至修复；修复的仪器设备必须经检定、校准等方式证明其功能指标已恢复。实验室应检查这种缺陷对过去进行的检测和/或校准所造成的影响。

如果要使用实验室永久控制范围以外的仪器设备（租用、借用、使用客户的设备），应限于某些使用频次低、价格昂贵或特定的检测设施设备，且应保证符合资质认定准则的相关要求。

设备应由经过授权的人员操作。设备使用和维护的有关技术资料应便于有关人员取用。

实验室应保存对检测和/或校准具有重要影响的设备及其软件的档案。该档案至少应包括：

（1）设备及其软件的名称；

（2）制造商名称、型式标识、系列号或其他唯一性标识；

（3）对设备符合规范的核查记录（如果适用）；

（4）当前的位置（如果适用）；

（5）制造商的说明书（如果有），或指明其地点；

（6）所有检定/校准报告或证书；

（7）设备接收/启用日期和验收记录；

（8）设备使用和维护记录（适当时）；

（9）设备的任何损坏、故障、改装或修理记录。

所有仪器设备（包括标准物质）都应有明显的标识来表明其状态。

若设备脱离了实验室的直接控制，实验室应确保该设备返回后，在使用前对其功能和校准状态进行检查并能显示满意结果。

当需要利用期间核查以保持设备校准状态的可信度时，应按照规定的程序进行。

当校准产生了一组修正因子时，实验室应确保其得到正确应用。

未经定型的专用检测仪器设备需提供相关技术单位的验证证明。

E　量值溯源

实验室应确保其相关检测和/或校准结果能够溯源至国家基（标）准。实验室应制定和实施仪器设备的校准和/或检定（验证）、确认的总体要求。对于设备校准，应绘制能溯源到国家计量基准的量值传递方框图（适用时），以确保在用的测量仪器设备量值符合计量法制规定。

检测结果不能溯源到国家基（标）准的，实验室应提供设备比对、能力验证结果的满意证据。

实验室应制定设备检定/校准的计划。在使用会对检测、校准的准确性产生影响的测量、检测设备之前，应按照国家相关技术规范或者标准进行检定/校准，以保证结果的准确性。

实验室应有参考标准的检定/校准计划。参考标准在任何调整之前和之后均应校准。实验室持有的测量参考标准应仅用于校准而不用于其他目的，除非能证明作为参考标准的性能不会失效。

可能时，实验室应使用有证标准物质（参考物质）。没有有证标准物质（参考物质）时，实验室应确保量值的准确性。

实验室应根据规定的程序对参考标准和标准物质（参考物质）进行期间核查，以保持其校准状态的置信度。

实验室应有程序来安全处置、运输、存储和使用参考标准和标准物质（参考物质），以防止污染或损坏，确保其完整性。

F　抽样和样品处置

实验室应有用于检测和/或校准样品的抽取、运输、接收、处置、保护、存储、保留和/或清理的程序，确保检测和/或校准样品的完整性。

实验室应按照相关技术规范或者标准实施样品的抽取、制备、传送、贮存、处置等。没有相关的技术规范或者标准的，实验室应根据适当的统计方法制定抽样计划。抽样过程应注意需要控制的因素，以确保检测和/或校准结果的有效性。

实验室抽样记录应包括所用的抽样计划、抽样人、环境条件、必要时有抽样位置的图示或其他等效方法，如可能，还应包括抽样计划所依据的统计方法。

实验室应详细记录客户对抽样计划的偏离、添加或删节的要求，并告知相关人员。

实验室应记录接收检测或校准样品的状态，包括与正常（或规定）条件的偏离。

实验室应具有检测和/或校准样品的标识系统，避免样品或记录中的混淆。

实验室应有适当的设备设施贮存、处理样品，确保样品不受损坏。实验室应保持样品的流转记录。

G　结果质量控制

实验室应有质量控制程序和质量控制计划以监控检测和校准结果的有效性，可包括

（但不限于）下列内容：

（1）定期使用有证标准物质（参考物质）进行监控和/或使用次级标准物质（参考物质）开展内部质量控制；

（2）参加实验室间的比对或能力验证；

（3）使用相同或不同方法进行重复检测或校准；

（4）对存留样品进行再检测或再校准；

（5）分析一个样品不同特性结果的相关性。

实验室应分析质量控制的数据，当发现质量控制数据将要超出预先确定的判断依据时，应采取有计划的措施来纠正出现的问题，并防止报告错误的结果。

H   结果报告

实验室应按照相关技术规范或者标准要求和规定的程序，及时出具检测和/或校准数据和结果，并保证数据和结果准确、客观、真实。报告应使用法定计量单位。

检测和/或校准报告应至少包括下列信息：

（1）标题；

（2）实验室的名称和地址，以及与实验室地址不同的检测和/或校准的地点；

（3）检测和/或校准报告的唯一性标识（如系列号）和每一页上的标识，以及报告结束的清晰标识；

（4）客户的名称和地址（必要时）；

（5）所用标准或方法的识别；

（6）样品的状态描述和标识；

（7）样品接收日期和进行检测和/或校准的日期（必要时）；

（8）如与结果的有效性或应用相关时，所用抽样计划的说明；

（9）检测和/或校准的结果；

（10）检测和/或校准人员及其报告批准人签字或等效的标识；

（11）必要时，"结果仅与被检测和/或校准样品有关"的声明。

需对检测和/或校准结果做出说明的，报告中还可包括下列内容：

（1）对检测和/或校准方法的偏离、增添或删节，以及特定检测和/或校准条件信息；

（2）符合（或不符合）要求或规范的声明；

（3）当不确定度与检测和/或校准结果的有效性或应用有关，或客户有要求，或不确定度影响到对结果符合性的判定时，报告中还需要包括不确定度的信息；

（4）特定方法、客户或客户群体要求的附加信息。

对含抽样的检测报告，还应包括下列内容：

（1）抽样日期；

（2）与抽样方法或程序有关的标准或规范，以及对这些规范的偏离、增添或删节；

（3）抽样位置，包括任何简图、草图或照片；

（4）抽样人；

（5）列出所用的抽样计划；

（6）抽样过程中可能影响检测结果解释的环境条件的详细信息。

检测报告中含分包结果的，这些结果应予清晰标明。分包方应以书面或电子方式报告结果。

当用电话、电传、传真或其他电子/电磁方式传送检测和/或校准结果时，应满足资质认定准则的要求。

对已发出报告的实质性修改，应以追加文件或更换报告的形式实施；并应包括如下声明："对报告的补充，系列号……（或其他标识）"，或其他等效的文字形式。报告修改应满足资质认定准则的所有要求，若有必要发新报告时，应有唯一性标识，并注明所替代的原件。

3.1.3 资质认定的申请条件

申请资质认定的实验室应具备以下条件：

（1）实验室和检查机构应当依法设立，保证客观、公正和独立地从事检测、校准和检查活动，并承担相应的法律责任。

（2）实验室和检查机构应当具有与其从事检测、校准和检查活动相适应的专业技术人员和管理人员。从事特殊产品的检测、校准和检查活动的实验室和检查机构，其专业技术人员和管理人员还应当符合相关法律、行政法规的规定。

（3）实验室和检查机构应当具备固定的工作场所，其工作环境应当保证检测、校准和检查数据及结果的真实、准确。

（4）实验室和检查机构应当具备正确进行检测、校准和检查活动所需要的并且能够独立调配使用的固定的和可移动的检测、校准和检查设备设施。

（5）实验室和检查机构应当建立能够保证其公正性、独立性和与其承担的检测、校准和检查活动范围相适应的质量体系，按照"认定"基本规范或者标准制定相应的质量体系文件并有效实施。

《资质认定管理办法》规定资质认定的形式包括计量认证和审查认可。经确定的具体行政审批形式有实验室计量认证、检查机构审查认可、监督检验机构验收、监督检验机构授权四项，其申请条件如下：

（1）实验室计量认证。应提供申请书、法律地位证明、技术能力证明（场所、设施、人员、已往检测报告抽样复印件）、质量体系文件等。

（2）检查机构审查认可。应提供申请书、法律地位证明、技术能力证明（场所、设施、人员、已往检测报告抽样复印件）、质量体系文件等。如已获得国家认监委确定的认可机构的认可，可将认可证书一并提供。

（3）监督检验机构验收。应提供申请书、机构设置批准文件、法律地位证明、技术能力证明（场所、设施、人员、已往检测报告抽样复印件）、质量体系文件等；

（4）监督检验机构授权。应提供申请书、机构筹建批准文件（首次申请）、挂靠单位的法律地位证明（或独立的法律地位证明）、技术能力证明（场所、设施、人员、已往检测报告抽样复印件）、质量体系文件等。

同时，实验室和检查机构应遵守以下行为规范：

（1）实验室和检查机构及其人员应当独立于检测、校准和检查数据及结果所涉及的利益相关各方，不受任何可能干扰其技术判断的因素的影响，并确保检测、校准和检查的结果不受实验室和检查机构以外的组织或者人员的影响。

（2）实验室和检查机构的人员不得与其从事的检测、校准和检查项目以及出具的数据和结果存在利益关系；不得参与任何有损于检测、校准和检查判断的独立性和诚信度的活动；不得参与与检测、校准和检查项目或者类似的竞争性项目有关系的产品的设计、研制、生产、供应、安装、使用或者维护活动。

（3）实验室和检查机构从事与其控股股东生产、经营的同类产品或者有竞争性的产品的检测、校准和检查活动时，应当建立保证其检测、校准和检查活动的独立性和公正性的质量体系及其文件，明确本机构的职责、责任和工作程序，并与其控股股东从事的设计、研制、生产、供应、安装、使用或者维护等活动完全分开。

（4）实验室和检查机构应当建立并有效实施与检测、校准和检查有关的管理人员、技术人员和关键支持人员的工作职责、资格考核、培训等制度，确保不因报酬等原因影响检测、校准和检查工作质量。

（5）实验室和检查机构应当按照相关技术规范或者标准的要求，对其所使用的检测、校准和检查设施设备以及环境要求等作出明确规定，并正确标识。实验室和检查机构在使用对检测、校准的准确性产生影响的测量、检验设备之前，应当按照国家相关技术规范或者标准进行检定、校准。

（6）实验室和检查机构应当确保其相关测量和校准结果能够溯源至国家基（标）准，以保证结果的准确性。

实验室和检查机构应当建立并实施评估测量不确定度的程序，并按照相关技术规范或者标准要求评估和报告测量、校准结果的不确定度。

（7）实验室和检查机构应当按照相关技术规范或者标准实施样品的抽取、处置、传送和贮存、制备，测量不确定度的评估，检验数据的分析等检测、校准和检查活动。

（8）实验室和检查机构应当按照相关技术规范或者标准要求和规定的程序，及时出具检测、校准和检查数据及结果，并保证数据和结果准确、客观、真实。

（9）实验室和检查机构应按照有关技术规范或者标准开展能力验证，以保证其持续符合检测、校准和检查能力。

（10）实验室和检查机构及其人员应当对其在检测、校准和检查活动所知悉的国家秘密、商业秘密和技术秘密负有保密义务，并建立相应保密措施。

（11）实验室和检查机构应当建立完善的申诉和投诉机制，处理相关方对其检测、校准和检查结论提出的异议。

（12）实验室和检查机构因工作需要分包检测、校准或者检查工作时，应当将其工作分包给符合本办法规定并取得资质的实验室或者检查机构。

3.1.4 资质认定的申请程序

国家级实验室和检查机构的资质认定，由国家认监委负责实施；地方级实验室和检查机构的资质认定，由地方质检部门负责实施。

国家认监委依据相关国家标准和技术规范，制定计量认证和审查认可基本规范、评审准则、证书和标志，并公布实施。

计量认证和审查认可程序：

（1）申请的实验室和检查机构（以下简称申请人），应当根据需要向国家认监委或者地方质检部门（以下简称受理人）提出书面申请，并提交相关证明材料。

（2）受理人应当对申请人提交的申请材料进行初步审查，并自收到申请材料之日起 5 日内做出受理或者不予受理的书面决定。

（3）受理人应当自受理申请之日起，根据需要对申请人进行技术评审，并书面告知申请人，技术评审时间不计算在做出批准的期限内。

（4）受理人应当自技术评审完结之日起 20 日内，根据技术评审结果做出是否批准的决定。决定批准的，向申请人出具资质认定证书，并准许其使用资质认定标志；不予批准的，应当书面通知申请人，并说明理由。

（5）国家认监委和地方质检部门应当定期公布取得资质认定的实验室和检查机构名录，以及计量认证项目、授权检验的产品等。

按《国家发改委、财政部关于调整计量收费标准的通知》（发改价格[2005]711 号）文件的规定，国家认监委收取计量认证费用 1500 元，各省、自治区、直辖市质量技术监督局收取计量认证费用 1200 元。

3.2　资质认定文件准备

3.2.1　单一计量认证申请文件

具体如下：

（1）实验室资质认定申请书（见附 3-1）；

（2）申请书附表 1：申请资质认定检测能力表（见附 3-2）；

（3）申请书附表 2.1：授权签字人申请一览表（见附 3-3）；

（4）申请书附表 2.2：授权签字人申请表（见附 3-4）；

（5）申请书附表 3：组织机构框图（见附 3-5）；

（6）申请书附表 4：实验室人员一览表（见附 3-6）；

（7）申请书附表 5：仪器设备（标准物质）配置一览表（见附 3-7）；

（8）典型检测报告（1 份）；

（9）质量手册（1 份）；

（10）程序文件（1 套）；

（11）其他证明文件：

1）独立法人实验室：法人地位证明文件（首次、复查）；

2）非独立法人实验室：所属法人单位法律地位证明文件；法人授权文件；实验室设立批文；最高管理者的任命文件；

3）固定场所证明文件（适用时）；

4）检测/校准设备独立调配的证明文件 （适用时）；

5）专业技术人员、管理人员劳动关系证明 （适用时）；

6）管理体系内审、管理评审记录；

7）从事特殊检测/校准人员资质证明（适用时）。

以下为实验室资质认定申请书样本及其附表。

附 3-1

实验室资质认定

申 请 书

实验室名称（盖章）：

主管部门名称（盖章）：

申 请 日 期：

国家认证认可监督管理委员会编制

填 表 须 知

1．用墨笔填写或计算机打印，字迹要清楚。

2．填写页数不够时可用 A4 纸附页，但须连同正页编为第 页，共 页。

3．"主管部门"是指实验室的行业、行政主管部门（若无行业行政主管部门的此项不填）。

4．本《申请书》所选"□"内画"√"。

5．本《申请书》需经实验室法定代表人或被授权人签名有效。

6．本《申请书》适用于首次、复查和扩项评审的申请。

1 实验室概况

1.1 实验室名称：_____

地址：_____

邮编：　　　　　　　传真：　　　　　　　E-mail:

负责人：　　　　　职务：　　　　　电话：　　　　手机：

联络人：　　　　　职务：　　　　　电话：　　　　手机：

1.2 所属法人单位名称（若实验室是法人单位的此项不填）：

_____

地址：_____

邮编：　　　　　　　传真：　　　　　　　E-mail:

负责人：　　　　　职务：　　　　　电话：

1.3 主管部门名称（若无主管部门的此项不填）：

_____

地址：_____

邮编：　　　　　　　传真：　　　　　　　E-mail:

负责人：　　　　　职务：　　　　　电话：

1.4 实验室设施特点：

固定□　　　　临时□　　　　可移动□　　　多场所□

1.5 法人类别

1.5.1 独立法人实验室

社团法人□　　　事业法人□　　　企业法人□　　　其他□

1.5.2 实验室所属法人（非独立法人实验室填此项）

社团法人□　　　事业法人□　　　企业法人□　　　其他□

2 申请类型及证书状况

2.1 计量认证

首次□　　　　扩项□　　　　复查□　　　　其他□

2.2 计量认证＋授权

首次□　　　　扩项□　　　　复查□　　　　其他□

2.3 计量认证＋验收

首次□　　　　扩项□　　　　复查□　　　　其他□

2.4 获取证书情况

计量认证证书编号：　　　　　　证书有效截止日：

授权证书编号：　　　　　　　证书有效截止日：

验收证书编号：　　　　　　　证书有效截止日：

3 申请资质认定的专业类别：

4 实验室资源

4.1 实验室总人数：_____名

高级专业技术职称_____名，占_____%；中级专业技术职称_____名，占___%；

初级专业技术职称_____名，占_____%；其他_____名，占_____%

4.2 实验室资产情况

固定资产原值：   万元；

仪器设备总数：   台（套）；

产权状况： 自有□_____%   租用□_____%   合资□_____%

4.3 实验室总面积：_____m²

检测室面积：_____m²；温恒面积：_____m²；户外检验场地面积：_____m²

4.4 多场所名称地点（适用时）：

5 附表

附表1：申请资质认定检测能力表

附表2.1：授权签字人申请一览表

附表2.2：授权签字人申请表

附表3：组织机构框图

附表4：实验室人员一览表

附表5：仪器设备（标准物质）配置一览表

6 随《申请书》提交的附件

6.1 典型检测报告（1份）   □

6.2 质量手册（1份）   □

6.3 程序文件（1套）   □

6.4 其他证明文件

6.4.1 独立法人实验室

法人地位证明文件（首次、复查）   □

6.4.2 非独立法人实验室

所属法人单位法律地位证明文件   □

法人授权文件   □

实验室设立批文   □

最高管理者的任命文件   □

6.4.3 固定场所证明文件（适用时）   □

6.4.4 检测/校准设备独立调配的证明文件 （适用时）   □

6.4.5 专业技术人员、管理人员劳动关系证明 （适用时）   □

6.4.6 管理体系内审、管理评审记录   □

6.4.7 从事特殊检测/校准人员资质证明（适用时）   □

7 希望评审时间：   年   月   日

8 实验室声明

8.1 本实验室遵守《中华人民共和国计量法》、《中华人民共和国标准化法》、《中华人民共和国产品质量法》、《中华人民共和国认证认可条例》、《实验室和检查机构资质认定管理办法》等相关法律、法规及规章的规定。

8.2 经对照《实验室资质认定评审准则》及相关规定，本实验室满足实验室资质认定评审准则及相关规定要求。

8.3 本实验室保证所提交的申请内容均为真实信息。

8.4 本实验室按规定交纳资质认定所需费用。

实验室法定代表人签名：　　　　　　　日　期：

实验室被授权人签名：　　　　　　　日　期：
（非法人实验室填此项）

附 3-2

申请资质认定检测能力表

序号	检测产品/类别	检测项目/参数		检测标准（方法）名称及编号（含年号）	限制范围或说明
		序号	名称		

注：① "检测产品/类别" 按领域类别、产品类别、产品，或领域类别、参数类别、参数分类排序。如申请项目既有产品，又有参数，需分别填表；

② 具备检测产品全部参数能力的，不必注明所检参数；只具备检测产品部分参数能力的，在 "说明" 中注明能检或不能检的参数名称；

③ 申请资质认定的检测能力，依据标准一般为国家、行业、地方标准，其他标准或方法应在 "说明" 中予以注明；

④ "限制范围或说明" 指对采用的标准、方法、量程、客户等的限制；

⑤ 多场所的实验室，应按地点分别填写本表。

附 3-3

授权签字人申请一览表

序号	姓 名		职务/职称	申请授权签字领域	备注
	正 体	签 名			

机构负责人签名:

附 3-4

授权签字人申请表

实验室名称：_____

姓　　名：_____ 性　　别：_____ 出生年月：_____

职　　务：_____ 职　　称：_____ 文化程度：_____

部门：_____

电话：_____ 传真：_____ 电子邮件：_____

申请签字的领域：_____

_____

何年毕业于何院校、何专业、受过何种培训：_____

_____

_____

_____

工作经历及从事实验室工作的经历：_____

_____

_____

_____

申请人签字：_____

相关说明（若授权领域有变更应予以说明）：

注：申请人每人填写一张。

附 3-5

组 织 机 构 框 图

注：① 独立法人的画出本实验室内、外（行政或业务指导）部关系；

② 非独立法人的画出本实验室在母体法人中所处位置，表明实验室的内、外部关系；

③ 直接（属行政）关系用实线连接，间接（属业务指导）关系用虚线连接；

④ 有独立账号的，请在此页的空白处加盖有本实验室名称和开户银行账号的印章。

附 3-6

实验室人员一览表

第 页, 共 页

序号	姓名	性别	年龄	文化程度	职称	所学专业	从事本技术领域年限	现在部门岗位	本岗位年限	备注

注: 备注栏内填写: "正式人员"、"合同制人员"。

附 3-7

仪器设备（标准物质）配置一览表

实验室地址：

第　页，共　页

序号	检测产品/类别	检测项目/参数		标准条款/检测细则编号	仪器设备名称、型号/规格	技术指标		溯源方式	有效截止日期	备注
		序号	名称			测量范围	准确度等级/不确定度			

注：① 申请时，该表的前四列与《申请书》附 3-2 对应，为了简化此表的填写，参数相同的不重复填写。序号可以不连续；

② 溯源方式填写：检定、校准、自校准等；

③ 多场所的实验室，按地点分别填写本表。

3.2.2　二合一和三合一认定申请文件

二合一和三合一认定申请文件清单如下：

（1）实验室资质认定申请书（见附 3-8）；

（2）申请书附表 1：申请的检测能力范围（见附 3-9）；

（3）申请书附表 2：实验室授权签字人一览表（见附 3-10）；

（4）申请书附表 2.1：授权签字人申请表（见附 3-11）；

（5）申请书附表 3：实验室人员一览表（见附 3-12）；

（6）申请书附表 4：实验室仪器设备/标准物质配置表（见附 3-13）；

（7）申请书附表 5：实验室参加能力验证/实验室间比对一览表（见附 3-14）；

（8）申请书附表 6：实验室检测能力变更申请表（需要时填报）（见附 3-15）；

（9）申请实验室法律地位的证明文件（没有变化时，仅在初次评审和复评审时提供）：

——独立法人实验室：法人地位证明文件（首次、复查）；

——非独立法人实验室：所属法人单位法律地位证明文件、法人授权文件、实验室设立批文、最高管理者的任命文件；

（10）实验室组织机构框图；

（11）实验室平面图。

附 3-8

实验室资质认定

MA / AL

申 请 书

计量认证/授权/验收

实验室名称： （盖章）

主管部门名称： （盖章）

申 请 日 期： 年 月 日

国家认证认可监督管理委员会编制

填 表 须 知

1. 本《申请书》用墨笔填写或计算机打印，要字迹清楚。

2. 本《申请书》有关项目填写页数不够时可用 A4 纸附页，但须连同正页编第　页，共　页。

3. 本《申请书》所选"□"内打"√"。

4. 本《申请书》须经实验室法定代表人或被授权人签名有效。

5. 本《申请书》亦适用于首次、复评审、扩项及相应的变更申请。

6. 本《申请书》仅适用与实验室认可合一的申请。

7. 本《申请书》"主管部门"是指实验室的行业、行政主管部门（若无行业主管部门的此项不填）。

实 验 室 声 明

1. 本实验室自愿遵守《中华人民共和国计量法》、《中华人民共和国标准化法》、《中华人民共和国产品质量法》、《中华人民共和国认证认可条例》、《实验室和检查机构资质认定管理办法》等相关的法律、法规及相关规定。

2. 本实验室基本满足资质认定评审准则的有关要求。

3. 本实验室保证所提交的申请内容均为真实信息。

4. 本实验室保证按规定交纳资质认定所需费用。

实验室法定代表人签名：　　　　　　　　　　日期：

实验室被授权人签名：　　　　　　　　　　　日期：

注：独立法人实验室仅在法定代表人处签名；非独立法人实验室在法定代表人和被授权人处均需签名。

一、实验室概况（本栏须以中英文填写）

名　　称：
Name of Laboratory：

地　　址：
Address:

电话（Tel）：　　　　　　传真（Fax）：　　　　　邮政编码（Post）：

网址（Web Site）：　　　　　　　　　　电子信箱（E-mail）：

负　责　人：　　　　　　职务：　　　　　　电话（Tel）：
Person in Charge：　　　Position：

联　系　人：　　　　　　职务：　　　　　　电话（Tel）：
Contact：　　　　　　　Position：

实验室所在具有法人资格的机构名称（若实验室是法人单位此项不填）：
Name of parent organization（Not applicable if the laboratory is a legal entity）：

法定代表人：　　　　　　职务：　　　　　　电话（Tel）：
Legal Representative：　　Position：　　　　传真（Fax）：

主管部门名称（本栏仅用中文填写，若无主管部门此项不填）：

联　系　人：　　　　　电话：　　　　　　传真：

二、申请类型及证书状况

1　申请类型

1.1　计量认证

初次 □　　　　扩项 □　　　　复评审 □　　　　监督 □　　　　其他 □

1.2　计量认证+审查认可

初次 □　　　　扩项 □　　　　复评审 □　　　　监督 □　　　　其他 □

1.3　计量认证+审查认可（验收）

初次 □　　　　扩项 □　　　　复评审 □　　　　监督 □　　　　其他 □

2　证书状况（已获证书填写）

2.1　计量认证证书编号：　　　　　　　　　　　有效截止日：

2.2　授　权　证　书　编　号：　　　　　　　　　有效截止日：

2.3　验　收　证　书　编　号：　　　　　　　　　有效截止日：

2.4　CNAS 认可证书编号：　　　　　　　　　有效截止日：

三、实验室基本信息

实验室设施特点：

　　□固定　　　　□离开固定设施的现场　　　□临时　　　　□可移动

实验室参加能力验证计划情况：

　　最近 4 年内参加能力验证计划共_____次，参加实验室间比对共_____次。

实验室人员及设施：

　　实验室始建于 _____ 年，现有工作人员_____名，其中管理人员_____名，检测人员_____名。主要仪器设备____台（套），占地面积____平方米，其中试验场地_____平方米。

实验室技术能力：

　　实验室申请的检测领域为：_____

　　实验室申请的检测能力范围：检测的产品/产品类别_____项。

　　实验室申请批准的授权签字人：____（名）

　　实验室对检测分包项目的说明（若有填写）：_____

实验室多场所或分支机构的说明（若有填写，授权和验收除外）：

四、申请书附表（仅填写与申请认可有关的内容）

附表 1：申请的检测能力范围

附表 2：实验室授权签字人一览表

附表 2.1：授权签字人申请表

附表 3：实验室人员一览表

附表 4：实验室仪器设备/标准物质配置表

附表 5：实验室参加能力验证/实验室间比对一览表

附表 6：实验室检测能力变更申请表（需要时填报）

五、随本申请书提交的文件资料

1. 申请实验室法律地位的证明文件（没有变化时，仅在初次评审和复评审时提供）

1.1　独立法人实验室：法人地位证明文件（首次、复查）。

1.2　非独立法人实验室：所属法人单位法律地位证明文件、法人授权文件、实验室设立批文、 最高管理者的任命文件 。

2. 实验室组织机构框图

3. 实验室平面图

4. 其他资料（若有请填写）　　　　　□有　　　　　□无

附 3-9

申请的检测能力范围

名称：

地址：

序号	产品/产品类别	项目/参数		领域代码	检测标准（方法）名称及编号（含年号）	限制范围及说明
		序号	名称			

填表说明：

1．"产品/产品类别"泛指被测物，不仅限于工、农业产品。

2．"项目"指检测活动所针对的产品属性，可包含若干参数，填表时可进行概括性的描述，如"安全性能"、"物理性能"、"化学性能"、"力学性能"及"外形尺寸"等。

3．"项目/参数"栏应填写实验室能够按照本表中所列检测标准（方法）实际进行检测的项目或参数。如不能对标准（方法）要求的个别参数进行检测，或只能选用其中的部分方法对某参数进行检测时，应在"限制范围或说明"栏内注明"不能测×××"或"只能用×××方法"。特殊情况下（在不引起歧义时），当实验室能够按照检测标准（方法）的全部要求进行全项检测时，"项目/参数"栏内可填写"全部参数"字样；反之，可在"项目/参数"栏填写"部分参数"字样，然后在"限制范围或说明"栏填写能或者不能检测的参数名称，并相应注明"能测"或"不能测"。

4．"领域代码"参见《实验室认可领域分类表》。

5．复评审申请应将扩大的检测范围在"限制范围及说明"栏用"扩项"予以说明。

6．申请实验室认可检测范围中涉及作为国家中心（或省所、站）授权的检测项目，在"项目"栏以"*"号标注，对于申请扩大授权的检测项目在"项目"栏用"**"号标注。

7．存在多检测地点时，不同地点的技术能力请分开填写（授权和验收除外）。

8．在填制本表时，本"填表说明"应删除。

附 3-10

实验室授权签字人一览表

名称：

地址：

序号	授权签字人姓名	授权签字领域	备　注

填表说明：1．请列出所有申请批准的实验室授权签字人名单；

2．请在"备注"栏注明维持、新增或授权领域变化等情况（初次申请除外）；

3．存在多检测地点时，不同地点的授权签字人请分开填写（授权和验收除外）。

附 3-11

授权签字人申请表

姓　　名：＿＿＿＿＿＿＿　性　　别：＿＿＿＿＿＿　出生年月：＿＿＿＿＿＿

职　　务：＿＿＿＿＿＿＿　职　　称：＿＿＿＿＿＿　文化程度：＿＿＿＿＿

部门：＿＿＿＿＿＿＿＿＿＿＿＿＿＿＿＿＿＿＿＿＿＿＿＿＿＿＿＿＿＿＿＿＿＿

电话：＿＿＿＿＿＿＿＿＿传真：＿＿＿＿＿＿＿＿＿电子邮件：＿＿＿＿＿

申请签字的领域：＿＿＿＿＿＿＿＿＿＿＿＿＿＿＿＿＿＿＿＿＿＿＿＿＿＿＿

＿＿＿＿＿＿＿＿＿＿＿＿＿＿＿＿＿＿＿＿＿＿＿＿＿＿＿＿＿＿＿＿＿＿＿＿

何年毕业于何院校、何专业、受过何种培训：＿＿＿＿＿＿＿＿＿＿＿＿＿

＿＿＿＿＿＿＿＿＿＿＿＿＿＿＿＿＿＿＿＿＿＿＿＿＿＿＿＿＿＿＿＿＿＿＿＿

＿＿＿＿＿＿＿＿＿＿＿＿＿＿＿＿＿＿＿＿＿＿＿＿＿＿＿＿＿＿＿＿＿＿＿＿

＿＿＿＿＿＿＿＿＿＿＿＿＿＿＿＿＿＿＿＿＿＿＿＿＿＿＿＿＿＿＿＿＿＿＿＿

工作经历及从事实验室工作的经历：＿＿＿＿＿＿＿＿＿＿＿＿＿＿＿＿＿

＿＿＿＿＿＿＿＿＿＿＿＿＿＿＿＿＿＿＿＿＿＿＿＿＿＿＿＿＿＿＿＿＿＿＿＿

＿＿＿＿＿＿＿＿＿＿＿＿＿＿＿＿＿＿＿＿＿＿＿＿＿＿＿＿＿＿＿＿＿＿＿＿

＿＿＿＿＿＿＿＿＿＿＿＿＿＿＿＿＿＿＿＿＿＿＿＿＿＿＿＿＿＿＿＿＿＿＿＿

申请人签字：＿＿＿＿＿＿＿＿

相关说明（若授权领域有变更应予以说明）：

附 3-12

实验室人员一览表

名称：
地址：

序号	姓名	性别	年龄	职称	文化程度	所学专业	毕业时间	所在部门	岗位	从事本岗位年限	备注

填表说明：
1. "岗位"栏请填写实验室主任、××室主任、检测员、档案管理员等。
2. 当一人多职时，请在"备注"栏按下列序号注出该人的其他关键岗位。①质量负责人；②技术负责人；③内审员；④监督员；⑤设备管理员；⑥给出意见和解释人员。其他关键岗位可用文字叙述。
3. 存在多检测地点时，不同地点的人员请分开填写（授权和验收除外）。

附 3-13

检测实验室仪器设备/标准物质配置表

名称：
地址：

序号	产品/产品类别名称	依据标准号	检测参数			检测开展日期	近2年检测次数	使用仪器设备/标准物质						备注
			序号	名称	条款号/方法标准号			名称	型号规格	仪器编号	测量范围	①扩展不确定度/②最大允许差/③准确度等级	溯源方式	

填表说明：

1. 本表在顺序上应与附表 2.1 授权签字人申请表（附 3-11）对应。
2. 当产品名称不同而检测参数、使用仪器设备相同时，只需填写产品名称、依据标准号、检测参数及条款号栏，并在备注栏内填写"同（产品名称序号）×××（检测参数序号）"字样即可。
3. "溯源方式"栏填写送校、自校、送检、自检、比对或其他验证方式等。其中送校、送检是指送到实验室法人以外的机构进行校准或检定，自校、自检是指在实验室或实验室所在法人单位进行校准或检定。
4. 请在"备注"栏填写对应"①扩展不确定度/②最大允许差/③准确度等级"的类型序号。
5. 存在多检测地点或分支机构时，不同地点的仪器设备/标准物质请分开填写（授权和验收除外）。

附 3-14

实验室参加能力验证/实验室间比对一览表

序号	参加项目名称	组织方	参加日期	结果	备注
实验室有条件开展测量审核（盲样试验）的项目名称：					

填表说明：只需填写最近 4 年内参加的能力验证/实验室间比对项目。

附 3-15

实验室检测能力变更申请表

实验室名称：_____

序号	原批准内容					变更的内容					
	产品/产品类别	项目/参数		检测标准（方法）名称及编号（含年号）	限制范围及说明	产品/产品类别	项目/参数		领域代码	检测标准（方法）名称及编号（含年号）	限制范围及说明
		序号	名称				序号	名称			

填表说明：

1. 实验室在表得资质认定证书后，如获证范围内的检测能力发生变更，申请变更时，须同时提交申请书正文及本表。

2. 新旧标准差异请填写在说明栏。

3.2.3　申请资料注意事项

提交的申请资料应注意以下八点：

（1）申请认定的标准应是国家、行业、地方标准（暂定为副省级）、国际标准（限特定委托方）及医药卫生行业药典的现行有效版本。

（2）《申请资质认定检测能力一览表》中申请的检测能力是否按检测项目或产品名称、检测参数名称的顺序清晰、准确填写（具体要求同评审报告中"评审组确认的检测能力"表的填写）。

（3）检查申请书中《仪器设备（标准物质）配置一览表》的设备与标准物质是否与《申请资质认定检测能力一览表》中的检测项目相匹配。

（4）实验室是否依法设立；是否能保证客观、公正和独立地从事检测活动，并承担相应的法律责任；实验室名称的法律地位证明文件、实验室最高管理者的任命文件是否齐全。

（5）实验室《质量手册》中的条款与《实验室资质认定评审准则》的对应性如何、质量方针是否明确、质量目标是否可测量、质量职能是否明确、管理体系描述是否清楚。

（6）实验室的《程序文件》是否结合实验室的特点编写、是否具有可操作性、文件之间的接口是否清晰。

（7）实验室提供的典型报告是否能满足评审准则的要求，是否覆盖主要检测能力范围，是否能体现申请范围的典型的检测能力。

（8）对多场所的实验室（可以自行接收样品和配有授权签字人签发报告的场所），体系文件是否覆盖申请认可的所有场所，各场所实验室与总部的隶属关系及工作接口是否描述清晰，沟通渠道是否通畅，各场所内部的组织机构及人员职责是否明确。

4 铁矿石检验实验室质量手册示例

4.1 质量手册封面

编 号	
受控状态	
持 有 者	

××××××××××
检测中心

质 量 手 册

编　　制：×××　　　　　审　　核：×××
日　　期：××××年××月5日　日　　期：××××年××月××日

批准发布：×××
日　　期：××××年××月××日

修订日期：××××年××月××日　实施日期：××××年××月××日
有效版本：第×版
文件编号：××××××

通讯地址：×××市××路××号，联系电话：×××××××　传真：×××××××

××××××检测中心

质　量　手　册

实 验 室 主 任：×××

实 验 室 副 主 任：×××

质 量 负 责 人：×××

技 术 负 责 人：×××

监　督　员：×××

质 量 代 理 人：×××

技 术 代 理 人：×××

通 讯 地 址：××××××××××××××

邮 政 编 码：××××××

联 系 电 话：××××－×××××××

传　真：××××－×××××××

编　制：×××　　日　期：××××年××月××日

审　核：×××　　日　期：××××年××月××日

批 准 发 布：×××　　日　期：××××年××月××日

4.2　质量手册授权书、批准页及公正性声明

授　权　书

　　×××检测中心，是×××的隶属机构，是×××批准成立的具有专业特色的实验室。现授权该实验室主任全权负责该实验室的经营和管理。实验室主任必须按国际标准建立质量管理体系并保证有效运行。

　　该实验室独立从事进口铁矿石的检测工作，站在第三方立场，客观、公正、准确、及时地出具检测报告，×××中心各部门不因行政、商业和财政方面的原因干扰和影响实验室的一切质量和技术活动。

××××××××

主任：×××

批准日期：××××年××月××日

批　准　页

　　为了保证实验室的工作质量，确保检测结果的公正性、准确性和科学性，使实验室能够按照国际通用标准运作，为客户提供准确的检测结果和高质量的服务，×××检测中心依据 ISO/IEC 17025:2005、CNAS 实验室认可规范性文件及实验室资质认定评审准则，结合实验室的实际，在质量手册××××年第五版本的基础上经修改形成第×版，并于××××年××月××日起正式发布实施，原第×版质量手册自本手册实施之日起自行废止。

　　本手册规定了×××检测中心实验室管理体系的质量方针、组织机构、职责和管理体系各要素的要求及其控制方法，是本实验室管理体系的纲领性文件，具有科学性、严肃性和权威性。本实验室全体工作人员必须严格遵守并认真贯彻执行。

×××实验室

实验室主任：×××

批准日期：××××年××月××日

公 正 性 声 明

×××检测中心为保证实验室的公正性，特作如下声明：

一、严格遵守国家的相关法律法规，认真贯彻 ISO/IEC 17025:2005、CNAS 认可规范性文件和实验室资质认定评审准则的要求，严格按照有关标准和合同独立开展业务范围内的检测工作，不受任何来自商业、行政和其他方面的干预或影响，不参与可能影响自身公正地位的活动。

二、实验室所承接的检测业务，保证做到规范检测，检测结果公正、准确和及时，并对委托人所提供的合同、资料、样品和检测数据负责保密，不为他人利用。

三、实验室工作人员严格遵守工作纪律和相关规章制度，自觉接受社会各界对公正性的检查和监督。

　　　　　　　　　　　　　　　　　　　　　×××实验室
　　　　　　　　　　　　　　　　　　实验室主任：×××
　　　　　　　　　　　　　　　×××年××月××日

4.3 质量手册目录

××××质量手册	文件编号：××××		修订日期：××××/××/××
目　录	页次：××	版本/修订：×/0	实施日期：××××/××/××

章节	文件名称	文件编号
4.4	质量手册正文	××××
4.4.1	目的与适用范围	××××
4.4.2	引用标准	××××
4.4.3	术语和定义	××××
4.4.4	管理要求	××××
4.4.4.1	组织	××××
4.4.4.2	质量体系	××××
4.4.4.3	文件控制	××××
4.4.4.4	要求、标书和合同的评审	××××
4.4.4.5	检测和校准的分包	××××
4.4.4.6	服务和供应品的采购	××××
4.4.4.7	服务客户	××××
4.4.4.8	投诉	××××
4.4.4.9	不合格检测工作的控制	××××
4.4.4.10	改进	××××
4.4.4.11	纠正措施	××××
4.4.4.12	预防措施	××××
4.4.4.13	记录的控制	××××
4.4.4.14	内部审核	××××
4.4.4.15	管理评审	××××
4.4.5	技术要求	××××
4.4.5.1	技术要求的总则	××××
4.4.5.2	人员	××××
4.4.5.3	设施和环境条件	××××
4.4.5.4	检测方法及方法的确认	××××
4.4.5.5	设备	××××
4.4.5.6	测量溯源性	××××
4.4.5.7	抽样	××××
4.4.5.8	检测样品的处置	××××
4.4.5.9	检测结果质量保证	××××
4.4.5.10	结果报告	××××
4.4.6	附录目录	××××
4.4.6.1	附录1：第二、三层次文件编写工作规范	××××
4.4.6.2	附录2：质量手册管理	××××
4.4.6.3	附录3：质量手册附件	××××
4.4.6.4	附录4：质量手册更改一览表	××××
4.4.6.5	附录5：管理体系要素对照表	××××

4.4 质量手册正文

4.4.1 目的与适用范围

××××质量手册	文件编号：××××		修订日期：××××/××/××
目的与适用范围	页次：××	版本/修订：×/0	实施日期：××××/××/××

1 目的

　　按 ISO/IEC 17025:2005、CNAS 认可规范性文件和实验室资质认定评审准则建立和完善有效的实验室管理体系，保证实验室各项工作有序可控地进行，实现本实验室的质量目标，不断提高实验室的管理水平，特编制本质量手册。

2 适用范围

　　本质量手册为实验室做了完整的管理体系描述，适用于规范××中心与检测行为有关的各项活动，从而达到协调和控制实验室工作程序的目的。

　　本手册可作为第二、第三方审核的依据。

4.4.2 引用标准

××××质量手册	文件编号：××××		修订日期：××××/××/××
引用标准	页次：××	版本/修订：×/0	实施日期：××××/××/××

　　下列标准中的（全）部分条款通过本手册的引用而成为本手册的条款。凡是注日期的引用文件，其随后所有的更改单（不包括勘误的内容）或修订版均不适用于本手册。然而，实验室积极研究是否可使用这些文件的最新版本。凡是不注日期的引用文件，其最新版本适用于本手册。

　　[1] CNAS-CL01:2006　检测和校准实验室能力认可准则

　　[2] CNAS-CL06:2006　量值溯源要求

　　[3] CNAS-CL10:2006　检测和校准实验室能力认可准则在化学检测领域的应用说明

　　[4] CNAS-GL01:2006　实验室认可指南

　　[5] CNAS-GL04:2006　量值溯源要求实施指南

　　[6] CNAS-GL05:2006　测量不确定度要求的实施指南

　　[7] CNAS-RL01:2007　实验室认可规则

　　[8] CNAS-RL02:2007　能力验证规则

　　[9] ISO/IEC 17000　合格评定—词汇和通用原则

　　[10] ISO/IEC17025:2005　检测和校准实验室能力的通用要求

　　[11] ISO/TR 10013:2001　质量管理体系文件指南

　　[12] ISO 9000:2000　质量管理体系—基本原理和术语

　　[13] ISO 9001:2000　质量管理体系—要求

[14] ISO 9004:2000   质量管理体系——业绩改进指南

[15] 实验室资质认定评审准则

4.4.3   术语和定义

×××××质量手册	文件编号：××××		修订日期：××××/××/××
术语和定义	页次：××	版本/修订：×/0	实施日期：××××/××/××

本实验室管理体系文件所使用的术语与定义，是在引用有关标准（ISO/IEC 17025 及 ISO 9000 等）的基础上结合实际情况所规定的。如果有些 ISO 9000 定义与 ISO/IEC 17000 和 VIM（国际通用计量学基本术语）有差别，优先使用 ISO/IEC 17000 和 VIM 的定义。

1   检验检疫

进出口商品检验、鉴定、出入境动植物及其产品的检疫、卫生检疫、检验检疫监督管理工作的总称。

2   产品

过程的结果。实验室的产品属"服务"类，包括有形和无形的，是在为客户服务过程中形成的活动结果，即检测服务等活动的结果。所有这些活动结果的承载媒体是相应的检测报告（有时称证书）或结果单、文件、信息和答复等。

3   客户

客户是指接受产品的组织和个人。××中心的客户主要是与出入境检验检疫、鉴定和监督管理工作有关的组织或贸易关系人，如检测委托人。接受产品的客户包括上级机关、外部一切与本××中心发生工作往来的单位和个人。

4   检测

有时称检验，在本实验室的含义相同，为一系列的证实产品固有特性的活动。

5   时限

完成规定任务的终止时间。

6   不合格

未满足规定要求的活动，如出现差错的检测报告及服务。

7   局相关部门

与局各行政科室、党、工、团及机关服务中心相关的主要有：

负有直接实施和管理检验检疫工作的部门称为局业务部门；

承担综合管理职能的部门称为局综合部门；

承担检务工作职责的部门称为局检务部门；

其他与实施检测工作或实施质量体系有关系的部门称为相关部门或管理部门。

8   归口管理

制定相应的工作要求，对信息进行汇总或对资料进行整理上报等管理活动。

9   缩写和简称

本局质量体系文件所使用的缩写与简称按照习惯方法形成。

9.1 国家局

国家质量监督检验检疫总局的简称。

9.2 体系标准

ISO /IEC 17025:2005《测试和校准实验室认可准则》的简称。

9.3 内审员

ISO/IEC 17025 质量体系内部审核员的简称。

4.4.4 管理要求

××××质量手册	文件编号：××××		修订日期：××××/××/××
管理要求	页次：××	版本/修订：×/0	实施日期：××××/××/××

为了认真贯彻质量方针，达到质量目标，××中心建立了能保证管理体系有效运行、并提供公正准确检验结果的组织机构和有效的保证措施，规定了各级工作人员的岗位职责、权限和相互关系，以保证其在实施各项质量活动中行使权力，及时发现和解决问题。

1 概述

×××中心（独立事业法人）是一个能够承担法律责任的实体，能独立承担第三方公正检测，独立对外行文和开展业务活动，有独立账目和独立核算。×××中心系其设立的正式机构。

1.1 隶属关系及组织机构

实验室的隶属关系及组织机构框图(略)。

1.2 组织形式

实验室按职责分解、逐级负责的原则设立组织机构。实行实验室主任领导下的分工负责制，以保证管理体系的有效运行。并且实验室拥有专用的办公地点、对外通讯联络的场地和仪器设备；有专用的检测用房和实验室专职人员，能独立公正地对外开展业务活动。

1.3 ×××综合技术服务中心与×××各科室的关系

办公室负责向中心传达各种相关政策和法律法规，并进行文件的收发和上报等工作；

综合科负责管理中心设备的计划、批复和采购以及相关档案，同时负责各种检测标准以及科研课题的申报、批复和监督等；

人事科负责管理中心的人事任命和调动等；

机关服务中心负责中心的后勤保障以及化学试剂和易耗品等的采购。

各检验检疫科室是检测样品的主送部门。

1.4 ×××中心与×××的关系

×××中心为×××的一个下设实验室，受委托依法公正、独立地对承检范围内的各类商品实施检测，并出具检测证书或报告。

×××中心拥有的人员、仪器设备和场地等资源应确保所从事的检测工作符合认可准则的要求，并能满足客户、法定管理机构或对其提供承认的组织的需求。

1.5　实验室具备固定的工作场所，管理体系覆盖了实验室在固定设施内、离开其固定设施的场所或在相关的临时或移动设施中进行的工作。

1.6　实验室所在的组织不从事与检测及出具的数据和结果存在利益关系的活动，不参与任何损害判断独立性和检测诚信度的活动，不参与与检测项目或类似竞争性项目有关系的产品设计、研制、生产、供应、安装、使用或维护活动。

1.7　×××中心确保：

（1）有管理人员和技术人员。他们具有所需的权力和资源履行以下职责：实施、保持和改进管理体系，识别管理体系或检测程序的偏离，采取有效措施预防或减少这种偏离（见附件5：职责分工及岗位授权）。

（2）××××××《中心公正行为控制程序》保证管理层和员工不受任何对工作质量有不良影响的，来自内外部的不正当的商业、财务和其他方面的压力和影响，以避免卷入任何可能会降低其能力、公正性、判断或运作诚实性的可信度的活动。

（3）××××××《客户机密和所有权保护控制程序》保护客户的机密信息和所有权，电子存储和传输结果的保护（见××××××《数据控制程序》）。

（4）规定了对检测质量有影响的所有管理、操作和核查人员的职责、权力和相互关系（见附件5：职责分工及岗位授权）。

（5）中心组织机构框图（略）。

（6）×××中心明确规定了各级工作人员及管理人员的岗位职责和权限（见附件5：职责分工及岗位授权（略））。

（7）由熟悉各项检测的方法、程序、目的和结果评价的监督人员对检测人员包括在培员工进行足够的监督。

（8）实验室有不同专业人员组成的技术管理层，全面负责技术运作和确保中心运作质量所需的资源。

（9）确定了质量负责管理层，其负责管理体系的运行并持续改进；质量负责人直接对最高管理层负责。

（10）指定了中心主任、质量负责人和技术负责人的代理人，在有关负责人缺席的情况下，由代理人代理其工作职责，直至有关负责人到任为止。

（11）采取培训、会议等有效措施确保实验室人员理解他们活动的相互关系和重要性，为实现管理体系的质量目标做出贡献。

1.8　×××中心制定了××××××《沟通控制程序》，确保对管理体系的有效性进行沟通，分析存在原因，采取有效措施，持续改进。实验室主任、技术负责人和质量负责人应有任命文件，当实验室主任和技术负责人发生变更时应报发证机关或其授权部门确认。对政府下达的指令性检测任务，应编制计划并保质保量按时完成。

1.9　相关文件

手册附件5：职责分工及岗位授权

××××××《中心公正行为控制程序》

××××××《客户机密和所有权保护控制程序》

××××××《沟通控制程序》

××××××《数据控制程序》

×××××× 《人员控制程序》

2 管理体系

2.1 ×××中心遵循 ISO/IEC 17025：2005 和 CNAS 有关实验室认可规范性文件以及实验室资质认定评审准则，建立、实施和维持与所从事活动范围相适应的管理体系。管理体系文件由相关的政策、制度、计划、程序和指导书等构成，是实验室的纲领性文件，确保实验室全体人员知悉、理解、可得到并遵照执行，以满足检测结果质量规定的要求，让客户对实验室提供的检验和服务树立信心。

本实验室的体系文件覆盖了 ISO/IEC 17025:2005 标准、CNAS-CL01:2006《检测和校准实验室能力认可准则》和《实验室资质认定评审准则》的全部条款，详见附录《管理体系要素对照表》。

×××中心的工作质量环包括以下八个阶段，见图 4-1。

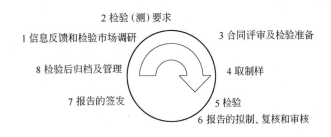

图 4-1　质量环

说明：

（1）信息反馈和检验市场调研：根据国内外检验市场的要求和客户的反馈信息进行调研，提出开验新商品和拓宽检验领域的设想。这是质量环的起点和终点，也是新的起点，体现了持续改进管理体系的要求。

（2）检验（测）要求：委托人按照有关规定，以申请单和随附资料等的形式，提出对检验工作的全部要求和依据。

（3）合同评审及检验准备：对委托人提出的每一项要求或合同进行评审，以保证包括检验方法在内的每项要求充分明确以及实验室的能力和资源满足委托人要求。制定新开验商品的承检方案，做好检验的各项准备工作，包括人员、检验标准、仪器设备和基础工作等方面的准备，并经审核批准。

（4）取制样：制定取样方案，按照取样标准和操作规程抽取代表性样品，制成检验用样，做好取制样记录、样品登记和保留。

（5）检验：检验人员根据合同和标准规定，进行品质检验和物理性能检测，及时做好检测记录，并根据检测结果做出评定意见。

（6）报告的拟制、复核和审核：检验人员按有关规定拟制报告，并按规定程序复核、审核。

（7）报告的签发：报告经授权签字人审核后，对外签发。

（8）检验后归档及管理：检验人员按照有关规定对检验的有关记录等及时进行整理归

档,对检验余样根据有关规定及时处理,保留样品按规定进行保留以供复验。同时接受委托人的申诉、复验或其他形式的技术服务。通过申诉处理和复验的处理,内部质量审核、复审及纠正措施和跟踪审核等活动的实施,确保检验质量得到持续的提高。

2.2 实验室的质量方针和目标在手册中做了详细的规定,具体内容见"质量方针、目标"部分。实验室通过管理评审和目标的测量结果检查质量方针和目标的适用性和有效性,必要时进行适当修改,以保证其持续有效。

2.3 中心主任应组织相关人员建立、实施和维持管理体系,并持续改进管理体系的有效性,保证各项工作有序可控地进行,实现质量方针和目标。

2.4 中心主任应将满足客户要求和法定要求的重要性通过一定方式传达到实验室各阶层。

2.5 实验室规定了与质量手册相关的支持性程序,通过规定的"目的、范围、职责和程序"来满足体系的控制要求,确保相关的测试活动受控、有效。实验室管理体系文件的构成分为三层:质量手册(第一层次)、程序文件(第二层次)和其他质量文件(第三层次)。

2.5.1 质量手册是管理体系的纲领性文件,阐述了中心的质量方针、目标和各项质量活动的指导原则。

2.5.2 程序文件是质量手册的支持性文件,规定了重要质量活动的目的、范围、职责、控制程序和记录管理等。

2.5.3 其他质量文件是具体工作指导书,包括了与检测有关的法律法规、规章制度和技术性文件(如作业指导书、原始记录、检测报告、检验标准和方法、校准方法等)。

2.5.4 中心全体人员必须严格遵守质量手册、程序文件和其他质量文件。

2.6 质量手册中规定了质量负责人和技术负责人的作用和责任,包括确保遵循认可准则的责任。

2.6.1 技术负责人职责

技术负责人全面负责实验室的技术运作,处理技术问题,确保运作质量所需资源。

(1)组织验证和对比试验工作,保证技术工作质量;

(2)组织编写实验室的科研制标计划,并组织实施;

(3)组织对新技术的开发、推广和交流等工作;

(4)制定期间核查计划并组织实施;

(5)监督检测工作按规定标准进行,并确保使用标准的最新有效性。

2.6.2 质量负责人职责

(1)质量负责人参与实验室的质量方针、目标的制定,负责实验室的质量管理工作,保证质量管理体系的贯彻执行;

(2)制定内审计划,定期组织内部质量审核,向主任提交内部质量审核报告,参与管理评审;

(3)由主任授权编制质量手册并负责质量手册的宣传贯彻,使实验室所有人员熟知质量体系要求,并遵照执行。

2.7 当策划和实施管理体系变更时,实验室主任确保维持管理体系的完整性。

2.7.1 中心主任根据外部评审(如 CNAS 评审)和管理评审的结果,确定是否对管理体系进行必要的改动或改进，以确保其持续适用、有效和完整性。

2.7.2　质量负责人负责管理体系的变更，变更时应遵循 ISO/IEC17025:2005 标准、CNAS 有关实验室认可规范性文件和实验室资质认定准则的要求。

2.7.3　变更后的管理体系经中心主任批准后发布实施。

2.8　相关文件

　　　附件：职责分工及岗位授权

　　　××××××《文件控制程序》

　　　××××××《管理评审控制程序》

　　　××××××《纠正措施控制程序》

　　　××××××《预防措施控制程序》

　　　××××××《内部沟通控制程序》

4.4.4.1　组织（略）

4.4.4.2　质量体系（略）

4.4.4.3　文件控制

××××质量手册	文件编号：××××		修订日期：××××/××/××
文件控制	页次：××	版本/修订：×/0	实施日期：××××/××/××

1　总则

　　×××中心建立了文件控制程序，对构成管理体系的所有文件进行有效控制，并保证实验室所有人员能及时获取和使用。

　　受控文件分类：实验室受控文件分为内部文件和外部文件，内部文件指由实验室内部编制、发布的文件，外部文件指来自于实验室外部对实验室质量和技术活动有影响或有指导性、指令性作用的文件。

2　文件的批准和发布

2.1　作为本实验室管理体系组成部分发给实验室人员的所有文件，在发布之前均由授权人员审查并批准使用。

　　实验室应建立文件控制程序以识别管理体系中文件当前的修订状态和分发的控制清单，并易于查阅，以防止使用无效或作废的文件。

2.2　实验室确保在对体系中有效运作起重要作用的所有作业场所，都能得到相应文件的书面或电子的授权版本。

　　质量负责人定期组织相关人员审查文件，必要时进行修订，以保证持续适用和满足使用的要求。

　　质量负责人和/或档案管理员应及时地从所有使用和发布处撤除无效或作废的文件，或者采用其他方法确保防止误用，对出于法律或知识保存目的而保留的作废文件，做出适当的标记，妥善保管。

2.3　实验室制定的管理体系文件应有唯一性标识。该标识应包括发布日期和修订标识、页码、总页数或表示文件结束的标记及发布机构等信息。

3 文件变更

3.1 除非另有特别指定，文件的变更应由原审查责任人进行审查和批准。被指定的人员应获得进行审查和批准所依据的有关背景资料。

3.2 文件更改的或新的内容在书面文件或电子文档的附件中标明。

3.3 实验室的书面体系文件允许在文件再版之前对文件进行手写修改，修改之处应有清晰的标注、签名缩写并注明日期，修订的文件应按 2 "文件的批准和发布"的要求批准发布，但书面版本或电子版本均应按程序要求经批准后才可进行修改并正式发布实施。

3.4 计算机系统内的文件控制按×××204《文件控制程序》执行。

4 文件的管理

档案管理员负责文件的发放和回收，应保证所有人员能及时获取和使用受控文件的有效版本。文件资料的归档保存、借阅及销毁按程序文件×××204《文件控制程序》执行。

5 相关文件

×××204《文件控制程序》

4.4.4.4 要求、标书和合同的评审

××××质量手册	文件编号：××××		修订日期：××××/××/××
要求、标书和合同的评审	页次：××	版本/修订：×/0	实施日期：××××/××/××

1 概述

××中心建立有评审客户要求、标书和合同的程序。这些为签订检测合同而进行评审的政策和程序应确保：

（1）对包括所用方法在内的要求应予适当规定，形成文件，并易于理解（见本手册）；

（2）实验室有能力和资源满足这些要求；

（3）选择适当的、能满足客户要求的检测方法；

（4）客户的要求或标书与合同之间的任何差异，应在工作开始之前得到解决。每项合同应得到×××中心和客户双方的接受。

（5）对要求、标书和合同的评审需以可行和有效的方式进行，并考虑财务、法律和时间安排等方面的影响。对内部客户的要求、标书和合同的审查可以用简化方式进行。

（6）对×××中心能力的评审，应证实×××中心具备了必要的物力、人力和信息资源，且×××中心人员对所从事的检测具有必要的技能和专业技术。该评审也可包括以前参加的实验室间比对或能力验证的结果和/或为确定测量不确定度、检出限、置信限等使用的已知值样品或物品所做的试验性检测或校准计划的结果。

（7）合同可以是为客户提供检测服务的任何书面的或口头的协议。

2 评审管理

2.1 技术负责人负责组织相关人员对每份新的、复杂的要求，标书和合同进行评审。合

同评审员负责每份常规、简单、重复性的要求，标书和合同的评审。评审要解决要求或标书与合同之间的所有差异，并被实验室和客户双方接受。其他合同的评审按×××205《要求、标书和合同评审控制程序》实施。

2.2 评审记录

评审记录应保存包括任何重大变化在内的评审的记录。在执行合同期间，就客户的要求或工作结果与客户进行讨论的有关记录，也应予以保存。

对例行和其他简单任务的评审，由负责合同评审工作的人员注明日期并加以标识（如签名缩写）即可。对重复性的例行工作，如果客户要求不变，仅需在初期调查阶段，或在与客户的总协议下对持续进行的例行工作合同批准时进行评审。对于新的、复杂的或先进的检测任务，则需保存较全面的记录。

合同评审记录随同相关检测材料交资料档案管理员统一归档保存。

3 评审的内容应包括被分包出去的所有工作。

4 在履行合同过程中，由于××中心原因发生的任何偏离，应及时将偏离情况通知客户。

5 工作开始后，如果需要修改合同，××中心则重复进行同样的合同评审过程，并将所有修改内容通知所有受到影响的人员。

6 相关文件

×××205《要求、标书和合同评审控制程序》

4.4.4.5 检测和校准的分包

××××质量手册	文件编号：××××		修订日期：××××/××/××
检测和校准的分包	页次：××	版本/修订：×/0	实施日期：××××/××/××

1 ××中心由于未预料的原因（如工作量、需要更多专业技术或暂时不具备能力）或持续性的原因（如通过长期分包、代理或特殊协议）需将工作分包时，应分包给合格的分包方，如：经评审符合 ISO/IEC 17025: 2005 标准、CNAS 认可准则和实验室资质认定等要求的实验室等，且分包比例必须予以控制（限仪器设备使用频次低、价格昂贵及特种项目）。××中心无校准的分包。

2 对分包方将根据×××206《检测和校准的分包控制程序》进行考核予以确认，签订分包协议，并将对其进行后续管理，一旦发现分包实验室不符合规定实验室工作质量要求时，应立即中止分包协议。

分包方负责向××中心报告准确检测结果，承担检验质量的责任。××中心对其检验行为进行监督、审核，确信无误后作为有效结果予以采用，但审核不能减轻分包方的质量责任。××中心应将分包安排以书面形式通知客户，适当时应得到客户的准许，最好是书面的同意。

3 对某一试验进行分包前，需提出申请，经中心主任批准后方可进行分包。××中心应就其分包方的工作对客户负责，由客户或法定管理机构指定的分包方除外。

4 ××中心保存检测中使用的所有分包方的注册资料，并保存其工作符合认可准则的证明记录。

5 分包记录

所有分包方实验室的档案，包括资格证明材料和考核记录，由资料档案管理员归档保存。分包协议格式见第三层文件。

6 相关文件

××××206《检测和校准的分包控制程序》

4.4.4.6 服务和供应品的采购

××××质量手册	文件编号：××××		修订日期：××××/××/××
服务和供应品的采购	页次：××	版本/修订：×/0	实施日期：××××/××/××

1 ××中心建立有选择和购买对检测质量有影响的服务和供应品的政策和程序，并有与检测有关的试剂和消耗材料的购买、验收和存储的程序。

2 ××中心确保所购买的、影响检测质量的供应品、试剂和消耗材料，只有在经检查或证实符合有关检测方法中规定的标准规范或要求之后才能投入使用。所使用的服务和供应品符合规定的要求，并保存所采取的符合性检查活动的记录。

3 影响××中心输出质量的物品，如：仪器设备、检验器具、化学药品、标准物质、消耗性材料等，在这些采购文件发出之前，其技术内容通过有关工作人员提出订货要求和采购计划，由设备管理员或试剂管理员统一填写采购申请表，经中心主任批准后采购。仪器设备按××××220《设备控制程序》采购和验收；标准物质、化学试剂等消耗品按×××207《服务和供给品的采购控制程序》采购、验收及储存。未按规定验收合格之前不得使用。

4 ××中心应对影响检测质量的重要消耗品、供应品和服务的供应商进行评价，并保存这些评价的记录和获批准的供应商名单，包括：供给和服务者名称、地址、联系人、协作和供给时间、内容、产品合格与否和服务质量等年度评价。

5 相关文件

××××207《服务和供给品的采购控制程序》

××××220《设备控制程序》

4.4.4.7 服务客户

××××质量手册	文件编号：××××		修订日期：××××/××/××
服务客户	页次：××	版本/修订：×/0	实施日期：××××/××/××

1 ××中心积极与客户或其代表合作，以明确客户的要求，并在确保其他客户机密的前提下，允许客户到中心相关区域直接观察、监视与其工作有关的操作和为其进行的检测。

2 ××中心应满足客户为验证目的所需的检测物品的准备、包装和发送。

3 ××中心非常重视与客户保持技术方面的良好沟通，并获得建议和指导。必要时，对测试结果进行评价和说明。当客户对检测结果有疑问时，应向客户解释和说明。

4 在整个工作过程中，须重视与客户尤其是大宗业务的客户保持联系。在检测过程中的任何延误和主要偏离，应及时通知客户。

5 ××中心积极从客户处搜集各类反馈资料（例如通过客户调查），无论是正面还是负面的反馈。这些反馈用于改进管理体系、检测工作及对客户的服务。

6 中心主任负责制定走访客户计划，并发放《征求意见表》，收集客户的反馈意见，并上报管理评审。

7 相关文件

    ××××202《客户机密和所有权保护控制程序》

    ××××208《服务客户与投诉控制程序》

    ××××214《管理评审控制程序》

4.4.4.8 投诉

××××质量手册	文件编号：××××		修订日期：××××/××/××
投 诉	页次：××	版本/修订：×/0	实施日期：××××/××/××

1 概述

    ××中心有政策和程序处理来自客户或其他方面的投诉。当客户对××中心工作有异议时，可以提出投诉。××中心高度重视来自客户和其他方面对检验证书、报告及××中心活动提出的投诉，及时解决，挽回不良影响，保持客户对××中心的信任。

2 投诉

2.1 中心主任受理投诉并由其组织有关人员进行研究分析，制定方案，实施并尽快予以答复，见××××208《服务客户与投诉控制程序》。

2.2 经调查核实，已对客户造成损害的投诉，按××××209《不合格检测工作控制程序》要求处理，尽量挽回和降低对客户所造成的损失和影响。同时质量负责人组织有关人员分析原因，选择纠正措施，并组织实施。

2.3 若客户对投诉的处理有疑问或不满意时，中心主任应告知客户进一步向上级部门投诉的程序。

2.4 不论何种方式的投诉在确认涉及检测工作质量或涉及管理体系时，中心主任应迅速组织有关人员，对涉及的活动领域进行审核。应使用和分析这些意见并应用于改进管理体系、检测活动及对客户的服务。

3 投诉记录

    保存所有投诉和针对投诉所开展的调查和纠正措施的记录，有关投诉处理的材料在满足所有要求后，经中心主任审核签字，由资料档案管理员归档保存。

4 相关文件

手册附件 5：职责分工及岗位授权

××××208《服务客户与投诉控制程序》

××××209《不合格检测工作控制程序》

××××213《内部审核控制程序》

××××210《纠正措施控制程序》

4.4.4.9 不合格检测工作的控制

××××质量手册	文件编号：××××		修订日期：××××/××/××	
不合格检测工作的控制	页次：××	版本/修订：×/0	实施日期：××××/××/××	

1 由于××中心为检测类实验室，在管理体系运行过程中，当检测工作的任何方面，或该工作的结果不符合其程序或客户同意的要求时，应立即实施既定的政策和程序，即：对不合格检测工作进行有效控制，尽量降低不合格测试工作对客户造成的损失和影响。

由于管理体系、检测活动的不合格工作或问题，涉及管理体系和技术活动的各个环节，例如：客户投诉、质量控制、仪器校准、消耗材料的核查、对员工的考察或监督、检测报告和校准证书的核查、管理评审和内部或外部审核。因此，如下内容，在程序文件中予以规定：

（1）确定对不合格工作进行管理的责任和权力，规定当不合格工作被确定时所采取的措施（包括必要时暂停工作，扣发检测报告和校准证书）；

（2）对不合格工作的严重性进行评价；

（3）立即采取纠正措施，同时对不合格工作的可接受性做出决定；

（4）必要时，通知客户并取消工作；

（5）确定批准恢复工作的职责。

各级工作人员都有责任和义务识别不合格测试工作，一经发现，立即报告质量负责人或技术负责人。管理体系方面由质量负责人负责并最终识别和确认，技术操作方面由技术负责人负责最终识别和确认。

2 当评价结果表明不合格工作可能再度发生，或对××中心的政策和程序的符合性产生怀疑时，应立即执行××××210《纠正措施控制程序》。

质量负责人或技术负责人对已确认的不合格测试工作按照××××209《不合格检测工作控制程序》进行控制。

3 记录

不合格测试工作的确认和控制过程都有记录，并归档保存。

4 相关文件

××××209《不合格检测工作控制程序》

××××210《纠正措施控制程序》

××××213《内部审核控制程序》

4.4.4.10 改进

×××××质量手册	文件编号：××××		修订日期：××××/××/××
改　进	页次：××	版本/修订：×/0	实施日期：××××/××/××

1　改进

　　通过建立和实施质量方针，营造一个激励改进的环境，以明确改进的方向；通过内部审核和数据分析，不断寻求改进的机会并安排适当的改进活动；通过实施纠正和预防措施，以及其他适用的措施实现改进；通过管理评审评价改进效果，确定新的改进目标，确保持续改进的有效性。

　　质量改进一般步骤分为：

　　（1）收集有关数据；

　　（2）整理分析数据；

　　（3）分析结果反馈；

　　（4）提出改进意见；

　　（5）确认批准建议；

　　（6）组织改进活动；

　　（7）验证改进效果；

　　（8）采取巩固措施。

2　相关文件

　　××××203《沟通控制程序》

　　××××213《内部审核控制程序》

　　××××214《管理评审控制程序》

　　××××210《纠正措施控制程序》

　　××××211《预防措施控制程序》

4.4.4.11 纠正措施

×××××质量手册	文件编号：××××		修订日期：××××/××/××
纠正措施	页次：××	版本/修订：×/0	实施日期：××××/××/××

1　总则

　　××中心有纠正措施程序，对确认了的不合格工作、偏离管理体系或技术运作中的政策和程序分析原因，采取有效的纠正措施，消除并防止问题的再次发生。

实验室管理体系或技术运作中的问题可以通过如下各类活动来确认：

（1）不符合工作的控制；

（2）内部或外部审核；

（3）管理评审；

（4）客户的反馈或员工的观察等。

2 原因分析

2.1 纠正措施程序应从确定问题根本原因的调查开始，因为原因分析是纠正措施中最关键，有时也是最困难的部分。

2.2 根本原因通常并不明显，所以需要仔细分析产生问题的所有潜在原因，包括：客户的要求、样品、样品规格、方法和程序、员工的技能和培训、消耗品、设备及其校准等。

2.3 质量负责人负责组织相关人员进行原因分析。

3 纠正措施的选择和实施

3.1 质量负责人根据不合格测试工作或在管理体系、技术运作中出现偏离情况的严重性评价结果决定是否采取纠正措施。

3.2 需要采取纠正措施时，质量负责人根据原因分析的结果，按照××××210《纠正措施控制程序》制定纠正措施实施计划，确定将要采取的纠正活动，并选择和实施最能消除问题和防止问题再次发生的措施。纠正措施应与问题的严重程度和风险大小相适应。

3.3 质量负责人确保将纠正活动调查所要求的任何变更制定成文件并加以实施。

4 纠正措施的监控

质量负责人通过一定方式定期对所采取纠正措施的实施结果进行跟踪验证和监控，以确保纠正措施的有效性。

5 附加审核

5.1 当不合格或偏离的性质比较严重，导致对实验室是否符合其政策和程序产生怀疑，甚至对实验室是否符合 ISO/IEC 17025：2005 标准产生怀疑时，实验室应尽快根据××××213《内部审核控制程序》对其相关领域进行附加审核。

5.2 附加审核通常在纠正措施实施后进行，以确定纠正措施的有效性。

6 记录

档案资料管理员负责将所有与纠正措施有关的记录建档保存。

7 相关文件

××××210《纠正措施控制程序》

××××213《内部审核控制程序》

4.4.4.12 预防措施

××××质量手册	文件编号：××××		修订日期：××××/××/××
预防措施	页次：××	版本/修订：×/0	实施日期：××××/××/××

1 ××中心针对管理体系以及技术操作过程中潜在的不合格原因，决定是否需要采取预

防措施。如需采取预防措施,通过制定、执行和监控这些措施计划,以减少出现此类不合格的可能性,并改进管理体系。

1.1 质量负责人定期组织有关人员通过对操作程序的评审,判断可能导致出现不合格的问题,分析并找到潜在的不合格原因。

1.2 除对运作程序进行评审之外,预防措施还涉及包括趋势和风险分析以及能力验证结果在内的资料分析。

2 ××中心要主动采取预防措施,而不是在已发现问题或有抱怨反应后再采取预防措施。预防措施程序包括措施的启动和控制,以确保其有效性。

2.1 质量负责人负责根据潜在的不合格原因,按照××××211《预防措施控制程序》制定预防措施计划,并组织实施;同时对所采取的预防措施进行监控,以确保其有效性。

2.2 对已经验证有效的预防措施,质量负责人按××××204《文件控制程序》组织相关人员进行政策或程序的更改,并上报管理评审。

3 记录

　　档案资料管理员保存所有与预防措施相关的记录。

4 相关文件

　　××××204《文件控制程序》

　　××××211《预防措施控制程序》

　　××××214《管理评审控制程序》

4.4.4.13 记录的控制

××××质量手册	文件编号:××××		修订日期:××××/××/××
记录的控制	页次:××	版本/修订:×/0	实施日期:××××/××/××

1 总则

　　记录主要指××中心的检验记录和有关质量活动记录等,如取制样记录、原始检验记录、检验报告或证书,内部审核、管理评审、纠正和预防措施、申诉、合同评审以及仪器设备维修记录等,记录是检验证书或报告以及考核其质量活动是否受控和有效的主要依据,必须按统一格式认真填写,按要求保管、送存。

1.1 ××中心建立和维持有识别、收集、索引、存取、存档、维护和清理质量记录和技术记录的程序。质量记录应包括来自内部审核和管理评审的报告及纠正和预防措施的记录。记录可存在于任何形式的载体上,例如硬拷贝或电子媒体。

1.2 所有记录应清晰明了,并以便于存取的方式存放和保存在具有防止损坏、变质、丢失等适宜环境的设施中。检验记录的保存期限为:一般进口商品为四年,出口商品为三年。涉及进出口检验重大索赔、理赔案件及司法诉讼的原始检验档案,应保存至结案为止。

1.3 ××中心保证记录的安全和保密,严格执行××××202《客户机密和所有权保护控制程序》要求。

1.4　××中心有程序来保护和备份以电子形式存储的记录，按照××××219《数据控制程序》的要求进行控制，并防止未经授权的侵入或修改。

2　技术记录

技术记录是进行检验所得数据（见本手册 5.4.7 数据控制）和信息的累积，它们表明检测是否达到了规定的质量或规定的过程参数。技术记录可包括表格、合同、工作单、工作手册、核查表、工作笔记、控制图、外部和内部的检测报告及校准证书、客户信函、文件和反馈等。

2.1　××中心记录均有统一格式，记录格式样本见第三层文件。记录填写要规范，字迹、标识符号等要清晰易辨。

××中心将原始观察记录、导出数据、开展跟踪审核的足够信息、校准记录、员工记录以及发出的每份检测报告或校准证书的副本按规定的时间保存。需要时，每项检测或校准的记录应包含足够的信息，以便识别不确定度的影响因素，并保证该检测在尽可能接近原条件的情况下能够复现。记录包括负责抽样的人员、从事各项检测的人员和结果校核人员的标识。

2.2　观察结果、数据和计算应在工作时予以记录，并能按照特定任务分类识别。

2.3　当记录中出现错误时，每一错误只允许划改，不可擦涂掉，以免字迹模糊或消失，并将正确值填写在其旁边。对记录的所有改动应加盖有改动人的校正章、签名或签名缩写。对电子存储的记录也应采取同等措施，以避免原始数据的丢失或改动。

3　管理

××中心记录按照××××212《记录控制程序》由档案资料管理员按要求进行建档、保存、调用和处理。

4　相关文件

××××202《客户机密和所有权保护控制程序》

××××212《记录控制程序》

××××219《数据控制程序》

4.4.4.14　内部审核

×××××质量手册	文件编号：××××		修订日期：××××/××/××
内部审核	页次：××	版本/修订：×/0	实施日期：××××/××/××

1　质量负责人根据年初制定内部审核计划的要求和管理层的需要定期策划和组织实施内部审核，以验证体系运作持续符合管理体系和认可准则的要求。审核由经过培训、有资格的人员参加，并尽可能保证审核人员独立于被审核的活动。内部审核计划应涉及管理体系的全部要素。各要素要在 12 个月内至少审核一次，审核程序详见××××213《内部审核控制程序》。

2　当审核中发现的问题对体系运行的有效性，或对检测结果的正确性产生怀疑时，应立即按照×××210《纠正措施控制程序》的要求采取纠正措施。如果调查表明实验室的结果可能已受影响，应书面通知客户。

3 对审核活动的领域、审核发现的情况和因此采取的纠正措施予以记录，并在审核结束后，连同内部审核报告和跟踪检查记录交由资料档案管理员归档保存。

4 质量负责人负责跟踪审核，以验证和记录纠正措施的实施情况及有效性。

5 相关文件

　　××××210《纠正措施控制程序》

　　××××213《内部审核控制程序》

4.4.4.15 管理评审

××××质量手册	文件编号：××××		修订日期：××××/××/××	
管理评审	页次：××	版本/修订：×/0	实施日期：××××/××/××	

1 ××中心管理层根据预定的日程表和程序，定期地对管理体系和检测活动进行评审，以确保其持续适用和有效，并进行必要的改动或改进。

　　需要时，中心主任可以决定是否增加管理评审的频次和实施例外评审。

1.1 中心主任制定管理评审计划，并主持管理评审，管理评审在每年的9~12月进行，年度审核的时间间隔为12个月左右，但特殊情况的例外评审除外。评审程序详见××××214《管理评审控制程序》。

　　管理评审每年至少进行一次。

　　评审时应考虑到：

　　（1）程序的适用性；

　　（2）管理和监督人员的报告；

　　（3）近期内部审核的结果；

　　（4）纠正和预防措施；

　　（5）由外部机构进行的评审；

　　（6）实验室间比对或能力验证的结果；

　　（7）工作量和工作类型的变化；

　　（8）客户的反馈；

　　（9）投诉；

　　（10）改进的建议；

　　（11）其他相关因素，如质量控制活动、资源以及员工培训。

1.2 评审的结果需输入××中心计划系统，并包括下年度的目标、目的和活动计划。管理评审包括对日常管理会议中有关议题的研究。

2 管理评审中发现的问题和由此采取的措施需加以记录，并由资料档案管理员归档保存。中心主任会同质量、技术负责人确保管理评审所做出的措施在适当和约定的日程内得到实施。

3 相关文件

××××214《管理评审控制程序》

4.4.5 技术要求

4.4.5.1 技术要求的总则

×××××质量手册	文件编号：××××		修订日期：××××/××/××
总　　则	页次：××	版本/修订：×/0	实施日期：××××/××/××

1　决定检测正确性和可靠性的因素有很多，包括：

（1）人员；

（2）设施和环境条件；

（3）检测和校准方法及方法的确认；

（4）设备；

（5）测量的溯源性；

（6）抽样；

（7）检测和校准物品的处置。

　　因此，为了保证××中心所进行的检测活动的正确性和可靠性，必须对影响到上述各方面因素的情况予以充分考虑，确保按制定的程序要求完成相关技术活动。

2　上述因素对总的测量不确定度的影响，在（各类）检测之间会有明显的不同。因此，在制定检测方法和程序、培训和考核人员、选择和校准所用设备时，应均进行了充分的考虑，把相关要求写入了程序文件和作业指导书中。

4.4.5.2 人员

×××××质量手册	文件编号：××××		修订日期：××××/××/××
人　　员	页次：××	版本/修订：×/0	实施日期：××××/××/××

1　概述

　　××中心应配有足够的人力资源，并且中心管理层确保所有操作专门设备、从事检测及评价结果和签署检测报告的人员，均具有相应的专业技术知识和一定的学历以及较为丰富的工作经验，受过与其所承担的工作相当的教育、培训及具有相应经验和可证明技能的资格确认，均能适应其指定的工作。××中心一贯注重人员思想素质、业务素质的提高和知识更新，并以此作为不断提高工作质量，改进服务水平，保证管理体系有效运行的首要条件之一。实验室确保当使用在培员工时，对其安排适当的监督。

1.1　从事特定工作的人员必须经过岗位培训，经考核合格并发合格证书后方可上岗工作。

1.2 对检测报告所含意见和解释负责的人员，除了具备相应的资格、培训、经验、产生偏离的判断能力以及所进行的检测方面的足够知识外，还需具有：

（1）制造被检测物品、材料、产品等所需的相应技术知识，已使用或拟使用方法的知识，以及在使用过程中可能出现的缺陷或降级等方面的知识；

（2）法规和标准中阐明的通用要求的知识；

（3）所发现的对有关物品、材料和产品等正常使用的偏离程序的了解。

1.3 岗位授权

技术负责人负责人员的能力评价和资格鉴定，中心主任授权具有上岗资格的人员从事相关岗位的工作。

1.4 权利委托

实验室主任、质量负责人和技术负责人，岗位负责人因故不在时，由其权利委托人（即代理人）代理行使其职权，直至有关人员到位为止。

1.5 证书和检验报告的签发

授权签字人签发中心检验范围内的检验证书或报告，中心授权签字人范围及标识详见附件2：铁矿检测中心工作人员一览表。

2 人员培训

2.1 中心管理层负责制定中心人员的教育、培训和技能目标。有确定培训需求和提供人员培训的政策和程序，并评价这些培训活动的有效性。培训计划与当前和预期的任务相适应。规定操作特定设备，进行测试、评价，以及签发报告的人员必须经过岗位培训，经考核合格并发合格证书后方可上岗工作。

2.2 ××中心要求各岗位工作人员在完成检验工作的同时，要不断提高自身的专业理论和专业技术水平。采取自学与培训相结合的方法来更新工作人员的业务知识。

2.3 采用听报告、学材料等形式对全体工作人员进行精神文明、清正廉洁及职业道德教育，来增进全体工作人员遵纪守法、公正无私、敬业爱岗的意识。

2.4 技术负责人负责制定年度人员教育、培训目标和计划，具体内容及管理详见××××215《人员控制程序》。

3 在使用签约人员和额外技术人员及关键支持人员时，应确保这些人员是胜任的且受到监督，并依据管理体系要求进行工作。

4 人员职责

对与检测有关的管理人员、技术人员和关键支持人员，××中心制定了岗位责任制，明确各岗位人员的任务和责任。这些职责包括以下内容：

（1）从事检测和/或校准工作方面的职责；

（2）检测计划和结果评价方面的职责；

（3）提交意见和解释的职责；

（4）方法改进、新方法制定和确认方面的职责；

（5）所需的专业知识和经验；

（6）资格和培训计划；

（7）管理职责。

其他详见手册附件：职责分工及岗位授权。

5　人员配备

　　实验室管理层授权专门人员进行特定类型的抽样、检测报告、提出意见和解释以及操作特殊类型的设备。××中心保留所有技术人员（包括签约人员）的相关授权、能力、教育和专业资格、培训、技能和经验的记录，并包含授权和/或能力确认的日期。这些信息保存在工作人员档案中。

5.1　中心主任、副主任由××××局任命和授权。其主要负责人的简介见质量手册第三层文件，人员档案。

5.2　××中心配有足够的人员资源，具备相应的知识能力，经考核合格后上岗。有关人员的详细情况参见手册《附件2：检测中心工作人员一览表》。

5.3　××中心设有多个兼职管理员，其名单见手册附件2。

6　由档案资料管理员建立人员业务技术档案，保存工作人员有关教育、培训、专业资格、能力、经验及授权等情况。

7　实验室技术负责人以及授权签字人应具有工程师以上（含工程师）技术职称，熟悉业务，并经考核合格。

8　相关文件

　　手册附件1：职责分工及岗位授权

　　手册附件2：检测中心工作人员一览表

　　××××215《人员控制程序》

4.4.5.3　设施和环境条件

××××× 质量手册	文件编号：××××		修订日期：××××/××/××
设施和环境条件	页次：××	版本/修订：×/0	实施日期：××××/××/××

1　××中心拥有保证检测工作正常进行的试验场地、能源、照明和环境条件，布置合理，设施和环境条件能够满足检测要求。对所要求的测量质量不会产生不良影响，并确保结果有效。

　　在固定设施以外的场所进行抽样和检测时，应特别注意满足必要的测试条件。对影响检测结果的设施和环境条件的技术要求制定程序文件。

1.1　××中心主要分布在××××局办公大楼第一、第三、第四层，实验室布局合理，宽敞明亮。在××××中转码头A节点的西侧海域和东北侧海域，分别建有与10万吨级和20万吨级码头相配套的两个取制样站（1号取制样站和2号取制样站）。

　　××中心使用面积共1767平方米。其中：办公室6间，共285平方米；实验室10间，共415平方米；取制样站2座，共1020平方米；仓库1间，44平方米；试剂库1间，30平方米。

　　平面分布图见手册附件2。

1.2　实验室的光源、电源、水源、温度、湿度、消防和防污染等条件齐全，并配有充足的通风橱，使用有毒有害试剂的操作均在通风橱中进行。实验室对在检验过程中产生有毒、有害废弃物的处理和排放按环保要求和×××××225《检验样品的处置控制程序》进行，必要时统一收集送有关部门集中处理。

2 相关的规范、方法和程序有要求或对结果的质量有影响时，实验室应监测、控制和记录环境条件。对诸如生物消毒、灰尘、电磁干扰、辐射、湿度、供电、温度、声级和振级等应予以重视，以便适应相关的技术活动。当环境条件危及检测结果时，应停止检测。

3 实验室需将不相容活动的相邻区域进行有效隔离，以防止交叉污染。实验室应具备良好环境条件和设备，可以保证测试结果的有效性和准确性，满足规定检验业务的需要。

4 对影响检测质量区域的进入和使用，应加以控制。实验室根据特定情况应规定"外来人员未经许可不得进入实验室"，不得在实验室从事与检验无关的任何活动。经批准允许进入实验室的外来人员，须按实验场所的相关规定登记（必要时更换工作衣），佩戴相应标志后方可进入实验室参观、指导。本实验室工作人员也应佩戴相应标志出入实验室，以予识别。有关标志格式见附件。

5 ××中心采取措施确保良好内务，并制定有专门的程序。关键地点设立警告（示）标志。中心设有兼职的安全卫生管理员，负责落实各项安全卫生的规定和要求，并组织各专业组定期进行安全卫生检查。对检查中发现的问题向有关人员提出纠正措施，按×××××210《纠正措施控制程序》及其他规定文件处理。

实验室应建立并保持安全作业管理程序，确保化学危险品、毒品、有害生物、电离辐射、高温、高电压、撞击以及水、气、火、电等危及安全的因素和环境得以有效控制，并有相应的应急处理措施。

实验室应建立并保持环境保护程序，具备相应的设施设备，确保检测产生的废气、废液、粉尘、噪声、固废物等的处理符合环境和健康的要求，并有相应的应急处理措施。

6 相关文件

手册附件1：职责分工及岗位授权

手册附件2：××中心平面分布图

附件3：标志格式

×××××210《纠正措施控制程序》

×××××216《设施和环境条件控制程序》

×××××225《检验样品的处置控制程序》

4.4.5.4 检测方法及方法确认

×××××质量手册	文件编号：××××		修订日期：××××/××/××
检测方法及方法确认	页次：××	版本/修订：×/0	实施日期：××××/××/××

1 总则

1.1 概述

××中心注重与检测方法有关资料的收集，以及使用适合的方法和程序进行所有检测活动。包括被检测物品的抽样、处理、运输、存储和准备，适当时，还包括测量不确定度的评定和分析检测数据的统计技术。

　　××中心具有所有相关设备的使用和操作说明书以及处置、准备检测物品的指导书等。所有与工作有关的指导书、标准、手册和参考资料应保持现行有效并易于工作人员取阅。对检测方法的偏离，仅应在该偏离已被文件规定、经技术判断、授权和客户同意的情况下才允许发生。

1.2　检测方法

　　××中心拥有 ISO、GB 及 SN 等相应标准和检测方法，可以适应承检范围内商品检测的需要，见本手册附件 7：承检项目及相关标准目录。

　　如果国际的、区域的或国家的标准，或其他公认的规范已包含了如何进行检测的简明和足够的信息，并且这些标准是以可被××中心操作人员作为公开文件使用的方式获得时，则不需再进行补充或改写，对方法中的可选择步骤，仅制定附加细则或补充文件而转化为内部程序使用。

2　方法的选择

2.1　技术负责人和合同评审员根据客户需要选择适用于所进行的检测方法，包括抽样的方法。

2.2　法律、法规有强制性规定时，执行法律、法规规定的检验方法；法律、法规未有强制性规定时，按照对外贸易合同约定的检验标准或委托人指定的标准和方法进行检验。

　　当客户未指定所用方法时，应选择以国际、区域或国家标准发布的，或由知名的技术组织或有关科学书籍和期刊公布的，或由设备制造商指定的方法。实验室制定的或采用的方法如能满足××中心的预期用途并经过确认，也可使用。所选用的方法应通知客户。在开始检测之前，实验室应确保能够正确地运用标准方法。如果标准方法发生了变化，应重新进行验证。

　　应优先使用认可范围内的国家标准发布的方法。需要时，可以采用国际标准，但仅限特定的委托方的委托检测。

2.3　当认为客户提出的方法不适合或已过期时，应通知客户。

2.4　当测试操作与标准方法有偏离时，必须文件化，经过技术验证、批准并被委托人认可后才允许存在。

2.5　技术负责人负责组织各专业组有关人员，对其所使用的检验标准和方法及作业指导书等每年进行一次审查，以保证使用的是最新有效版本，除非该版本不适宜或不可能使用。必要时，应采用附加细则对标准加以补充，以确保应用的一致性。方法及作业指导书的发放和回收按照××××204《文件控制程序》执行。

3　实验室制定的方法

　　根据测试工作需要可制定供实验室内部使用的测试方法。由技术负责人负责制订计划，指定具有足够资源的有资格人员进行实施。计划应随方法制定的进度加以更新，并确保在所有有关的人员中有效沟通。

　　实验室制定的或采用的方法如能满足实验室的预期用途并经过确认，可以作为资质认定的项目，但仅限特定的委托方的委托检测。

　　实验室制定的方法在使用前由技术负责人按照××××217《检测方法及方法确认控制程序》进行确认，并报实验室主任批准后生效。

4 非标准方法

4.1 对某些商品或检验项目，当必须使用标准方法中未包含的方法或已有的检验标准不适用时，可以使用非标准方法，但应征得客户的同意。

非标准方法由技术负责人组织编制，进行应用试验，经中心主任审核后报标准方法管理部门立项审批确认。

非标准方法使用前须由技术负责人按××××217《检测方法及方法确认控制程序》进行确认，由实验室统一编号，经中心主任批准后执行。

4.2 对新的检测方法，在应用之前需制成程序。程序中至少需包含下列信息：

（1）适当的标识；

（2）范围；

（3）被检测或校准物品类型的描述；

（4）被测定的参数或量和范围；

（5）装置和设备，包括技术性能要求；

（6）所需的参考标准和标准物质（参考物质）；

（7）要求的环境条件和所需的稳定周期；

（8）程序的描述，包括：

1）物品的附加识别标志、处置、运输、存储和准备；

2）工作开始前所进行的校核；

3）检查设备工作是否正常，需要时，在每次使用之前对设备进行校准和调整；

4）观察和结果的记录方法；

5）需遵循的安全措施；

（9）接受（或拒绝）的准则和（或）要求；

（10）需记录的数据以及分析和表达的方法；

（11）确定度或评定不确定的程序。

5 方法的确认

5.1 方法确认是为通过核查提供客观的证据，以证实该方法其特定预期用途的特殊要求得到满足。

5.2 对非标准方法、实验室设计（制定）的方法、超出其预定范围使用的标准方法、扩充和修改过的标准方法进行确认，以证实该方法适用于预期的用途。由技术负责人组织有资格的人员进行确认，应尽可能全面，以满足预定用途或应用领域的需要，详见××××217《检测方法及方法确认控制程序》。

在对预期用途进行评价时，经过确认的方法所得数据的范围和准确性应满足客户需要。并记录所获得的结果、使用的确认程序以及该方法是否适合预期用途的声明。

适当时确认应包括如下内容：

（1）对抽样、外置和运输程序的确认。

（2）用于确定某方法性能的技术宜是下列情况之一，或是其组合：

1）使用参考标准或标准物质（参考物质）进行校准；

2）与其他方法所得的结果进行比较；

3）实验室间比对；

4）对影响结果的因素做系统性评审；

5）根据对方法的理论原理和实践经验的科学理解，对所得结果不确定度进行的评定。

当对已确认的非标准方法做某些改动时，需将这些改动的影响制定成文件，适当时需重新进行确认。

5.3 按预期用途进行评价所确认的方法得到的值的范围和准确度，应适应客户的需求。这些值诸如：结果的不确定度、检出限、方法的选择性、线性、重复性限和/或复现性限、抵御外来影响的稳健度和/或抵御来自样品（或检测物）母体干扰的交互灵敏度。

必要时确认应包括：

（1）对要求的详细说明、方法特性量的测定、利用该方法能满足要求的核实以及有关确认的有效性的声明。

（2）在方法制定过程中，需进行定期的评审，以证实客户的需求仍能得到满足。对修订编制计划所需的要求中的任何变更，均需得到批准和授权。

（3）确认通常是成本、风险和技术可行性之间的一种平衡。许多情况下，由于缺乏信息，数值范围（如：准确度、检出限、选择性、线性、重复性、复现性、稳健度和交互灵敏度）和不确定度只能以简化的方式给出。

6 测量不确定度的评定

6.1 实验室努力尝试对测量不确定度进行评定，评定时要充分考虑检验标准、方法、仪器设备、环境、样品条件、操作误差等，当委托人对检验结果的不确定度有要求时，应出具不确定度的评定报告，详见×××× 218《测量不确定度评定控制程序》。

6.2 ××中心具有并应用评定测量不确定度的程序。

测量不确定度评定所需的严密程度取决于如下因素：

（1）检测方法的要求；

（2）客户的要求；

（3）据以做出满足某规范决定的窄限。

如果公认的检测方法规定了测量不确定度主要来源的值的极限，并规定了计算结果的表示方式，这时，只要遵守该检测方法和报告的说明，即认为符合要求。

6.3 在评定测量不确定时，对给定条件下的所有重要不确定度分量，均应采用适当的分析方法加以考虑，如：

（1）构成不确定度的来源包括（但不限于）所用的参考标准和标准物质（参考物质）、方法和设备、环境条件、被检测或校准物品的性能和状态以及操作人员；

（2）在评定测量不确定度时，通常不考虑被检测物品预计的长期性能；

（3）其他所要求的内容。

7 数据控制

7.1 确保对计算和数据传送进行系统和适当的检查。

7.2 当利用计算机或自动设备对检测数据进行采集、处理、记录、报告、存储或检索时，确保：

（1）由使用者开发的计算机软件应被制定成足够详细的文件，并对其适用性进行适当确认；

（2）建立并实施数据保护的程序，详见××××219《数据控制程序》。这些程序包括数据输入或采集、数据存储、数据传输和数据处理的完整性和保密性；

（3）维护计算机和自动设备以确保其功能正常，提供保护检测数据完整性所必需的环境和运行条件。

利用现成的商业软件（如文字处理、数据库和统计程序）时，在其设计的应用范围内可认为是充分有效的。但对软件的配置（或调整）需按本节 7.2（1）进行确认。

8　相关文件

××××204《文件控制程序》

××××205《要求、标书和合同评审控制程序》

××××217《检测方法及方法确认控制程序》

××××218《测量不确定度评定控制程序》

××××219《数据控制程序》

4.4.5.5　设 备

××××× 质量手册	文件编号：××××		修订日期：××××/××/××
设　备	页次：××	版本/修订：×/0	实施日期：××××/××/××

1　××中心拥有的用于检测，包括抽样、物品制备、数据处理与分析所要求的所有抽样、测量和检测设备，均能适应检测范围内的工作需要，详见手册《附件5：仪器设备一览表》。

实验室确保当需要使用固定控制之外的设备时，可以满足认可准则的要求。

2　确保用于检测、校准和抽样的设备及其软件应达到要求的准确度，并符合相应的检测规范要求。

××中心内设有兼职的计量检定、设备管理员，负责建立中心仪器设备台账，对结果有重要影响的仪器的关键量或值制定校准计划；包括用于抽样的设备在投入工作前进行校准或核查，以证实其能够满足实验室的规范要求和相应的标准规范。

3　设备均由经过授权的人员操作，配有设备使用和维护的最新版说明书（包括设备制造商提供的有关手册），便于有关人员取用。

4　用于检测并对结果有影响的每一设备及其软件，均进行唯一性标识，并加贴三色标志来表明仪器设备所处的校准状态。

5　对大型、精密仪器设备，建立了仪器设备档案，并在"仪器设备使用登记本"上记录仪器设备使用情况，协助仪器设备管理部门对仪器设备实施统一管理。

对检测具有重要影响的每一设备及其软件的记录，至少应包括：

（1）设备及其软件的识别；

（2）制造商名称、型式标识、系列号或其他唯一性标识；

（3）对设备是否符合规范的核查；

（4）当前的处所；

（5）制造商的说明书（如果有），或其存放地点；

（6）所有校准报告和证书的日期、结果及复印件，设备调整、验收准则和下次校准的预定日期；

（7）设备维护计划，以及已进行的维护（适当时）；

（8）设备的任何损坏、故障、改装或修理。

6 实验室具有安全处置、运输、存放、使用和有计划维护测量设备的程序，见×××220《设备控制程序》，以确保其功能正常并防止污染或性能退化。

在××中心固定场所外使用测量设备进行检测、校准或抽样时，需要制定特别的程序进行控制。

7 仪器设备曾经过载或处置不当、给出可疑结果，或已显示出缺陷、超出规定限度时，均应停止使用，予以隔离以防误用，或加贴标签、标记，以清晰表明该设备已停用，直至修复并通过校准或检测表明能正常工作为止。××中心应按照×××209《不合格检测工作控制程序》采取措施核查这些缺陷或偏离规定极限对先前检测的影响。

8 使用标签、编码及其他标识，来表明××中心控制下的、需校准的所有设备的校准状态，标识应包括上次校准的日期、再校准或失效的日期。

9 如果仪器设备脱离了××中心的直接控制，应确保该设备返回后，在使用前对其功能和校准状态进行核查并能显示满意结果。

10 仪器设备利用期间，需要核查以维持设备校准状态的可信度时，应按照相关程序进行。

11 当校准产生了一组修正因子时，确保其所有备份（例如计算机软件中的备份）得到正确更新。

12 确保检测设备包括硬件和软件得到有效保护，以避免发生致使检测结果失效的活动。

13 如果要使用实验室永久控制范围以外的仪器设备（租用、借用、使用客户的设备），限于某些使用频次低、价格昂贵或特定的检测设施设备，且应保证符合实验室资质认定准则的相关要求。

14 未经定型的专用检测仪器设备需要提供相关技术单位的验证证明。

15 相关文件

×××209《不合格检测工作控制程序》

×××220《设备控制程序》

×××222《测量溯源性控制程序》

×××223《期间核查控制程序》

4.4.5.6 测量溯源性

××××质量手册	文件编号：××××		修订日期：××××/××/××
测量溯源性	页次：××	版本/修订：×/0	实施日期：××××/××/××

1 总则

为保证取样、测试结果的准确性和有效性，××中心所拥有的、用于检测的、对检测和抽样结果的准确性或有效性有显著影响的所有设备，包括辅助设备（例如用于测量环境条件的设备），在投入使用前或检修后均要进行校准或检定，并在校准或检定有效期内使用，超过有效期必须经重新校准或检定合格后方可继续使用。

实验室应制定和实施仪器设备的计量检定程序，包括对检定机构的选择、用作检测、测量的标准物质（参考物质）以及用于检测和校准的测量与检测设备的选择、使用、校准、核查、控制和维护等内容，确认的总体要求。

2 特定要求

2.1 溯源

2.1.1 应确保选择的为××中心实施校准的实验室，其所进行的校准和测量可溯源到国际单位制（SI），对 SI 的链接可以通过参比国家测量标准来达到，以保证测量的溯源性。对满足认可准则要求的校准实验室即被认为是有资格的，由其发布的带有认可机构标志的校准证书，对相关校准来说，是所报告校准数据溯源性的充分证明。

2.1.2 如果校准不能严格按照 SI 单位进行，测量的可信度由计量检定机构通过建立适当测量标准的溯源来提供。量值溯源情况如图 4-2 所示。

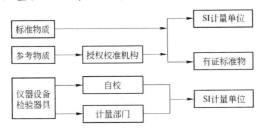

图 4-2 量值的溯源链示意图

2.2 检测

2.2.1 ××中心的法定计量检定仪器设备，如：天平、热电偶、测试设备及检验器具，定期由计量部门进行周期检定，将国家测量标准所复现的测量单位量值通过各等级测量标准传递到仪器设备上，并由计量部门出具检定证书。校准带来的贡献对检测结果总的不确定度有影响的，列出被检定仪器设备所需的不确定度。

部分非法定计量仪器设备定期由计量部门进行校准，计量部门出具校准证书，列出被测仪器设备的不确定度。被校准仪器设备的量值应溯源到国家测量标准或 SI 测量单位一级标准（基准）。

2.2.2 检测结果无法溯源到 SI 单位或与之无关时，要求测量能够溯源到诸如有证标准物质（参考物质）、约定的方法和/或协议标准或提供设备比对、能力验证结果的满意结果。

2.2.3 对计量部门无法校准的非法定计量检定仪器设备按××××222《测量溯源性控制程序》规定进行自校。

2.2.4 对自校的仪器设备，由技术负责人组织有关人员制定自校规程，报上级主管部门审定。自校的仪器设备应按规定定期自校，以确认仪器设备满足预期使用要求，写出自校报告。

2.2.5 计量检定或校准的管理

仪器设备的计量检定或校准工作由计量检定、设备管理员统一管理。建立计量周期检定或校准台账和档案，保证所有测试仪器及器具经检定或校准合格并在有效期内使用。检定校准工作按××××222《测量溯源性控制程序》执行。经检定的计量仪器设备及时加贴计量检定三色标志，校准合格的加贴校准标签。

仪器设备使用前应按操作规程和使用说明书要求进行校验，在使用中注意监控，以确保检测数据准确可靠。对无自动记录装置所提供的检测数据应经常检测各指标读数，当发现数据可疑时，应及时对所用仪器进行校验；自动显示记录测试数据的仪器设备在使用过程中应按一定时间间隔进行校验，若发现异常应按××××210《纠正措施控制程序》进行检查和纠正。

3　参考标准和标准物质（参考物质）

3.1　参考标准

必要时需制定校准其参考标准的计划和程序，参考标准应由能够提供溯源的机构进行校准。××中心持有的测量参考标准仅用于校准而不用于其他目的，参考标准在任何调整之前和之后均应校准。

3.2　标准物质（参考物质）

为保证检测结果的准确性、可靠性和可追溯性，对标准物质的管理有文件化的管理程序，由试剂管理员按××××222《测量溯源性控制程序》进行管理。需要时，标准物质（参考物质）应溯源到 SI 测量单位或有证标准物质（参考物质）。

3.3　期间核查

定期按要求对参考标准、基准、传递标准或工作标准以及标准物质（参考物质）进行核查，以保持其校准状态的置信度。

3.4　运输和储存

参考标准和标准物质（参考物质）应按要求进行安全处置、运输、存储和使用，以防止污染或损坏，确保其完整性。

当参考标准和标准物质（参考物质）用于××中心固定场所以外的检测、校准或抽样时，需有必要的控制，以保证有效。

4　相关文件

手册附件 5：职责分工及岗位授权

××××210《纠正措施控制程序》

××××222《测量溯源性控制程序》

××××223《期间核查控制程序》

4.4.5.7　抽样

×××××质量手册	文件编号：××××		修订日期：××××/××/××
抽　样	页次：××	版本/修订：×/0	实施日期：××××/××/××

1　××中心重视抽样工作，严格按照标准规范操作，使取出的样品具有代表性。接受委托人的申请后，按××××205《要求、标书和合同评审控制程序》对抽样要求进行评审，明确抽样要求。

实验室制定有为后续检测而对物质、材料或产品进行抽样时的程序，见××××224

《抽样控制程序》。抽样是取出物质、材料或产品的一部分作为其整体的代表性样品进行检测的一种规定程序。抽样也可能是由检测该物质、材料或产品的相关规范要求的。抽样程序宜对取自某个物质、材料或产品的一个或多个样品的选择、抽样计划、提取和制备进行描述，以提供所需的信息。

抽样人员按照抽样标准或抽样作业指导书的统计方法拟制抽样计划，抽样计划和程序在抽样的地点能够得到，抽样过程在受控状态下进行，以确保检测结果的有效性。

2　当客户对文件规定的抽样程序有偏离、添加或删节的要求时，应详细记录这些要求和相关的抽样资料，并记入包含检测结果的所有文件中，同时告知相关人员，或在检验报告或证书中予以说明。

3　抽样是检测工作的一部分，抽样人员按照×××× 212《记录控制程序》详细记录与抽样有关的所有数据和操作，并作为原始记录的一部分，应包括所用的抽样程序、抽样人的识别、有关环境条件、必要的抽样地方图示或其他等效方法，适合抽样程序的统计方法等。

4　相关文件

手册附件 5：职责分工及岗位授权

××××205《要求、标书和合同评审控制程序》

××××212《记录控制程序》

××××224《抽样控制程序》

4.4.5.8　检测样品的处置

××××质量手册	文件编号：××××		修订日期：××××/××/××
检测样品的处置	页次：××	版本/修订：×/0	实施日期：××××/××/××

1　××中心有用于检测样品的运输、接收、处置、保护、存储、保留和/或清理的程序，包括为保护检测物品的完整性以及××中心与客户利益所需的全部条款，见××××225《检验样品的处置控制程序》，确保样品在中心内整个期间标识清晰、可追溯，并能满足规定需要。

2　检测样品的标识系统，在××中心的整个期间应保留该标识。确保样品标识系统的设计和使用不会在实物上或在涉及的记录和其他文件中混淆。有统一的存放样品的地点，样品标签要求统一，以便于识别，样品到期后应及时处理。样品的贮存、标记和处理按××××225《检验样品的处置控制程序》执行。

3　在接收客户的检测样品时，应记录异常情况或对检测方法中所述正常（或规定）条件的偏离。当对样品是否适合于检测存有疑问，或当样品不符合所提供的描述，或对所要求的检测规定得不够详尽时，应在开始工作之前问询客户，以得到进一步的说明，并记录下讨论的内容。

样品管理人员负责样品的接收和登记，并严格按标准或要求制取检验用样品、保留样品或委托人要求的、用于验证目的的样品，做好记录和标识。并按规定的检测流程进行样品传递，做好接样记录。保留样品的调出与制取，需按规定的程序进行。

4 有程序和适当的设施避免检测样品在存储、处置和准备过程中发生退化、丢失或损坏。应遵守随样品提供的处理说明。当样品需要被存放或在规定的环境条件下养护时，应维持、监控和记录这些条件。当一个检测样品或其一部分需要安全保护时，应对其存放和安全做出安排，以保护该样品或其有关部分的状态和完整性。

（1）在检测之后要重新投入使用的检测样品中，需特别注意确保样品的处置、检测或存储（或待检）过程中不被破坏或损伤。

（2）需向负责抽样和运输样品的人员提供有关样品存储和运输的信息，包括影响检测结果的抽样要求的信息。

（3）维护检测或校准样品安全的缘由可能出自记录、安全或价值的原因，或是为了日后进行补充检测。

5 特殊样品的处理

××中心规定了如：客户需要验证目的的样品、保留样品等特殊情况的处理程序，见××××225《检验样品的处置控制程序》。

6 相关文件

手册附件5：职责分工及岗位授权

××××225《检验样品的处置控制程序》

4.4.5.9 检测结果质量保证

××××质量手册	文件编号：××××		修订日期：××××/××/××
检测结果质量保证	页次：××	版本/修订：×/0	实施日期：××××/××/××

1 概述

实验室有质量控制程序，通过有计划的质量控制活动，以监控检测结果的有效性。

2 计划和实施

技术负责人制定质量控制活动的计划，由中心主任批准后，技术负责人负责组织实施，详见××××226《检测结果质量保证控制程序》。

3 质量控制方法

实验室所得数据的记录方式应便于可发现其发展趋势，可行时，采用统计技术对结果进行审查。

实验室所选择的质量控制方法主要有以下几种：

（1）定期使用有证标准物质（参考物质）和/或次级标准物质（参考物质）进行内部质量控制；

（2）参加实验室之间的比对或能力验证计划；

（3）利用相同或不同方法进行重复检测或校准；

（4）对存留样品进行再检测或再校准；

（5）分析一个样品不同特性结果的相关性；

选用的方法需与所进行工作的类型和工作量相适应。

4 质量控制结果的评审

实验室技术负责人组织对质量控制的数据进行分析，必要时使用统计技术进行分析。当发现质量控制数据超出预定的判断，或对测试活动有效性及测试结果准确性产生怀疑时，应采取有计划的措施来纠正出现的问题，并防止报告错误的结果。同时，找出潜在的不符合原因，并按×××211《预防措施控制程序》采取预防措施。评审的结果上报管理部门评审。

5 相关文件

×××211《预防措施控制程序》

×××226《检测结果质量保证控制程序》

4.4.5.10 结果报告

××××质量手册	文件编号：××××		修订日期：××××/××/××
结果报告	页次：××	版本/修订：×/0	实施日期：××××/××/××

1 总则

××中心的检测结果通常以检测报告（有时称为检测证书）的形式出具，检测报告是工作的载体和最终反映，必须准确、清晰、明确和客观地描述检验结果及其他影响结果的有关信息，保证检测报告所包含的信息符合委托人、测试方法规定和说明测试结果所必需的要求，这是重点和严格控制的文件之一。

在为内部客户进行检测或与客户有书面协议的情况下，可用简化的方式报告结果。对于本节2～4中所列、未向客户报告的信息，确保能方便地获得。

在满足认可准则要求的情况下，检测报告可用硬拷贝或电子数据传输的方式发布。报告应使用法定计量单位。

2 检测报告

实验室每份检测报告应至少包括下列信息：

（1）标题（例如"检测报告"）；

（2）××中心的名称和地址，进行检测的地点（如果与××中心的地址不同）；

（3）检测报告的唯一性标识（如系列号）和每一页上的标识，以确保能够识别该页是属于检测报告的一部分，以及表明检测报告结束的清晰标识；

（4）客户的名称和地址；

（5）所用方法的识别；

（6）检测或校准样品的描述、状态和明确的标识；

（7）对结果的有效性和应用至关重要的检测样品的接收日期和进行检测的日期；

（8）如与结果的有效性和应用相关时，××中心或其他机构所用的抽样计划和程序的说明；

（9）检测和校准的结果，适用时，带有测量单位；

（10）检测报告批准人的姓名、职务、签字或等效的标识；

（11）相关之处，结果仅与被检测或被校准样品有关的声明。

另外应包括：检测报告的硬拷贝也需有页码和总页数；××中心做出未经书面批准不得复制（全文复制除外）检测报告的声明。

3 检测报告的其他要求

3.1 当需对检测结果作出解释时，除本节 2 中所列的要求之外，检测报告中还应包括下列内容：

（1）对检测方法的偏离、增添或删节，以及特殊检测条件的信息，如环境条件；

（2）需要时，符合（或不符合）要求和/或规范的声明；

（3）适用时，评定测量不确定度的声明。当不确定度与检测结果的有效性或应用有关，或客户的指令中有要求，或当不确定度影响到对规范限度的符合性时，检测报告中还需要包括有关不确定度的信息；

（4）适用且需要时，提出意见和解释（见本节 5）；

（5）特定方法、客户或客户群体要求的附加信息。

3.2 当需对检测结果做解释时，对含抽样结果在内的检测报告，除了按条款"2"和"3.1"所列的要求之外，还应包括下列内容：

（1）抽样日期；

（2）抽取的物质、材料或产品的清晰标识（适当时，包括制造者的名称、标示的型号或类型和相应的系列号）；

（3）抽样地点，包括任何简图、草图或照片；

（4）列出所用的抽样计划和程序；

（5）抽样过程中可能影响检测结果解释的环境条件的详细信息；

（6）与抽样方法或程序有关的标准或规范，以及对这些规范的偏离、增添或删节。

4 检测报告的拟制、复核、审核和签发

测试工作完成后，检验人员应及时拟制检测报告或证书，拟制工作应力求详尽、准确地反映检验结果。自核无误后交同岗第二人复核。复核人根据有关检验记录，校对有关检验标准、数据、用语等，如发现错误应退回拟稿人改正，核对无误后签字，交审核人审核。审核内容和复核相同，审核无误后签字，其他要求详见文件×××× 227《结果报告控制程序》。

××中心将经"三核"后的检测报告或证书，由授权签字人对外签发。对外出具的检测证书经授权签发人的签字，在局管理部门备案。

5 意见和解释

当含有意见和解释时，××中心应把做出意见和解释的依据制定成文件。意见和解释应像在检测报告中的一样被清晰标注，意见和解释不应与 ISO/IEC17025 和 ISO/IEC 指南 65 中所指的检查和产品认证相混淆。

检测报告中包含的意见和解释，适用时包括下列内容：

（1）关于结果符合（或不符合）要求声明的意见；

（2）合同要求的履行；

（3）如何使用结果的建议；

（4）用于改进的指导意见。

在通过与客户直接对话来传达意见和解释时，对话需进行文字记录。

6 从分包方获得的检测结果

当检测报告包含了由分包方所出具的检测结果时，这些结果应予清晰标明。分包方应以书面或电子方式报告结果。

7 结果的电子传送

检测证书或报告一般由委托人领取，委托人领取时须办理相应的登记手续。当委托人有书面申请和承诺需要用电话、传真等电子手段传送检验结果时，在满足认可准则的前提下，按×××202《客户机密和所有权保护控制程序》及×××227《结果报告控制程序》中相关规定执行。

8 报告和证书的格式

检测报告分检测报告及检测证书两种，检测报告和证书格式统一，设计为适用于所进行的各种检测类型，并尽量减小产生误解或误用的可能性。

检测报告的编排尤其是检测数据的表达方式，应易于读者理解。

表头需尽可能地标准化。

其内容包括取样情况、检验依据、检验结果和评定结果四项基本内容，以及其他规定的内容，详见×××227《结果报告控制程序》。

9 检测报告的更改

检测报告发出后，如果发现不完善之处需进行实质性的修改，应以追加文件或资料转换的形式实现，并包括以下声明：

"对×××检测报告（或校准证书）的补充，系列号……（或其他标识）"，或其他等同的文字形式。

这种修改应满足认可准则的所有要求。

当有必要发布全新的检测报告时，应注以唯一性标识，并注明所替代的原件。补充报告的拟制、校对、审核、签发同"检测报告"。

10 检测报告的收回

若因设备故障和测量原因对检测报告的结果产生怀疑时，应立即以书面形式通知委托人，并收回检测报告。实验室主任对此组织审查，如确有错误要按规定的程序重新拟制新的检测报告，并按×××211《预防措施控制程序》处理。

11 检测报告的保存

检测报告作为检验记录的一部分，应按编号交档案资料管理员归档保存。具体按×××227《结果报告控制程序》执行。

12 相关文件

×××202《客户机密和所有权保护控制程序》

×××227《结果报告控制程序》

×××210《纠正措施控制程序》

×××211《预防措施控制程序》

4.4.6　附录目录

××××× 质量手册	文件编号：××××		修订日期：××××/××/××
附录目录	页次：××	版本/修订：×/0	实施日期：××××/××/××

1　附录

　　本附录所列，均为质量手册的支撑性文件。

1.1　附录1：《第二、三层次文件编写工作规范》

1.2　附录2：《质量手册管理》

1.3　附录3：《质量手册附件》

1.4　附录4：《质量手册更改一览表》

1.5　附录5：《管理体系要素对照表》

2　附录的说明

2.1　工作职责××××号《×××××职责分工》的通知为基本要求，结合××中心管理和认可需要而制定。

2.2　附录的效力

2.3　附录与质量手册是一个整体，具有同等效力。

2.4　附录的修改

　　附录的修改适用××××204《文件控制程序》。

4.4.6.1　附录1：第二、三层次文件编写工作规范

××××× 质量手册	文件编号：××××		修订日期：××××/××/××
第二、三层次文件编写工作规范	页次：××	版本/修订：×/0	实施日期：××××/××/××

1　目的

　　保证××中心编写的管理体系文件格式统一、规范。

2　适用范围

　　适用于××中心对管理体系二、三层次文件（程序文件和作业指导书）编写的控制。

3　职责

3.1　××中心负责编制《管理体系二、三层次文件编写工作规范》。

3.2　各岗位负责按照本文件要求编写相关文件。

4　控制要求

4.1　编写程序文件和作业指导书必须按照《质量手册》的要求，并结合实际情况，对活动或过程按其逻辑关系进行展开描述。要求层次分明，文字简洁，条理清楚，接口明确。

4.2　程序文件应符合以下要求：

4.2.1　目的——制定该文件的目的。

4.2.2　适用范围——规定该文件的控制领域。

4.2.3　职责——明确负责该项工作的部门和相关部门。

4.2.4 术语和定义（适用时）——必要时对文件中所涉及的名词、术语、定义、缩写等进行规定和描述。

4.2.5 程序——根据对活动或过程的控制要求，按其逻辑关系描述开展该活动或过程的步骤和途径。

4.2.6 相关文件——涉及实施该程序有关的文件。一般只要求列出与该程序直接相关的平级文件或下级文件，并给出检索文件的目录。

4.2.7 相关记录——实施该程序所涉及的记录目录。

4.3 作业指导书应包括的内容，与程序文件的要求基本一致，但其描述的活动或过程具有单一性，应更具体和详细，更具可操作性。

4.4 程序文件和作业指导书页面格式，统一按照本文件的页面形式编制，并使用 A4 纸装夹。

4.5 程序文件和作业指导书页面设置主要参数。

4.5.1 纵向及横向页面边距。

（1）纵向页边距。

上：4.5 cm。

下：2.5 cm。

左：2.5 cm。

右：2.5 cm。

（2）页眉：2.5 cm。页眉格式宽 16.75 cm，第一行高 1.15 cm，第二行高 0.95 cm。

（3）页脚 1.5 cm。

（4）横向页边距。

上：2.5 cm。

下：2.0 cm。

左：2.5 cm。

右：2.5 cm。

（5）页眉：2.5 cm。页眉格式宽 25 cm，第一行高 1.15 cm，第二行高 0.95 cm。

（6）页脚：1.5 cm。

4.5.2 字体要求。

页面正文的中文为四号仿宋体，页面采用两段对齐，只指定行数，纵向每页 30 行、横向 18 行。

正文中标题（如：1 目的、2 范围）中文为四号仿宋，加粗左缩进为 0，"1"与"目的"之间空一全字符，次标题数字加粗，中文不加粗（如：4.1 控制要求）。

正文中数字与字母为四号 Times New Roman 字体。

正文中标题下序号如 a)、b)…或 1)、2)…左缩进两个全字符与后面文字无空格。

页眉字体为：质量体系文件类别为三号黑体。质量体系文件名称为四号仿宋体，加粗。其他部分为小五号中文宋体，数字及字母字体为 Times New Roman。

4.5.3 其他参照本规范编写。

4.5.4 以上为原则使用的参数，必要时可略做微调。

4.6 程序文件完稿后由质量负责人组织有关人员进行讨论、修改，重点审核文件与《质量手册》的符合性及相互之间的接口关系。质量手册、程序文件由中心主任批准发布。

4.7 作业指导书由各岗位负责编写，由技术负责人批准发布。

5 相关文件

    ××××204 《文件控制程序》

    ××××212 《记录控制程序》

4.4.6.2 附录2：质量手册管理

××××质量手册	文件编号：××××		修订日期：××××/××/××
质量手册管理	页次：××	版本/修订：×/0	实施日期：××××/××/××

1 概述

    为了保证质量手册的完整性、权威性和严肃性，充分发挥本手册的规章和纲领性文件的有效作用，本章规定了质量手册的使用原则和管理方法。

2 质量手册的编制、审核、批准

2.1 编制依据国际、国内实验室认可的有关规则、上级领导指示精神和业务发展的需要。

2.2 质量手册由中心主任提出要求，组织中心各岗位负责人讨论确定手册目录和编写提纲，由质量负责人负责组织起草编写。手册力求简练易懂，切实可行。并由各专业组负责人进行讨论，最后交××中心批准发布。有关管理体系文件制定、修订见程序文件××××204《文件控制程序》。

2.3 质量手册的修改

2.3.1 修改

    在管理体系运行中发现质量手册需要修改时，由工作人员提出修改申请并填写"文件更改记录"，经中心主任批准后，由质量负责人组织修改，修改部分经中心主任审核批准后执行。

2.3.2 修改标志

    质量手册修改标志见题头右"修订日期"和"修订版本"或具体签注。程序文件修改标志见文件编号后缀"××"（见程序文件××××204《文件控制程序》）或具体签注。

2.3.3 本手册修改有两种方式：

    （1）签注——适用于简单内容的修改，对多处签注修改要在下一次内部审核时统一做换页处理。

    （2）换页（加页）——适用于较大篇幅修改或增减内容，在进行换页修改时，修改标志要与修改次数一致。

2.3.4 更改、替换下的有关文件资料如需保留的加盖作废印章，其余一律销毁。

2.4 质量手册的发放

2.4.1 质量手册有书面版、电子版两种媒体形式，并分受控和非受控两种状态。电子版手册，在××中心共享电脑中直接阅取的是最新有效版本，非××中心按受控文件控制方法获取的书面版本，均视为非受控文件。

2.4.2 质量负责人负责书面版手册的发放、控制和维护，保证受控版本是最新有效版本。发放登记要归档保存。

2.4.3 书面版手册发放至各岗位负责人，属受控文件应保密，持有人应妥善保管。任何人未经中心主任批准不得复制、转借和赠送他人。持有人在调离时应将手册交回。

其他工作人员在共享电脑中凭密码直接阅取的是受控有效版本的只读文件，未经批准禁止作为工作依据打印。个人作为临时参考文件打印的，需加以个人签注的非有效文件的标识。

2.4.4 非受控状态的书面版质量手册发放均需提出申请，经××中心负责人同意后，由质量负责人发放。电子版质量体系文件，禁止向××中心以外人员提供。

2.5 相关文件

××××204《文件控制程序》

2.6 质量手册的解释权

质量手册由××中心负责解释。

4.4.6.3 附录3：质量手册附件

××××质量手册	文件编号：××××		修订日期：××××/××/××
质量手册附件目录	页次：××	版本/修订：×/0	实施日期：××××/××/××

序　号	文 件 编 号	名　　称
附件1	××××1631	来宾卡
附件2	××××1632	检测中心工作人员一览表
附件3	××××1633	职责分工及岗位授权
附件4	××××1634	仪器设备器具一览表
附件5	××××1635	实验室认可受检商品、项目及标准目录
附件6	××××1636	测试标准一览表
附件7	××××1637	标准物质目录
附件8	××××1638	质量目标测量方法
附件9	××××1639	一楼实验室平面分布图
附件10	××××16310	四楼实验室平面分布图
附件11	××××16311	10万吨级矿石码头取制样设施平面图
附件12	××××16312	20万吨级矿石码头取制样设施平面图
附件13	××××16313	程序文件目录
附件14	××××16314	作业指导书目录
附件15	××××16315	受控文件一览表
附件16	××××16316	表格目录

4.4.6.4 附录4: 质量手册更改一览表

××××× 质量手册	文件编号：××××		修订日期：××××/××/××
质量手册更改一览表	页次：××	版本/修订：×/0	实施日期：××××/××/××

序号	修改章节	修改原因与内容	修改日期	审核人	批准人

4.4.6.5 附录5: 质量体系要素对照表

××××× 质量手册	文件编号：××××		修订日期：××××/××/××
质量体系要素对照表	页次：××	版本/修订：×/0	实施日期：××××/××/××

ISO/IEC 17025 和 CNAS-CL01 条款	实验室资质认定评审准则条款	质量手册条款
4.1 组织	4.1 组织	4.1 组织
4.1.1	4.1.1	4.1.1

ISO/IEC 17025 和 CNAS-CL01 条款	实验室资质认定评审准则条款	质量手册条款
4.1.2	4.1.4	4.1.2
4.1.3	4.1.2、4.1.3	4.1.3
4.1.4	4.1.5	4.1.4
4.1.5 a)	4.1.5	4.1.5 a)
4.1.5 b)	4.1.5	4.1.5 b)
4.1.5 c)	4.1.6	4.1.5 c)
4.1.5 d)	4.1.5	4.1.5 d)
4.1.5 e)	4.1.7	4.1.5 e)
4.1.5 f)	4.1.9	4.1.5 f)
4.1.5 g)	4.1.10	4.1.5 g)
4.1.5 h)	4.1.11	4.1.5 h)
4.1.5 i)	4.1.11	4.1.5 i)
4.1.5 j)	4.1.9	4.1.5 j)
4.1.5 k)	—	4.1.5 k)
4.1.6	—	4.1.6
—	4.1.8	4.1.7
—	4.1.12	4.1.8
4.2 管理体系	4.2 管理体系	4.2 管理体系
4.2.1	4.2	4.2.1
4.2.2	4.2	4.2.2
4.2.3	—	4.2.3
4.2.4	—	4.2.4
4.2.5	—	4.2.5
4.2.6	—	4.2.6
4.2.7	—	4.2.7
4.3 文件控制	4.3 文件控制	4.3 文件控制
4.3.1	4.3	4.3.1
4.3.2.1	4.3	4.3.2.1
4.3.2.2	4.3	4.3.2.2
4.3.2.3	4.3	4.3.2.3
4.3.3.1	4.3	4.3.3.1
4.3.3.2	4.3	4.3.3.2
4.3.3.3	4.3	4.3.3.3
4.3.3.4	4.3	4.3.3.4
4.4 要求、标书和合同的评审	4.6 合同评审	4.4 要求、标书和合同的评审
4.4.1	4.6	4.4.1
4.4.1 a)	4.6	4.4.1 a)
4.4.1 b)	4.6	4.4.1 b)

续表

ISO/IEC 17025 和 CNAS-CL01 条款	实验室资质认定评审准则条款	质量手册条款
4.4.1 c)	4.6	4.4.1 c)
4.4.1 注 1	4.6	4.4.1 d)
4.4.1 注 2	4.6	4.4.1 e)、f)
4.4.1 注 3	4.6	4.4.1 g)
4.4.2	—	4.4.2
4.4.3	—	4.4.3
4.4.4	—	4.4.4
4.4.5	—	4.4.5
4.5 检测和校准的分包	4.4 检测和/或校准的分包	4.5 检测和校准的分包
4.5.1	4.4	4.5.1
4.5.2	4.4	4.5.2
4.5.3	4.4	4.5.3
4.5.4	—	4.5.4
4.6 服务和供应品的采购	4.5 服务和供应品的采购	4.6 服务和供应品的采购
4.6.1	4.5	4.6.1
4.6.2	4.5	4.6.2
4.6.3	4.5	4.6.3
4.6.4	4.5	4.6.4
4.7 服务客户	—	4.7 服务客户
4.7.1	—	4.7.1
4.7.2	—	4.7.2
4.8 投诉	4.7 申诉和投诉	4.8 投诉
4.8	4.7	4.8.1、4.8.2、4.8.3
4.9 不符合检测工作的控制	—	4.9 不符合检测工作的控制
4.9.1 a)	—	4.9.1 a)
4.9.1 b)	—	4.9.1 b)
4.9.1 c)	—	4.9.1 c)
4.9.1 d)	—	4.9.1 d)
4.9.1 e)	—	4.9.1 e)
4.9.2		4.9.2
4.10 改进	4.8 纠正措施、预防措施及改进	4.10 改进
4.10	4.8	4.10.1
4.11 纠正措施	4.8 纠正措施、预防措施及改进	4.11 纠正措施
4.11.1	4.8	4.11.1
4.11.2	4.8	4.11.2 、 4.11.2.1 、 4.11.2.2
4.11.3	4.8	4.11.3
4.11.4	4.8	4.11.4

ISO/IEC 17025 和 CNAS-CL01 条款	实验室资质认定评审准则条款	质量手册条款
4.11.5	4.8	4.11.5
4.12 预防措施	4.8 纠正措施、预防措施及改进	4.12 预防措施
4.12.1	4.8	4.12.1、4.12.1.1、4.12.1.2
4.12.2	4.8	4.12.2、4.12.2.1、4.12.2.2
4.13 记录的控制	4.9 记录	4.13 记录的控制
4.13.1.1	4.9	4.13.1.1
4.13.1.2	4.9	4.13.1.2
4.13.1.3	4.9	4.13.1.3
4.13.1.4	4.9	4.13.1.4
4.13.2.1	4.9	4.13.2.1
4.13.2.2	4.9	4.13.2.2
4.13.2.3	4.9	4.13.2.3
4.14 内部审核	4.10 内部审核	4.14 内部审核
4.14.1	4.10	4.14.1
4.14.2	4.10	4.14.2
4.14.3	4.10	4.14.3
4.14.4	4.10	4.14.4
4.15 管理评审	4.11 管理评审	4.15 管理评审
4.15.1	4.11	4.15.1、4.15.1.1、4.15.1.2
4.15.2	4.11	4.15.2
5.1 技术要求—总则	—	5.1 技术要求—总则
5.1.1	—	5.1.1
5.1.2	—	5.1.2
5.2 人员	5.1 人员	5.2 人员
5.2.1	5.1.1、5.1.2、5.1.4	5.2.1
5.2.2	5.1.3	5.2.2
5.2.3	5.1.1	5.2.3
5.2.4	—	5.2.4
5.2.5	5.1.5	5.2.5、5.2.6
—	5.1.6	5.2.7
5.3 设施和环境条件	5.2 设施和环境条件	5.3 设施和环境条件
5.3.1	5.2.1	5.3.1、5.3.1.1、5.3.1.2
5.3.2	5.2.2	5.3.2
5.3.3	5.2.5	5.3.3
5.3.4	5.2.6	5.3.4
5.3.5	5.2.3、5.2.4	5.3.5
5.4 检测方法及方法的确认	5.3 检测和校准方法	5.4 检测方法及方法的确认

续表

ISO/IEC 17025 和 CNAS-CL01 条款	实验室资质认定评审准则条款	质量手册条款
5.4.1	5.3.1、5.3.3、5.3.6	5.4.1、5.4.1.1、5.4.1.2
5.4.2	5.3.4	5.4.2、5.4.2.1、5.4.2.2、5.4.2.3、5.4.2.4、5.4.2.5
5.4.3	5.3.5	5.4.3
5.4.4	—	5.4.4、5.4.4.1、5.4.4.2
5.4.5.1	5.3.2	5.4.5.1
5.4.5.2		5.4.5.2
5.4.5.3	—	5.4.5.3
5.4.6.1	—	5.4.6.1
5.4.6.2	—	5.4.6.2
5.4.6.3	—	5.4.6.3
5.4.7.1	5.3.7	5.4.7.1
5.4.7.2	5.3.7	5.4.7.2
5.5 设备	5.4 设备和标准物质	5.5 设备
5.5.1	5.4.1	5.5.1
5.5.2	—	5.5.2
5.5.3	5.4.4	5.5.3
5.5.4	—	5.5.4
5.5.5	5.4.5	5.5.5
5.5.6	—	5.5.6
5.5.7	5.4.2	5.5.7
5.5.8	5.4.6	5.5.8
5.5.9	5.4.7	5.5.9
5.5.10	5.4.8	5.5.10
5.5.11	—	5.5.11
5.5.12	—	5.5.12
—	5.4.3	5.5.13
—	5.4.10	5.5.14
5.6 测量溯源性	5.5 量值溯源	5.6 测量溯源性
5.6.1	5.5.1	5.6.1
5.6.2.1.1	—	5.6.2.1.1
5.6.2.1.2	—	5.6.2.1.2
5.6.2.2.1	—	5.6.2.2.1
5.6.2.2.2	5.5.2、5.5.3	5.6.2.2.2、5.6.2.2.3、5.6.2.2.4、5.6.2.2.5
5.6.3.1	5.5.4	5.6.3.1
5.6.3.2	5.5.5	5.6.3.2
5.6.3.3	5.5.6	5.6.3.3
5.6.3.4	5.5.7	5.6.3.4

ISO/IEC 17025 和 CNAS-CL01 条款	实验室资质认定评审准则条款	质量手册条款
5.7 抽样	5.6 抽样和样品处置	5.7 抽样
5.7.1	5.6.1、5.6.2、5.6.3	5.7.1
5.7.2	5.6.4	5.7.2
5.7.3	5.6.3	5.7.3
5.8 检测和校准物品（样品）的处置	5.6 抽样和样品处置	5.8 检测样品的处置
5.8.1	5.6.5	5.8.1
5.8.2	5.6.6	5.8.2
5.8.3	5.6.5	5.8.3
5.8.4	5.6.7	5.8.4　5.8.5
5.9 检测和校准结果的质量保证	5.7 结果质量控制	5.9 检测结果的质量保证
5.9.1	5.7.1	5.9.1、5.9.1.1、5.9.1.2
5.9.2	5.7.2	5.9.2
5.10 结果报告	5.8 结果报告	5.10 结果报告
5.10.1	5.8.1	5.10.1
5.10.2	5.8.2	5.10.2
5.10.3.1	5.8.3	5.10.3.1
5.10.3.2	5.8.4	5.10.3.2
5.10.5	5.8.5	5.10.5
5.10.6	—	5.10.6
5.10.7	5.8.6	5.10.7
5.10.8	—	5.10.8
5.10.9	5.8.7	5.10.9

5 铁矿石检验实验室程序文件示例

5.1 程序文件封面

编　号	
受控状态	
持 有 者	

××××××××

检测中心

程序文件

编　　制：×××　　　　　　审　　核：×××
日　　期：××××年××月××日　日　　期：××××年××月××日
批准发布：×××
日　　期：××××年××月××日

修订日期：××××年××月××日　实施日期：××××年××月××日
有效版本：第×版
文件编号：××××201～229

5.2 程序文件目录

××××× 程序文件		文件编号：××××		修订日期：××××/××/××
程序文件目录		页次：××	版本/修订：×/0	实施日期：××××/××/××

序　号	文　件　编　号	文　件　名　称
5.3.1	××××201	中心公正行为控制程序
5.3.2	××××202	客户机密和所有权保护控制程序
5.3.3	××××203	沟通控制程序
5.3.4	××××204	文件控制程序
5.3.5	××××205	要求、标书和合同评审控制程序
5.3.6	××××206	检测的分包控制程序
5.3.7	××××207	服务和供应品的采购控制程序
5.3.8	××××208	服务客户与投诉控制程序
5.3.9	××××209	不合格检测工作控制程序
5.3.10	××××210	纠正措施控制程序
5.3.11	××××211	预防措施控制程序
5.3.12	××××212	记录控制程序
5.3.13	××××213	内部审核控制程序
5.3.14	××××214	管理评审控制程序
5.3.15	××××215	人员控制程序
5.3.16	××××216	设施环境和安全作业控制程序
5.3.17	××××217	检测方法及方法确认控制程序
5.3.18	××××218	测量不确定度评定控制程序
5.3.19	××××219	数据控制程序
5.3.20	××××220	设备控制程序
5.3.21	××××221	计算机使用与维护控制程序
5.3.22	××××222	测量溯源性控制程序
5.3.23	××××223	期间核查控制程序
5.3.24	××××224	抽样控制程序
5.3.25	××××225	检验样品的处置控制程序
5.3.26	××××226	检测结果质量保证控制程序
5.3.27	××××227	结果报告控制程序
5.3.28	××××228	能力验证控制程序
5.3.29	××××229	允许偏离控制程序

5.3　程序文件正文

5.3.1　公正行为控制程序

×××××程序文件	文件编号：××××		修订日期：××××/××/××
公正行为控制程序	页次：××	版本/修订：×/0	实施日期：××××/××/××

1　目的

　　确保××中心在能力、公正性、判断力以及运作诚实性方面的可信度。

2　适用范围

　　适用于××中心所有与检测有关的工作。

3　职责

　　质量负责人负责执行本程序，中心主任负责不良行为的行政处理。

4　控制程序

4.1　工作人员公正行为教育

　　质量负责人根据"××××15-01 年度人员培训目标与计划表"，对××中心工作人员进行定期的公正行为教育和管理体系的培训。

4.2　工作人员不良行为的控制

4.2.1　××中心主任要抵制并保证工作人员免受来自于上级部门和领导的压力而影响工作的质量。工作人员如受到这些压力而影响工作上的判断时，不要擅自做主，要逐级请示汇报，最终决策人员要对后果负责。

4.2.2　××中心工作人员不得参加与工作和服务内容相关的经商行为，不得接受客户或委托人的宴请和礼金，以确保其工作的公正性和诚实性。如发现工作人员有这些不良行为，中心主任要马上停止或调整其工作岗位，尽量挽回对客户造成的影响（如存在），并上报××××局处理。

4.2.3　工作人员要自觉遵守《检验检疫人员职业道德规范》和××中心《质量手册》的规定。中心主任负责监督中心副主任、质量负责人、技术负责人及其代理人的管理行为，质量负责人负责监督××中心工作人员工作行为，监督组人员负责监督工作人员的技术操作能力和工作质量；如发现违规人员，应马上逐级上报处理。

4.2.4　监督组每年制定"××××01-02 监督活动计划"，至少每季度做一份"××××01-03 监督报告"。

4.3　工作人员不良行为的处理

4.3.1　质量负责人负责对工作人员不良行为的调查，并把调查结果上报到中心主任。中心主任根据调查结果，对有违规行为的工作人员进行处理。

4.3.2　质量负责人负责记录调查和处理结果。

4.3.3　档案资料管理员负责上述记录的归档。

5　引用文件

　　××××202　　《客户机密和所有权保护控制程序》

　　××××215　　《人员控制程序》

6 记录

    ××××01-01   工作人员不良行为处理记录

    ××××01-02   监督活动计划

    ××××01-03   监督报告

5.3.2 客户机密和所有权保护控制程序

××××× 程序文件		文件编号：××××		修订日期：××××/××/××
客户机密和所有权保护控制程序	页次：××	版本/修订：×/0	实施日期：××××/××/××	

1 目的

    确保客户在商业、法律上的机密信息和专有权得到保护，维护客户合法权益和××中心公正形象。

2 适用范围

    适用于××中心与客户机密和专有权有关的所有信息保护工作。

3 职责

    中心主任负责执行本程序。

    中心主任负责客户来访或监视中心工作过程中的客户机密和专有权的保护；档案资料管理员负责有关客户合同、结果报告单、测试记录等信息（包括电子存储和电子传输的客户信息）保密工作；样品管理员负责客户样品及信息的保护工作；全体工作人员严格遵守本程序中规定的保密措施及国家关于保密工作的法令法规和本局保密工作制度。

4 控制程序

4.1 保密内容：包括客户提供的信息、样品和技术资料、数据、商业单证等一切将对客户在商业上、专有权上、法律上造成损失或危害的信息，以及××中心的检测记录、检测结果报告、商品档案、统计报表、计算机中存储和传输的相关信息。

4.2 保密措施

4.2.1 中心主任负责组织对××中心工作人员进行客户机密和专有权教育。全体工作人员对 4.1 "保密内容"中规定的保密内容不得以任何方式向其他人员泄密和传递。

4.2.2 中心主任负责对客户服务过程中的客户机密信息和专有权保护工作。

4.2.3 档案资料管理员负责客户查阅信息的接待工作，客户只能查阅与其本身委托工作相关的信息。在查阅前，档案资料管理员要查证查阅人有关证明文件并报中心主任批准。

4.2.4 当客户要求用电话、传真等电子手段传送结果报告等信息时，应有客户书面要求。中心主任指定人员按要求发送，发送过程中防止有关内容扩散。

4.2.5 所有涉及客户机密和所有权保护的资料由档案资料管理员统一保管。

4.2.6 对违反上述规定的人员，中心主任负责组织调查并根据实际情况做相应处理。

5 引用文件

    ××××201   《公正行为控制程序》

×××204   《文件控制程序》

×××208   《服务客户与投诉控制程序》

5.3.3   沟通控制程序

××××程序文件	文件编号：××××		修订日期：××××/××/××
沟通控制程序	页次：××	版本/修订：×/0	实施日期：××××/××/××

1   目的

通过在××中心内部建立适宜的沟通机制，并就与管理体系有效性的事宜进行沟通，确保管理机制运行的有效性。

2   适用范围

适用于对所有与管理体系有效性相关的事宜。

3   职责

全体工作人员及相关人员都应参加沟通活动。

4   控制程序

4.1   ××中心采用沟通程序，对内部及与工作相关的人员和部门进行有效及时的沟通。

4.2   内部的沟通行为，主要表现在内部审查、结果报告的出具与结果报告中的意见和解释等方面；试剂管理员在接受新试剂与标准样品等物资后，应及时与相关工作人员沟通，确保物资及时领用，检测工作正常进行；新仪器设备到货后，设备管理员应及时与相关工作人员沟通，确保仪器使用规范，维护得当；工作人员发现仪器设备需要维修保养应及时与设备管理员沟通等其他方面。

4.3   外部的沟通行为，由各相关负责人负责，主要表现在试剂管理员与供应商之间的沟通，工作人员与试剂管理员和供应商之间的沟通；设备管理员与设备管理部门和计量校准部门的沟通，工作人员与设备管理员和供应商与维修厂商的沟通；实验室管理人员与分包工作方的沟通、与客户间的沟通、与投诉方的沟通等其他方面。

5   记录

×××03-01   会议签到表

×××03-02   会议记录

5.3.4   文件控制程序

××××程序文件	文件编号：××××		修订日期：××××/××/××
文件控制程序	页次：××	版本/修订：×/0	实施日期：××××/××/××

1　目的

　　通过对构成管理体系所有文件（内部制定或来自外部）的控制，确保××中心各有关场所和人员能及时得到和使用现行、有效版本的文件。

2　适用范围

　　适用于××中心与管理体系有关的文件的控制。

3　职责

　　质量负责人负责收集与管理体系中管理有关的文件、资料；

　　技术负责人负责收集与管理体系中技术有关的文件、资料；

　　档案资料管理员负责所有受控文件的登记、标识、发放、回收、保管和处理。

　　中心主任负责所有受控文件的批准、发布和解释。

4　控制程序

4.1　文件的分类

　　文件按其管理方式分为受控和非受控类。受控文件加盖"受控"章和分发编号，非受控文件无此要求。××中心内部流通使用的与管理体系有关的文件是受控文件，外来技术文件和法规性文件是否受控，由中心主任确认。

　　本程序中受控文件具体指以下内容：

　　（1）内部文件。指××中心内部编制、发布的文件，包括质量手册、程序文件、操作指导书，质量和技术活动计划，××中心自制检测方法，质量和技术活动记录（包含原始检测记录等）。

　　（2）外部文件。指经确认后的，来自于外部对××中心质量和技术活动有影响或有指导性、指令性作用的文件，包括来自于实验室认可机构的文件，各国政府或组织有关法律、法令、法规文件，××中心上级部门有关指导、指令性文件，国际或国家检验标准方法，客户提供的检验方法、资料，来自于相关实验室或组织的非标方法等。这些文件可能承载在各种载体上。

4.2　文件的标识

4.2.1　为了确保文件清晰，易于识别，文件以编号作为唯一标识，该标识应包括发布日期、修订标识、页码、总页数、文件结束标记和发布机构。

4.2.2　质量手册、程序文件的编号方法见图 5-1。

图 5-1　质量手册、程序文件的编号图

　　（××××1410 为质量手册 4.10 章，××××11 为质量手册第 1 章）

4.2.3　相关表格的编号方法按照"×××× ××-××"进行。

4.2.4 文件结束标记的形式为:

在文件尾部,另起一行,居中设置一条 9 cm 长、1 磅粗的直线,其余设置均为默认值,例:_____

如果文件是以单个或者连续多个表格的形式结束,文件结束标记应设置在文字之后,首个表格之前。如果文件是以纯表格的形式存在,则无须设置文件结束标记。

4.3 质量、技术负责人定期把中心主任批准的内部和外部文件交给档案资料管理员,档案资料管理员负责建立《受控文件一览表》,负责受控文件的登记、标识、发放、回收、保管和处理。

4.4 书面版文件的控制

4.4.1 书面版文件的发放和登记

4.4.1.1 已批准发布的文件由档案资料管理员根据"文件发布/更改通知",确定发放范围以便向指定的区域和人员发放。

4.4.1.2 受控文件的发放应做记录,文件领用人应在"××××04-01 文件发放/回收表"上签名。

4.4.1.3 当受控文件破损严重,影响使用时,文件持有人可以向档案资料管理员申请领用新文件,同时交回破损的文件。新、旧文件分发号应相同,回收的破损的文件应销毁。

4.4.1.4 受控文件丢失应向档案资料管理员说明原因,经中心主任批准后补发新文件,补发文件使用新的分发号,同时注明丢失文件的分发号作废。

4.4.2 书面版文件的更改及回收

4.4.2.1 文件需更改时,由更改人提出,说明理由,申请经质量负责人或技术负责人审核同意后执行更改。

4.4.2.2 文件更改后的审核、批准由中心主任进行;当中心主任不在职时,可由其委托授权的副主任进行审批,下达"××××04-02 文件发布/更改通知"。

4.4.2.3 文件再版之前的修改只能杠改(双杠线画改),不能涂改或擦除,修改人在修改处要有清晰的签名,或加盖属于签名人的更正章。更改的或新的内容应尽可能在文件或适当的附件中注明,质量负责人负责监督执行。

4.4.2.4 更改后的文件由档案资料管理员按原发放范围和方式发放,同时收回作废的文件,以防止工作人员误用。

4.4.2.5 对作废文件档案资料管理员应及时销毁。如作为资料保存,应加盖"资料留存"印章,注明日期,归档存放。

4.4.2.6 非受控文件修改/换版或过期失效后,可不进行回收。

4.4.2.7 保存在计算机系统中的文件的更改与控制参考《××××219 数据控制程序》执行。

4.4.3 书面版文件的保管与跟踪更新

4.4.3.1 档案资料管理员负责保存"文件更改记录"、"文件发放记录"和文件的正本及若干副本。

4.4.3.2 文件正本不外借,副本可供××中心人员借阅。

4.4.3.3 受控文件不准复印,不得向外单位提供。如需向外单位提供,必须经中心主任批准，只可提供非受控的副本，借阅人要在档案资料管理员处办理相应的借阅手续。

4.4.3.4　质量负责人和技术负责人分别负责跟踪有关质量和技术方面外来文件的有效性，每年年中和年终定期核查外来文件是否有新的版本，相关人员协助跟踪，如果有新的版本取代旧的版本，可按 4.4.2 执行。

4.4.4　文件控制标识

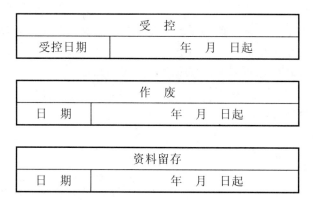

受　控	
受控日期	年　月　日起

作　废	
日　期	年　月　日起

资料留存	
日　期	年　月　日起

4.5　电子版文件的控制

4.5.1　电子版文件的查阅和发放

4.5.1.1　实验室提倡使用电子版本的质量手册、程序文件以及第三层文件，通常不发放书面版。各岗位可通过浏览在局域网的指定共享文件夹内公布的管理体系的相关电子版文件获得所需文件的有效版本。

4.5.1.2　已批准发布的文件由档案资料管理员根据"文件发布/更改通知"，确定发放范围后通过局域网上腾讯通或 OA 向指定的区域和人员发放，并由文件接收人在"××××04-01 文件发放/回收表"上签名确认。

4.5.2　电子版文件的更改

电子版文件的更改通过局域网上腾讯通或 OA 进行，在局域网的指定共享文件夹内公布的管理体系的相关电子版文件始终为最新版本。

4.5.3　电子版文件的保管

共享在局域网上的电子版文件为只读形式，以密码保护方式防止更改。最新版本由档案管理员备份在移动硬盘上。

5　记录

　　××××04-01　文件更改申请表

　　××××04-02　文件发放/回收表

　　××××04-03　文件发布/更改通知

　　××××04-04　文件更改记录

　　××××04-05　文件销毁申请单

　　××××04-06　受控文件一览表

　　××××04-07　签章发放登记表

5.3.5　要求、标书和合同评审控制程序

×××××程序文件	文件编号：××××		修订日期：××××/××/××
要求、标书和合同评审控制程序	页次：××	版本/修订：×/0	实施日期：××××/××/××

1　目的

　　通过对要求、投标书和合同的评审，确认客户与××中心双方对合同规定内容理解的一致性，合同规定内容与本国和国际法律、法规、指令及惯例的非冲突性，以及××中心有无能力按适当检测方法保证合同的执行并在规定期限内完成合同内容。

2　适用范围

　　适用于对客户要求、投标书和合同的评审。

3　职责

　　合同评审员负责常规、简单、重复性的要求、投标书和合同的评审。

　　技术负责人负责组织新的、复杂的要求、投标书和合同的评审。

　　上级下达的临时检测任务可以相关文件（传真）、电话记录（经技术管理层确认）等方式代替合同评审。

4　评审分类

4.1　例行评审

　　指对客户提出的要求或标书属于常规、简单测试工作范畴或属于已评审过的重复性检测工作范畴的合同的评审。这种评审由样品管理员负责。

4.2　小组评审

　　指对客户提出的要求或标书属于新的、复杂的或更高要求的检测工作范畴的合同评审。这种评审由技术负责人负责组织相关人员进行。如果评审包括测试分包的工作，则需负责测试分包人员参加。

5　控制程序

5.1　合同的受理

5.1.1　受理的报检单证（包括合同）通常以《检验联系单》的书面形式体现，也可以其他的书面形式或口头协议方式体现。但以口头协议方式体现的报检单证要及时记录在《检验联系单》上。

5.1.2　取制样合同评审员负责报检单证的受理。受理后，首先应根据评审分类原则判断其是否属于例行评审的范畴，如属于这个范畴则由样品管理员本人评审。否则递交技术负责人组织有关人员进行小组评审。

5.1.3　取制样工作结束后，取制样合同评审员把《检验联系单》交给实验室样品管理员。样品管理员受理后，首先应根据评审分类原则判断其是否属于例行评审的范畴，如属于这个范畴则由合同评审员本人评审。否则递交技术负责人组织有关人员进行小组评审。

5.2　合同的评审

5.2.1　合同评审的内容：

　　（1）合同是否符合相关的法律法规的要求，采用的标准、规范是否适合；

　　（2）检验的方法是否适合；

　　（3）经费核算是否全面并符合收费标准和财务制度；

（4）人力、技术等是否配置得当和充足；

（5）分包出去的工作是否满足要求；

（6）时间要求能否满足。

5.2.2　例行评审

样品管理员负责检查、确定《检验联系单》填写是否规范，如：客户的要求填写得是否明确；所附的信息、资料是否完整；检测方法、标准（如合同中包括取样工作内容时，则包括取样方法）和对结果报告的要求是否明确等。如符合上述要求，样品管理员在《检验联系单》上注明日期并签名即可。否则，应与客户及时修改或撤销合同，并把报检单证退回委托业务部门。

5.2.3　小组评审

技术负责人从样品管理员处接到合同后。首先确定参加评审的人员，这些人员应是样品管理员和与合同要求的检测工作相关的人员。如果评审包括测试分包的工作，则需负责测试分包人员参加评审。然后由技术负责人组织评审。如果评审结果符合上述要求，则样品管理员在《检验联系单》上签字，技术负责人在"××××05-02　合同评审记录"上签字。否则，重新签订合同。样品管理员负责填写"××××05-02　合同评审记录"。

5.2.4　客户的要求或标书与合同之间的任何差异，应在工作开始之前得到解决，每项合同应得到××中心和客户双方的接受。对内部客户的要求、标书和合同的审查可以简化方式进行。

5.3　合同的执行

合同评审后，合同评审员应及时将有关单证（包括样品）递交检测人员，并使其理解合同的规定和内容。

5.4　合同的修改

在合同实施过程中，如客户要求修改合同，××中心样品管理员须根据 5.2 中规定的合同评审手续进行评审，详细填写《合同修改记录》（包括合同修改过程中的信函、电话记录等），并将变更情况及时告知所有相关人员，以便按修改后的要求开展工作。

5.5　合同的偏离

在合同实施过程中，如由于××中心原因造成合同执行的任何偏离，中心主任应及时通知客户。同时需与客户进行协商是否需继续履行合同；否则终止合同。样品管理员负责填写"××××05-04　合同执行偏离记录"。

5.6　合同的归档

样品管理员负责各种合同及评审记录（包括在合同执行过程中与客户关于客户要求或工作结果的相关讨论记录，以及有关的信函、电话记录等）的填写和整理，并定期交给档案资料管理员保管。

6　引用文件

　　××××212　《记录控制程序》

　　××××224　《抽样控制程序》

　　××××206　《检测和校准的分包控制程序》

7　记录

　　××××05-01　检验联系单

××××05-02 合同评审记录

××××05-03 合同修改记录

××××05-04 合同执行偏离记录

5.3.6 检测的分包控制程序

××××程序文件	文件编号：××××		修订日期：××××/××/××	
检测的分包控制程序	页次：××	版本/修订：×/0	实施日期：××××/××/××	

1 目的

对分包方的选择和评价进行控制，保证分包方的能力符合××中心管理体系和客户的要求。

2 适用范围

适用于××中心所有分包工作。

3 职责

质量负责人负责分包工作的确认和分包方的选择以及分包方技术能力的跟踪评价，中心主任负责分包工作和分包实验室的审批。

4 控制程序

4.1 分包范围

由于资源、能力、工作量等原因，可将部分测试工作分包给有能力的分包方。质量负责人负责组织相关人员对分包工作进行确认，中心主任负责分包工作的审批。分包工作可包括：

（1）由于工作量大或人员和设备等资源已处于超负荷状态，无法保证及时完成的测试项目；

（2）暂时尚不具备测试能力的项目。

4.2 分包方的选择和评价

4.2.1 选择的分包实验室应获得相关组织的注册或认可。质量负责人组织有关人员对分包实验室相关项目的测试能力、资源和测试工作质量进行考核，合格后填写"××××06-01 合格分包方审批表"，上报中心主任审批后，签署"××××06-02 分包协议书"（有效期两年），并将该分包方列入"××××06-05 分包实验室一览表"。

4.2.2 质量负责人不定期地跟踪了解分包实验室的最新认可动态，如复评审、监督评审等；跟踪评价分包实验室的技术能力（认可组织认可的检测项目或参加水平测试结果情况），填写"××××06-04 分包实验室跟踪评价表"，一旦发现其技术能力和测试质量无法满足本中心要求，报中心主任批准后，中止分包协议，取消分包方资格。

4.3 分包的实施

4.3.1 质量负责人根据分包范围和合同评审内容，确认需要分包测试项目后，在实施分包前，将"分包通知书"或内容转达客户，获得客户或委托人确认后（最好是书面确认）

实施分包。保留客户或委托人对分包测试项目的确认记录。

4.3.2 质量负责人根据分包测试项目，从"分包实验室一览表"所列出的实验室中指定合格的分包实验室进行分包测试工作。

4.3.3 分包方的测试记录附在该批测试原始记录中。

4.3.4 所有有关分包方实验室的档案（包括资格证明和客户书面确认记录）由档案资料管理员归档保存。

5 记录

    ×××06-01 合格分包方审批表

    ×××06-02 分包协议书

    ×××06-03 分包通知书

    ×××06-04 分包实验室跟踪评价表

    ×××06-05 分包实验室一览表

5.3.7 服务和供给品的采购控制程序

××××程序文件	文件编号：××××		修订日期：××××/××/××
服务和供给品的采购控制程序	页次：××	版本/修订：×/0	实施日期：××××/××/××

1 目的

    保证××中心长期稳定地获得符合测试要求的采购服务和供给，确保××中心选择能充分、及时提供符合测试要求产品的供应商。

2 适用范围

    适用于化学试剂、标准物质、玻璃器皿、一般器具、实验用气体及其他消耗品等的采购、接收、储存及使用，适用于对供应商的评价和选择。

3 职责

    试剂管理员负责试剂和易耗品的申购、接收和储存，组织试剂和易耗品的验证，试剂管理员负责供应商的考察和考核，中心主任负责合格供应商的审批。

4 控制程序

4.1 各岗位人员于每月定期提出所需物品的清单，清单上应列明品名、规格、数量等，试剂管理员汇总并填写"××××物资采购计划表"经部门负责人审批后，交产业与服务科进行采购。

4.2 产业与服务科采购物品时，应选择"合格供应商一览表"中的供应商。必要时，试剂管理员可一同进行采购工作。

4.3 试剂管理员负责物品的检查和验收。必要时，技术负责人负责组织有关人员对所购物品进行鉴定确认。

4.4 如需采购未列入合格供应商名录的生产厂家或公司的产品，则由技术负责人组织有关专业人员根据有关标准或规定进行技术鉴定，合格后，方可使用，试剂管理员填写"××××07-02 试剂和易耗品验证报告"。

4.5 试剂管理员应了解并能获得所有供应商的档案，必要时进行质量跟踪。

4.6 接收

4.6.1 试剂管理员负责试剂和易耗品的接收。对经常使用、质量稳定的试剂和易耗品根据"××××物资采购计划表"进行符合性查收。查收不合格的作退货处理或降级使用，并填写"××××07-01 试剂和易耗品接收/储存记录"。

4.6.2 试剂管理员负责标准物质的接收，并将该标准物质记录到"附件8：标准物质目录"中。

4.7 储存

4.7.1 试剂和易耗品接收后，试剂管理员应及时根据采购物品存放区域的划分进行储存，并根据设施与环境条件的要求定期对储存环境进行监测和控制。

4.7.2 试剂管理员将标准物质储存到指定存放区域。

4.7.3 实验用气体应根据设施与环境条件的要求，安全储存、使用。

4.7.4 试剂管理员应经常检查采购物品的有效性，对于过期、变质及废弃、回收的试剂和易耗品根据×××304《测试废弃物处理规定》进行及时处理。

4.8 剧毒药品的使用

剧毒药品指对人体有强烈毒害作用的试剂。

4.8.1 剧毒药品应单独存放于安全柜中，由毒品管理员双人保管，以防丢失。如有丢失，应立即向当地公安部门报告。

4.8.2 测试人员使用剧毒药品时，应填写"××××07-03 剧毒药品使用记录"，写明用途、用量等，由中心主任审批后方可使用。试剂管理员实施现场监督。

4.8.3 剧毒药品的废液要经无毒处理后排放。

4.9 贵重物品的使用

贵重物品指测试使用的白金坩埚等。

4.9.1 贵重物品应存放于安全柜中，由贵重物品管理员双人保管，以防丢失。

4.9.2 测试人员在使用贵重物品时，应填写"××××07-04 贵重物品使用记录"，经保管人员签字后使用。

4.10 供应商的考察

试剂管理员负责供应商的考察，考察的内容包括：供应商有关管理体系、产品有无质量保证、产品是否满足测试工作需要以及供货是否及时等。

4.11 合格供应商审批

试剂管理员根据供应商供货的服务和产品质量情况决定其是否为合格供应商，并填写"××××07-10 供应商考察、审批报告"，经质量负责人批准后，试剂管理员把其列入"××××07-08 合格供应商一览表"。

4.12 合格供应商监督

试剂管理员通过对合格供应商供应的试剂和易耗品进行验收及验证来监督合格供应商。在验收或使用中发现有不合格的，应及时通知供应商要求其退、换货。根据"××××07-09 试剂和易耗品年度验收情况统计表"的统计情况，供应商的产品质量、供货能力和服务质量等方面不符合要求时，经中心主任审批同意后，取消合格供应商资格，及时通知产业与服务科，停止从该供应商处进货。

5 引用文件

×××304 《测试废弃物处理规定》

6 记录

×××07-01 试剂和易耗品接收/储存记录

×××07-02 试剂和易耗品验证报告

×××07-03 剧毒药品使用记录

×××07-04 贵重物品使用记录

×××07-05 过期、废弃物品处理记录

×××07-06 试剂和易耗品领用记录

×××07-07 化学试剂登记表

×××07-08 合格供应商一览表

×××07-09 试剂和易耗品年度验收情况统计表

×××07-10 供应商考察、审批报告

5.3.8 服务客户与投诉控制程序

××××程序文件	文件编号：××××		修订日期：××××/××/××
服务客户与投诉控制程序	页次：××	版本/修订：×/0	实施日期：××××/××/××

1 目的

保证××中心与客户或其代理保持良好的协作关系，保持客户对××中心的信任，有效地处理客户的投诉，给客户一个满意的处理结果。

2 适用范围

适用于为客户提供适当的到中心见证活动的机会、在工作过程中与客户保持良好的技术沟通、收集来自客户或其他方面的反馈意见以及客户对工作人员行为公正性、服务质量、测试结果质量以及合同履行情况的投诉处理。

3 职责

中心主任、中心副主任、授权签字人、质量负责人、技术负责人、档案资料管理员共同负责执行本程序。

4 控制程序

4.1 技术负责人负责收集新客户或其代理的电话、传真、地址、邮编、客户名称、电子信箱、业绩、规模等，并建立客户档案。

4.2 中心主任负责与客户的沟通，负责接待客户和安排客户对××中心的参观。在能保护其他客户机密的前提下，客户可以参观与其工作有关的操作活动。所有的工作人员对咨询的客户要热情接待并给予清楚的答复。如客户要求制备、包装验证所需的测试样品，中

心主任应与客户进行协商和确认，并组织有关人员实施。

4.3 当客户对检测结果有疑问时，中心授权签字人应向客户作详细解释和说明；技术负责人负责客户提出技术方面问题的解释，并根据客户需要提供良好的建议和指导，对重大任务，技术负责人应在整个工作过程中与客户保持密切的沟通；质量负责人负责解释客户要求了解的测试工作中的质量问题；中心主任负责把在测试过程中出现的任何延误或主要偏离及时通知客户。

4.4 对长期客户每年至少走访一次，中心主任负责制定走访客户年度计划，指定走访组组长，走访组组长负责计划的实施，并写出走访客户报告。中心主任汇总客户意见，并上报管理评审。

4.5 投诉的受理

原则上接受署名的、有事实根据的书面投诉，并及时进行处理、回复。

4.5.1 中心主任负责投诉接待。如中心主任不在时，则由中心副主任负责接待。

4.5.2 接到客户投诉电话的工作人员（除中心主任和副主任外），有义务、告知客户中心主任或中心副主任的姓名及电话号码，中心主任或副主任询问清楚投诉内容，并详细记录在"×××08-06 客户投诉及处理记录"上。

4.6 投诉的调查

4.6.1 凡涉及测试方法采用、测试报告的质量的投诉，由技术负责人负责调查，记录调查结果，并立即提交中心主任。

4.6.2 凡涉及对工作程序、合同执行、测试时限提出异议的投诉，由质量负责人负责调查，记录调查结果，并立即提交中心主任。

4.6.3 凡涉及工作人员的职业道德、工作作风、遵章守纪保守机密等方面的投诉，由中心副主任负责调查，记录调查结果，并立即提交中心主任。

4.7 投诉的处理

4.7.1 中心主任召集中心副主任、质量负责人、技术负责人根据投诉的调查结果签署处理意见，并马上答复客户。处理意见应填写在"×××08-06 客户投诉及处理记录"上。

4.7.2 经调查核实，因××中心责任已对客户造成损害的投诉，在处理时，要尽量挽回对客户所造成的损失和影响。

4.7.3 如客户投诉的问题，经调查确认已影响测试质量或管理体系的有效运行时，应立即采取纠正措施。确认属于不合格工作范畴时，应立即根据×××209《不合格检测工作控制程序》规定要求进行处理。

4.7.4 中心主任负责接受客户对投诉处理不满意的再次投诉，并认真答复和处理。如客户还不满意，中心主任应告知客户进一步向上级部门投诉的程序，并协助客户向上级部门投诉。

5 引用文件

　　×××202 《客户机密和所有权保护控制程序》

　　×××214 《管理评审控制程序》

　　×××210 《纠正措施程序》

　　×××209 《不合格检测工作的控制程序》

6 记录

×××××08-01 征求意见表
×××××08-02 客户意见汇总表
×××××08-03 征求意见发放/回收记录
×××××08-04 走访客户计划
×××××08-05 走访客户报告
×××××08-06 客户投诉处理记录

5.3.9 不合格检测工作控制程序

×××××程序文件	文件编号：××××	修订日期：××××/××/××
不合格检测工作控制程序	页次：×× 版本/修订：×/0	实施日期：××××/××/××

1 目的

对于不合格工作进行有效控制，尽量降低对客户造成的损失和影响。

2 适用范围

适用于××中心管理体系运行和检测工作中出现不合格工作的控制。

3 职责

××中心所有工作人员均有责任识别不合格工作并立即向质量负责人汇报，质量负责人上报中心主任。中心主任负责不合格工作的确认、严重性评价及控制。

4 控制程序

4.1 不合格工作的确认

质量负责人负责接收各种渠道的不合格工作的报告，并立即上报中心主任，中心主任组织有关人员及时进行判断和确认，一经确认为不合格，应立即停止此项工作。

4.2 经查实如此项工作已对客户造成损失或影响，由中心主任通知客户。如检验证书或报告已经发出，应立即收回并尽量避免和减少客户的损失。

4.3 严重性评价

由中心主任负责组织有关人员，对不合格工作的严重性进行评价，按不合格工作的严重程度分成一般不合格和严重不合格：

一般不合格：指尚未影响管理体系的正常运行，在检测工作方面未给客户造成损失和影响，属于偶然事件，纠正或补救后不可能再次发生的不合格工作。

严重不合格：指已影响管理体系的正常运行、对客户造成重大损失和影响的不合格工作；或纠正后可能再次发生的不合格工作。

4.4 不合格工作的处理

4.4.1 一般不合格工作的处理

属管理体系运行方面的不合格，由质量负责人责成有关人员进行纠正。属检测工作方面的不合格，由技术负责人组织有关人员对测试工作进行返工，采取诸如复验等手段进行即时纠正或补救。

4.4.2 严重不合格工作的处理

由中心主任负责组织此项工作。由质量负责人和技术负责人，从质量管理和技术手段两方面采取相应的纠正措施。具体按照×××210《纠正措施控制程序》执行。

4.5 测试工作恢复

中心主任根据对不合格工作严重性评价的结果，决定何时恢复工作。一般不合格工作，纠正后即可恢复，严重不合格工作要看采取纠正措施是否有效来决定是否恢复工作。

4.6 不合格工作责任者的处理

4.6.1 对于一般不合格工作的责任者，由中心主任予以警告，并按×××215《人员控制程序》进行相应的管理体系培训和技术培训。

4.6.2 对于严重不合格工作的责任者，中心主任应立即停止责任者的测试工作，根据问题的严重程度和造成的影响，对责任者进行换岗或处罚，详见×××210《纠正措施控制程序》。

4.7 不合格工作的记录

由质量负责人对不合格工作进行评价和处理的情况汇总，填写"××××09-01 不合格工作记录"，交档案资料管理员归档保存。

5 相关文件

×××210 纠正措施控制程序

×××215 人员控制程序

6 记录

××××09-01 不合格工作记录

××××09-02 不合格工作通知单

5.3.10 纠正措施控制程序

××××程序文件	文件编号：××××		修订日期：××××/××/××
纠正措施控制程序	页次：××	版本/修订：×/0	实施日期：××××/××/××

1 目的

针对已出现的不合格工作或管理体系、技术操作中出现偏离体系要求和程序的情况采取有效的纠正措施，消除并防止其再次发生。

2 适用范围

适用于对××中心所出现的不合格检测工作或在管理体系、技术操作中出现的偏离采取的纠正措施的控制。

3 职责

质量负责人负责制定与管理体系有关的纠正措施计划与实施；技术负责人负责制定与技术方面有关的纠正措施计划与实施；质量负责人和技术负责人实行相互交叉监督。

4 控制程序

4.1 纠正措施的选择和实施

4.1.1 质量负责人和技术负责人要根据原因分析的结果，分别就分管范围制定纠正措施实施计划。在制订计划时应考虑：

（1）问题的严重程度；

（2）对体系其他要素或其他部门的影响；

（3）采取措施所需的资源和时间；

（4）能从根本上消除产生问题的原因，解决问题并防止同类问题的再次发生；

（5）如何验证措施的有效性；

（6）是否需要进行附加审核。

4.1.2 质量负责人和技术负责人根据"××××10-02 纠正措施实施计划"负责所辖区域纠正措施的实施，并填写"××××10-03 纠正措施报告"。

4.2 纠正措施的监控

4.2.1 在采取纠正措施的过程中，质量负责人和技术负责人实行相互交叉监督，对纠正措施的结果进行监控，在纠正措施完成后的一个月内，监控人对采取的纠正措施进行验证并填写"××××10-04 纠正措施验证报告"。

4.2.2 如果经验证认为纠正措施无效，则需重新制定和实施纠正措施，并进行监控。

4.2.3 对验证认为有效的纠正措施，如须对管理体系文件和技术操作文件进行修改时，质量负责人按××××204《文件控制程序》组织相关人员进行更改。

4.3 记录

4.3.1 纠正措施的实施者负责每次纠正措施实施过程中的有关记录填写和整理。档案资料管理员要按××××212《记录控制程序》负责记录的归档。

4.3.2 每年度质量负责人要填写"××××10-05 纠正措施情况年度汇总表"并上报管理评审。

5 相关文件

　　××××204　《文件控制程序》

　　××××212　《记录控制程序》

　　××××214　《管理评审控制程序》

6 记录

　　××××10-01　测试事故处理报告

　　××××10-02　纠正措施实施计划

　　××××10-03　纠正措施报告

　　××××10-04　纠正措施验证报告

　　××××10-05　纠正措施情况年度汇总表

5.3.11 预防措施控制程序

××××程序文件	文件编号：××××		修订日期：××××/××/××
预防措施控制程序	页次：××	版本/修订：×/0	实施日期：××××/××/××

1 目的

识别潜在不合格工作的影响程度，采取有效的预防措施，消除潜在的不合格原因，实现质量管理体系的不断完善与技术活动的持续改进。

2 适用范围

适用于预防措施的制定、实施、控制。

3 职责

质量负责人负责执行本程序。

质量负责人负责制定预防措施计划，分析潜在的不合格原因和预防措施计划的实施。中心主任负责实施监控。

4 控制程序

4.1 预防措施实施计划的制定

质量负责人负责组织有关人员判断分析潜在不合格原因，并根据分析结果制定预防措施实施计划，上报给中心主任，由中心主任审批签字后下发给质量负责人开始实施。

4.2 预防措施的实施

计划中指定的质量责任人组织有关人员根据"××××11-01 预防措施计划"负责预防措施的实施，并填写"××××11-02 预防措施报告"，报请中心主任审批后生效。质量负责人负责管理体系方面预防措施的实施，技术负责人负责技术方面预防措施的实施。

4.3 预防措施的监控

4.3.1 在采取预防措施的过程中质量负责人要对预防措施实施的效果进行监控，以保证所采取预防措施的有效性，并对所采取预防措施进行验证并填写"××××11-03 预防措施验证报告"。

4.3.2 对经验证认为有效的预防措施，要利用改进的机会，对管理体系或技术操作程序进行改进。质量负责人按××××204《文件控制程序》组织有关人员对体系文件或操作程序进行更改。

4.4 记录

4.4.1 实施预防措施的责任人负责每次预防措施实施过程的有关记录填写，质量负责人负责整理。档案资料员要按××××212《记录控制程序》负责记录的归档。

4.4.2 每年度末质量负责人要填写"××××11-04 年度预防措施实施情况统计表"并上报管理评审。

5 相关文件

××××213 《内部审核控制程序》

××××214 《管理评审控制程序》

××××204 《文件控制程序》

××××212 《记录控制程序》

6 记录

××××11-01 预防措施计划

××××11-02 预防措施报告

××××11-03 预防措施验证报告

××××11-04 年度预防措施实施情况统计表

5.3.12 记录控制程序

××××程序文件	文件编号：××××		修订日期：××××/××/××
记录控制程序	页次：××	版本/修订：×/0	实施日期：××××/××/××

1 目的

确保××中心的各项质量和技术记录内容真实、填写规范、保存完整、检索方便。

2 适用范围

适用于所有质量和技术活动记录的控制，包括：取制样记录、检验原始记录、检验证稿、分包方检验结果、仪器设备维修保养等技术记录及管理体系审核等质量活动记录。

3 职责

质量活动和技术活动的参与者负责记录的规范填写；档案资料管理员负责记录的收集、编目、建档、保存、调用和处理。

4 控制程序

4.1 记录的设计填写

4.1.1 在管理体系运行和检验工作过程中，应及时根据实际工作的需要，设计相应的记录表单并建立受控记录清单，各类记录须统一编号，格式为：×××××××-××。

4.1.2 当记录表单不适合工作需要时，应设计新的表单，由中心主任批准后，由质量负责人填写文件更改通知单，即可代替原记录表单使用。

4.1.3 程序文件后的相关记录全部在受控记录清单中。

4.1.4 记录的填写应使用蓝黑色钢笔或水笔，记录内容应完整、清晰、真实，不得随意涂改。当需要更改时，应在更改处画双横线，在旁边标上更改值，更改处加盖更改人的校正章或签名。每份技术记录最多允许有三处更改，每份质量记录的更改数量没有限制。

检测记录中的观察结果、数据和计算应该在工作的同时予以记录，并包含有足够的信息，以便识别不确定度的影响因素，确保检测可以在尽可能接近原条件的情况下能够复现。

4.2 记录的归档

各项质量和技术活动的记录由完成人及时交给档案资料管理员归档。

4.2.1 原始测试记录及测试报告，每月由档案资料管理员按《××××局商品档案管理办法》进行整理、归档，并填写"××××12-02 商品档案登记表"后附在每月原始记录档案盒内。

4.2.2 其他质量和技术活动记录，由档案资料管理员对记录进行编号，并详细登记在"××××12-01 记录登记表"中。

4.3 记录的保管

所有的文本记录档案由档案资料管理员存放在档案室内，并采取防火、防盗、防潮等措施，避免记录的损坏、变质和丢失。以电子形式存储的记录，按照××××219《数据控制程序》要求进行。

4.4　记录的调用

4.4.1　在保护客户机密的前提下，记录可供对外查阅和检索，但需经中心主任批准后，并在档案资料管理员的监督下进行。在遵守××××202《客户机密和所有权保护控制程序》要求的前提下，记录在下列情况下可以对外提供：

（1）向有关评审部门及人员提供记录；

（2）向客户提供仅涉及其本身记录及中心信息的查询，以提高客户对中心的满意度和信任度。

4.4.2　记录的查询和调用，应先到档案资料管理员处填写"××××12-03　记录调用/查询登记表"，再经中心主任批准后，才能进行查阅和调用。调用时间一般不超过三天。

4.4.3　内部人员调用记录，经过档案资料管理员同意后填写"××××12-03　记录调用/查询登记表"，并注意保管，若丢失或损毁，需视情节轻重给予处罚。

4.5　记录的处理

4.5.1　原始测试记录及测试报告保存期一般为：进口商品为四年，出口商品为三年。涉及进出口检验重大索赔、理赔案件及司法诉讼的原始检验档案，应保存至结案为止。其他质量和技术活动记录的保存期限应与原始测试记录档案同步。具体根据《××××局商品档案管理办法》执行。

4.5.2　超过保存期限的记录，经中心主任批准，由档案资料管理员及时进行销毁，并填写"××××12-04　记录处理登记表"。

5　相关文件

××××202　《客户机密和所有权保护控制程序》

××××219　《数据处理程序》

××××302　《记录填写规范》

6　记录

××××12-01　记录登记表

××××12-02　商品档案登记表

××××12-03　记录调用/查询登记表

××××12-04　记录处理登记表

5.3.13　内部审核控制程序

××××程序文件	文件编号：××××		修订日期：××××/××/××
内部审核控制程序	页次：××	版本/修订：×/0	实施日期：××××/××/××

1　目的

验证质量活动是否始终符合管理体系、ISO/IEC17025:2005 准则和实验室资质认定评审准则的要求。

2 适用范围

本程序适用于××中心内部审核活动的控制。

3 职责

质量负责人负责执行本程序。质量负责人制定年度审核计划；审核组组长负责制定具体审核活动计划并组织实施；经过培训并具有内审员资格的人员参加，被审核责任者陪同。

4 控制程序

4.1 内审的计划和组织：

4.1.1 质量负责人每年年初制定年度审核计划，填写"××××13-01 年度内部审核计划"，并报中心主任审批。批准后以文件形式下发，审核应在全年内覆盖全部要素和所有活动。如果发生下列情况，质量负责人应及时组织内部审核：

（1）发生重大的工作质量事故时；

（2）接受第三方或其他检查活动之前；

（3）法律、法规及其他外部要求变更时；

（4）组织机构或管理体系发生重大变化时；

（5）对实验室的政策、程序或检验工作质量提出怀疑时。

4.1.2 由质量负责人根据审核内容，指定审核组组长，审核组组长指定审核组成员，成立审核组。

4.1.3 审核组组长负责制定每次审核活动计划，并形成文件，经质量负责人批准后执行。

4.1.4 审核活动计划包括审核的目的、范围、审核依据、审核人员、审核日期和地点、首次会议、末次会议的安排、各主要质量审核活动的时间安排、完成审核报告日期等。

4.1.5 内审准备工作

根据审核活动计划分工，审核员编制"××××13-02 内部核查表"，内容包括：计划审核的项目、需寻找的证据、抽样的方法和数量、完成该项目检查的时间，所依据的文件要点。

4.1.6 通知审核

审核前，质量负责人负责通知受审核部门和受审人员，通知内容包括审核员名单、时间安排等，受审部门和受审人员应了解审核计划，必要时可提供"××××13-02 内部核查表"。

4.2 实施审核

4.2.1 首次会

审核组全体成员、高层管理者（必要时）、受审核部门代表及主要工作人员参加，内容包括：申明审核目的和范围、审核计划确认、介绍审核的原则、采用的方法和程序及其他需要说明或澄清的有关问题等。

4.2.2 现场审核

4.2.2.1 审核组成员按"××××13-02 内部核查表"内容进行审核，审核的方式有：与受审核方人员面谈、查阅文件和记录、现场观察和核对、对实际活动和结果的验证等。

4.2.2.2 审核员在提问、验证、观察过程中，应做好现场记录，内容包括：文件名称、样品标识、证书或报告编号、原始记录编号、合同号码、陈述人姓名、职位及工作岗位等。当发现审核项目不符合管理体系规定时，应填写"××××13-03 观察项/不符合项报告"，记录观察事实，并由陪同人员签字确认。

4.2.3 审核小组内部会

审核组组长主持整理、汇总审核结果的书面报告，准备在末次会上交给被审核方。

4.2.4 末次会

末次会由审核组全体成员、受审核方和有关职能部门人员参加，审核组将审核结果的书面报告交给被审核方，就审核结果交换意见，达成共识，并围绕审核中发现的不符合项提出纠正措施及要求。

4.3 审核报告

审核结束，由审核组组长写"××××13-04 内部审核报告"，内容应包括以下几项：

（1）审核目的、依据、范围、方法；

（2）审核组成员、受审核部门代表名单；

（3）审核计划实施情况总结；

（4）不符合项数量各自情况与严重程度；

（5）分析存在的主要问题；

（6）对管理体系符合性、有效性的结论及今后应改进方面的建议。

4.4 跟踪审核

纠正措施按纠正措施控制程序要求实施，必须按规定期限落实，若涉及其他人员或资源时，由质量负责人或中心主任协调。质量负责人应该跟踪纠正措施的落实情况，填写跟踪检查记录并作出相应结论。

跟踪审核一般由原审核组成员组成，审核内容、方式、时间等由审核组组长确定，在审核中，跟踪审核人员要：

（1）记录对不符合项的验证结果；

（2）发现遗留问题，提出纠正措施建议；

（3）向审核组组长报告跟踪审核结果；

（4）完成"××××13-05 跟踪审核报告"。

跟踪审核一般根据不符合项的数量、性质和严重程度决定审核方式：

（1）文件审核。当审查见证材料就能证明纠正措施的有效性，或纠正措施仅为修改管理体系文件或发布新文件时采用文件审核方式。

（2）跟踪访问。当有少量不相关的一般不符合项，并且需要现场验证时，可由审核员跟踪访问；如果不需要急于验证，也可在下次审核时进行检查。

（3）跟踪审核。当有严重不符合项时，一般要对不符合的区域进行部分审核，如果审核组认为不符合项涉及的范围过大，可要求再进行一次全面审核。

4.5 审核中发现检验结果正确性或有效性存在问题时应及时书面通知可能受到影响的委托方。

4.6 审核过程中的各种记录与报告，由质量负责人汇总整理，交资料档案管理员按文件控制程序和记录控制程序归档保管。

5　相关文件

　　××××210　《纠正措施控制程序》

6　记录

　　××××13-01　年度内部审核计划

　　××××13-02　内部核查表

　　××××13-03　观察项/不符合项报告

　　××××13-04　内部审核报告

　　××××13-05　跟踪审核报告

5.3.14　管理评审控制程序

××××程序文件	文件编号：××××		修订日期：××××/××/××
管理评审控制程序	页次：××	版本/修订：×/0	实施日期：××××/××/××

1　目的

　　通过定期对管理体系现状和适应性及测试活动进行评审，确保管理体系持续适用和有效运行，保证××中心质量方针和目标的实现，改进管理体系。

2　适用范围

　　适用于对质量方针、目标和管理体系的评审，以及质量方针、目标和管理体系与实验室发展战略、发展目标、资源和环境的适宜性的评审。

3　职责

　　中心主任负责执行本程序，制定管理评审计划和主持管理评审；质量负责人负责管理评审的准备工作、会议记录、报告整理和所提出措施的实施。

4　控制程序

4.1　管理评审的时间间隔为12个月。如果发生以下情况，应立即组织例外评审：

　　（1）组织机构、业务范围等发生重大变化；

　　（2）发生检验质量事故时；

　　（3）处理投诉时发现管理体系不完善等；

　　（4）国内外颁布新法规、新规定时。

4.2　中心主任根据质量负责人事先准备的管理评审输入的汇总材料制定"××××14-01管理评审计划"，质量负责人负责在评审前通知与会人员，并发放管理评审计划和有关会议材料。管理评审计划应包括：管理评审的目的、范围；评审的时间和步骤；参加管理评审人员；参加管理评审人员在评审前需做的准备工作。

4.3　参加管理评审人员包括：中心主任、质量负责人、技术负责人、中心主任指定的有关人员。

4.4　管理评审会议具体要求为：中心主任主持管理评审会议，质量负责人负责管理评审会议的工作和记录。

4.5 评审会议内容

4.5.1 明确管理体系的现状：通过对测试质量情况、质量方针和目标的实现情况、合同执行和客户满意情况等进行综合分析，对质量方针、目标和管理体系的总体效果做出评价，并对管理体系的现状做出描述。

4.5.2 分析管理体系的有效性：根据内部审核和纠正、预防措施的实施情况和效果，以及质量活动和测试活动与文件化管理体系的符合情况，对体系运行的有效性做出评价。

4.5.3 分析管理体系的适宜性：根据内、外部环境的变化，以及发展战略对管理体系的持续适应性做出评价，并对管理体系文件进行调整、补充和修改。

4.5.4 对重要的纠正和预防措施还要在评审会议上进行审核，审核对管理体系的修改是否恰当，并批准修改和补充的文件。

4.6 管理评审报告：管理评审结束后，由中心主任整理形成评审报告。

4.6.1 报告的内容应包括管理评审的目的、日期、参加人员、评审概况、各项评审内容、总体评价结论、主要问题及调整改进措施和要求。

4.6.2 管理评审报告由质量负责人负责分发到与会人员及有关部门，并登记到"××××04-01文件发放/回收登记表"中。

4.6.3 管理评审中产生的所有记录和报告由质量负责人交给档案资料管理员保管。

4.7 管理体系的调整和改进/修改

4.7.1 会议决定的纠正和预防措施由质量负责人按××××210《纠正措施控制程序》和××××211《预防措施控制程序》规定负责组织实施。

4.7.2 会议的决定由质量负责人负责纳入来年质量和技术活动计划。

4.7.3 管理体系文件的补充和修改，应由质量负责人组织文件原起草人或授权修改人按××××204《文件控制程序》进行。

4.7.4 资源的调整、补充和机构职能的调整、改善，由中心主任负责落实。

5 相关文件

    ××××210 《纠正措施控制程序》

    ××××211 《预防措施控制程序》

    ××××204 《文件控制程序》

6 记录

    ××××14-01 管理评审计划

    ××××14-02 管理评审会议纪要

    ××××14-03 管理评审报告

    ××××14-04 管理评审报告分发登记表

5.3.15 人员控制程序

××××程序文件	文件编号：××××		修订日期：××××/××/××
人员控制程序	页次：××	版本/修订：×/0	实施日期：××××/××/××

1　目的

提高工作人员职业道德水平和业务技术能力，满足检验工作需要。

2　适用范围

适用于××中心所有人员教育、管理体系培训、测试技术培训等活动和考核。

3　职责

技术负责人组织确定培训需求和目标，并制定人员培训计划和具体实施；中心主任负责培训计划的审批；档案资料管理员负责培训记录的归档和保管。

4　程序要求

4.1　培训类别

4.1.1　新进人员上岗前培训。

4.1.2　法律法规以及安全和防护知识等相关知识的培训。

4.1.3　体系培训：根据管理体系进行全员培训，以及来自不合格工作控制和纠正措施所指定的人员培训。

4.1.4　技能培训：测试技能的培训，如仪器设备操作、测试、数理统计技术、不确定度评估等与检测技术相关内容。这些培训所取得的资格对检测工作岗位是必须的。

4.2　培训方式

4.2.1　内部培训：指内部组织进行的培训。

4.2.2　外部培训：指到相关机构、仪器设备厂家、学术团体等参加的培训。由这些机构或组织的人员来××中心进行的培训，也属于外部培训，这种培训所取得的资格可作为人员检测能力的证明。

4.2.3　专业培训：指由专业（权威）部门组织的特殊检测工作需要的培训。

4.3　技术负责人根据质量方针、目标和检测工作任务的需求，每年年初制定"××××15-01年度培训目标和计划表"，报中心主任审批。

4.4　技术负责人负责组织实施。要按培训计划确定培训人员、培训目的和内容、授课人员、培训教材、培训时间以及考核、验收办法。每次培训根据需要对培训人员进行考核，考核不合格的人员要重新培训，直至考核通过为止。

4.5　外出参加培训班、研讨会等活动的人员返回后，如果需要写出总结，连同会议资料和培训证书等交技术负责人汇总，由档案资料管理员记录到"××××15-03工作人员档案"中。

4.6　工作人员培训记录、考核成绩、专业特长、资格证书授权和经验记录等作为工作人员档案的重要内容，交由资料档案管理员妥善保管，长期保存。

5　记录

　　××××15-01　年度培训目标和计划表

　　××××15-02　工作人员培训及验收记录

　　××××15-03　工作人员档案

　　××××15-04　工作人员监督记录

　　××××15-05　技术人员岗位培训考核报告

5.3.16 设施环境和安全作业控制程序

××××程序文件	文件编号：××××		修订日期：××××/××/××
设施环境和安全作业控制程序	页次：××	版本/修订：×/0	实施日期：××××/××/××

1 目的

确保实验室的设施环境符合检测要求，保持实验室的安全作业和环境的保护。

2 适用范围

适用于实验室设施、环境和安全生产等方面的控制。

3 职责

安全卫生管理员负责实验室的安全卫生工作。

4 控制程序

4.1 设施和环境要求

实验室必须保持清洁、整齐、安静、光线适度、通风良好，同时实验室应对实验结果有影响的环境条件进行监测、控制和记录。要防止过度的温度变化、振动、烟雾、噪声、电磁辐射和其他干扰，保证检测环境处于良好受控状态，确保检测工作能正常进行。当环境条件危及检测结果时，应停止检测，待恢复后再开展工作。

4.2 不相容活动的隔离

实验区域应张贴醒目标识，防止无关人员误入。

对检测工作易受影响的区域，未经中心主任批准不允许与工作无关的人员进入。

外来人员应在获得批准后并在实验室人员陪同下方可进入实验室。

不得在实验室内进行与检测无关的活动，禁止将可能影响检测结果的物品带入实验室。

应严格划分实验区域，防止交叉污染。

4.3 安全作业

有毒有害试剂应置于保险柜内由专人负责保管，使用后及时记录。

操作会产生有毒有害或腐蚀性气体的实验步骤或仪器设备时，应在通风柜内进行并开启排风设施，确保有害气体的排出。

易燃易爆试剂不能与氧化剂等一起存放，操作时应远离热源。

进行高温操作前应做好防护措施，高温物体不能放置于易燃易爆物品附近。

高压气瓶的摆放应相对独立，并与仪器设备隔离，远离热源，避免阳光直射。

各实验室都应配备适当的灭火器等灭火设备，并定期检查设备状况，确保其可用。

各实验室设置安全生产责任人，负责每天下班前确认实验室的各种安全状况。

其余未尽事宜按照×××302《实验室安全规程》执行。

4.4 环境保护

检测过程所产生的废气可通过废气收集装置进行收集，也可根据其性质通过通风柜排到外面。

检测过程所产生的废液和废渣等，如能通过简单的无害化处理进行转化的由实验室自身进行转化后排放，如不能由实验室自身进行无害化处理的，应由相关人员进行集中保存，定期和环保部门进行联系，统一处理。

过期的药品和试剂应由相关人员进行集中保存，并与废液和废渣一起联系环保部门统一处理。

4.5　安全卫生管理员每月对各实验室进行安全卫生的检查，并记录。

4.6　安全卫生检查中发现的问题，各岗位应立即整改。必要时执行纠正和预防措施。

4.7　如发生安全事故，按不符合检测工作控制程序执行。

5　引用文件

　　××××302　《实验室安全规程》

　　××××303　《测试废弃物处理规定》

　　××××209　《不合格检测工作控制程序》

　　××××207　《服务和供给品的采购控制程序》

6　记录

　　××××16-01　环境条件记录表

　　××××16-02　安全卫生检查表

5.3.17　检测方法及方法确认控制程序

×××××程序文件	文件编号：××××		修订日期：××××/××/××
检测方法及方法确认控制程序	页次：××	版本/修订：×/0	实施日期：××××/××/××

1　目的

　　确保××中心所采用的检测方法为现行有效版本，并得到有效控制，能够满足客户需要并适用于所进行的检测活动。

2　适用范围

　　适用于××中心标准检测方法、非标准检测方法、××中心自制方法、超出其预定范围使用的标准方法及经过扩充和修改过的标准、方法的确认。

3　职责

　　技术负责人负责标准方法的查新；

　　检测人员负责实施检测方法确认；

　　技术负责人或高级技术人员负责对检测方法确认结果的审核；

　　中心主任负责检测方法确认结果的批准和发布。

4　控制程序

4.1　检测方法的选择

　　××中心应采用满足客户需要并适用于所进行的检测活动的方法，当客户未指定所用方法时，应优先选择国家、区域或国际标准组织发布的，或由知名的技术组织或有关科学书籍和期刊公布的方法；也可以选择设备制造商指定的方法或××中心制定的能满足预期用途并经过验证的方法，所选用的方法应通知客户。

4.2　××中心有责任将客户提供的不适合或已过期的方法通过一定方式通知客户。

4.3　检测方法的查新

4.3.1　为确保××中心在实施检测工作中所采用的检测方法为现行有效版本，技术负责人按照实际情况，每年至少进行一次相关检测方法的查新，并做好相应的标准查新记录。

4.3.2　对于每次标准查新过程中发现的新版本的检测标准，技术负责人可通过一定方式向有关部门申请采购。

4.4　检测方法的确认

4.4.1　确认范围包括标准检测方法、非标准检测方法、××中心自制方法、超出其预定范围使用的标准方法及经过扩充和修改过的标准、方法等。

4.4.2　技术负责人根据测试工作需要，会同相关岗位技术人员制定新检测方法确认方案。

4.4.3　技术负责人根据所确认方法的预期使用部门和检测的项目内容，指定该岗位相关检测人员实施检测方法确认。

4.4.4　确认某方法性能的技术应为下列一项或多项的组合：

（1）使用参考标准或标准物质进行比对；

（2）与其他方法所得结果进行比较；

（3）实验室间比对；

（4）系统评价影响结果的因素；

（5）评价结果不确定度。

4.4.5　技术负责人或具有高级技术职称人员负责对其熟悉岗位检测方法确认结果的审核。

4.4.6　对于新版标准方法，××中心经确认不适用或目前条件无法做到时，征询客户同意后，可以采用其他经过验证确认等效的标准方法或非标准方法实施检测。

4.4.7　方法的确认工作完成后，由确认人员填写"××××17-02 标准方法查新与确认报告"（查新结果可作为报告附件），经审核的确认报告交中心主任审批。中心主任根据确认方法所得数据的范围和准确性是否适合预期用途和客户的要求，决定是否批准发布。

4.5　××中心经确认并批准发布后的方法应确保在所有相关人员中进行有效交流。

4.6　确认报告、确认的方法及有关资料由档案资料管理员统一归档保存。

4.7　如果对已确认的方法进行了某些更改，应将这些更改的资料进行文件化，并应重新进行确认。

5　引用文件

　　××××215　《人员控制程序》

　　××××204　《文件控制程序》

6　记录

　　××××17-01　非标/自制方法验证报告

　　××××17-02　标准方法查新与确认报告

5.3.18　测量不确定度评定控制程序

××××程序文件	文件编号：××××		修订日期：××××/××/××
测量不确定度评定控制程序	页次：××	版本/修订：×/0	实施日期：××××/××/××

1　目的

　　当客户、检测方法、认可机构要求表述测量不确定度时，××中心能够按本程序指导对各类不确定度进行合理评定，确保满足 CNAS 的测量不确定度政策要求。

2　适用范围

　　适用于××中心对客户、检测方法、认可机构要求表述的各类不确定度进行合理的评定。

3　职责

　　技术负责人负责组织实施测量不确定度的评定与审核。

　　检测人员负责本岗位测量不确定度的评定。

4　控制程序

4.1　测量不确定度评定要求

4.1.1　如果某广泛公认的检测方法规定了测量不确定度主要来源的极限值和计算结果的表示形式，××中心只要按照该检测方法和报告的要求操作即可，无须重新评估测量不确定度。

4.1.2　在某些情况下，由于检测方法的性质决定了无法对测量不确定度从计量学和统计学角度进行有效而严格的评定，应尝试通过适当的分析方法找出所有重要的不确定度分量，并做出合理的评定，同时应确保评定结果的报告形式不会使用户造成对测量不确定度的误解。

4.1.3　测量不确定度评定所需的严密程序取决于：检测方法的要求、客户的要求及据以做出满足某规范决定的界限。评定测量不确定度时，可以不考虑被测试样品预计的长期性能。

4.1.4　如果已评定的方法做了某些更改，应重新对方法的测量不确定度进行评估。

4.2　测量不确定度的来源

　　分析测试领域的测量不确定度的来源一般有以下几种：

　　（1）被测对象的定义不完整；

　　（2）复现被测量的测量方法不理想；

　　（3）取样的代表性不够，即被测样本不能代表所定义的被测对象；

　　（4）基体影响和干扰；

　　（5）样品的污染；

　　（6）环境条件的影响；

　　（7）读数不准的影响；

　　（8）称量和量器、量具的不确定度；

　　（9）仪器的分辨率、灵敏度、稳定性等影响，以及自动分析仪器的滞后影响和仪器检定校准中的不确定度；

（10）检测标准和标准物质所给定的不确定度；

（11）从外部取得并用于数据的整理换算的常数或其他参数的值所具有的不确定度；

（12）包括在检测方法和测量程序过程中某些近似和假设，某些不恰当的校准模式选择以及数据计算中的舍、入影响；

（13）测试过程中的随机影响等。

4.3　测量不确定度的分类

尽管测量不确定度有许多来源，但按评定方法可将其分为两类：

（1）不确定度的 A 类评定。用对测量列进行统计分析的方法来评定的标准不确定度，称为不确定度的 A 类评定，也称 A 类不确定度评定。

（2）不确定度的 B 类评定。用不同于对测量列进行统计分析的方法来评定的标准不确定度，称为不确定度的 B 类评定，也称 B 类不确定度评定。

4.4　测量不确定度的评定

测量不确定度的评定工作由技术负责人负责组织评定小组，小组成员由本岗位监督人员、检测方法使用人员以及检测方法所用仪器设备的负责人构成，必要时可以邀请专家参加。根据 JJF1059《测量不确定度评定与表示》国家计量规范来实施。

4.4.1　测量过程概述

不确定度评定人员要全面了解检测过程，包括测量依据、测量环境条件、测量标准及其主要计量特性、被测对象及其主要性能、测量参数（项目）与简明测量方法以及评定结果使用的其他有关说明，如在规范化的常规测量中，本测量不确定度评定结果可直接用于重复性条件下或复现性条件下的测量结果。

4.4.2　寻找测量不确定度分量，建立数学模型

测量不确定度评定人员要根据被测量的定义和测量方案，分析可能产生的测量不确定度的主要来源量，尽可能确立被测量与有关量之间的函数关系，通过这些量的不确定度给出被测对象的不确定度。

4.4.2.1　根据测量方法和测量程序建立数学模型，即确定被测量 y（输出量）与输入量 x_1，x_2，…，x_n 的关系，即 $y = f(x_1, x_2, …, x_n)$。

4.4.2.2　测量结果 y 的不确定度将取决于输入量 x_1，x_2，…，x_n 的不确定度及其传播规律。应周全地寻找这些输入量的不确定度来源，可从测量仪器、测量环境、测量人员、测量方法、被测量等方面全面考虑，做到不遗漏、不重复。

4.4.2.3　输出量 y 的输入量 x_1，x_2，…，x_n 本身可看做被测量，也可以取决于其他量，甚至包括具有系统效应的修正值，从而可能导出一个十分复杂的函数关系式。在实际测量中，如果修正值本身与合成标准不确定度比起来很小时，修正量可不加到测量结果之中。

4.4.2.4　输入量及其不确定来源的考虑应充分满足测量所要求的准确度，同一被测量 y 在不同的测量准确度要求下，其数学模型可能会不完全相同。如果测量过程较简单，准确度要求不高，一般所考虑的输入量或影响量个数可较少。

4.4.3　量化不确定度分量

要对每一个不确定度来源通过测量或估计进行量化。首先估计每一个分量对合成不确定度的贡献，排除不重要的分量。可用下面几种方法进行量化：

（1）通过实验进行定量；

（2）使用标准物质进行定量;

（3）基于以前的结果或数据的估计进行定量;

（4）基于判断进行定量。

4.4.4 计算合成标准不确定度

根据 JJF1059《测量不确定度评定与表示》中第4、5、6节规定方法，通过确定 A 类和 B 类标准不确定度分量计算出合成标准不确定度。

4.4.5 计算扩展不确定度

根据 JJF1059《测量不确定度评定与表示》中第7节规定方法计算扩展不确定度。

4.4.6 测量不确定度报告

根据 JJF1059《测量不确定度评定与表示》中第 8 节规定的方法报告不确定度，并确保报告的形式不会造成对不确定度的误解。原测量不确定度评价人员负责对在检验报告中出现的测量不确定度的解释和说明。

4.5 对于不同检测项目和检测对象的测量不确定度，可以采用不同的评定方法，技术负责人根据实际情况可以组织有关人员编制相应的测量不确定度评定与表述程序，同时与相关的技术人员共同完成测量不确定度的评定和表述工作。

4.6 测量中不确定度的降低

使不确定度降至最低与对不确定度定量通常都一样重要。因此为了确保检测结果的准确，××中心检测人员应尽可能采用一些好的做法来帮助降低测量中的不确定度。

（1）校准测量仪器（或者用已有校准过的仪器）并使用证书上给出的校准的修正值。

（2）对知道的任何（其他）误差做修正来补偿。

（3）使测量溯源到国家标准，采用校准方法，这可以通过不间断地测量链溯源到国家标准。

（4）选择最好的测量仪器，并使用具有最小不确定度的校准设备。

（5）通过重复测量或同岗位不同人员做重复测量来检查测量，也可用不同方法进行检查。

（6）审核计算，并将数据另外抄录下来，再对其审核。

（7）要按照生产厂的说明书来使用和保养仪器。

（8）要用有经验的人员，并为测量提供培训。

（9）要对软件做核查或证实其有效，以确信其工作无误。

（10）在计算中要采用正确的修约方法。

（11）对测量和计算要保有良好记录。

5 引用文件

JJF1059 《测量不确定度评定与表示》

××××204 《文件控制程序》

6 记录

××××18-01 测量不确定度评估报告

5.3.19 数据控制程序

××××× 程序文件	文件编号：××××		修订日期：××××/××/××
数据控制程序	页次：××	版本/修订：×/0	实施日期：××××/××/××

1 目的

确保数据输入或采集、数据储存、数据传输、数据处理的适用性、完整性和保密性。

2 适用范围

适用于××中心与检测结果相关的数据采集、处理、记录、报告、存储或检索。

3 职责

技术负责人负责本程序的实施；测试人员负责测试数据的采集、处理、记录、报告和电子方式存储。

4 控制程序

4.1 数据的采集、记录

4.1.1 检测人员在测试过程中要同时做好原始记录，填写内容要真实、准确。原始记录要依据××××212《记录控制程序》、××××302《记录填写规范》的要求规范填写。

4.1.2 计算机和自动化设备采集和处理的检测数据要随时打印出来，并标记与测试样品相关联的编号（报检号），作为检验原始记录保存。

4.1.3 计算机和自动化设备内的数据如能备份的，要随时备份，以防数据丢失。

4.2 数据的传输

4.2.1 数据每次转移都须审核，对原始记录和检验报告须采用"三核一审"方式。检测人员完成测试工作后，对原始数据进行处理、计算所得出测试结果进行自核；同岗位人员对原始记录中的数据、计算过程、测试结果等进行核对；审核岗位人员要根据原始报告、合同测试方法等对拟稿人员拟制的检验报告进行复核。授权签字人进行最后的全面审核并签发。

4.2.2 数据在传送过程中要防止被非法修改，并要为客户保密，未经中心主任批准不得向外部人员透露。

4.3 结果报告

测试结果以"检测报告"的形式由授权签字人对外签发，详见××××227《结果报告控制程序》。

4.4 数据的保存

原始数据及记录、报告和备份的数据由档案资料管理员统一登记、管理和保存。存放电子版本数据的计算机要加密码，注意保存。

4.5 电子设备的数据控制

4.5.1 对计算机和自动化设备提供保持测试数据完整性所必需的环境和操作条件。

4.5.2 所使用的自动化设备的现行软件，在该设备应用范围内使用，可以认为已经通过了充分验证。

4.5.3 使用的经过国家局以及上级技术部门组织鉴定的软件，在其应用范围内使用，可以认为已经通过了充分验证。

4.5.4 配置的软件应为正版软件。

4.5.5 不得私自修改、删除与检测设备相配套的计算机内的程序文件和数据，确需修改时须经技术负责人批准后实施，必要时要经过充分论证。

4.5.6 严禁使用外来光盘、软盘，以防止病毒破坏计算机、自动化设备及储存的数据。

5 相关文件

    ×××× 212 《记录控制程序》

    ×××× 302 《记录填写规范》

    ×××× 202 《客户机密和所有权保护控制程序》

    ×××× 227 《结果报告控制程序》

    GB/T 8170 数值修约规则与极限数值的表示和判定

5.3.20 设备控制程序

×××××程序文件	文件编号：××××		修订日期：××××/××/××
设备控制程序	页次：××	版本/修订：×/0	实施日期：××××/××/××

1 目的

    配置足够的仪器设备，所采购的仪器设备有质量保证并符合测试要求以及对测试用仪器设备的校准、使用和维护以及检查验证进行有效控制和管理。

2 适用范围

    适用于××中心对测试质量有影响的仪器设备的申购、接收、安装调试、维护、计量/校准和报废等。

3 职责

    技术负责人负责制定仪器设备的购置计划，设备管理员负责组织仪器设备的接收、安装调试、验收、建档、计量/校准、维修和状态的控制，各仪器设备使用人负责仪器设备的日常维护、保养及检查或验证。

4 控制程序

4.1 购置技术负责人根据检测工作的需要，于每年年底拟定下一年度的仪器设备购置计划，填写"×××× 20-01 仪器设备购置计划"（一式两份），交中心主任审核后，上报局综合科。购置计划批准后，由技术负责人组织有关人员进行调研，提供合适的供应商给相关部门进行购置。特殊情况或大型仪器设备的购置，按有关规定执行。

4.2 接收设备管理员及使用人根据购置合同内容对设备及配件进行符合性查收，并填写"×××× 20-02 仪器设备接收/验收记录"。

4.3 安装

4.3.1 技术负责人根据设施或环境条件的要求进行设备的环境配置，按照仪器设备说明书安装或由上级部门组织厂家安装。

4.3.2 技术负责人、设备管理员及使用人参加设备的安装。

4.4 验收

    综合科或××中心组织生产厂家调试设备时，技术负责人、设备管理员及使用人参加设备的调试。设备使用人填写"××××20-02 仪器设备接收/验收记录"。中心主任负责设备的最终查收并签字。

4.5 建档

设备管理员负责建立仪器设备档案，档案内容应包括：

（1）仪器设备的名称、生产厂家、型号、设备编号、价格、购入日期、使用日期、安装地点及管理人等；

（2）仪器设备的配件和随机资料清单、操作手册、使用维护说明书及操作规程；

（3）仪器设备验收及调试报告；

（4）仪器设备的校准计划和记录，包括检定证书及预检日期；

（5）仪器设备维修记录；

（6）设备维护计划；

（7）仪器设备使用、维护和保养记录（可单独存放于使用区域）。

4.6 仪器设备的受控

4.6.1 设备管理员将对测试结果有重要影响的仪器设备列入受控设备目录，并根据本程序进行控制。

4.6.2 仪器设备使用人编制仪器设备操作及维护规程，并报技术负责人审批后使用。

4.7 仪器设备的校准

4.7.1 设备管理员制定仪器设备的检定/校准计划，经技术负责人审批后，按照××××222《测量溯源性控制程序》执行。

4.7.2 经检定/校准后的仪器设备，设备管理员要根据检定/校准结果及时加贴绿（合格）、黄（准用）或红（停用）三色标识。

4.8 仪器设备的使用和维护

4.8.1 设备使用人员在开机前，应检查仪器设备的状态，确认正常后方可开机使用，使用后认真填写《仪器设备使用记录本》，标明目前设备的运行状态。

4.8.2 使用人员应严格按照仪器设备操作规程进行操作，使用过程中出现异常情况应立即关机和/或采取其他相关措施，并在仪器设备使用记录中登记具体异常情况。

4.8.3 使用人员违反仪器设备操作规程操作，有可能对测试结果造成影响的，应按照××××209《不合格检测工作控制程序》采取相应的措施及时处理。

4.8.4 仪器设备使用人根据设备维护规程，定期对设备进行维护和保养。

4.8.5 根据仪器设备的使用情况，仪器设备负责人负责定期按照仪器设备维护检修规程，采取相应的措施及时地对有关部件进行清洗、处理、更新，并认真填写"××××20-03 仪器设备维护检修记录"。

4.8.6 各仪器设备的使用人应负责仪器设备所处环境的安全及卫生，始终保持仪器设备处于良好的工作环境。

4.9 检查和验证

4.9.1 为了保证仪器设备处于有效使用状态，在使用期间，由各仪器设备使用人对仪器设备进行检查验证，并填写"××××20-04 仪器设备技术验证记录"。检查验证通常在下列情况下进行：

（1）仪器设备导出数据异常；

（2）仪器设备故障维修或改装后；

（3）长期脱离中心控制的仪器设备在恢复使用前（如外借）；

（4）仪器设备经过运输或搬迁；

（5）使用××中心控制范围以外的仪器设备。

4.9.2 经检查验证发现问题时，技术负责人应对测试结果进行追踪和评定，出现重大偏离时应及时通知有关客户，并采取相应的纠正措施。

4.10 仪器设备状态控制

为了避免使用人员误用非正常状态下的仪器设备，设备管理员在下列情况下，对仪器设备予以停用标识：

（1）仪器设备有过载或错误操作，显示结果可疑；

（2）仪器设备处于待检或维修状态；

（3）仪器设备经维修、验证、校准确认无法使用的。

处于停用期间的仪器设备，经维修、验证、校准恢复正常后，设备管理员应及时撤除停用标识，恢复使用。

4.11 仪器设备的维修和报废

4.11.1 仪器设备出现一般故障或异常情况，由各仪器设备负责人及时排除和处理。重大故障应通知设备管理员报局综合科，联系有关生产厂家或维修单位维修。仪器设备维修后，应及时填写"××××20-05仪器设备维护检修记录"，经校准或验证，确认正常后方可投入使用。

4.11.2 仪器设备的部分性能指标无法满足特定的测试工作需要时，经技术负责人批准，可降级使用。对于功能丧失不具有使用价值的仪器设备，由技术负责人批准上报局综合科，申请报废处理。报废的仪器设备应及时撤出使用场所。

5 引用文件

×××× 222 《测量溯源性控制程序》

×××× 209 《不合格检测工作控制程序》

×××× 211 《预防措施程序》

×××× 227 《结果报告控制程序》

6 记录

×××× 20-01 仪器设备购置计划

×××× 20-02 仪器设备接收/验收记录

×××× 20-03 仪器设备维护检修记录

×××× 20-04 仪器设备技术验证记录

5.3.21 计算机使用及维护控制程序

××××程序文件		文件编号：××××		修订日期：××××/××/××
计算机使用及维护控制程序	页次：××	版本/修订：×/0	实施日期：××××/××/××	

1 目的

对计算机资源进行有效控制，确保其满足检验工作和管理工作的需要。

2 适用范围

适用于××中心所有计算机的使用与维护。

3 职责

技术负责人负责检查计算机的使用与日常维护，并联系局计算机管理员负责计算机的全面维护与网络管理。

4 控制程序

4.1 技术负责人负责检查计算机的日常使用和维护情况，使用外来软件须经技术负责人允许。

4.2 ××中心开发的计算机软件，应有使用说明及经过××××技术处组织鉴定（审定）。

4.3 技术负责人处理不了的故障，联系局计算机管理员处理，如果计算机管理员解决不了，报综合科处理。

4.4 禁止在计算机上操作和使用与业务无关的拷贝软件，禁止上班时间在计算机上做与工作无关的事情。

4.5 计算机的软硬件配置、系统设定，应由技术负责人按相关使用规定与要求负责进行，禁止其他人员调整或改动。

4.6 技术负责人监督计算机的使用情况，不乱改 IP 地址，不私设代理服务器，保证遵守单位的计算机与网络使用规定。

4.7 每台电脑都应设置开机密码，并由技术负责人汇总备用，密码更改后要及时通知技术负责人。

5 相关文件

无

6 记录

××××21-01 计算机密码登记表

5.3.22 测量溯源性控制程序

×××××程序文件	文件编号：××××		修订日期：××××/××/××
测量溯源性控制程序	页次：××	版本/修订：×/0	实施日期：××××/××/××

1 目的

保证××中心所进行测试的量值可溯源性。

2 适用范围

本程序适用于所有对结果准确性和有效性有重要影响的仪器设备（包括辅助设备）、量具等的检定/校准和管理以及标准物质的使用和管理。

3 职责

由设备管理员、试剂管理员和技术负责人负责本程序的实施。

4　控制程序

4.1　检定/校准计划

设备管理员负责制定年度检定/校准计划，经技术负责人审批后组织实施。

4.2　检定/校准实施

4.2.1　设备管理员根据年度检定/校准计划，负责安排实施仪器设备和需要量值传递的量具的外部检定/校准工作。

4.2.2　内部检定/校准

对于计量部门暂不能检定/校准的仪器设备实施内部校准或验证，即：

（1）根据有关要求编制《内部校准/验证方案》，经××××处审批后实施。

（2）技术负责人组织有关人员采用下列一项或几项方式对仪器设备的性能进行验证：

1）使用有证标准物质进行验证；

2）不同仪器设备测试结果比对；

3）实验室间测试结果比对。

（3）仪器设备使用人员根据校准/验证结果撰写校准/验证报告，校准/验证报告和有关校准/验证记录经技术负责人审批后，交档案资料管理员存档，经校准/验证的仪器设备，根据校准/验证报告结论，设备管理员加贴相应的标识。

4.2.3　检定/校准标识和检定/校准仪器设备使用按××××220《设备控制程序》执行。

4.3　标准物质管理

4.3.1　标准物质由试剂管理员负责保存和管理，试剂管理员将中心现有标准物质列入"附件8：标准物质目录"。

4.3.2　标准物质购买由使用者提出申请并说明技术要求，试剂管理员填写《××××物资采购计划表》按需购买。

4.3.3　标准物质必须向国家认证（认可）专门机构购买。

4.3.4　进行仪器检定/校准、人员考核、分析测试方法评价、样品仲裁时，必须使用国家一级标准物质，进行日常检验校正时可用二级标准物质。

4.3.5　技术负责人会同试剂管理员负责标准物质到货验收、登记，注明有效期。

4.3.6　根据标准物质的特性，进行妥善合理的贮存和运输，防止污染、变质。

4.3.7　测试人员使用标准物质时，由试剂管理员按需发放，使用过程中确保不受污染。

4.3.8　标准物质必须按说明书的规定使用。

4.3.9　标准物质的期间核查见××××223《期间核查控制程序》。

4.4　标准溶液制备

4.4.1　测试人员根据《化学试剂滴定分析（容量分析）用标准溶液制备》的要求配制标准溶液。

4.4.2　标准溶液的配制记录要专门保存，保存期限要满足与相关的检验报告的保存期限要求。

4.4.3　标准溶液的标识要记载配制日期、配制人及有效期限等。

5　引用文件

××××220　《设备控制程序》

　　×××× 223 　《期间核查控制程序》

6　记录

　　×××× 22-01　标准物质使用记录

　　×××× 22-02　检定/校准计量器具登记表

　　×××× 22-03　内部检定/校准报告

　　×××× 22-04　内部校准记录

　　×××× 22-05　内部校准/验证方案

　　×××× 22-06　仪器设备检定/校准计划表

　　×××× 22-07　标准物质配制/制备记录

5.3.23　期间核查程序

××××程序文件	文件编号：××××		修订日期：××××/××/××
期间核查程序	页次：××	版本/修订：×/0	实施日期：××××/××/××

1　目的

　　通过采用可信和可行的方法对实验室于检测结果有影响的仪器设备和标准物质的使用功能及测量性能进行核查，以验证其是否得到有效维持，即旨在确认其校准和稳定状态的可信程度。

2　适用范围

　　适用于××检测中心与检测结果有关的仪器设备及标准物质的核查。

3　职责

　　技术负责人负责制定实验室仪器设备和标准物质的年度期间核查计划并组织开展与落实，中心相关岗位人员都应参加。

4　控制程序

4.1　核查的计划

　　技术负责人每年年初需制定实验室本年度的仪器设备及标准物质的期间核查计划"×××× 23-01 仪器及标准物质期间核查计划"。

4.2　核查对象

　　铁矿检测中心与检测结果有关的仪器设备及标准物质。

4.3　核查方法

　　对于仪器设备可采用以下方法中的一种进行期间核查：

　　（1）同类测量设备比对法；

　　（2）有证标准物质核查法；

　　（3）留样再测法；

　　（4）仪器自带标样核查法。

　　对于标准物质的期间核查可采用下述方法中的一种：

（1）无证标准物质采用有证标准物质进行比对核查；

（2）新购置的标准物质或新配置的标准工作液与正在使用的比对；

（3）采用不同方法进行比对。

4.4　核查频次

除了对新购置设备和经主要部件维修后的仪器设备需及时核查验收外，实验室的设备和在用的标准物质期间核查的频次一般每年至少进行 2 次，设备操作人员和标准物质使用人员可根据设备和标准样品的稳定性和使用率适当地增加期间核查的频次。

4.5　核查结果的验收

对于设备和标准物质的核查结果应形成核查报告，将核查结果记入"××××23-02 仪器及标准物质期间核查记录"。经设备使用人或标准物质使用者进行分析评估后，提出是否准予继续使用和使用范围的建议，技术负责人对结果进行审批。

5　记录

××××23-01　仪器及标准物质期间核查计划

××××23-02　仪器及标准物质期间核查记录

5.3.24　抽样控制程序

××××程序文件	文件编号：××××		修订日期：××××/××/××
抽样控制程序	页次：××	版本/修订：×/0	实施日期：××××/××/××

1　目的

保证取制样人员严格按照国际标准的要求进行取制样作业。

2　适用范围

适用于××中心取制样作业的实施。

3　职责

取制样负责人编制取制样通知单，监督取制样人员的取制样作业，取样人员制定取样方案，扦取样品，制样人员负责测试水分、粒度和化学成分样品的制备，样品管理人员负责留存样品的保管和处理，质量负责人审批样品的处理。

4　控制程序

4.1　取制样负责人接到报检单后进行合同评审，根据报检单上合同的要求制定取制样通知单，报请技术负责人审核签字后，交取样人员实施取制样作业。

4.2　如客户要求更改合同、卸载重量，取制样负责人则须重新进行合同评审，制定取制样通知单，及时通知相关人员，并在取制样通知单上记录更改的内容。

4.3　取样

4.3.1　取样人员根据取制样通知单上内容，按取样标准制定取样方案，正确操作机械取制样设备抽取代表性样品。

4.3.2　取样开始前，取样人员应及时与港方联系，确认港方的卸货计划，弄清靠泊卸载的船名、矿种、卸货时间、卸货量以及当时的气候情况。

4.4 制样

4.4.1 制样人员接到取样人送样或委托人自送样品时，应仔细检查，记录样品的状态，包括有无泄漏、溢出、标识是否完好，能否符合相应的检验方法的要求，如有问题应立即与送样人联系，并在样品传递单上做好记录。

4.4.2 制样人员根据取制样通知单内容，按标准要求制出足够量的试样，所制样品一份供测试用，一份为保留样。样品管理员在保留样容器上加盖保留样标记后留存。所有样品在检测过程中应做好状态识别，验余样品及时处理。

4.5 如经核实发现不满足取制样通知单的要求时，取制样人员应向取制样负责人汇报，取制样负责人根据现场偏离情况，与客户进行协商。如在取样前，客户要求更改合同，则取制样负责人应更改取制样通知内容，把这些情况详细地记录下来，同时通知取制样人员。

4.6 样品的标识

取制样人员在取制样后根据样品标识要求在样品容器外加贴取样标识。

4.7 样品的运输

取制样作业结束后，取制样人员应尽快运抵××中心，保证样品在运输过程中保持其原有属性。

4.8 样品管理

样品管理员接到样品后，应检查数量、封识等是否符合要求。分析样交分析人员保留样管理，详见××××225《检验样品的处置控制程序》。

5 相关文件

××××225 《检验样品的处置控制程序》

6 记录

××××24-01 铁矿石取制样通知单

××××24-02 铁矿石手工取样记录

××××24-03 铁矿石手工制样记录

××××24-04 铁矿石水分测定记录

××××24-05 铁矿石喷入水校正记录

××××24-06 铁矿石雨淋水校正记录

××××24-07 铁矿石粒度测定记录（手工）

××××24-08 水分、粒度平均结果计算记录

××××24-09 铁矿石全铁量测定原始记录

××××24-10 铁矿石原子吸收测定记录

××××24-10-1 原子吸收法分析报告

××××24-11 铁矿石氧化亚铁测定记录

××××24-12 铁矿石 X 荧光仪测试记录

××××24-13 铁矿石红外硫碳仪测定记录

××××24-14 球团矿转鼓强度测定记录

××××24-15 球团矿相对还原率测定记录

×××24-16　球团矿还原速率测定记录
×××24-17　球团矿抗压强度测定记录
×××24-18　球团矿膨胀指数测定记录
×××24-19　铁矿石堆密度测定记录
×××24-20　铁矿石热裂指数测定记录
×××24-21　铁矿石灼烧减量测定记录
×××24-22　铁矿检测中心化学分析报告单

5.3.25　检验样品的控制程序

××××程序文件	文件编号：××××		修订日期：××××/××/××
检验样品的控制程序	页次：××	版本/修订：×/0	实施日期：××××/××/××

1　目的

保证检验样品在整个测试期间内标识清晰、可追溯，检验样品在制备、储存和处置过程中不变质、不遗失或损坏，确保接收的检验样品满足测试要求。

2　适用范围

适用于检验样品的接收、传递、处置、储存及弃置的控制。

3　职责

样品管理员负责执行本程序。

4　控制程序

4.1　样品的接收

样品管理员负责客户送检样品的接收，接样时应检查样品标识是否清晰，数量是否与合同规定相符；记录样品与测试方法中所描述的正常状态或规定状态是否相符；如果对样品状况有疑问时，必须在测试工作开始前加以确认。

4.2　样品贮存

样品交样品管理员后，由样品管理员进行登记，并妥善保存在专门的地点。留存样品保留时间遵循以下原则：出口商品、进口商品和未注明索赔期限的样品，一般保留半年。涉及进出口索赔的样品，应保存到理赔或索赔结案，特殊样品保留期限由技术负责人决定。

4.3　过期样品的处置

样品管理员定期清查保存样品，超过保存期限的样品由质量负责人审批后处理，并做好处理记录。

5　记录

×××25-01样品登记、留存、弃置记录

5.3.26　检测结果质量保证控制程序

×××××程序文件		文件编号：××××		修订日期：××××/××/××
检测结果质量保证控制程序	页次：××	版本/修订：×/0	实施日期：××××/××/××

1　目的

通过对××中心的检测活动及结果进行监控、验证和评价，以确保检测活动的有效性，保证检测工作质量，为客户提供可靠的检测结果。

2　适用范围

适用于对检测活动及结果的质量控制。

3　职责

技术负责人负责质量控制计划的制定和结果评价。

中心主任负责质量控制计划和结果的审批。

检测人员负责质量控制计划的实施。

其他工作人员应协助参加质量控制活动。

4　控制程序

4.1　质量控制计划的制定

技术负责人负责制定"××××26-01 年度检测结果质量控制计划"，计划尽可能覆盖所有常规检验项目并满足对检测有效性和结果准确性的质量控制要求。每年不少于一次，与有关部门联系取得支持，经中心主任批准执行。

4.2　质量控制方法的选择

所采取的质量控制方法，要能达到对控制对象进行有效监控的目的。可以采取以下一种或几种方法完成质量控制活动：

（1）参加上级或同级间的实验室质量控制和实验室国家认可委员会等国内外权威机构组织的能力验证活动；

（2）国内外同专业实验室间比对试验；

（3）用有证标准物质和/或次级标准物质（参考物质）进行内部质量控制；

（4）以相同或不同仪器、方法进行重复检测；

（5）保留样品的再检测；

（6）对样品不同检验项目的结果进行相关性分析；

（7）对来自不同产区样品的检验结果，进行统计分析所得到的经验数据。

4.3　质量控制计划的实施

技术负责人根据"××××26-02 检测结果质量控制活动实施方案"，组织相关岗位的检测人员根据具体要求实施。检测工作结束后，检测人员填报检测结果，签字确认。

4.4　质量控制结果的评价

技术负责人将检测结果汇总，并由有资格和能力的人员组成的评审小组对质量控制结果进行系统评价，必要时，使用统计技术。对检测有效性和结果准确性是否影响和影响程度的结论记录在"××××26-03 检测结果质量控制活动实施结果"中，如果结果评价超差时技术负责人应组织检测人员查找原因，进行纠正并执行×××209《不合格检测工作控制程序》，同时写出评价意见送中心主任审批。

4.5 如果发现其他可能影响检测有效性和结果准确性的不合格因素时，按照××××211《预防措施控制程序》给予及时消除。

4.6 技术负责人将每次质量控制活动的记录和总结材料交档案资料管理员归档保存。

5 引用文件

　　××××209 《不合格检测工作控制程序》

　　××××211 《预防措施控制程序》

6 记录

　　××××26-01 年度检测结果质量控制计划

　　××××26-02 检测结果质量控制活动实施方案

　　××××26-03 检测结果质量控制活动实施结果

5.3.27 结果报告控制程序

×××××程序文件	文件编号：××××		修订日期：××××/××/××
结果报告控制程序	页次：××	版本/修订：×/0	实施日期：××××/××/××

1 目的

　　通过对检测报告的拟制、校对、审核及签发进行控制，确保其准确、客观、完整、清晰，向客户提供准确的检测结果和有效的检测报告。

2 适用范围

　　适用于对××中心出具的检测报告的拟制、校对、审核签发及更改的控制。

3 职责

　　拟稿人员负责检测报告底稿的拟制。

　　中心主任指定人员负责对检测报告底稿的校对。

　　授权签字人负责检测报告的审核及签发。

4 控制程序

4.1 检测报告的内容

　　每份检测报告应包含下列信息：

　　（1）标题；

　　（2）××中心名称、地址、检测地点（与××中心所在地址不同时应写明检测地址）；

　　（3）检测报告编号（应是唯一识别号）、总页数/每页序数；

　　（4）客户的名称、地址；

　　（5）客户所送样品的描述：特征、状态和明确的标识；

　　（6）样品接收日期和完成检测日期；

　　（7）检测的结果和采用的检测方法编号；

　　（8）必要时需有××中心采用的抽样程序说明，如抽样日期、抽样地点、抽样依据等；

　　（9）检测结果的不确定度的陈述（如客户对检测不确定度有要求）；

（10）检测报告批准人的签字或盖章和签发日期；

（11）如果是样品委托检验，应做出检测结果仅对被检样品负责的声明；

（12）未经××中心书面同意，不得复制报告（完整复制除外）的声明。

4.2　检测报告的格式

4.2.1　可按不同的检测样品设计，但必须包括本文 4.1 条要求的信息。

4.2.2　检测报告格式设计后，经质量负责人审核，报中心主任批准后执行。如要修改，须按上述程序报批。

4.3　检测报告的拟制、校对及审核签发

4.3.1　检测工作结束后，拟稿人员根据检测人员的检测记录拟制检测结果报告。

4.3.2　由中心主任指定的人员对拟稿人拟定的检测报告进行复核校对。

4.3.3　结果报告在签发前，如客户或委托人需要检测数据，须经中心主任批准。

4.3.4　结果报告的审核签发

校对后的检测报告经授权签字人审核签字后，送到样品委托部门。检测报告的副本由××中心留存，随原始记录归档。

4.4　检测报告中的分包信息

当检验报告中包含分包检测项目时，在报告或检测记录中应标明分包项目和分包检测单位的名称以及分包方书面或电子方式的检测结果。

4.5　检测报告的电子传送

当客户要求用电话、电传、传真或其他电子和电磁设备传送检测报告时，应遵守下列规定：

4.5.1　委托方在委托单或委托合同中向××中心提供详细的接收号码和收件人姓名，并规定如何保证数据的完整和保密。

4.5.2　中心主任指定专人向指定的收件人传送检测结果，详细记录发送时间、地点、发送内容、收件人姓名及接收号码，并遵守委托单或委托合同中关于保密和保证数据完整性的规定。

4.5.3　涉及仲裁、诉讼及其他法律纠纷、新产品、行政决策等重大影响的检测报告原则上不采用电子或电磁传送方式。确需传送时，应加密处理，并由中心主任指定专人办理。

4.6　签发后检测报告的修改

已发出的检测报告需要做补充或修改时，根据不同情况，采用以下不同修改方式：

4.6.1　对不影响检测结果的采用另发一个修改通知的方式进行修改，通知单应写明"对序号×××的检测报告的补充"。

4.6.2　对需要更改检测结果的，则应将原报告收回、注销、存档，重新发出一份新的检测报告，新检测报告的编号为在原报告后加上一个英文小写字母 a，例如原报告编号为"××××"，新报告编号为"××××a"。

4.6.3　检测结果准确性发生疑问时的处理

检测报告签发后，对其准确性产生怀疑时（如由于检测设备的缺陷（失准）而对报告给出的结果准确性产生怀疑时），应由技术负责人组织审查，如发现确有错误，应查明原因，必要时应组织有关人员重新检测，确认后，由中心主任指定专人立即以书面形式通知委托方，详细说明设备失准情况，并提供可靠数据，提醒委托方注意可能会导致错误的各种情况，采取必要的纠正措施，减少可能造成的损失。

5.3.28 能力验证控制程序

××××× 程序文件	文件编号：××××		修订日期：××××/××/××
能力验证控制程序	页次：××	版本/修订：×/0	实施日期：××××/××/××

1 目的

  通过对实验室的检测活动及结果进行监控、验证和评价，以确保检测活动的有效性，保证检测工作质量，为客户提供可靠的检测结果。

2 适用范围

  适用于对实验室外部质量保证活动的有效控制及作为其内部质量控制程序的补充。

3 职责

3.1 技术负责人负责能力验证计划的制定、方法的选择和结果评价。

3.2 实验室主任负责能力验证计划的审批。

3.3 实验室各岗位检测人员负责各自岗位的能力验证活动的实施。

4 控制程序

4.1 实验室采取外部能力验证和实验室间对比方法，对质量保证活动进行有效控制。CNAS 现已承认的能力验证和对比计划包括：

  （1）实验室认可的国际合作组织，如亚太实验室认可合作组织（APLAC）、欧洲认可合作组织（EA）等开展的能力验证活动；

  （2）国际和区域性计量组织，如国际计量委员会（CIPM）、亚太计量规划组织（APMP）等开展的国际比对活动；

  （3）国际权威组织实施的行业国际性比对活动；

  （4）CNAS 认可的能力验证计划提供者提供的能力验证计划；

  （5）与 CNAS 签署互认协议的认可机构组织的能力验证计划；

  （6）在 CNAS 备案的、与 CNAS 签署互认协议的认可机构认可的能力验证计划提供者组织的能力验证计划；

  （7）只要能够证明其运作符合 ISO/IEC 指南 43-1 或 ILAC-G13 要求的由我国政府部门、行业组织运作的能力验证活动。

4.2 能力验证活动的申报

  技术负责人按照 CNAS—RL02：2007 中的能力验证领域和频次表以及 CNAS 网站上公布的能力验证信息，召集实验室相关人员讨论参加相应能力验证活动的情况，所申报的能力验证活动应尽可能覆盖所有常规检验项目并满足对检测有效性和结果准确性的质量控制要求。在 CNAS 有相应能力验证计划的情况下，每年申报不少于一次，经中心主任批准执行。

4.3 能力验证活动的选择

实验室必须按照 ISO/IEC 指南 43-1 或 ILAC-G13 的要求开展能力验证和比对计划，具体的方法选择可参考 4.1 中所述。

4.4 能力验证活动的实施

技术负责人根据 CNAS 所提供的能力验证活动信息，组织相关岗位的检测人员根据具体要求实施。检测工作结束后，检测人员填报检测结果，签字确认。

4.5 能力验证结果的评价

技术负责人将检测记录汇总，上交相关能力验证实施机构对结果进行判定。对检测有效性和结果准确性是否影响和影响程度的结论上报实验室主任，如果在能力验证中出现不满意结果时，技术负责人应组织检测人员查找原因，及时按照×××210 和×××211 进行纠正措施和预防措施，并将相关不满意结果调查结论、纠正措施的有效性证明材料交中心主任审批。

4.6 技术负责人将每次能力验证活动的记录及相关材料报告交实验室资料档案管理员归档保存。

5 相关文件

×××210 《纠正措施控制程序》

×××211 《预防措施控制程序》

6 记录

×××26-02 检测结果质量控制活动实施方案

×××26-03 检测结果质量控制活动实施结果

5.3.29 允许偏离控制程序

××××程序文件	文件编号：××××		修订日期：××××/××/××
允许偏离控制程序	页次：××	版本/修订：×/0	实施日期：××××/××/××

1 目的

确保过程中产生的偏离得到有效控制。

2 适用范围

适用于实验室对检测方法、设备以及抽样等偏离的发现、提出、评估和处理。

3 职责

3.1 各岗位负责偏离的发现和提出。

3.2 技术负责人负责组织相关人员，对发现和提出的偏离进行评估并提出处理意见。

3.3 实验室主任负责偏离的批准和发布。

4 控制程序

4.1 偏离的发现

在抽样或检测过程中发现的偏离，如：设备或操作与检测方法有偏离，样品或环境条件与抽样或合同规定不相符，标样或试剂达不到所需纯度或精度，样品或试剂的保存环境与标准或合同存在偏离等，相关人员应做好情况记录，并报告技术负责人。

4.2 偏离的评估

技术负责人根据所接到的偏离的报告，组织相关人员根据偏离情况和程度，包括偏离已持续的时间、偏离发生的场所或环节、影响的程度以及所造成的后果等，进行实地调查，对其严重性做出评估。

4.3 偏离的处理

4.3.1 一旦发现偏离，必须采取措施，做出必要的处理。有关处理建议在调查偏离严重程度做出评估后提出。

4.3.2 对因与检测方法或合同规定中产生的偏离，应在偏离评估出来后及时联系客户，在得到客户的允许后才能继续进行检测，否则应立即停止工作。

4.3.3 对在抽样过程中发现的偏离，应及时记录相关资料，并将这些资料纳入该批样品的检测全过程中，同时做好告知工作。

4.4 偏离的批准

实验室主任对技术负责人所提交的偏离严重性评估以及相应的处理意见进行批准，并发布。

所有偏离均应经过技术判断，形成文件并得到批准后方可进行。

4.5 偏离的监督

实验室所批准发布的偏离在实施过程中应加强监督，确保偏离符合文件的规定，同时可以邀请客户一起监督。

5 相关文件

×××217 《检测方法及方法确认控制程序》

6 铁矿石检验实验室作业指导书及相关记录示例

6.1 作业指导书封面

编　号	
受控状态	
持 有 者	

×××××××局

××检测中心

作业指导书

编　　制：×××　　　　　　审　　核：×××
日　　期：××××年××月××日　日　　期：××××年××月××日

批准发布：×××
日　　期：××××年××月××日

修订日期：20××年××月××日
实施日期：20××年××月××日

有效版本：第×版
文件编号：××301～××359

6.2 作业指导书正文

6.2.1 实验室工作制度

××××作业指导书	文件编号：××××		修订日期：××××/××/××
实验室工作制度	页次：××	版本/修订：×/0	实施日期：××××/××/××

1 非本实验室工作人员须经有关领导同意并做好登记后方可进入实验室。
2 实验室内不得放置与检测无关的器具和物品。
3 实验室内严禁吸烟和吃东西。
4 实验室内应保持安静，不得大声喧哗。
5 实验室工作人员应着工作服进入实验室进行检测。
6 实验室内各种仪器设备应按要求定位放置，各种检测用具在工作结束后应放回原处。
7 实验室应保持清洁，检测结束后做一次清理。
8 工作结束离开实验室前应切断水、电、气源，并锁好门窗。

6.2.2 实验室安全规程

××××作业指导书	文件编号：××××		修订日期：××××/××/××
实验室安全规程	页次：××	版本/修订：×/0	实施日期：××××/××/××

1 防毒
1.1 一般概念
　　防毒的一般概念如下：
　　（1）中毒：由于某种物质侵入人体而引起的局部刺激或整个机体功能的障碍的任何疾病都称为中毒；
　　（2）毒物：凡可使人体受害引起中毒的外来物质则称为毒物；
　　（3）致死量（致命剂量）：凡侵入体内并能引起死亡的毒物的剂量；
　　（4）根据毒物引起病态的性质，中毒可分为急性、亚急性和慢性三类；
　　（5）影响中毒的因素：毒物的理化性质、侵入人体的数量、作用的时间、侵入的途径以及受侵害人体本身的生理状况。
1.2 毒物侵入人体的途径和作用机理
1.2.1 侵入途径如下：
　　（1）呼吸道吸入毒物，如各种有毒气体、蒸气、烟雾或灰尘等；
　　（2）消化道侵入毒物，如砷化物、氧化物等；
　　（3）皮肤、黏膜吸收毒物，如汞剂、苯胺类、硝基苯等。
1.2.2 作用机理

　　毒物从人体皮肤、消化道或呼吸道吸收以后，逐渐流入血液而分布于身体一些部位。毒物在人体中经过各种物理和化学的变化，通常经肝脏的解毒作用，大部分通过肾脏随尿排出。挥发性气体可由呼吸道排出。某些不溶金属盐则随粪便排出，还有一些毒物可随皮肤汗腺、皮脂腺、唾液、乳汁等排出。没有或不能排出的毒物，在体内与新陈代谢各种产物的急剧化合，会发生不同程度的中毒症状，以至死亡。慢性中毒的一些毒物可在人体的肝脏、脂肪组织、骨骼、肌肉与脑内产生积聚作用，当毒物积聚到一定程度时，即在临床方面表现为中毒症状。

1.3　预防原则

1.3.1　用无毒或少毒的物质来代替毒物。

1.3.2　借助实验室良好通风排出有毒气体所污染的空气，防止吸入有毒气体、蒸气、烟雾、灰尘等。

1.3.3　严防毒物入口。

1.3.4　严防皮肤直接接触毒物。

1.4　防毒安全操作

1.4.1　一切试剂药品瓶，要有标签。剧毒药品必须制定保管、使用制度，并严格遵守。

1.4.2　严禁入口，用移液管吸取有毒样品时应用洗耳球操作，不得用嘴吸。如有需要，以手轻轻扇动试剂瓶口气体，稍闻其味，严禁以鼻子接近瓶口。

1.4.3　实验过程中如曾接触毒物，应立即仔细洗手和漱口。

1.4.4　对有毒的气体进行操作时，如氮氧化物、砷化物、吡啶等，必须在通风橱内操作，头部应在通风橱外面。

1.5　中毒救护

　　发生中毒时，必须立即采取救护，应采取以下措施：

　　（1）立即将患者从有毒物质作用区域移出；

　　（2）与有关医疗单位联系，根据情况，决定将患者送往医疗单位治疗，或请医生来处理后送医疗单位；

　　（3）送医疗单位或医生到达前，根据中毒情况，服用催吐剂、解毒剂等，以排除体内的毒物；

　　（4）密切关注维持患者重要生理系统和器官的活动。

2　防燃、防爆、灭火

2.1　一般概念

2.1.1　强氧化剂：是指具有强烈氧化性的物质。强氧化剂在空气中遇酸或受潮湿、强热或与其他还原性物质、易燃物、可燃物接触，即能分解引起燃烧或与可燃物质构成爆炸性混合物。

2.1.2　爆炸性物质：是指具有猛烈爆炸性的物质。

2.1.3　爆炸极限：当可燃气体、可燃体的蒸气（或可燃粉尘）与空气混合并达到一定浓度时，遇到火源就会发生爆炸。

2.2　安全操作

2.2.1　挥发性试剂应存放在通风良好的处所，易燃试剂如乙醚、酒精、苯及其他低沸点物质不可放在酒精灯、电炉或其他热源的附近。

2.2.2　开启易挥发的试剂瓶时，尤其在夏季，不可使瓶口对着自己或他人。如室温过高，开启前应设法冷却。

2.2.3　实验过程中，如需对易挥发或易燃溶剂进行加热蒸发时，应在水浴锅或电热板上缓慢地进行，严禁用火焰或电炉加热。

2.2.4　在蒸馏可燃性物质时，应先接通冷凝水，并确认水流已恒定时，再开启开关。蒸馏过程中要时刻注意仪器和冷凝器的状况，如需往蒸馏器内补充液体，应先切断电源，放冷后再进行。

2.2.5　当沾上易燃物时，应立即清洗干净，不得靠近火源，以防着火。沾有氧化剂的衣服，应注意及时予以清除。

2.2.6　高温物体如灼热的坩埚，要放在耐高温的安全地方。

2.2.7　严禁将氧化剂与可燃物一起研磨。

2.2.8　易爆类试剂如高氯酸、过氧化氢等，不得与其他易燃物放在一起，最好存放在低温处保管，移动或使用时不得激烈振动。

2.2.9　高氯酸注意事项：

（1）消解有机物时，需先用硝酸处理，将易氧化的部分除去，难氧化的部分也起部分氧化，再加高氯酸完成氧化。不与高氯酸互溶的物质（如油脂）不能用高氯酸氧化，否则会因局部猛烈作用而爆炸；

（2）决不能将乙醇、甘油或其他能形成酯的物质（或含有此类物质的样品）共热，否则会引起爆炸；

（3）高氯酸附近不可放有机药品或还原性物质，如乙醇、甘油、次磷酸盐等；

（4）如高氯酸落在桌面上，应迅速用水冲去，不能用棉布拭擦。

2.3　防火、灭火

2.3.1　平时要有防火的思想，并配备适当的灭火器等灭火设备。

2.3.2　组织实验室人员学习消防知识，了解消防器材性能及使用方法。

2.3.3　加热试样或实验过程中起火时，应先立即用湿抹布熄灭明火；电源起火时，拔去插头，关闭总电门。除小范围起火可用湿抹布覆盖外，较大范围起火必须用灭火器等相应设备扑灭，必须注意，易燃液体和固体（有机物）着火时，不能用水浇灭。

2.3.4　电线或其他电器设备着火时，须立即关闭总电门，再用干粉灭火器熄灭，必要时通知有关部门。

2.3.5　衣服着火时，不要慌张跑动，立即用毯子之类蒙盖在着火者身上以熄灭燃烧着的衣服。

2.3.6　灭火器使用注意事项：

（1）按时检查气压；

（2）使用前检查喷嘴是否通畅，如有阻塞，应先疏通，以免造成事故；

（3）如电器、电线起火时，按2.3.4条处理。

3　防腐蚀、化学烧伤、烫伤、割伤

3.1　安全操作

3.1.1　腐蚀类试剂，如强酸、强碱、浓氨水、冰醋酸等，取用时注意安全，不得在烘箱内烘烤。

3.1.2 稀释硫酸时必须在烧杯等耐热容器内进行,同时用玻璃棒不断搅拌,缓慢将浓硫酸加入水中,绝对不能将水加注到硫酸中去。溶解氢氧化钠、氢氧化钾等发热物质时,也必须在耐热容器内进行。如需将浓酸和浓碱中和,则必须先行稀释。

3.1.3 在压碎或研磨苛性碱和其他危险物时,要注意防范小碎块或其他危险物质碎片飞散,以免烧伤眼睛、皮肤或身体的其他部分。

3.1.4 将橡皮管和玻璃仪器互接时,必须正确选择橡皮管的直径,用水或甘油湿润橡皮管连接部分,最好戴棉手套,以防玻璃接头破碎割伤手部。

3.2 急救与处理

3.2.1 化学烧伤

化学烧伤时,应迅速解脱衣服。首先必须清除皮肤上的化学药品,用大量水冲洗,再以适合于消除这种有害化学药品的特种溶剂、溶液或药剂仔细洗涤处理伤处,常见化学烧伤的急救或治疗方法见表6-1。

3.2.2 眼睛的灼伤

眼睛受到任何伤害时,必须立即请眼科医师诊治。在医师救护前,如眼睛上被水溶性化学药品灼伤时,应立即用大量细水流洗涤,洗涤时要避免水流直射眼球,也不要揉搓眼睛,细水流洗涤后,如是碱灼伤,再用 2%硼酸溶液淋洗,如是酸灼伤,用 3%碳酸氢钠溶液淋洗。其他常用的急救或治疗方法见表6-1。

表6-1 常用急救或治疗方法

化 学 药 品	急救或治疗方法
硫酸、盐酸、磷酸、甲酸、高氯酸等	用大量的水冲洗,然后用饱和碳酸氢钠溶液冲洗
氢氧化钾、氢氧化钠氨、氧化钙、碳酸钠等	立即用大量水洗净,然后用乙酸溶液(20 g/L)冲洗或撒以硼酸粉。其中对氧化钙的灼伤,可用任一种植物油洗涤伤处
铬酸	先用大量水冲洗,然后用硫化铵溶液漂洗
氯化锌、硝酸银	先用水冲,再用 50 g/L 碳酸氢钠溶液漂洗

4 常见化学烧伤的急救或治疗方法

4.1 烫伤和火伤

发生烫伤和火伤时,应立即送医疗单位治疗或必要时与医疗单位联系,请医疗人员前来抢救。

4.2 创伤

发生创伤时,应先用消毒器具把伤口清理干净,并用 3.5%的碘酒涂在伤口四周。创口出血,如少量,可用创可贴外贴止血,如创口比较严重、出血较多时,应在四肢伤口上部包扎止血带止血,并用消毒纱布盖住伤口后送医院治疗。如仍大量流血时(特别是动脉出血)应迅速边止血边送医疗单位治疗抢救。用止血带止血应注意每一小时(上肢)或两小时(下肢)必须放松一次,每次放松 1~2 min,此时用指压法止血,冬天气温低血液循环慢时,半小时就要松一次,放松要慢。

实验室对创伤的止血,只能是做一些送医疗单位以前的准备。除小伤外,一般都应由医务人员处理。

5 用电、用水安全

5.1 用电安全

5.1.1 开启电源前，须先检查开关、电机和机械设备的各部分是否妥善。

5.1.2 工作开始或结束时，须将插座插牢或拔下。

5.1.3 在更换保险丝时，要按负荷量选用合格保险丝，不得加大或以铜丝代替使用。

5.1.4 严禁用铁柄毛刷清扫电门和用湿布擦电门。

5.1.5 凡设备发生过热现象，应立即停止运转。

5.1.6 停电时，应关闭先前处于开启状态的设备。

5.1.7 禁止在同一插座上接多个设备，以免负荷过重，导致电线着火或击穿绝缘。

5.1.8 禁止在电气设备或线路上洒水，以免漏电。

5.1.9 实验室所有设备不得私自拆动及随便进行修理。

5.1.10 有人触电时，要立即用绝缘的物体将电线从触电者身上挪开或切断电源，并将触电者转移到有新鲜空气的地方进行人工呼吸并迅速转送医疗单位救护。

5.2 用水安全

5.2.1 经常性检查供水管道、龙头、排水道，发现损坏不能正常供水、排水时，应及时修理。

5.2.2 固体不溶物、浓酸和浓碱等腐蚀性废液，严禁倒入水槽，以防堵塞和侵蚀水道，污染环境。

5.2.3 实验室工作结束后，应进行检查，关好所有水龙头。

6.2.3 测试废弃物处理规定

××××作业指导书	文件编号：××××		修订日期：××××/××/××
测试废弃物处理规定	页次：××	版本/修订：×/0	实施日期：××××/××/××

1 定义

  废弃物：过期试剂及测试过程中产生的各种废物、废液、废气和有毒有害的包装容器等。

2 测试人员负责其废弃物的处理，并填写《过期、废弃物品处理记录》。

3 安全卫生管理员负责对废弃物的处理进行不定期监督，确保测试人员按规定处理测试过程中产生的废弃物。

4 废弃物丢弃前均应按其属性分别处理。无毒无害者可按通常的方法处理。

4.1 过期试剂及有毒有害的废渣、废液、废包装容器的处理

4.1.1 凡能经过简单化学处理、转化、反应使有毒有害废弃物转化改性的，丢弃前均应按其化学性质进行妥善处理。

4.1.2 对于不能进行转化改性处理的过期试剂、有毒有害废渣、废液和废包装容器，测试员要集中收集，安全存放，并及时通知安全卫生管理员。必要时，安全卫生管理员收集一次，与环保部门联系，统一处理。

4.2 废气的处理

4.2.1 各类测试用仪器设备运行中放出的各种有毒有害气体，均应按仪器安装要求及有关规定进行处理和排放。

4.2.2 测试过程中产生的各种有毒有害气体，应按检验方法的规定进行排放处理。

6.2.4 天平室工作制度

××××作业指导书	文件编号：××××		修订日期：××××/××/××
天平室工作制度	页次：××	版本/修订：×/0	实施日期：××××/××/××

1 天平室内应保持肃静，除所需称量的样品或试剂及称量所需用品外，不得带入其他无关物品。

2 必须使用在计量合格周期内的天平进行称量。

3 天平称量前应进行校正。

4 不得在本室进行具有挥发性的有毒有害物质的称量。

5 利用空调和去湿机保持环境温度和湿度。

6 天平开启后必须先预热 20 min 方可进行下一步的操作。

7 遇突然停电时，应将电源开关置于关的位置，直至供电再开机。

8 使用完毕后应做好记录并及时清理，保持室内和天平的整洁。

6.2.5 检验工作流程

××××作业指导书	文件编号：××××		修订日期：××××/××/××
检验工作流程	页次：××	版本/修订：×/0	实施日期：××××/××/××

1 接受检验申请单

××中心接收本局检验××科或其他部门送来的委托检验申请单，接受时应审核申请单填写是否清晰，随单附带合同、信用证、提单、发票等是否齐全，如发现问题应立即向送单人提出，不符合规定可以拒收检验申请单。

2 合同评审

合同评审人员应仔细审核合同内容，确认客户与铁矿中心双方对合同规定内容理解的一致性；确认合同规定内容与本国和国际法律、法规、指令及惯例的非冲突性；确认测试方法；确认铁矿中心有无能力保证合同的执行；确认测试人员能及时理解合同并在规定期限内完成合同。

3 取样

取样人员应认真阅读检验申请单，了解申请单中有关内容，按有关规定，扞取代表性样品，并做好取样记录。

4 制样

制样人员按有关规定，制出供测试用的样品，并封存保留样品，交样品管理员留存。

5 测试

5.1 测试人员根据检验申请单及所附单据，确定测试工作的标准和方法。贸易合同中规定了标准的，按规定标准检验；如果合同中没有规定标准，可以按委托人指定的标准检验；如果既无合同规定，又无委托人指定，技术负责人应根据检验目的选择适当的标准或方法，这些标准和方法应该是在国际、地区或国家的标准或者是由权威技术机构公布的方法，或者是已在有关科学文献或期刊上发表的方法。也可以使用经有关部门认可的内部方法。当委托人指定的方法已被取消或无效时，应由技术负责人确认后书面通知委托人。

5.2 持有上岗、上机证的测试人员应做好测试前的准备工作，如测试环境的检查，化学试剂、标准物质的准备，仪器设备的开机、预热和校验。

5.3 准备工作完成后，测试人员按标准要求对样品进行测试，测定次数以达到标准要求的重复性为准。有标准样品或控制样品的必须随带检测，以保证结果准确可靠。认真填写原始检验记录（由自动仪器记录结果的要保留打印结果），自核后签字交同岗人核对。

5.4 测试完毕，按操作规程要求关机，清洗器具，填写仪器设备使用登记本。

5.5 测试过程中出现异常数据时，应如实记录，认真进行"五查"：

查数据处理、测试操作、测试程序是否正确；

查所用仪器设备、计量器具是否正常完好；

查所用药品试剂、标准物质是否正确有效；

查样品是否严格按标准规定采取和制备，是否具有足够代表性；

查环境是否对测试产生不良影响；

查明原因，消除故障，重新测试。

5.6 需要时应对测量结果的不确定度进行评估，评估时要充分考虑仪器设备示值相对误差、测试方法及操作者读数误差。

6 检测报告

6.1 拟稿人员根据测试结果拟制检测报告（一式三份），常用检测报告按固定格式填写，需自行拟定时按"××××227 结果报告控制程序"中对检验或报告的要求进行。报告拟毕后，由校对人校对。

6.2 校对人要认真核对取样和测试所依据的标准是否正确，测试方法是否合理，检验原始记录是否准确，数字传递、修约是否符合规定，评定结论是否恰当，确定无误后签字，交审核人审核。

6.3 由质量负责人、技术负责人或高工审核，审核的内容与校对相同。

6.4 校对、审核过程中，如发现报告有差错或不妥之处，应立即退还拟稿人，修改后重新进行校对、审核程序。

6.5 经审核后的检测报告和检验申请单，由送单人送交委托业务部门签收。

6.2.6 设施和环境条件技术要求

××××作业指导书	文件编号：××××		修订日期：××××/××/××	
设施和环境条件技术要求	页次：××	版本/修订：×/0	实施日期：××××/××/××	

1 本实验室的设施和环境要求依据认可准则和资质认定准则制定而成。

2 化学湿法分析及仪器分析的工作环境，应保持清洁，通风良好。

3 严格遵守仪器说明书和试验方法上的其他环境要求。

3.1 若检测用标准方法明确规定了实验过程所需的设施和环境条件要求，则按照方法要求通过空调、除湿机等设施来确保环境条件。

3.2 若检测用标准方法本身没有明确规定实验过程所需的设施和环境条件要求，应按照仪器设备的使用环境要求通过空调、除湿机等设施来确保环境条件。

3.3 实验人员在实验开始前应根据方法和设备要求检查好实验室的设施和环境条件是否满足，在确定满足后才能开始实验并做好设施和环境条件记录。

3.4 若实验过程中发现设施和环境条件与方法和设备的要求发生了偏离，则应按照方法或设备使用中的有关规定做好相应的偏离校正工作，必要时对此间出具的检测/校准数据的有效性做分析和判断处理，对数据进行重新复核，必要时重新检测/校准。检测中心各岗位设施环境技术要求见表6-2。

表6-2 检测中心各岗位设施环境技术要求

序号	岗 位	设施环境技术要求	识 别 方 法
1	全铁检测	（20±2）℃	方法要求
2	碳硫仪分析	温度：5～40℃，湿度：≤80%	设备要求
3	原子吸收分析	温度：10～40℃，湿度：20%～80%	设备要求
4	X射线荧光光谱仪分析	温度：17～29℃，湿度：20%～80%	设备要求
5	天平室	温度：15～30℃，湿度：≤80%	设备环境要求
6	ICP-MS检测	温度：15～30℃，湿度：20%～80%	设备要求
7	转鼓指数测定	无特殊要求	检测标准
8	抗磨指数测定	无特殊要求	检测标准
9	抗压强度测定	无特殊要求	检测标准
10	相对还原度测定	无特殊要求	检测标准
11	自由膨胀指数测定	无特殊要求	检测标准
12	体积密度测定	无特殊要求	检测标准
13	水分测定	无特殊要求	检测标准
14	粒度测定	无特殊要求	检测标准

6.2.7 取样站规章制度

××××作业指导书	文件编号：××××		修订日期：××××/××/××	
取样站规章制度	页次：××	版本/修订：×/0	实施日期：××××/××/××	

1 接到取制样任务后，由班组负责人统一安排工作。货船卸货前，班组负责人应认真核对取制样通知单，确认无误后方可组织人员开机检验，如发现卸货计划有变应及时处理有关事宜。本实验室人员进入岗位后，不得从事与取制样和测试无关的活动。

2 非本实验室工作人员未经许可不得入内，外来参观人员需经有关领导同意后方可入内，但必须做好登记，且不得从事与参观无关的活动。

3 站内要保持清洁卫生，检测用具应摆放整齐。

4 取样站内严禁烟火。

5 用仪器设备必须严格按操作规程进行。

6 定期检查实验室内水、气、电的安全，发现问题及时处理。

7 定期对仪器设备按维护规程进行维护保养，使所有设备处于良好的运转状态。

8 在岗人员必须每小时对流槽等设备进行一次巡回检查，发现结料及时清理。

9 巡回检查和维护时，必须戴好安全帽，严防头部被落体砸伤或不慎撞及硬体。

10 注意机械设备中的高速运动件，发现有异常声音或气味时，要及时停机，待查明原因并经修复后，方可开机。

11 作业时，应戴好口罩，防止粉尘侵入体内影响健康。

12 检查取样楼内灭火机，发现有不良或超过时限的，应及时进行更换。

13 转台取出样品开始的以后各工作环节及其他必要的时候，作业人员必须戴好手套，以防因高温、利器造成对人体的损伤。

14 机械取制样和测试过程中，操作人员不得离岗。

6.2.8 手工取制样及物理实验操作规程

×××××作业指导书	文件编号：××××		修订日期：××××/××/××
手工取制样及物理实验操作规程	页次：××	版本/修订：×/0	实施日期：××××/××/××

1 机械取样及粒度筛分设备发生故障时采用本操作规程。

2 熟练掌握取样标准，详细审阅所检商品的应检项目和合同要求，按标准确定应检商品的取样份样数和份样量。

3 取样前先了解船舱的配载情况和其他有关情况，如装矿量、卸载量、舱内粒度、水分分布、货物状况等，保证所取样品的代表性，严禁随意乱取。然后根据卸载量（从取样标准中按平均品质波动大小，确定应取份样总数）计算出取样重量间隔（总的卸载量/总的份样数），然后再按取样重量间隔取样。

4 准备好干净、清洁的取样工具和样品桶及取样铲（取样铲的规格应按所取商品的最大粒度来确定，必要时要编好号码）。根据 ISO3082，分别扦取水分样、粒度样、成分样或制备水分样、成分样。

5 每次取样必须做好记录，包括取样个数、粒度、水分分布情况和有关取样工作等情况。

6 取样过程中，如遇下雨天气，必须做好下雨日期、时间的记录，并及时了解降雨量情况和各船舱口的面积；如港务方在卸货过程中喷淋作业，则必须了解喷淋情况，并做好记录，以便对整批商品中的水分含量进行修正。

7 分别根据 ISO3087、ISO4701 对所取样品进行商品的水分、粒度测定。

6.2.9 铁矿石成分样品制备操作规程

××××作业指导书		文件编号：××××		修订日期：××××/××/××
铁矿石成分样品制备操作规程	页次：××	版本/修订：×/0	实施日期：××××/××/××

1 按照中控室的满罐指令，从回转台内及时取出成分样品（对于水分较大的铁矿石 2 号取样站采用黏矿流程），运至手工制样间。

2 分别称得各罐重量，并做好记录。控制好每罐样品重量为 20 kg，若重量过多或过少，应及时调整有关部件。

3 将成分样品倒在干净、光滑的铁板上（如块矿先经破碎），经人工充分混匀（三开三合）后，用二分器进行缩分，若粒度大于 10 mm，小于 16 mm，用 50 号二分器缩分每次留样重量为 30 kg 以上；若粒度大于 5 mm，小于 10 mm，用 30 号二分器缩分，每次留样为 10 kg 以上，缩分后的铁矿样品注入到干净的不锈钢桶内保存。

4 每批铁矿石取样结束后，应将取得的全部成分样品合并为大样，经充分混匀（三开三合）后，按铁矿粒度大小先用二分器进行缩分，对一份缩分样用 10 mm 手筛过筛，大于 10 mm 的破碎至全部通过 10 mm 筛子，留样重量为 50 kg 以上，再次进行混匀缩分，使铁矿样品全部通过 5 mm 筛子。这样直至样品通过了 3 mm 筛，最终留样在 15 kg 以上，装入盘子烘干 4 h，待冷却后进行破碎，用 10 号二分器反复三次混匀，一份缩分样作保存样约 2 kg，另一份为成分样品，继续进行细粉碎至全部通过 0.147 mm（100 目）筛，经数次混匀，用圆锥四分法缩分，最后取 4 小袋样品，每袋重约 100 g，分别装入塑料袋内。

5 将保留样装入塑料袋，并按要求做好记录，放入样品橱内。

6 制样完毕后，应将各类破碎设备和周围环境清扫一次，制样所用的盘子、桶等工具须全部清洗干净，存放整齐。

6.2.10 铁矿石水分样品制备操作规程

××××作业指导书		文件编号：××××		修订日期：××××/××/××
铁矿石水分样品制备操作规程	页次：××	版本/修订：×/0	实施日期：××××/××/××

1 按照中控室的满罐指令，从回转台内及时取出水分样，运至手工制样间。

2 分别称得各罐重量，并做好记录，每罐样品重量为 24 kg，若重量过多或过少，应及时调整有关部件。

3 将每罐水分样品铺成长方形（若粒度大于 16 mm，小于 20 mm，铺样厚度为 50~60 mm，若粒度大于 5 mm，小于 10 mm，铺样厚度为 30~40 mm）进行网格缩分，划分成 10 格。块矿用 20D 缩分铲，粉矿用 10D 缩分铲，从每格内取出一满铲，保证块矿水分样为 5 kg 以上，粉矿水分样为 1 kg 以上。

4 称取块矿水分样 5 kg 或粉矿水分样 1 kg，分别放置在干净的已称量的不锈钢盘内铺平，注明样号，然后将样品放入 105℃的烘箱内，保持这一温度不少于 4 h，取出后趁热立即称量，以便减少再吸收水分，再次将样品放入烘箱，继续加热 1 h 然后再称量。重复上述步骤直到最后两次重量测定值之差不大于样品初始重量的 0.05%（烘箱要注意鼓风，保持箱内温度均匀）。

5 做好以上工作后，进行水分含量的计算。

水分含量（%）= [（样品最后重量 - 样品初始重量）/样品初始重量]×100%

最后结果保留小数点后三位，并认真填写完整原始记录。

6 水分样品测定结束后，不锈钢盘必须清洗干净，堆放整齐。

6.2.11 有毒有害物质使用安全操作规程

×××××作业指导书	文件编号：××××	修订日期：××××/××/××
有毒有害物质使用安全操作规程	页次：××	版本/修订：×/0	实施日期：××××/××/××

1 实验室有毒有害物质必须严格管理，并在本实验室内控制使用。

2 三氧化二砷、硼氢化物、氰化物等剧毒物品必须由两人专人管理，平时须保存在保险箱内。

3 检验人员需使用剧毒物品时，须向有毒有害物质管理员提出申请，且同时有两名管理人员监督的情况下才能启封试剂瓶。

4 使用剧毒物品必须如实记录使用数量、使用目的，使用完毕后须在管理人员监督下加上封识，每次使用后使用人员、管理人员都应在记录本、封识上签字，并把试剂瓶锁入保险箱。

5 一般的有毒有害物质须存放在指定的试剂柜，使用时小心谨慎，用毕后放回原处。

6 严禁把实验室有毒有害物质带出实验室外。

7 有毒有害物质使用完毕后，使用人员须清洗有关部件（包括手），并注意使用安全。

6.2.12 10 万吨级矿石码头取制样设施操作维护规程

×××××作业指导书	文件编号：××××	修订日期：××××/××/××
10 万吨级矿石码头取制样设施操作维护规程	页次：××	版本/修订：×/0	实施日期：××××/××/××

1 确认电源引入盘的电压是否正常，在电压正常的情况下，合上整个设备的电源（包括程序器电源 RUN 开关，注意：在程序器电源合上 2 s 后，才能由切打入到入）。

2 确认一次取样机和计量皮带的显示值在 0 附近。

3 按指示灯检验按钮，确认所有指示灯良好。

4 各部分的操作场所选择开关置"中央"（包括回转台），运行方式选择开关暂置"全自动"，"矿种选择开关"由实际情况定，球团矿做整粒矿流程。

5 在操作盘上按要求设定取样间隔重量、份样量和小份样样数。

6 置料斗选择开关为 d 或 e（一般试验用 d、e 料斗）。

7 从控制台和微机上键入有关数据和内容。

8 确认设备状况符合流程要求，系统内无残料；确认操作盘上集中指示灯和模拟图上的指示灯所表示的内容与实际状态相符；确认"启动条件"和"中央运行条件"是否成立。

9 完成上述步骤后，巡回 A 节点和有关设备，在现场安全的情况下，经领班许可方可启动设备。

10 开始运行设备前，连续报警两次；取样前，按一次总数打印键，确认打印数据为 0，取样结束后，按一次总数打印键。

11 "全自动"运行前，进行 2 次"洗运行"，当矿石水分含量超过 6%或黏度过大时，进行"手动"运行，如果因为部分设备故障不能运行时，进行"部分自动"运行（注意：回转台试料罐内由"洗运行"产生的试料必须排掉）。

12 设备运行时，必须注意观察各指示灯状态，尤其是下列现象：

（1）回转台内试料罐已满，通知手工制样人员做好换罐准备，直到换罐结束。

（2）一次取样机和计量皮带的积料是否超过"0"附近的设定，若超过"0"附近，必须及时清扫有关设备及皮带。

（3）缩分机的缩分次数和缩分量是否符合要求，若缩分次数不足，应调低皮带机的闸板高度，若缩分量不足，应调高闸板高度。

13 各种运行方式开始时先置"运行方式选择开关"到要求的位置，再按该运行方式"入"按钮，对粒度部分自动应按"排矿入"、"粒度入"和"取样入"按钮，对调制部分自动应按"排矿入"、"调制入"和"取样入"按钮。

14 联动运行时，未经同意不得拨动任何一个"选择"开关和改变有关参数。

15 空压机一般在设备运行之前，进行中央运行，直至取样结束。

16 各种运行方式结束时按该运行方式"切"按钮。

17 设备发生故障应及时排除并做好记录，确有困难时应保护好现场，报告有关领导。

18 取样结束后，确认系统设备内无残料方可切断所有电源。离开中控室前应打扫卫生，关闭窗户，上好门锁。

6.2.13　20万吨级矿石码头取制样设施操作维护规程

××××作业指导书	文件编号：××××		修订日期：××××/××/××
20万吨级矿石码头取制样设施操作维护规程	页次：××	版本/修订：×/0	实施日期：××××/××/××

1　确认控制室内电源引入盘的电压是否正常，在电压正常的情况下，进行下列操作。

2　按指示灯测试按钮，确认所有指示灯和状态灯良好。

3　根据通知单要求，装上筛网，设定矿种、批量。批量一般设定为："1 = 60000 ~ 100000 t"。

4　从直接取样机开始，逐一检查各台设备及溜槽内残料和积矿，并加以清理。

5　确认设备状况符合流程要求，设定的参数正确，系统内无残料。

6　当 BC-24 有流量时，进行洗运行。把 "Operative Mode Selector" 开关打到 "Rinse"，按下 "Automatic Start" 按钮。

7　待洗运行自动停止后，清理 COL-1、COL-2 样品收集桶中的矿料，完成 COL-1、COL-2 的复位操作。

8　设定合适运行方式，按 "Automatic Start" 按钮运行。

9　大部分的粉矿当作黏矿处理。把 "Ore Type Selector" 设定为 "Sticky Ore"，把 "Operative Mode Selector" 开关打到 "Full Automatic"，按下 "Automatic Start" 按钮。

10　按 "称量计算机操作要领" 中规定和要求，把通知单中有关信息输入到计算机。

11　设备运行中，密切观察各指示灯状态，尤其是下列现象：

（1）COL-1 和 COL-2 样品收集器满时，系统会报警，上班人员应立即进行换桶，同时完成样品收集器的复位操作（COL-1 收集 24 个样品为满，COL-2 收集 180 个样品为满）。

（2）D-1 缩分机的来回缩分次数正常为 10 次，如果发现 D-1 缩分次数不到 10 次，应立即停止系统运行，检查 D-1 与 B-3 连接溜槽是否堵料，并进行疏通处理。

（3）当溜槽堵料或粘料时，探测指示灯颜色会发生变化。此时，工作人员应立即进行处理，必要时停机处理。

12　设备联动运行时，未经同意不得拨动任何一个开关按钮和改变参数。

13　系统启动后，B-1、B-2、B-5、C-2、D-2、B-6、B-7、BE-1、C-1（块矿）设备一直处于运行状态。工作人员应每隔 1 h 巡回检查上述设备的运行情况。如发现设备有异常声音或信号，立即进行停机检查，并做好详细的记录。

14　BC-24 长时间内无流量或停机，应及时通过 1 号取样楼与港方联系。

15　如果港方卸载结束，上班人员应按下 "Automatic Stop" 按钮，紧跟着按下 "Unloading Finish" 按钮，停止系统运行。系统大约经过 10 min 左右会自动停止，待系统停止运行后，取出样品，打印粒度数据。

16　如果港方更换矿种，上班人员应按下 "Automatic Stop" 按钮，紧跟着按下 "Unloading Finish" 按钮，停止系统运行。系统大约经过 10 min 左右会自动停止，待系统停止运行后，取出样品，打印粒度数据。更换好筛网，设定有关参数，按上述重新开始取样步骤继续工作。

17　如果港方处理故障，上班人员应按下 "Automatic Stop" 按钮，停止系统运行。并密切注意港方动态，一旦 BC-24 有流量，按 "Automatic Start" 继续开始。

18 设备发生故障应及时排除并做好详细的记录，确有困难时应保护好现场，报告领导。

19 离开中控室前，应整理好各自物品，打扫好卫生，关闭窗户，上好门锁。

附：称量计算机操作要领

合上控制柜电源开关，合上 UPS 电源开关（在第五个控制柜内），待 UPS 正常运行后，启动计算机。目前，不需要执行此步骤。

当下列任意一个条件成立时，必须进行输入操作：

（1）运行方式选择为 2-Full automatic 和 3-Part automatic；

（2）矿种选择为 Sticky ore；

（3）等取样机至少采取一个样品后，才可以在计算机上进行输入操作。在系统连续取样过程中，可以对输入内容进行修改。当按下 Unloading finish 按钮后，输入内容就不能改变。

（4）输入、修改步骤及要求：

1）用鼠标单击 ⇦（Display the Last Page）图形按钮进入粒度数据浏览屏幕；

2）用鼠标单击 enter data 按钮，弹出输入对话框；

3）在对话框中依次输入船名、矿种、报验号、产地国和筛网规格；

4）用鼠标单击 OK 退出输入屏幕；

5）用 Tab 键或鼠标单击进入各项输入栏。

筛网规格按实际粒度规格输入，粉矿和黏矿的 S1、S2 栏输入 "/"。

Ship name—船名；Ore type—矿种；CIQ No. —报验号；Origin—产地国；S1—一次振动筛规格；S2—二次振动筛规格；S3—三次振动筛规格。

（5）打印：

1）即时打印：当一种矿种卸载结束或更换矿种时，按下控制台上 unloading finish 按钮，称量计算机屏幕上会弹出 C_Data.rpt 打印对话框，即可进行打印操作。

① 合上打印机电源开关，装好打印纸；

② 用鼠标单击 Report 下的选择框，用鼠标单击 Print the Report to a Printer 选项，再用鼠标单击 Print 选项即可打印粒度报表；

③ 如果此时不打印，用鼠标单击 Done 选项即可退出打印过程。

2）事后打印：任何船次的打印都可以事后进行打印。

① 用鼠标单击 ⇦（Display the Last Page）图形按钮进入粒度数据浏览屏幕；

用鼠标单击 Select and Printing 按钮，进入选择打印对话框；

用鼠标单击所需打印的船名，单击 OK 进入 C_Data.rpt 打印对话框，单击 Cancel 退出该对话框。

② 合上打印机电源开关，装好打印纸。

③ 用鼠标单击 Report 下的选择框，用鼠标单击 Print the Report to a Printer 选项，再用鼠标单击 Print 选项即可打印粒度报表；

④ 如果此时不打印，用鼠标单击 Done 选项即可退出打印过程。

3）打印机夹纸故障处理。在打印过程中会出现夹纸故障，导致打印机不能正常打印。如果出现夹纸情况，先关闭打印机电源开关，用鼠标单击状态栏中 Start，选中 Setting，选中 Printer 单击鼠标左键，选中 Epson LQ-100 ESC/P 2 单击鼠标左键，在菜单选中 Pinter，选中 Purge Print Documents 单击鼠标左键，即取消打印操作。执行"事后打印"步骤继续打印。

6.2.14 球团矿抗压强度自动试验机操作规程

××××× 作业指导书		文件编号：××××		修订日期：××××/××/××
球团矿抗压强度自动试验机操作及维护规程		页次：××	版本/修订：×/0	实施日期：××××/××/××

1 操作规程

1.1 开启开关箱内的总电源开关。

1.2 依次开启计算机台上的多用插座开关、打印机开关、显示器开关、主机开关。

1.3 进入"Run a Test"菜单，并设定球团压溃试验的各项条件。

1.4 使计算机进入自动测试状态，开启试验机"System Lock"，再按下"Hydraulic Unit On"钮。

1.5 把球团矿试样放于螺旋给样器上，然后选择计算机"自动测试状态"即开始测试。

1.6 测试完毕后，在计算机中进行数据处理并打印结果。

1.7 关机步骤

1.7.1 按试验机中的"Hydraulic Unit Off"钮，使试验机停止，并锁上"System Lock"。

1.7.2 依次关电脑主机、显示器、打印机及多用接线插座开关。

1.7.3 关闭开关箱中的总电源开关。

1.7.4 把螺旋给样器、压溃台上的污物打扫干净，清除压溃后废料。

2 维护规程

2.1 经常擦拭设备外表，保持设备的清洁。

2.2 经常清洁压头、压力传感器和球团感应仪，保证无粉尘黏附。

2.3 每次试验前，应检查螺旋式电磁振动给料器，确保振动良好，内无杂物。

2.4 定期检查液压装置，必要时加注液压油。

2.5 按常规对计算机和打印机进行保养。

2.6 试验完毕后，及时清除碎样。

2.7 每年进行一次全面保养，及时更换易损件，并做好记录。

6.2.15 球团矿还原−膨胀兼用试验机操作及维护规程

××××× 作业指导书		文件编号：××××		修订日期：××××/××/××
球团矿还原−膨胀兼用试验机操作及维护规程		页次：××	版本/修订：×/0	实施日期：××××/××/××

1　操作规程

1.1　合上总开关箱中的三相、单相开关。

1.2　依次合上控制柜内部的 NFB0、NFB1、NFB01、NFB02 开关，确认控制柜内反应管温度\指示器为 890℃，稳定时间设定器指示数为 30 min。

1.3　试验开始

1.3.1　还原试验步骤：

（1）依次打开计算机台上的总电源开关、UPS 开关、打印机开关、计算机主机开关、显示器开关，并进入计算机"试验条件设定"菜单设定还原试验各项条件；

（2）把已装好球团的原反应管挂在反应炉上方的挂钩上，接进出气管，合反应炉，接反应管内热电偶，开启炉上方天平并归零；

（3）开启室外氮气、混合气瓶阀门（确认该两气瓶存量是否都大于 4000 L，否则更换新气瓶），把出气压调到 0.5 Pa；

（4）开启控制柜后的三个气阀门，反应炉后的供气、排气阀门，如环境温度大于 35℃则还要开启给、排水阀门，确认反应管进气阀都开启，气压表阀门开启，排空阀关闭；

（5）把控制柜中的氮气通道切换至"自动"并调节流量为 15 L/min。把混合气通道切换至"自动"，流量设定为 750，并把流量计开到最大；

（6）把电加热切换至"炉内"，测试选择切换至"RI"，开记录仪开关，设定器转到"PTN1"；

（7）在自动跳转至测试菜单时，选择计算机中的菜单按钮开始测试；

（8）待还原完毕警示铃响，按下"测试停止"按钮，如要继续做还原后压溃试验，则须通保护气冷却至室温。

1.3.2　膨胀试验

膨胀试验步骤如下：

（1）测定球团还原前的体积；

（2）把已装上球团的膨胀反应管挂于反应炉上方的挂钩上（非天平挂钩），接进出气管，合上反应炉，接管内热电偶；

（3）开启室外氮气、混合气瓶阀门（确认该两气瓶存量是否都大于 4000 L，否则更换新气瓶），把出气压调到 0.5 Pa；

（4）开启控制柜后的三个气阀门，反应炉后的供气、排气阀门，确认反应管进气阀都开启，气压表阀门开启，排空阀关闭；

（5）把控制柜中的氮气通道切换至"自动"并调节流量为 15 L/min。把混合气通道切换至"自动"，流量设定为 750，并把流量计开到最大；

（6）把电加热切换至"炉内"，测试选择切换至"膨胀"，开记录仪开关，设定器转到"PTN2"；

（7）依次按下列自动运转：于"入"、"计测开始"按钮；

（8）待还原完毕警示铃响，按下"测试停止"按钮，通保护气冷却至室温；

（9）测定还原后球团体积，并计算膨胀指数。

如试验结束后需要卸下反应管，则须待炉温低于 500℃后小心卸下，并通冷却气冷却至室温，然后关闭冷却气。

具体步骤为：

（1）按"自动运转"、"进入"、"切换"；

（2）氮气、混合气通过切换主控制机关闭，顺序为：关闭炉后供、排气阀门，给、排水阀门，控制柜后三个气管阀门和排气管内余气，使气压表指示为零，然后关闭排空阀；

（3）依次关闭计算机开关，即显示器、主机、打印机、UPS、计算机台总电源；

（4）关控制柜内开关：NFB2、NFB01、NFB1、NFB0；

（5）关总开关箱三相、单相电源开关；

（6）关室外氮气及混合气瓶阀门；

（7）试验过程中如发生漏气警告，则先关闭炉内漏气和盘内漏气指示灯，关警铃，开排风扇，待有毒气体排尽，指示灯正常，再关闭异常开关。

2　维护规程

2.1　经常擦拭设备外表，保持设备的清洁。

2.2　时常注意炉体隔热材料状况，如有损坏则及时更换。

2.3　经常检查管道现状，如高压管、硅胶管等，如有泄漏则及时修理，保证管道畅通、密封。

2.4　定期检查各压力表，如有异常应及时向计量局进行计量，等计量合格后方可使用。

2.5　常规对计算机和打印机进行保养。

2.6　试验完毕后，及时清除余样。

2.7　每半年进行一次全面保养，及时更换易损件，并做好记录。

6.2.16　球团矿转鼓试验机操作及维护规程

××××作业指导书		文件编号：××××		修订日期：××××/××/××
球团矿转鼓试验机操作及维护规程	页次：××	版本/修订：×/0	实施日期：××××/××/××	

1　操作规程

1.1　开启开关箱内的总电源和试验机的电源。

1.2　打开转鼓中的出料门，检查转鼓机内是否有残留试料，并进行一次清扫。

1.3　把准备测试的球团矿试料慢慢倒入转鼓内，不允许试料挤出外面。

1.4　开启转鼓试验机开关，开始自动运转测试。

1.5　一组测试结束后，把转鼓内试料全部清理干净。

1.6　测试全部结束后，关闭开关箱内总电源及试验机电源。

2　维护规程

2.1　经常擦拭设备外表，保持设备的清洁。

2.2　经常检查传动系统运行良好，必要时注入润滑油。

2.3 定期检查计数器，校对其正确性。

2.4 试验完毕后，及时清理筒体内壁的残余样。

2.5 每半年进行一次全面保养，及时更换易损件，并做好记录。

6.2.17 水分测定仪操作及维护规程

××××× 作业指导书	文件编号：××××		修订日期：××××/××/××
水分测定仪操作及维护规程	页次：××	版本/修订：×/0	实施日期：××××/××/××

1 操作规程

1.1 接通电源，打开仪器电源开关；

1.2 开启"Burette"，使卡氏滴定剂循环回流，使之均匀。

1.3 开启"Pump"，加无水甲醇于滴定杯中，开启"Stirrer"搅拌。

1.4 设定方法，先标定卡尔菲休试剂浓度，依据标准用卡尔菲休试剂滴定试样中的水分。

1.5 设备使用完后，关掉仪器电源开关，并切断电源。

2 水分测定仪维护规程

2.1 仪器设备使用人员要严格按照操作规程进行操作，如发现异常要及时切断电源，待仪器冷却后检查并做适当处理。

2.2 设备在高温运行状态下，取放样品要注意安全，以免烫伤。

2.3 定期清洁仪器表面，用蘸有酒精的布清洁滴定仪。

2.4 当电极响应时间退化时，应该清洁电极。可以用去离子水超声清洗或铬酸浴中 60 s，然后用水或乙醇清洗电极。

2.5 当系统不再密封时，需要更换螺帽的 O 形圈。

2.6 当特氟龙密封不再紧密时，需要更换泵管。

2.7 若卡尔菲休溶液漂移值偏高，就需要更换分子筛或干燥剂。

2.8 检查泵钮、电磁搅拌、电池等，及时更换。

2.9 做好相应的维护检修记录。

6.2.18 （TGA/DSC1 专业型）热重分析仪操作规程

××××× 作业指导书	文件编号：××××		修订日期：××××/××/××
热重分析仪操作、维护及安全规程	页次：××	版本/修订：×/0	实施日期：××××/××/××

1 操作规程

1.1 若电源为关闭状态，需先接通电源，打开主机电源开关，预热天平 2 h 以上，试验开始前打开循环水电源开关；

1.2 打开电脑，双击桌面"STARe Software"图标，打开主窗口；

选中"Rontine Editor"，编辑方法、设定气体和气流，并进行以下操作。

1.3 单击"Control"下"Configuration"，取消"Autostart"选项。

1.4 输入样品名称，然后单击"Send Experiment"。

1.5 在"Experiments-pending"列表中选中待测样品名称，单击右键，选择"Weigh In Auto"。

1.6 待坩埚取出后，添加样品，添加样品时不得超过坩埚容积的 1/2，然后放回原位。

1.7 单击主窗口"Control"下"Start Experiment"开始试验。

1.8 在主窗口的"Session"下"Evaluation Window"界面中分析处理结果，并打印。

1.9 试验完毕，关闭循环水和电脑，无特殊情况不需关闭主机。

2 维护规程

2.1 定期检查冷却循环水水质和水位，及时更换和添加。

2.2 定期用标准样品检测天平及加热系统的准确性。

2.3 保持样品托盘和称样托盘的清洁，及时清洁坩埚。

2.4 无停电等其他特殊情况要求时，保持天平电源为开启状态。

2.5 保证气体压力满足工作要求。

2.6 遇其他不明故障，及时与工程师联系。

3 安全规程

3.1 仪器设备专人负责管理使用，未经技术负责人许可不得使用。

3.2 当测量温度超过 100℃时，禁止切断电源。

3.3 禁止触摸炉子、炉盖、气路出口和刚从炉内取出的坩埚。

3.4 当炉体关闭或打开时，手指远离炉体，避免夹伤。

3.5 当分析能够产生有毒气体的样品时，须设置排风或尾气排空装置。

3.6 保证炉内压力不会过大。

3.7 禁止用可燃气体清洗测量元件。

3.8 避免以下情况发生：

（1）振动；

（2）拖移；

（3）太阳直射；

（4）空气湿度低于 20% 或高过 80%；

（5）环境温度低于 10℃ 或高过 31℃；

（6）强电场或磁场。

3.9 不得触摸机械手或加载过重物体。

3.10 发生故障时应及时切断电源，保护好现场，并及时报告技术负责人。

6.2.19 （Epovas 型）真空注胶机操作规程

×××作业指导书	文件编号：××××		修订日期：××××/××/××
真空注胶机操作、维护及安全规程	页次：××	版本/修订：×/0	实施日期：××××/××/××

1 操作规程

1.1 准备好盛有干燥样品的托杯。

1.2 检查真空装置。

1.3 检查真空仓和盖子是否有破裂，或者置于真空中是否会爆炸。

1.4 确认密封条清洁完整。

1.5 放置好真空仓并盖好盖。

1.6 安装好橡胶管，连接真空仓内样品和胶水杯，注入胶水前确认样品清洁且去油污。

1.7 开始注胶。

1.8 调解压力至（4.5~6）×10^{-5} Pa。

1.9 放置好样品盘和胶水杯，将软管伸至广口杯底部，开始注胶。

1.10 当样品被胶水完全覆盖后，停止注胶，移至下一样品杯。

1.11 注胶完毕后，关闭空压泵，将真空仓压力调至最小，开盖，让样品自行凝固。

2 Epovas 真空注胶机维护规程

2.1 定期检查真空泵压缩性能。

2.2 定期计量真空气压表。

2.3 定期检查密封圈的完整性和密封性，必要时更换，一年2次。

2.4 及时更换注胶软管和胶水杯。

2.5 保持真空仓底部和侧壁清洁干燥。

3 Epovas 真空注胶机安全规程

3.1 仪器设备由专人负责管理使用，未经技术负责人许可不得使用。

3.2 严格按照操作规程操作，如发现仪器设备零部件损坏或仪器运行异常，必须及时报告技术负责人，予以更换或适当处理。

3.3 注意电器线路接地可靠，使用完毕关闭所有电源。

3.4 注意及时开闭空气压缩机设备。

3.5 发生故障及时切断电源，保护好现场，并及时报告技术负责人。

6.2.20 切片磨片机操作、维护及规程

××××作业指导书	文件编号：××××		修订日期：××××/××/××
切片磨片机操作、维护及规程	页次：××	版本/修订：×/0	实施日期：××××/××/××

1 操作规程

1.1 打开电动机电源（绿色按钮）：此时电机带动切片和磨片装置转动，预热 30 min，并

控制磨片过程中每次最大厚度不超过 0.01 mm。

1.2　打开冷却水：使用调解开关控制冷却水流量，确保切轮（左）和磨轮（右）与冷却水充分接触。

1.3　切割矿物：固定好矿物缓慢进入，以两至三个手指力度推动前进即可，力量不能过大。对于大块矿物（75 mm×75 mm 以上）应使用固定装置来固定样品。

1.4　标准矿片（8 mm×20 mm×30 mm）：使用左侧切片设备初步至所需尺寸，再用右侧磨片设备精确磨至 8 mm×20 mm×30 mm。

1.5　关机：切磨任务完成后关闭电源（红色按钮），清洗设备。

2　维护规程

2.1　定期检查金刚石切片，需要时用磨刀石打磨，必要时更换。

2.2　定期检查金刚石磨轮，需要时用磨刀石打磨，必要时更换。

2.3　冷却水应更换，半年一次，高温期为每月一次；

2.4　使用完毕及时全方位清洗设备，以防腐蚀。

3　安全规程

3.1　仪器设备由专人负责管理使用，未经技术负责人许可不得使用。

3.2　严格按照操作规程操作，如发现仪器设备零部件损坏或仪器运行异常，必须及时报告技术负责人，予以更换或适当处理。

3.3　注意电器线路接地可靠，使用完毕关闭所有电源。

3.4　注意及时开闭循环水设备。

3.5　发生故障及时切断电源，保护好现场，并及时报告技术负责人。

6.2.21　（PM100 型）行星式球磨机操作、维护及规程

×××××作业指导书	文件编号：××××		修订日期：××××/××/××
行星式球磨机操作、维护及规程	页次：××	版本/修订：×/0	实施日期：××××/××/××

1　操作规程

1.1　开电源，按蓝色开盖键。

1.2　将研磨罐放入机器内，注意研磨罐底的定位孔和底座的定位销吻合好。

1.3　将快速锁紧装置装入定位架，托起红色套管，紧固研磨罐，拧紧后放下红色套管，套管处于自锁位置。

1.4　旋转配重块调节手轮至准确位置，关闭顶盖，锁上电子锁。

1.5　设定程序后按"Start"开始工作。

2　PM100 行星式球磨机维护规程

2.1　保持仪器表面清洁以及腔内无粉尘污染。

2.2　定期检查密封圈，如有损坏，及时更换。

2.3　磨完样品后，及时清洗研磨罐和研磨球，并烘干。

2.4 保持电子锁感应头清洁。

3 PM100 行星式球磨机安全规程

3.1 样品量不能超过研磨罐容积的三分之一。

3.2 研磨前一定要准确配重。

3.3 试验过程中，注意听声音，如有异常，马上关机。

3.4 对于易产生气体的样品，研磨结束后等罐体冷却后才能开盖。

6.2.22 （Varian 300A 型）原子吸收分光光度计操作及维护规程

××××作业指导书	文件编号：××××		修订日期：××××/××/××
原子吸收分光光度计操作及维护规程	页次：××	版本/修订：×/0	实施日期：××××/××/××

1 操作规程

1.1 开机

1.1.1 检查各机的连接情况是否良好，各机均处在 "OFF" 位置；

1.1.2 检查燃烧器是否合适，雾化器的栓塞是否旋紧，废液箱的水要加满，安上火焰罩，关上防护门，再检查一下气路部分的连接及气密性。

1.1.3 接通电源，打开稳压器开关，检查电压是否正常（220 V 左右）。

1.1.4 依次打开光谱仪、打印机、荧光屏、计算机的开关。

1.2 分析

1.2.1 点击软件，设定或选择所需方法，装上待测元素的元素灯，并转到光路位置。

1.2.2 待元素灯预热 20 min 后，打开空压机，待压力升至 0.4 MPa，打开乙炔钢瓶，调节减压阀使乙炔输出压力指示为 63 kPa，1~2 min 后按下 "Ignite" 键，至火焰点燃。预热燃烧头 3~5 min 后调整信号。

1.2.3 测定并打印结果报告。

1.3 关机

1.3.1 实验结束后，换上去离子水，继续喷雾，清洗燃烧系统。

1.3.2 先关闭乙炔气瓶，烧掉剩余气体，再关闭空气，放掉空压机的水分。

1.3.3 依次关闭计算机、荧光屏、打印机、光谱仪、稳压器及总电源。

1.3.4 倒掉废液。

2 维护规程

2.1 每次实验结束后清洁仪器机身，及时处理废液桶，保持室内干燥清洁。

2.2 定期清洗燃烧头、喷雾室和液体分离器，定期清洁阴极灯和样品室窗口。

2.3 定期检查所有管道以及各接头和阀门是否损坏，是否正确到位，如有损坏则及时更换。

2.4 每半年进行一次全面的维护保养，及时更换易损件，并做好记录。

6.2.23　圆盘粉碎机操作及维护规程

××××× 作业指导书	文件编号：××××		修订日期：××××/××/××
圆盘粉碎机操作及维护规程	页次：××	版本/修订：×/0	实施日期：××××/××/××

1　操作规程

1.1　开启开关箱内的总电源及粉碎机的电源。

1.2　使用前要检查各部位的螺丝松动情况、润滑情况及底盘紧固情况。

1.3　根据圆盘粉碎机的性能，适当调整好排料口的尺寸，允许给料粒度应小于 5 mm，排料口调整至 0.175～0.147 mm（80～100 目）。

1.4　破碎前，应先打开冷却水龙头，确定冷却水正常，然后用要破碎的物料进行一次清洗，并将磨盘内积料刷干净。

1.5　工作完毕后，要关闭电源开关，把设备清扫干净，保持设备良好状态。

2　维护规程

2.1　经常擦拭设备外表，保持设备的清洁。

2.2　每运转 8 h 后应向润滑系统加润滑油，使设备处于良好的润滑状态。

2.3　经常检查冷却水管的完好密封，禁止在运转时断水。

2.4　运转前检查磨盘状态，如发现磨损严重或开裂应及时更换。

2.5　经常检查传动系统，如有松动现象，应及时进行调整。

2.6　每次使用完毕后，必须清除残留的粉尘。

6.2.24　（723 型）分光光度计操作及维护规程

××××× 作业指导书	文件编号：××××		修订日期：××××/××/××
分光光度计操作及维护规程	页次：××	版本/修订：×/0	实施日期：××××/××/××

1　操作规程

1.1　开机后光度计必须稳定 20 min。

1.2　选择设定波长、工作方式、扫描方式及打印方式。

1.3　调整零点或满度。

1.4　比色皿必须轻放，避免受损。

1.5　定期维护保养仪器。

2　维护规程

2.1　经常保持仪器内外清洁、干燥和良好的接地。

2.2　仪器不用时，在检测池中放上干燥剂，并及时更换。

2.3　检测时，注意保护反应皿检测面不受损伤。

2.4　检测完毕后，立即清洗反应皿，并晾干后即放入盒中，仪器盖上防尘罩。

2.5　仪器应定期开机通电，定期校正仪器。

6.2.25 （PE AA800型）原子吸收分光光度计操作及维护规程

××××作业指导书	文件编号：××××		修订日期：××××/××/××	
原子吸收分光光度计操作及维护规程	页次：××	版本/修订：×/0	实施日期：××××/××/××	

1 操作规程

1.1 开机

确认仪器主机和计算机已经接入到合适的电源，按照下列步骤开机：

（1）开空气压缩机（将空气压缩机电源插头插入220 V电源插座上）；

（2）打开氩气钢瓶阀门，使其次级压力在350 kPa；

（3）开计算机显示屏和计算机主机开关，使其进入到WINDOWS 2000或WINDOWS XP界面；

（4）待空气压力达到500 kPa后，即可打开光谱仪主机开关，此时仪器对石墨炉自动进样器等进行自检；

（5）待上述自检动作完成，听到两声清晰的"突"、"突"声后，用鼠标器点击AAWINLAB32快捷图标，这时光谱仪对光栅、马达等机械部件进行自检，待画面中代表两个通讯状况的接头接上，同时颜色变绿，此时表明仪器通过自检，可以进入到正常使用状态。

1.2 根据所需选择火焰法、石墨炉法、流动注射法，根据提示更换。然后按检测方法要求建立测试方法，预热元素灯，准备测试。

1.3 开排风

1.4 若为火焰法，则点火。

（1）空气-乙炔火焰。打开乙炔钢瓶主阀门并将次级压力调至0.09~0.1 MPa之间，然后在火焰控制窗口中，确认"Oxidant"选择空气，燃气和助燃气的流量在合适的范围，再用鼠标器点击火焰控制开关中的"On"，火焰即被自动点燃。

（2）笑气-乙炔火焰。点笑气-乙炔火焰须满足以下条件:已安装缝长为5 cm的高温燃烧头；使用了电加热笑气调节阀；空气压力、笑气压力、乙炔压力都在安全范围内（可参考仪器背面的推荐值），"Oxidant"选择笑气，然后用鼠标器点击火焰控制开关中的"On"，仪器将点燃空气-乙炔火焰，在大约20 s后，火焰自动切换为笑气-乙炔火焰。

1.5 样品测定

1.6 若为火焰法，则熄火。

（1）在样品测定完成后，可让火焰继续处于点燃状态，同时吸空白溶液10~15 min；

（2）点击火焰控制窗口中"On/Off"按钮，熄灭火焰；

（3）关乙炔钢瓶；

（4）点击火焰控制窗口中"Bleed Gases"，放掉仪器管路中的乙炔气体，直至该窗口中安全连锁出现红色交叉符号。

1.7 关机:

（1）关灯；

（2）通过下拉式菜单Windows→Close All Windows关闭所有打开的窗口；

（3）通过下拉式菜单File→Exit离开Winlab32 AA应用软件界面；

（4）关主机电源；

（5）放掉空气压缩机里的水；

（6）关排风；

（7）关计算机。

2　维护规程

2.1　每次实验结束后，及时处理废液桶，清洁仪器机身，保持室内干燥清洁。

2.2　流动注射装置处管道在每次实验结束后松开固定螺丝，防止管道变形，使用寿命变短。

2.3　定期检查循环冷却水箱里的水位，使它保持在 max 处，更换水后加约 5 mL 甘油。

2.4　定期清洗燃烧头和雾化室，擦拭空心阴极灯石英窗、石英管的石英窗等处。

2.5　定期检查供气管道、插座、阀门等处。更换新的气瓶后要检漏。

2.6　每半年进行一次全面维护保养，并做好记录。

6.2.26　（Agilent 7500a 型）电感耦合等离子体质谱仪（ICP-MS）操作规程

××××作业指导书	文件编号：××××		修订日期：××××/××/××
电感耦合等离子体质谱仪操作及维护规程	页次：××	版本/修订：×/0	实施日期：××××/××/××

1　操作规程

1.1　开机

1.1.1　开 PC 显示器、打印机。

1.1.2　开 PC 主机（password: 3000hanover）。

1.1.3　开 ICP-MS 7500a 电源开关（仪器前面的电源开关）。

1.1.4　双击桌面的 "ICP-MS Top" 图标进入工作站。

1.2　点击 "ICP-MS Top" 观测屏幕最左上角的图标，在下拉菜单中，点击 "Cmdline On" 激活命令行。

1.3　点击 "ICP-MS Top" 画面的 "ICP-MS Instrument Control" 图标进入控制画面。点击 "Vacuum" 菜单，选择 "Vacuum　On" 进行抽真空程序，仪器由 Shutdown→Standby 转换，转换的时间较长，一般为 30 min 左右。

1.4　待仪器状态转换为 "Standby" 后。开氩气（Babington 高盐雾化器 0.7 MPa）、循环水、排风。样品管必须放入 DIW 中，若连有内标管，亦放入 DIW 中。卡上蠕动泵管，并调整流速。

1.5　点击点火图标进行点火，仪器由 Standby→Analysis 转换。

1.5.1　调谐：

（1）点火后，30 min 预热仪器，点击 "ICP-MS Top" 画面的 "Tune" 图标进入调谐界面。

（2）将样品管放入 10 μg/mL 调谐液中。若连有内标管，将内标管放入 DIW 中。

（3）点击"灵敏度"图标，进入灵敏度调谐画面。确认采集的质量数为 7、89、205。若不是，则点击"Acq-Parameters"菜单，输入采集 7、89、205 质量数，确认灵敏度是否达到要求，否则调整参数。

1.5.2 方法建立及数据分析：

（1）根据测试要求，在 ICP-MS Top>> Methods>> Edit entire method 下逐步编辑所需要的测试方法。

（2）在"Offline Data Analysis"窗口，点击"File"菜单，点击"Load"。选中要分析的数据文件。如：Tapwater.d。

1.5.3 关机：

（1）点击"ICP-MS Top"画面的调谐图标，进入下图调谐画面，点击灵敏度调谐图标，进入灵敏度调谐画面。先用 5%HNO$_3$ 冲洗系统 5 min，再用 DIW 冲洗系统 5 min；

（2）点击"ICP-MS Top"画面的"ICP-MS Instrument Control"图标，进入控制画面，点击"灭火"图标，仪器将关火，仪器由 Analysis→Standby 转换；

（3）待转换为"Standby"状态后，点击"ICP-MS Top"画面的"ICP-MS Instrument Control"图标，在仪器的控制画面，点击"Vacuum"菜单，选择"Vacuum Off"进行放真空程序，仪器由 Standby→Shutdown 转换；

（4）待转换为"Shutdown"状态后；

（5）关氩气、循环水、排风、显示器、打印机、7500a ICP-MS 电源；

（6）关 PC；

（7）松开蠕动泵。

2 维护规程

2.1 定期检查机械泵的油位及颜色，有必要更换新油；

2.2 机械泵的油气过滤器应更换，一般为一年一次；

2.3 载气过滤器应更换，一般为一年一次；

2.4 循环水过滤器应更换，一般为一年一次；

2.5 其他如雾化器、炬管、锥等的维护应按仪器要求进行。

6.2.27 标准振筛机操作、维护规程

××××× 作业指导书		文件编号：××××		修订日期：××××/××/××
标准振筛机操作、维护规程	页次：××	版本/修订：×/0	实施日期：××××/××/××

1 操作规程

1.1 开启开关箱内的总电源。

检查振筛机的机油位，若油位低于标准线，先加注润滑油，然后才可以开机。

1.2 在粒度测定前，应将标准筛按顺序（粒度从大到小）排放，并加紧螺丝，标准筛必须紧靠，以防止运行时矿粉外扬和螺杆移动。

1.3 粒度测定完毕后，将各粒度级别的份样按粒度大小顺序称重，并做好记录。

1.4 工作完毕后，要关闭电源开关，把设备清扫干净，将标准筛清刷干净，保持设备良好状态。

2 维护规程

2.1 经常擦拭设备外表，保持设备清洁。

2.2 定期检查油位，必要时及时加注。

2.3 经常检查紧固螺丝，发现松动及时调整。

2.4 定期检查振动频率，保证筛分充分。

2.5 每半年进行一次全面维护，更换必要的易损件，并做好记录。

6.2.28 电热恒温干燥箱的操作、维护规程

××××× 作业指导书		文件编号：××××	修订日期：××××/××/××
电热恒温干燥箱操作、维护规程	页次：××	版本/修订：×/0	实施日期：××××/××/××

1 操作规程

1.1 开启开关箱内的总电源。

1.2 使用前应检查干燥箱内有无异物，是否完好，然后开启干燥箱电源和鼓风机电源。

1.3 电热干燥箱工作期间，应经常进行检查，监视温度是否正常，要求温度控制在（105±5）℃，否则，立即进行调整。

1.4 工作完毕后，要关闭电源开关，把设备清扫干净，保持设备良好状态。

2 维护规程

2.1 经常擦拭设备外表，保持设备的清洁。

2.2 定期检查温度计，若有示值跳动现象或温度指示失灵时，应及时送有资格的计量单位重新计量，待计量合格后方可再使用。

2.3 经常检查鼓风机运行状况，保证其良好运行。

2.4 使用完毕后，应及时清理干燥箱内的落料。

6.2.29 对辊破碎机操作、维护规程

××××× 作业指导书		文件编号：××××	修订日期：××××/××/××
对辊破碎机操作、维护规程	页次：××	版本/修订：×/0	实施日期：××××/××/××

1 操作规程

1.1 开启开关箱内的总电源及破碎机的电源。

1.2 使用前要检查各部位的螺丝松动情况、润滑情况及链条紧固情况。

1.3 根据双辊破碎机的性能，适当调整好排料口的尺寸，允许给料粒度应小于 10 mm，排料口调整至 3~5 mm。

1.4 破碎前，应先用要破碎的物料进行一次清洗，然后将物料均匀地加入到给料口。

1.5 工作完毕后，要关闭电源开关，把设备清扫干净，保持设备良好状态。

2 维护规程

2.1 经常擦拭设备外表，保持设备的清洁。

2.2 运转前检查辊子间隙，发现过紧或过松应及时调整。

2.3 每运转半月应加润滑油一次，使设备处于良好的润滑状态。

2.4 经常检查传动齿轮，如有松动现象，应及时进行调整。

2.5 每次使用完毕后，必须清除残留的粉尘。

6.2.30 颚式破碎机操作、维护规程

×××××作业指导书	文件编号：××××		修订日期：××××/××/××
颚式破碎机操作、维护规程	页次：××	版本/修订：×/0	实施日期：××××/××/××

1 操作规程

1.1 开启开关箱内的总电源及破碎机电源。

1.2 使用前要检查各部位的螺丝松动情况、润滑情况及颚板的紧固情况。

1.3 根据颚式破碎机的性能，适当调整好出料口尺寸。（125×150）型进料口最大尺寸为 125 mm，出料口调整至小于 20 mm，（100×60）型进料口最大尺寸为 60 mm，出料口调整至小于 10 mm。

1.4 破碎前，应先用要破碎的物料进行一次清洗，然后将物料均匀地加入到给料口。

1.5 工作完毕后，要关闭电源开关，把设备清扫干净，保持设备良好状态。

2 维护规程

2.1 经常擦拭设备外表，保持设备的清洁。

2.2 每运转半月后应对润滑系统加润滑油，使设备处于良好的润滑状态。

2.3 运转前检查动颚板与定颚板间隙，发现过大或过小应及时调整。

2.4 经常检查传动三角带，如有松动现象，应及时进行调整。

2.5 经常检查固定螺丝是否松动或磨损，发现问题及时更换。

2.6 每次使用完毕后，必须清除残留的粉尘。

6.2.31 化验制样（圆盘）粉碎机操作、维护规程

××××× 作业指导书	文件编号：××××		修订日期：××××/××/××
化验制样（圆盘）粉碎机操作、维护规程	页次：××	版本/修订：×/0	实施日期：××××/××/××

1 操作规程

　　开启开关箱内的总电源及粉碎机的电源。

1.1 使用前要检查各部位的螺丝松动情况、压紧装置是否良好以及橡皮垫圈状况。

1.2 根据化验制样粉碎机的性能，允许给料粒度应小于 5 mm，排料尺寸小于 100 目。

1.3 破碎前，应用要破碎的物料进行一到两次清洗，并将罐内的积料全部清洗干净。

1.4 粉碎机工作时，必须盖好安全罩，操作人员不可离开，发现声音异常，立即停机检查。

1.5 工作完毕后，要关闭电源开关，把设备清扫干净，保持设备良好状态。

2 维护规程

2.1 经常擦拭设备外表，保持设备的清洁。

2.2 每运转 8 h 后应对润滑系统加润滑油，使设备处于良好的润滑状态。

2.3 经常检查冷却水管的完好密封，禁止在运转时断水。

2.4 运转前检查磨盘状态，发现磨损严重或开裂应及时更换。

2.5 经常检查传动系统，如有松动现象，应及时进行调整。

2.6 每次使用完毕后，必须清除残留的粉尘。

6.2.32 （MILLI-Q 型）超纯水机操作、维护规程

××××× 作业指导书	文件编号：××××		修订日期：××××/××/××
超纯水机操作、维护规程	页次：××	版本/修订：×/0	实施日期：××××/××/××

1 操作规程

　　确认电源插头插入 220 V 电源插座上。

1.1 确认系统处在 PRE-OPERATE 状态，供水水箱有水，纯水系统状态指示灯为绿灯亮。

1.2 扳下取水开关，用排气口排掉滤器内的空气，待出水的电阻率达到 18.2 M$\Omega\cdot$cm 后，开始取水。

1.3 取水完毕，推回取水开关，显示屏幕会回到 PRE-OPERATE 状态。

2 维护规程

2.1 经常擦拭超纯水装置表面，保持清洁。

2.2 待纯水系统状态指示灯为黄灯亮时，按照显示屏上的指示信息处理。

2.3 每一年更换一次纯化柱，步骤如下：

2.3.1 按 OPERATE/STANDBY 键将系统设定到 STANDBY 状态。

2.3.2 掀开转接头盖，将纯化柱固定插片朝上拔出，顺着不锈钢导杆的方向朝外取出 Q-GARD 柱，再照原样装回新的 Q-GARD 柱。

2.3.3 开前保养门，朝外取出 QUANTUM 柱，再将新的 QUANTUM 柱照原样装好，关好前保养门，注意上下两个卡口一定要卡紧（注意：除了换柱外，前保养门在任何时候都不得打开）。

2.3.4 逆时针方向取下旧的 MILLIPAK，放水，待出水的电阻率达到 18.2 MΩ·cm 后，在顺时针旋上 MILLIPAK，用排气口排掉滤器内的空气。

6.2.33 自动电位滴定仪操作、维护规程

××××作业指导书		文件编号：××××		修订日期：××××/××/××
自动电位滴定仪操作、维护规程	页次：××	版本/修订：×/0	实施日期：××××/××/××

1 操作规程

1.1 接通电源，打开 PC CONTRAL 和打印机开关。

1.2 将加液器连在加液单元上，逆时针旋到加液器上的实线与加液单元的虚线对齐，取下。加入液体后，将加液器上的实线与加液单元的实线对齐，装上。

1.3 在主菜单中定义新的滴定剂，并加液。

1.4 从主菜单选定方法或者点击"NEW METHOD"重新编辑新的方法。

1.5 运行方法，点击"CURVE"可以查看滴定曲线。点击"PRINT"可以打印结果。

1.6 关掉 PC CONTRAL 和打印机，倒出加液装置中的液体，并清洗加液单元，加入去离子水或相关溶液保存电极。

2 维护规程

2.1 使用仪器前，必须了解滴定范围及溶液性质，以防驱动单元频繁工作而损坏或有关溶液腐蚀电极。

2.2 使滴定架下降时，注意滴定架上的电极不要接触杯底，以防撞坏。

2.3 实验完毕后清洗加液单元，将电极浸泡在去离子水中，长期不用时电极需浸泡在相关溶液中。

2.4 电极电位应经常进行校正，电极内如溶液减少应及时补液。

2.5 定义每个配液单元的最大配液速度时，必须考虑溶液的黏滞性，选择适当的配液速度，以便尽可能快地配液，而滴定管可以容易地充液，并且不会产生气泡。

2.6 自动电位滴定仪使用须小心仔细，避免振动，并保持仪器及周围清洁干燥。滴定单元需小心轻放，选择合适的滴定单元进行滴定。

2.7 如较长时间不使用，则应定期通电。

2.8 保持仪器周围与内部清洁，并加盖防尘罩。

2.9 必要时进行一次全面的维护保养，定期做好计量检定工作，并做好记录。

6.2.34 （MDS-2000 型）微波溶样系统操作、维护规程

×××××作业指导书	文件编号：××××		修订日期：××××/××/××
微波溶样系统操作、维护规程	页次：××	版本/修订：×/0	实施日期：××××/××/××

1 操作规程

　　开机前确认插入电源插座 15A、120V，接通电源。

1.1 将压力控制开关转到"OPEN"，将压力监测管内注满蒸馏水，开关转回"NEUTRAL"。

1.2 各瓶对称置于转盘上，并装妥排气管。

1.3 压力监测器由上至下穿过转盘中柱，接上监测瓶盖，多余管线拉出机外，以免缠绕扭断。

1.4 试拉监测瓶盖上的压力监测管，确保其气密固定。按"F4"检视转盘是否正常运转。

1.5 设定需要的工作程序，按"START"开始消化。

1.6 消化完成以后，拔下电源插座。

1.7 让消化瓶在炉中保持原状 10 min，再将消化瓶连同转盘一起移出，于空气或者水槽中冷至室温，将减压装置缓慢旋开放气，确定瓶内压力降到零才可开瓶。

1.8 清洗消化瓶，晾干。

2 维护规程

2.1 勿储于腐蚀性化学品实验室内，以免机体表面及电子元件受到侵蚀。

2.2 供压力等监测系统之进出管道勿随意更改或插入金属管线，以防微波外泄或电击。

2.3 消化瓶内切勿放入一片以上的防爆膜。

2.4 消化瓶和压力管每次用完后要清洗。

2.5 定期检查。

6.2.35 （YYJ-40 型）压样机操作、维护规程

×××××作业指导书	文件编号：××××		修订日期：××××/××/××
压样机操作、维护规程	页次：××	版本/修订：×/0	实施日期：××××/××/××

1 维护规程

1.1 开机：接通电源，电控箱内有一个三相空气开关及两个单项空气开关，使用本机时，这三个开关均需合上。

1.2 注意观察使油泵中油温控制为 15～65℃。

1.3 安全压力设定。可以根据用户使用情况自行设定压力，但最高压力不得超过 22 MPa。

1.4 将控制箱内空气开关拨向上方，选择第一种工作模式。

1.5 按启动按钮，自动执行如下程序：加压—保压—活塞下降—停机。

1.6 工作完毕后，需关闭电源开关，把设备清扫干净，保持设备良好状态。

2　维护规程

2.1　本机对液压油要求十分严格，应该根据使用条件程度每半年查看一次油箱内的油是否变质和有无杂质。通过油标看液压油的颜色即可判断油质。

2.2　系统中装有精滤油器，一旦滤油器脏物太多，造成压差过大，这时蜂鸣器发出信号，应立即停止使用，打开精滤油器清除脏物。

2.3　每次制样后必须用酒精棉擦净模具，保持模具的清洁和准确。相对运动件之间的残渣要及时清除，以免模具卡死。如果使用次数较多，则应经常将模具拆下来清洗。如模具长期不用，必须在凹模孔内抹油，以防生锈。

2.4　长期使用后，保压期间补油过频，可能使油路系统有明显的泄漏，或是左侧的 Y2 电磁阀的密封磨损严重，或是油缸的密封磨损严重。此时应针对具体情况，或调整管接头，或更换电磁阀，或大修油缸。

2.5　正式压样前，运行顶出试样程序，使顶杆上下走一次，如发现模具有吱吱声，应立即将凹模拔出，用棉花除渣，用细砂纸除锈，抛光。

2.6　加压前，上横梁拉到位，压头放入凹模孔中。压成的试样用吸耳球吹去浮粉。

6.2.36　可控硅电热熔融机操作、维护规程

××××作业指导书	文件编号：××××		修订日期：××××/××/××
可控硅电热熔融机操作、维护规程	页次：××	版本/修订：×/0	实施日期：××××/××/××

1　操作规程

1.1　接通电源，"PLC"控制表显示"System Not Ready"。按"BR"表"out/off"键 1 s，启动温控后"PLC"控制表会自动通过检测，显示"System Ready"；

1.2　按照"PLC"表选择程序号"PROG 1"或"PROG 2"……"PROL 7"；

1.3　按"PLC"表"MENU"键进入熔样时间（melt time）、摇摆时间（shake time）、稳定时间（stand time）和冷却时间（cool time）的功能设置；

1.4　分别对上述功能进行时间设定，待程序设定完毕后按"MENU"退出；

1.5　程序的运行。当温度升到需要的温度时，将装有待熔样品的铂坩埚放入炉内，选择程序号，按下"Run/Stop"键即可运行设定的程序。若再次按下"Run/Stop"键即停止程序运行；

1.6　使用完毕后按"BR"表"out/off"键 1 s 即可停止，再关闭电源总开关；

1.7　待设备温度冷却后，把设备清扫干净，保持设备良好状态。

2　维护规程

2.1　经常擦拭仪器外表，保持设备的清洁；

2.2　"AS"表设定报警温度，其最大值不允许超过 1200℃，当熔融炉失控，温度超出报警温度时，温控将自动断开；

2.3　定期检查仪器炉盖操纵杆固定螺丝的松动情况，如有松动现象，应及时进行调整；

2.4 每次使用后，待仪器冷却至室温时，将炉腔内清扫干净，以防积累过多的粉尘与残渣，影响仪器的使用寿命；

2.5 在熔融炉加热运行时，操作员不得离岗，一旦发现异常问题要断开电源，及时检查处理；

2.6 熔融炉不使用时，要断开总电源。

6.2.37 （ZM-1型）振动磨操作、维护规程

××××作业指导书	文件编号：××××		修订日期：××××/××/××
振动磨操作、维护规程	页次：××	版本/修订：×/0	实施日期：××××/××/××

1 操作规程

1.1 将粗料放入磨具内，将磨具放到粉碎机台面正中，压紧磨具。

1.2 将两个旋转开关拧向左侧或右侧。

1.3 在时间继电器上设置粉碎时间。

1.4 按绿色启动钮。电源指示灯亮，粉碎机运行，经过设定的时间后自动停止。

1.5 工作完毕后，要关闭电源开关，把设备清扫干净，保持设备良好状态。

2 维护规程

2.1 粉碎机不用时，断开交流三相电源，旋转开关拨到中间位置。

2.2 在粉碎机运行期间，操作员不得离岗，一旦发现异常噪声立即按红色停止钮。检查磨具是否放正、压紧，激正器的零件是否松动。

2.3 磨具要保持清洁，"粘锅"要及时清除。磨盆、磨环及磨辊质硬但脆，必须轻拿轻放，不得跌落摔敲。

2.4 粉碎机台面要保持清洁，经常用吸尘器除去残留的粉末。

2.5 严禁粉碎易燃易爆物品。

6.2.38 自动滴定器操作、维护及安全规程

××××作业指导书	文件编号：××××		修订日期：××××/××/××
自动滴定器操作、维护及安全规程	页次：××	版本/修订：×/0	实施日期：××××/××/××

1 操作规程

1.1 由于滴定器容器为塑料（PP）制造，所以不能盛放对PP有害的溶液，不能应用于对PP有害的物质的滴定。

1.2 将滴定头与容器接好，注意螺纹，防止漏液，注意打开时只能向右旋，按灰色键选择操作模式。

1.3 当滴定器自动工作时不要转动手轮，以免滴定液顺管流下。

1.4 滴定结束后将容器打开，应将滴定头向上取出，以免损坏。

2 维护规程

2.1 打开安装，使用前用蒸馏水清洗滴定头与容器。

2.2 滴定时注意滴定头工作正常。

2.3 滴定后及时清洗滴定头与容器。

2.4 定期对滴定器进行维护。

3 安全规程

3.1 不能适用对 PP 有害的溶液。

3.2 打开时只能向右旋以免损坏密封螺口。

3.3 滴定时不能操作手动装置。

3.4 滴定完成时将滴定头向上取出。

3.5 使用配套电池。

6.2.39 电导率仪操作、维护规程

×××××作业指导书	文件编号：××××		修订日期：××××/××/××
电导率仪操作、维护规程	页次：××	版本/修订：×/0	实施日期：××××/××/××

1 操作规程

1.1 将仪器安装好，打开电源。

1.2 将电极放入待测样品中，然后开始测量，待结果稳定（2 s 后小数上最后一位不变化）读取结果。

1.3 将电极取出洗净。

1.4 不用时将电极维护在缓冲液中。

2 维护规程

2.1 维护时请不要随意打开仪表。

2.2 用湿布擦洗仪表外周边，不能用苯、二甲苯、酮类有机溶剂洗涤。

2.3 电极维护前应从仪器上取下。

2.4 电极不用时应维护在缓冲液中。

6.2.40 （S4 Pioneer 型）X 射线荧光光谱仪操作、维护及安全规程

×××××作业指导书	文件编号：××××		修订日期：××××/××/××
X 射线荧光光谱仪操作、维护及安全规程	页次：××	版本/修订：×/0	实施日期：××××/××/××

1 操作规程

1.1 开机

1.1.1 确保实验室温度在 17～29℃之间，湿度在 20%～80%之间。

1.1.2 开外电源、外循环水、气体。

1.1.3 按下绿色开机按钮。

1.1.4 开计算机，打开 S4 Tools，点击 Online Status，点击 ON/OFF 按钮，读取仪器状态信息。

1.1.5 初始化仪器各部件，初始化机械手。

1.1.6 开高压发生器。

1.1.7 开 X 射线光管。

1.1.8 过 5 min 后开真空泵。

1.1.9 点击 Instument Status，这时屏幕上应没有红色的警告信号，待"Alarm"灯不闪烁，即可以测量样品。

1.2 关机

1.2.1 打开 S4 Tools，联机，确认仪器内部已没有样品。

1.2.2 将光谱室的真空模式改为空气模式。

1.2.3 关高压发生器。

1.2.4 按红色的关机按钮关仪器。

1.2.5 关外电源、外循环水和气体。

2 维护规程

2.1 每天检查试验室温湿度和气体余量，每三个月检查内循环水水位、电导率、流量，每年检查一次真空泵油位、油质，每年按 JJG 810—93 做一次计量。每五年做一次全面维护。

2.2 关机一个星期以上时，在测样品前，必须先做光管老化测试。

2.3 更换窗膜和 P10 气体后，必须做相应的校正。

2.4 定期清扫样品室。

2.5 定期检查 STG2 校正样。

2.6 定期备份数据。

3 安全规程

3.1 测量过程中，不能突然断电。

3.2 不要直接分析低熔点样品和压得不坚实的样品，不要长时间分析液体样品，液体和粉末样品必须在氦气模式下测量。

3.3 绝对不能用任何物体碰光管头上的铍窗，如有样品掉到铍窗上，只能用吸耳球将样品轻轻吹掉，不能用酒精棉擦。

6.2.41 （3H-2000Ⅲ型）比表面测试仪操作、维护及安全规程

××××× 作业指导书		文件编号：××××	修订日期：××××/××/××
比表面测试仪操作、维护及安全规程	页次：××	版本/修订：×/0	实施日期：××××/××/××

1 操作规程

1.1 开电脑，安装好样品管后开氮气吹扫。

1.2 吹扫2 h后关吹扫电源，关闭氮气，打开混合气。

1.3 样品管温度降至室温后开测试电源并调零。

1.4 打开测试软件，设置参数，测试基线。

1.5 基线稳定后点击吸附开始测试。

1.6 实验完毕后先后关闭电源和混合气体。

2 维护规程

2.1 保持仪器表面清洁以及室内无粉尘污染。

2.2 定期检查氮气和混合气体余量，余量不足时及时更换。

2.3 定期检查流量计、电流表及电压表，如有异常及时修理。

2.4 及时更换易损件。

2.5 按常规保养电脑以及打印机。

3 安全规程

3.1 严禁剧烈振动仪器。

3.2 样品预处理时禁止放置恒温杯。

3.3 严禁在未通气体的情况下开测试电源。

3.4 使用液氮的过程中戴好防护手套和护目镜，以免冻伤。

6.2.42 （MP-1A型）抛光机操作、维护及安全规程

××××作业指导书	文件编号：××××		修订日期：××××/××/××
抛光机操作、维护及安全规程	页次：××	版本/修订：×/0	实施日期：××××/××/××

1 操作规程

1.1 接通电源，预热10 min。

1.2 按下RUN运行键。

1.3 按下△键达到设定转速。

1.4 磨抛完毕后按下STOP键停止。

2 维护规程

2.1 使用完毕后及时做好清洁保养工作。

2.2 长期使用后及时更换轴承润滑油脂。

2.3 及时更换破损的砂纸和抛光布。

3 安全规程

3.1 严禁对试样施加过大压力。

3.2 严禁使用已破碎的砂纸或抛光布进行磨抛工作。

6.2.43 （AF-640 型）双道原子荧光光度计操作、维护及安全规程

××××× 作业指导书	文件编号：××××		修订日期：××××/××/××
双道原子荧光光度计操作、维护及安全规程	页次：××	版本/修订：×/0	实施日期：××××/××/××

1 操作规程

1.1 使用本仪器前，操作人员须接受过相关培训并仔细阅读说明书。

1.2 开通实验室总电源、稳压电源开关。

1.3 开通排气扇。

1.4 打开计算机电源进入 Windows 操作系统。

1.5 安装待测的元素灯（严禁带电插拔灯，必须在主机电源关闭的情况下插拔灯），并卡紧。

1.6 开仪器主机电源，双击 AF-640 双道原子荧光光度计图标，仪器"咔、咔"响动六声后进入联机状态。

1.7 根据需要选择双道或单道（A 道、B 道），选择要测定的元素，进入下一步，设置相关条件（主要是负高压、灯电流、系列的浓度的设置），输入样品信息后点击"确定"。

1.8 仪器和灯预热 20 min 后，调整光路，打开氩气瓶调分压表到 0.15 MPa。

1.9 将泵管压入槽中，压紧（一般 2~3 挡即可）。

1.10 配置所需浓度的载流液和还原溶液，开始测定。

1.11 测定完毕后，将载流管、还原溶液管和样品管都放在去离子水中清洗 5~10 次，将泵管放松，从卡槽中取出，并放松灯。

1.12 关上氩气开关、仪器开关，关闭电脑，关上稳压电源开关。

1.13 倒掉废液。

2 维护及安全规程

2.1 严禁带电拔插灯。

2.2 每次测定前检查各管路有无堵塞。

2.3 每次测定后将泵管放松，从卡槽取出，并放松灯。

2.4 每次测定后将废液倒掉。

2.5 每两周在泵管上涂一次润滑油，若发现泵管老化，及时更换。

2.6 若发现仪器中两块透镜或空心阴极灯的前端石英玻璃窗有不清洁现象，则用脱脂棉蘸混合液（30%乙醇+70%乙醚）拧干后擦拭。

2.7 原子化室内容易受酸气和盐类的侵蚀，因此透镜前帽盖和原子化器上会有白色沉淀物形成的斑点，可用干净的纱布擦拭，以保持清洁。

2.8 测定较高含量样品时，应预先稀释后进行测定，若不慎遇到极高含量时（特别是汞）则管路系统将受到严重污染。处理方法可将载流/样品进样管放入10%盐酸溶液中，启动蠕动泵不断进行清洗，如仍然难以清洗干净时，则需更换泵管，并将石英炉管拆下，用 20%~30%王水浸泡 24 h 左右，然后再用去离子水清洗干净，晾干或置于烘箱内烘干后使用。

2.9 原子化器自动点火的炉丝更换时，注意不要变化炉丝长度，使用配备的专用炉丝。

6.2.44 （MWS-3 型）微波消解器操作、维护及安全规程

××××× 作业指导书	文件编号：××××		修订日期：××××/××/××
微波消解器操作、维护及安全规程	页次：××	版本/修订：×/0	实施日期：××××/××/××

1 操作规程

1.1 加入消解酸后，剧烈反应结束后加内盖，盖上铝防爆膜，旋紧罐盖。

1.2 （2）号位必须放置消化罐，其他罐以中心对称方式放置。

1.3 关好顶盖后连接好排气管。

1.4 视具体试验情况设置好消解程序，开始消解。

1.5 消解完毕后，用冰水冷却消解罐至室温，打开消解罐。

2 维护规程

2.1 保持仪器表面和内腔清洁。

2.2 压力罐盖保持清洁，尽量不要接触消解酸或者其他液体，如发生上述情况，马上清洗。

2.3 清洗后须重做压力校准。

2.4 每次试验前查看内盖是否发生形变，如发生则用专用工具矫形。

2.5 及时更换 PTFE 保护膜。

2.6 定期清洗消化罐。

3 安全规程

3.1 严禁使用高氯酸。

3.2 炸药、推进剂、引火化学品、二元醇、高铝酸盐、乙炔化合物、醚、酮、丙烯酸、漆、烷烃等样品严禁放入微波炉或消化罐。

3.3 操作时必须佩戴护目镜和保护手套。

3.4 必须在通风橱内开启消化罐，开罐时出气口不能对着任何人，不能用力或者使用工具打开消化罐。

3.5 每个消化罐只能安装一片防爆膜。

6.2.45 （Penta-pycnometer 型）真密度仪操作、维护及安全规程

××××× 作业指导书	文件编号：××××		修订日期：××××/××/××
真密度仪操作、维护及安全规程	页次：××	版本/修订：×/0	实施日期：××××/××/××

1 操作规程

1.1 开电源，预热 30 min。

1.2 开气瓶，减压阀出瓶压力调至 0.11 MPa 左右。

1.3 装入样品。

1.4 选择程序和参数，开始测定。

1.5 测定完毕后关闭仪器和气体。

2 维护规程

2.1 保持仪器表面清洁以及室内无粉尘污染。

2.2 定期检查氦气余量，余量不足时及时更换。

2.3 及时更换易损件。

2.4 按常规保养电脑以及打印机。

3 安全规程

3.1 严禁剧烈振动仪器。

3.2 手动模式时压力不能超过 20×138 kPa，以免损坏压力传感器。

3.3 使用校准球的过程中戴好手套，小心轻放。

3.4 测试粉末物质时样品体积不能超过样品室的三分之二。

6.2.46 （DMLP 型）矿相显微镜操作、维护及安全规程

××××× 作业指导书	文件编号：××××		修订日期：××××/××/××
矿相显微镜操作、维护及安全规程	页次：××	版本/修订：×/0	实施日期：××××/××/××

1 操作规程

1.1 检查并旋紧每个部件的连接处，特别要仔细观察镜筒状态是否良好，打开电源开关。

1.2 调整显微镜的位置。

1.3 调节粗调焦旋钮的松紧。

1.4 准备所需的照明。

1.5 把样品放在载物台上。

1.6 调节瞳孔间距离和屈光度。

1.7 调节放大旋钮至最低放大倍数，并且通过旋转粗调焦旋钮使显微镜聚焦。

1.8 调节放大旋钮至所需的放大倍数。

1.9 通过调节粗调焦旋钮使显微镜精确聚焦。

1.10 调节细调焦旋钮，并进行观察。

1.11 观察结束后，关上显微镜电源，并盖上防尘罩。

2 维护及安全规程

2.1 该设备应由专人负责管理使用。

2.2 操作时应避免突然和强烈的振动。

2.3 不能在阳光直射、高温或高湿、多尘及容易受到强烈振动的地方使用显微镜。

2.4 避免倾倒显微镜，轴角不能超过30°。

2.5 调节显微镜高度、放松聚焦组件固定旋钮时，一定要用一只手托住聚焦组件。

2.6 工作台表面水平倾角不能超过5°。

2.7 除霜时应先将物品取出，将冷柜门打开后，置于通风的环境。

2.8 操作时应严格按照操作规程进行操作，出现故障时应立即与维修人员联系，不能自行拆开或修理。

2.9 清洁各种玻璃部件时，用纱布轻轻擦拭。除掉指纹或油渍，要用湿布蘸少量的乙醚（70%）和酒精（30%）混合溶液或EE系统清洁剂擦拭。

2.10 不能使用有机溶剂擦拭显微镜的非光学部件，宜用无毛柔软的布蘸少量中性清洁剂进行擦拭。

6.2.47 六元搅拌电热板操作、维护及安全规程

××××作业指导书	文件编号：××××		修订日期：××××/××/××
六元搅拌电热板操作、维护及安全规程	页次：××	版本/修订：×/0	实施日期：××××/××/××

1 操作规程

1.1 接通六元搅拌电热板的电源。

1.2 根据需要设定大概的搅拌速度和加热温度。

1.3 加热完毕，将加热旋钮旋到零，拔掉电热板的电源插头。

2 维护规程

2.1 注意保持电热板表面干净，若有液体或固体落在上面，要及时擦干净。

2.2 注意电源插头及插座，确保通电正常。

3 安全规程

3.1 注意保持电热板表面干净，若有液体或固体落在上面，要及时擦干净。

3.2 电线不要接触到电热板，防止发生危险。

3.3 加热中不要直接用手接触电热板，以防烫伤。

3.4 使用过程中应经常观察温升情况和搅拌情况，防止溅出。

3.5 使用完毕应及时切断电源，确保安全。

6.2.48 （VARIAN 725ES 型）ICP-OES 操作、维护及安全规程

××××作业指导书	文件编号：××××		修订日期：××××/××/××
ICP-OES 操作、维护及安全规程	页次：××	版本/修订：×/0	实施日期：××××/××/××

1 操作规程

1.1 进入实验室检查实验室内环境是否正常，温度湿度情况如何，确定无异常后，打开仪器气源，调节输出压力为 0.55 MPa。

1.2 依次打开稳压器电源、电脑、仪器后部主机电源，检查循环水是否在合适的标线内。

1.3 打开仪器前部的电源，双击桌面上 ICP 图标，仪器进入自动吹扫状态。

1.4 吹扫完成后，打开排风电源进行排风，打开循环水冷电源，观察仪器软件的结果，状态项全部显示绿色即通过后，观察炬管外金属圈是否有液体存在，用滤纸擦干，关好观察室的门，按下点火按钮。点火时操作者应站在仪器左部点火应急开关旁，若发生意外情况即刻按下黄色按钮，保护仪器。

1.5 点火成功后，进入分析方法编辑界面编辑方法，然后按照方法分析样品。

1.6 打印结果。

1.7 关机时首先熄灭等离子炬焰，用超纯水冲洗雾化器，选择快泵。

1.8 关闭主机前部电源，关闭循环水冷，关闭仪器后部电源，关闭排风电源，关闭气源。

2 维护规程

2.1 打开观察室门，先拔掉气管，从雾化室上取出雾化器进口的 T 形管。

2.2 将固定炬管的刚玉压头向后推至最深处，再向上推起，使压头向上倾斜。

2.3 将炬管下部和连接管连接的地方拔出，将炬管侧移，取下炬管上的水晶帽。

2.4 先向上移，后向侧下方取出炬管。

2.5 拔出雾化器上的连接管，取出雾化器。

2.6 拔下进样管和废液管。

2.7 对各部分进行清洁。

2.8 循环水冷仪器中的水显黄色后即刻更换并加入水质保护剂。

3 安全规程

3.1 保持实验室清洁干燥，水电的畅通稳定。

3.2 若点火时发生意外，如听见"啪、啪"声，应立即按仪器左前部的黄色按钮，以保护仪器。

3.3 炬管外金属线圈不能沾湿，不允许有液体存在。

3.4 操作过程中不能断电。

6.3 相关记录

×××01-01 工作人员不良行为处理记录

姓 名		岗 位	
不良行为来源：			
调查结果： 质量负责人： 日期：			
处理意见： 中心主任： 日期：			
备 注：			

×××01-02 监督活动计划

No.	监督内容	监督人	时间

×××01-03 监督报告

监督人员		监督岗位	
发现的问题	体系运行符合性：		
	人员公正行为：		
	人员技术能力和操作规范性：		
	资源满足情况：		
	其他：		
建议采取措施			
监督人员：		年 月 日	

×××02-01 外来人员记录

序号	日期	姓 名	职务/职称	工作单位	来访目的	批准人

×××03-01 会议签到表 日期：

序号	姓 名	职务/职称

×××03-02 会议记录 日期：

会议主题：				
时　间		地　点		
主持人		参加人员		
会 议 内 容				
记录人：		日期：		

×××04-01 文件更改申请表

文件名称		文件编号	
申请更改内容和原因：			
申请人：		日期：	
质量负责人意见：			
签名：		日期：	
主任意见：			
签名：		日期：	
备注	新文件自批准发布日起生效，原文件同时作废		

×××04-02 文件发放/回收表

No.	文件名称	编号	领用人/日期	发放标识	回收人/日期	回收标识	备注

注：发放标识（受控、非受控），回收标识（作废、资料留存），备注（遗失、补发）。

×××04-03 文件发布/更改通知

文件名称		文件编号	
文件适用范围：			
文件受控期限：			
文件发布范围：			
文件更改内容：			
文件批准日期		批准人	
文件发布日期		发布人	
文件实施日期			
文件更改日期		批准人	
备　注			

×××04-04 文件更改记录

文件名称				文件编号	
序号	修改编号	修改章节	修改内容		修改状态（版/次）
修改人： 日　期：			批准人： 日　期：		

×××04-05 文件销毁申请单

文件销毁清单（文件名称、编号、期限）：	
档案资料管理员：　　　　　　日期：	
意见	质量负责人：　　　　　　日期：
	中心主任：　　　　　　日期：

×××04-06 签章发放登记表

序号	签章名称	编　号	发放时间	领用人	经办人
1					
2					

×××05-02 合同评审记录

报检号		品　名		检验方式	□进口 □国内委托 □国外委托
委托单位		联系人		联系电话	
合同主要条款（包括测试项目及限量、测试标准或方法、测试期限、结果报告的要求及合同中其他规定）					
评审意见	合同要求是否：□明确 □不明确，不明确内容：_____ 中心有无能力满足要求：□满足 □不满足，不满足情况：_____ 是否需要测试分包：□需要 □不需要，测试分包内容：_____ 合同与国际、国内法律\法令有无冲突：□冲突 □不冲突 合同中有无潜在商业问题：□有 □没有 最终评审意见： 评审人员：　　　　　　　　　年　　月　　日				
参加评审人员：			接收此件人员：		

×××05-03 合同修改记录

报检号（原合同号）	
原合同条款： 改后条款：	
双方协商记录（及所附文件）：	
确认方式：□电信　□会面　□文件　□其他	
确认记录（含附件）：	
确认日期：　　　　　　　客户/委托方：　　　　　　　中心主任：	
备注：	

×××05-04 合同执行偏离记录

报检号（原合同号）	
客户/委托单位	
与原合同偏离情况及原因：	
偏离情况通知记录：	
双方协商情况：	
偏离处理意见： 　　　　中心主任：　　　　　　　　　　年　　月　　日	

×××06-01 合格分包方审批表

实验室名称			
测试类别		体系情况	
分包项目			
资源情况（相对分包项目）： 1. 检验标准方法 2. 仪器设备 3. 人员资格 4. 其他			
参加水平测试情况：			
考察或考核情况： 　　　　质量负责人：　　　　　　　日期：			
评价意见： 　　　　中心主任：　　　　　　　日期：			

×××06-04 分包实验室跟踪评价表

实验室名称	
分包项目	
评价方式	□书面评价　　　　□现场评价　　　　□其他方式
考核内容	1. 体系运行；2. 资源变更；3. 水平测试；4. 测试结果；5. 其他
评价意见	评价人：　　　　　　　　　　日期：
审批意见	审批人：　　　　　　　　　　日期：

×××06-02 分包协议书

分 包 协 议 书

甲方（分包方）：＿＿＿＿＿＿＿＿＿＿＿＿＿＿＿＿＿＿＿＿＿＿

乙方（承包方）：＿＿＿＿＿＿＿＿＿＿＿＿＿＿＿＿＿＿＿＿＿＿

第一条　乙方作为 CNAS 认可实验室（ISO/IEC 导则 25 /ISO/IEC 17025），甲方对其认可范围的管理和技术能力予以确认，并将乙方已注册的测试项目、测试标准及方法，作为甲方的分包范围。

第二条　甲方向乙方承诺，就分包的测试项目向客户承担直接的质量责任，乙方应承担连带的技术责任。

第三条　甲方保留乙方实施第二方审核的权利。一旦发现乙方的技术能力和服务质量无法满足甲方的质量要求，甲方有权终止本协议。

第四条　在本协议执行期间，乙方向甲方承诺：

1. 及时、准确、完整地出具测试结果报告（包括相关的原始记录等）；

2. 不得以任何借口将承包的测试工作转包给其他实验室；

3. 当实验室人员、设备等资源或注册的测试范围发生变化，已影响到承包的测试工作时，应及时通知甲方；

4. 保护客户的机密和专有权。

第五条　在本协议执行期间，甲方向乙方承诺：

1. 就分包测试项目的能力负责向客户进行解释和说明；

2. 保证乙方承包甲方测试工作所应获取的相应权益。

第六条　本协议各条款由双方主任负责解释。

第七条　本协议自双方代表签字之日起生效，有效期为＿＿＿＿＿＿＿年。

甲方代表：　　　　　　　　　　　　　　　　乙方代表：

　　　　印章　　　　　　　　　　　　　　　　　　　印章

　　　年　月　日　　　　　　　　　　　　　　　年　月　日

×××06-03　　分包通知书

分 包 通 知 书

_____：

　　贵方委托我中心检验，报检号为_____的检验合同中，_____等测试项目，由于_____等原因，拟分包给我中心签订分包协议的实验室，该实验室是中国实验室国家认可委员会（CNAS）已获认可实验室，其注册范围内的技术能力和管理水平完全符合贵方的要求，望通过书面或来电，转达贵方的意见。

×××××× 检测中心

主任：

日期：

客户意见反馈：　　　　　　　　　　　　　　客户代表：

　　　　　　　　　　　　　　　　　　　　　日期：

×××06-05　分包实验室一览表

序号	分包实验室名称	承检商品	分包项目	分包时间	有效期	负责人	地址	联系电话

×××07-01　试剂和易耗品接收/储存记录

接收日期	物品名称	供应商	数量	规格/级别	批号	标准号	存放位置	是/否验证

×××07-02　试剂和易耗品验证报告

名　称		规　格	
用途及使用范围：			
验证内容及方法：			
验证人：　　　　　　　　　　日期：			
验证结论：			
评价人：　　　　　　　　　　日期：			

×××07-03 剧毒药品使用记录

品　名	使用前重量/g	使用后重量/g	用　途	使用时间	使用人	批准人	监督人

×××07-04 贵重物品使用记录

品　名	用　途	使用人	使用日期	批准人	归还日期	监督人

×××07-05 过期、废弃物品处理记录

名　称	数量	处理方式	处理日期	处理人	批准人	备　注

×××07-06 试剂和易耗品领用情况统计表

名　称	数　量	规　格	领用日期	领用人

×××07-07 化学试剂登记表

编号	试剂名称	规　格	数量	生产单位	批号	有效期	保管人	处理人、日期

×××07-08 合格供应商一览表

序号	供应商名称	地　址	联系电话	供应产品	供应开始时间	备注

×××07-09 _____年度试剂和易耗品验收情况统计表

时　间	供　应　商	合格（批）	不合格（批）	共计（批）

×××07-10 供应商考察、审批报告

名 称		地 址	
联系电话		联系人	
经营范围：			
质量体系情况：			
中心采购试剂和易耗品：			
考察情况和结果： 1. 供货能力；2. 质量保证；3. 服务质量；4. 其他			
审批意见： 审批人： 日期：			

×××08-01 征求意见表

客户名称		联系人	
		联系电话	
		地 址	
客户反馈意见： 日期：			
中心调查、处理意见： 负责人： 日期：			

×××08-02 客户意见汇总表

序号	客户名称	客户意见						意见反馈	
		履行合同能力	合同执行情况	技术标准	服务态度	公正行为	客户建议	意见调查	意见处理
备注	统计人： 日期：								

说明：客户意见栏分三级填写：差，一般，良好。意见反馈栏填写：Yes 或 No。

×××08-03 征求意见表发放/回收记录

序号	发放日期	客 户 名 称	回收日期	备注

×××08-04 走访客户计划

走访目的	
走访对象	
走访内容	制定人： 日期：
备 注	

×××08-05 走访客户报告

客户名称		联系电话	
走访人员		走访日期	
目前双方存在的问题：			
进一步合作需协商的问题：			
客户建议：			
中心调查、处理意见：			
处理人： 日期：			

×××08-06 客户投诉处理记录

客户名称		联系电话	
		地 址	
投诉内容： 记录人： 接待日期：			
调查结果： 调查人： 调查日期：			
处理意见： 批准人： 批准日期			

×××09-01 不合格工作记录

来 源	□客户投诉 □质量控制 □仪器校准 □易耗品检查 □人员监督管理 □测试报告 □管理评审 □内部审核 □外部审核 □其他
不合格工作描述	签字： 日期：
严重性评价	签字： 日期：
纠正及纠正措施	签字： 日期：
对责任者处理	签字： 日期：

×××09-02　　不合格工作通知单

不合格工作通知单

_____：

　　贵方委托我中心报检号为_____的检验批次，由于_____的原因，_____测试结果不符合_____的要求，可能给贵方造成了影响，特此通知贵方留意。如有必要，请通过电话或书面方式与我中心联系，共同协商予以解决。

　　祝商祺！

　　联　系　人：
　　联系电话：
　　传　　真：
　　邮政编码：××××××
　　地　　址：××××××

中心主任（签名）：

××××××检测中心
年　　　月　　　日

×××10-01　　测试事故处理报告

事故发生时间		事故发生地点	
事故类别			
事故情况报告		责任人：	
事故调查分析情况		调查（分析）负责人：	
质量负责人意见		质量负责人：	
处理结果		中心主任：	

×××10-02 纠正措施实施计划

纠正措施名称			
实施负责人		制定负责人	
实施日期		完成日期	
参加人员及职责：			
拟采取的纠正措施： 预计完成日期：　　年　　月　　日			
拟采取的验证手段： 预计完成日期：　　年　　月　　日			
计划审批意见：　　　　　　　　审批人（签字）：　　　年　月　日			
本计划抄送：			

×××10-03 纠正措施报告

不合格工作或偏离来源： □客户抱怨　□内部偏离　□内部审核　□外部审核　□供方失误　□改进机会　□其他			
问题的描述：			
问题根本原因：			
纠正措施：			
修改文件：			
编制人	年　月　日	审批人	·　年　月　日

×××10-04 纠正措施验证报告

纠正措施名称			
纠正措施编号		实施日期	
验证负责人		验证日期	
验证方法：			
验证记录： 验证人：　　　年　　月　　日			
验证结论： 验证负责人：　　　年　　月　　日			
评价及意见： 负责人（签字）：　　　年　　月　　日			

×××10-05 _____年度纠正措施实施情况统计表

No.	措施编号	实施日期	完成日期	实施岗位	不合格项/偏离内容	相关要素	实施效果	文件修改

×××11-01 预防措施实施计划

预防措施名称			
实施负责人		制定负责人	
实施日期		完成日期	
参加人员及职责：			
拟采取的预防措施： 预计完成日期：　　年　　月　　日			
拟采取的验证手段： 预计完成日期：　　年　　月　　日			
计划审批意见：　　　　　　审批人（签字）：　　　　年　　月　　日			
本计划抄送：			

×××11-02 预防措施报告

潜在的不合格原因来源： □客户抱怨　□管理评审　□内部审核　□外部审核　□结果分析　□改进机会　□其他			
改进机会（输入）：			
潜在的不合格原因：			
预防措施：			
体系的调整改进： 预计完成日期：　　年　　月　　日			
编制人	年　　月　　日	审批人	年　　月　　日

×××11-03 预防措施验证报告

预防措施名称			
实施负责人		实施日期	
验证负责人		验证日期	
验证方法：			
验证记录： 验证人：　　　　年　　月　　日			
验证结论： 验证负责人：　　　　年　　月　　日			
评价及意见： 　　　　负责人（签字）：　　　　年　　月　　日			

×××11-04 _____年度预防措施实施情况统计表

No.	措施编号	实施日期	完成日期	实施岗位	潜在不合格原因	相关要素	实施效果	文件修改

×××12-01   记录登记表

记录编号	记录名称及内容	归档日期	归档人	登记人

×××12-02   商品档案卷内目录

商品代码			类目代码	
案卷号			年度月份	年　月
序号	样品编号	产　地	品　种	船名

×××12-03   记录调用/查询登记表

日期	记录名称	记录编号	调用人	调用目的	批准人	经办人	备注

×××12-04   记录处理登记表

记录编号	记录名称及内容	处理日期	批准人	处理人	备　注

×××13-01   年度内部审核计划

审核日期	条款及活动内容	审核组成员	要　求
编制人员：	日期：	批准人：	日期：

×××13-02   内部核查表

审核区域			审核方式		
审核人员			审核日期	年 月 日至 年 月 日	
条　款	评审内容	文件名称	文件编号	核查记录	备注

×××13-03 内部审核不符合项（观察项）报告

被审核方：
陪同人：
审核员现场观察记录： 时间： _____ 地点： _____ 详细情况： _____ 审核员签字：
经审核组组长确认为不符合项结论： 上述情况为一个不符合项/观察项，应引起被审核方注意，与_____规定不符。 备注： _____ 被审核方意见： _____ 纠正措施： _____ 审核组组长签字： 被审核方代表签字：　　　　　　　　　　预计完成时间：　　　年　月　日

×××13-04 内部审核报告

审核目的：
审核依据：
审核情况概述：
不符合项情况分析：
管理体系运行评价及质量改进建议：
附：内部审核不符合项报告共　　　份

审核员		日期	年　月　日
审核组组长		日期	年　月　日
本报告发送			

×××13-06 内部审核计划

审核日期		审核范围	□全面审核　□部分审核	
审核目的				
审核依据		审核员		
日程安排	日　期	时　间	内　容	

编制/日期：　　　　　　　　　　　　　　批准/日期：

×××13-05 跟踪审核报告

受跟踪方		跟踪日期		提交日期	
审核员					
验证结论	纠正有效 项；纠正部分有效 项；未实施 项。				
不符合项编号	纠正措施实施验证记录				验证结论
未纠正不符合项分析/新发现的不符合项目					
受审核方意见： 负责人： 日期：					
处理意见： 审核员： 日期					
备注：					

×××14-01 管理评审计划

评审目的	
评审方式	
评审时间	地点
参加人员	
评审程序及内容	
评审准备工作	
编制人	日期：

×××14-02 管理评审会议纪要

会议议题		会议主持人	
时 间		地 点	
参加人员			
会议记录			
记 录 人			年 月 日
备 注			

×××14-03 管理评审报告

评审目的	
评审时间	地点
参加人员	

评审内容概述

各项评审意见

质量体系的调整和改进

措施及要求

编制人		批准人	年　月　日

本报告抄送：

×××14-04 管理评审报告分发登记表

日期	文件编号	领用人（签字）	备注

×××15-01 年度培训目标和计划表

培训目标					
序号	岗位	参加人员	培训内容	培训时间	授课及考核人

技术负责人：　　　　　日期：　　　　　中心主任：　　　　　日期：

×××15-02 工作人员培训及验收记录

序号	时间、地点	培训内容	参加人员	主办单位或部门	结论	验收意见

×××15-03　工作人员档案

工作人员档案

部门：＿＿＿＿＿＿＿＿

岗位：＿＿＿＿＿＿＿＿

姓名：＿＿＿＿＿＿＿＿

×××××检测中心

年　　月　　日

一、此表由实验室妥为保管；

二、填表必须认真、负责，统一使用黑色墨水填写，字迹端正、清楚；

三、个人需提供有关证件（如文凭、资格证书、奖励证书等）复印件各一份。

姓　名	现　名		性　别		学　历	
	曾用名		民　族		职　称	
出生年月			有何特长			
籍　贯						
现在何部门			工作岗位			
现任何职			健康状况			
主要工作经历	自何年何月		至何年何月		何地、何部门、任何职	
何时何地参加过何种培训						
何时何地何原因受过何种奖励和处分						

×××15-04　工作人员监督记录

日期：　　年　　月　　日至　　年　　月　　日

内容	方法理解			取制样			程序规范			仪器操作			原始记录			数字处理			检验周期			监督人员
	■ Y Y' N			■ Y Y' N			■ Y Y' N			■ Y Y' N			■ Y Y' N			■ Y Y' N			■ Y Y' N			

备注：表中■栏为监督频次，Y 表示合格，Y'表示基本合格，N 表示不合格。

×××15-05 技术人员岗位培训考核报告

岗位名称		申请日期	
设备名称			
统一编号		安装日期	
制造厂商			
申 请 人		所学专业	
申请部门领导意见			
培训情况			
考核结果			
考核人			
设备部门意见			
备注			

×××16-01 实验室环境条件记录

实验室	环境条件		记录人	日 期
	温度/℃	湿度/%		

×××16-02 安全卫生检查表

检查内容		检查时间	
检查人		陪同人员	
检查情况概述		记录人：	
整改落实情况		部门负责人：	
备 注			

×××17-01 非标/自制方法验证报告

方法名称		方法来源	
验证项目		验证样品	
验证方法			
主要技术指标			
验证内容			
验证结果			
验证人		验证日期	
审核人		审核日期	
审批意见：	中心主任：	年 月 日	

×××17-02 标准方法查新与确认报告

查 新 人		日 期	
更新情况			
原使用方法			
新标准方法			
新方法的验证	验证内容与方案简述	拟定人： 批准人：	日期： 日期：
	验证结论	验证人：	日期：
验证结论审核		审核人：	日期：
新方法的审批		批准人：	日期：

注：另附有方法查新记录和验证记录。

×××18-01 测量不确定度评估报告

方法名称	
标准号	
不确定度来源	
数学模型	
A 类不确定度	
B 类不确定度	
传播系数	
各分量不确定度	
合成标准不确定度	
扩展不确定度	$U=$ （U 由合成标准不确定度 $u=$ 和因子 $k=$ 而得）
评估人		评估日期	
审核人		审核日期	
签发人		签发日期	

×××20-01 仪器设备购置计划表 No.

序号	设备名称	规格型号	数量	价格	备注	申购及调研人

技术负责人： 日期：

×××20-02 仪器设备接收/验收记录

设备名称		型　号	
生产厂家		国　别	
查收情况：	查收人：		日期：
安装、调试情况：			
验收情况：	验收人：		日期：
接收签字：	局综合科： 中心主任：		日期： 日期：

×××20-03 仪器设备维护检修记录

设备名称		型　号	
设备编号		负责人	
维修方法			
维修内容			
维护人员：	日期：		

×××20-04 仪器设备技术验证记录　　No.

设备名称		型　号	
设备编号		负责人	
验证方法：			
验证内容：			
验证记录：	验证人员：		日期：

×××21-01 计算机密码登记表

计算机编号	使用人员	密　码	设置日期
备注：			

×××22-01 标准物质接收、存储与领用记录

标准物质名称	编号	数量	接收日期	存储地点	保管人	领用人	领用数量	领用日期	备注

×××22-02 检定/校准计量器具登记表

序号	计量器具名称	型号/规格	存放地点	数量	周期	状态	检定日期	下次检定日期	保管人

×××22-03 内部检定/校准报告

××××检测中心

校准证书

字第　　　号

名　　称　　_____

型号规格　　_____

制 造 厂　　_____

出厂编号　　_____

设备编号　　_____

校准依据　　_____

校准结论　　_____

中心主任 _____

校　　验 _____

校　　准 _____

校准日期： 年 月 日

有效期至： 年 月 日

×××22-04 内部校准记录

仪器名称：　　　　　　　型号：　　　　　　　　制造厂：

出厂编号：　　　　　　　送检单位：

温度：　　　　　　　　　湿度：　　　　　　　　检定日期：

结论：　　　　　　　　　校验员：　　　　　　　校准：

一、校准方法：

二、校准项目及计算：

1. 外观

2. 示值误差

元素	含量范围/%	标准值/%	实测值/%	平均值/%	示值误差/%	结论

3. 重复性

元素	次数	实测值/%	平均值/%	标准偏差/%	相对标准偏差	结论

4. 分析时间

次　数	实测时间/s	平均值/s	结　论

5. 称样稳定性

次　数	重量/g	极差/g	结　论

×××22-05　内部校准/验证方案

仪器名称：　　　　　　　型号：　　　　　　　制造厂：

出厂编号：　　　　　　　检定日期：

校验员：　　　　　　　　校准：

三、校准/验证方法：

四、校准项目及要求：

制定人：　　　　　日期：　　　　　审批人：　　　　　日期：

×××22-06　　＿＿＿＿＿年度仪器设备检定/校准计划表

序号	计量器具名称	型号/规格	存放地点	数量	检定周期	检定结果	检定日期	下次检定日期	保管人

设备管理员：　　　　　技术负责人：　　　　　中心主任：

×××22-07　标准物质配制/制备记录　No.

序号	名称	标准物质	取样量	配制/制备方法	浓度	有效期	配制/制备人、日期	处理人、日期

×××23-01　仪器及标准物质期间核查记录

仪器或标准物质名称		仪器或标准物质编号	
仪器	最近检定（校准）日期：	标准物质	标准物质有效期：
	下次检定（校准）日期：		最近核查日期：
核查结果：			
核查人：　　　　　　　年　月　日			

×××24-01 铁矿石取制样通知单

批次：		船名：	
矿种：		产地公司：	
货主：		依据：ISO 3082—2000 铁矿石—取样和制样方法	
靠泊时间： 月 日 时	靠泊地点	一号泊 □ 二号泊 □ 其他 □	
	全卸 □ 减载 □	报检量： M/T，计卸量：	M/T
	全卸 □ 减载 □	报检量： M/T，计卸量：	M/T
	全卸 □ 减载 □	报检量： M/T，计卸量：	M/T
	项 目	合同值/%	国外值/%
品种一	粒度规格/mm		
	水分/%		
品种二	粒度规格/mm		
	水分/%		
品种三	粒度规格/mm		
	水分/%		
份样个数按品质波动： 大 □ 中 □ 小 □			
注意事项：			

合同评审员：_____ 技术负责人：_____

日 期：_____ 日 期：_____

×××24-02 铁矿石取样报告

样品编号：		船名：		产地公司：	
矿种：		规格：		计卸量：	M/T
开卸时间： ___年__月__日__时__分			卸毕时间： ___年__月__日__时__分		
依据：ISO 3082—2000 铁矿石—取样和制样方法					
取样地点与方式					
10万吨级取制样站 □			20万吨级取制样站 □		
自动 □		停带 □	自动 □		旁路 □
取样间隔					
定量 □ _____M/T			定时 □ _____min		
COL-1 水分样					
第___次取罐时间：_____ 取罐人：_____			第___次取罐时间：_____ 取罐人：_____		
第一罐重量：___kg/份样数：____个			第一罐重量：___kg/份样数：____个		

第二罐重量：＿＿＿kg/份样数：＿＿＿个	第二罐重量：＿＿＿kg/份样数：＿＿＿个
第三罐重量：＿＿＿kg/份样数：＿＿＿个	第三罐重量：＿＿＿kg/份样数：＿＿＿个
第四罐重量：＿＿＿kg/份样数：＿＿＿个	第四罐重量：＿＿＿kg/份样数：＿＿＿个
第五罐重量：＿＿＿kg/份样数：＿＿＿个	第五罐重量：＿＿＿kg/份样数：＿＿＿个
第六罐重量：＿＿＿kg/份样数：＿＿＿个	第六罐重量：＿＿＿kg/份样数：＿＿＿个
第＿＿次取罐时间：＿＿＿＿＿＿ 取罐人：＿＿＿＿＿	第＿＿次取罐时间：＿＿＿＿＿＿ 取罐人：＿＿＿＿＿
第一罐重量：＿＿＿kg/份样数：＿＿＿＿个	第一罐重量：＿＿＿kg/份样数：＿＿＿个
第二罐重量：＿＿＿kg/份样数：＿＿＿＿个	第二罐重量：＿＿＿kg/份样数：＿＿＿个
第三罐重量：＿＿＿kg/份样数：＿＿＿＿个	第三罐重量：＿＿＿kg/份样数：＿＿＿个
第四罐重量：＿＿＿kg/份样数：＿＿＿＿个	第四罐重量：＿＿＿kg/份样数：＿＿＿个
第五罐重量：＿＿＿kg/份样数：＿＿＿＿个	第五罐重量：＿＿＿kg/份样数：＿＿＿个
第六罐重量：＿＿＿kg/份样数：＿＿＿＿个	第六罐重量：＿＿＿kg/份样数：＿＿＿个
第＿＿次取罐时间：＿＿＿＿＿＿ 取罐人：＿＿＿＿＿	第＿＿次取罐时间：＿＿＿＿＿＿ 取罐人：＿＿＿＿＿
第一罐重量：＿＿＿kg/份样数：＿＿＿＿个	第一罐重量：＿＿＿kg/份样数：＿＿＿个
第二罐重量：＿＿＿kg/份样数：＿＿＿＿个	第二罐重量：＿＿＿kg/份样数：＿＿＿个
第三罐重量：＿＿＿kg/份样数：＿＿＿＿个	第三罐重量：＿＿＿kg/份样数：＿＿＿个
第四罐重量：＿＿＿kg/份样数：＿＿＿＿个	第四罐重量：＿＿＿kg/份样数：＿＿＿个
第五罐重量：＿＿＿kg/份样数：＿＿＿＿个	第五罐重量：＿＿＿kg/份样数：＿＿＿个
第六罐重量：＿＿＿kg/份样数：＿＿＿＿个	第六罐重量：＿＿＿kg/份样数：＿＿＿个
第＿＿次取罐时间：＿＿＿＿＿＿ 取罐人：＿＿＿＿＿	第＿＿次取罐时间：＿＿＿＿＿＿ 取罐人：＿＿＿＿＿
第一罐重量：＿＿＿＿＿kg/份样数：＿＿＿＿＿＿个	第一罐重量：＿＿＿kg/份样数：＿＿＿＿＿个
第二罐重量：＿＿＿＿＿kg/份样数：＿＿＿＿＿＿个	第二罐重量：＿＿＿kg/份样数：＿＿＿＿＿个
第三罐重量：＿＿＿＿＿kg/份样数：＿＿＿＿＿＿个	第三罐重量：＿＿＿kg/份样数：＿＿＿＿＿个
第四罐重量：＿＿＿＿＿kg/份样数：＿＿＿＿＿＿个	第四罐重量：＿＿＿kg/份样数：＿＿＿＿＿个
第五罐重量：＿＿＿＿＿kg/份样数：＿＿＿＿＿＿个	第五罐重量：＿＿＿kg/份样数：＿＿＿＿＿个
第六罐重量：＿＿＿＿＿kg/份样数：＿＿＿＿＿＿个	第六罐重量：＿＿＿kg/份样数：＿＿＿＿＿个
COL-2 成分样	
第＿＿次取罐时间：＿＿＿＿＿＿ 取罐人：＿＿＿＿＿	第＿＿次取罐时间：＿＿＿＿＿＿ 取罐人：＿＿＿＿＿
自动取样部分	份　样　数：＿＿＿＿＿＿个 代表卸载量：＿＿＿＿＿＿M/T
停带/旁路取样部分	份　样　数：＿＿＿＿＿＿个 代表卸载量：＿＿＿＿＿＿M/T
本取样站采取铁矿份样总数：＿＿＿＿＿＿个，卸载量：＿＿＿＿＿＿＿M/T	

记录人：＿＿＿＿＿＿ 日期：＿＿＿＿＿＿ 复核人：＿＿＿＿＿＿ 日期：＿＿＿＿＿＿

×××24-03 铁矿石制样记录

样品编号：		批号：		船名：	
产地：		矿种及规格：		交货批重量：	M/T
依据：ISO3082—2000 铁矿石—取样和制样方法					
份样总数：_____ 个，其中1号站份样数：_____ 个，2号站份样数：_____ 个					
卸载总量：_____ M/T					
1 号站自动：_____ M/T，1号站停带：_____ M/T，2号站自动：_____ M/T，2号站旁路：_____ M/T					

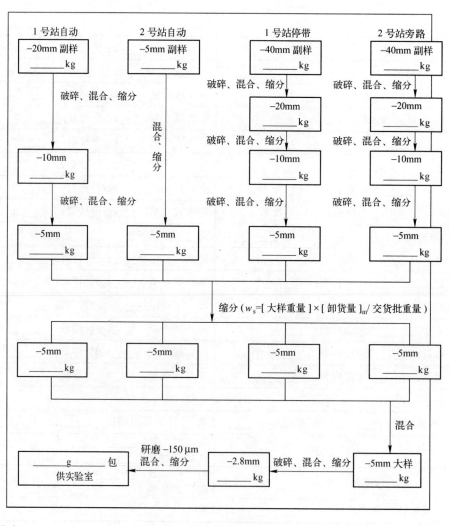

记录人： 日期： 复核： 日期：

×××24-03 铁矿石制样记录（流程图）

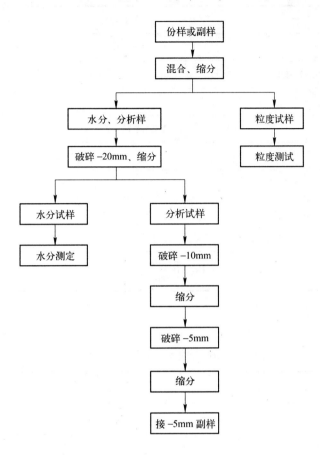

×××24-04 铁矿石水分测定记录

样品编号：		矿种及规格：			船名：			批次：	
交货批重量： M/T		产地公司：			依据：ISO 3087—1998 铁矿石—交货批水分含量的测定				
序号	份样个数	入烘箱时间	干燥盘重量/g	干燥前总重/g	净重/g	干燥后总重/g	干燥损失/g	水分测定值/%	水分结果合计/%
合计									

交货批的水分含量（%）：$\bar{w} = \dfrac{份样结果合计之和}{份样个数和} = \underline{\hspace{3cm}} =$

备注：水分结果合计=份样数×水分测定值

测试：　　　　　复核：　　　　　日期：

×××24-05 铁矿石喷入水校正记录

样品编号：		矿种及规格：	
船名：		产地公司：	
依据：ISO 3087—2000 铁矿石—交货批水分含量的测定（附录 B）			
喷水日期、时间记录：			
报检重量：	M/T	卸载量：	M/T
喷水流量：	T/H	喷入水质量 $m_3=$	M/T
含喷入水的样品水分含量平均值		掉水校正系数 $f=$	
含喷入水的交货批质量 $m_4=$	M/T		
计算： 对喷入水进行校正后交货批的水分含量：			
备注： $$W_s = \overline{W} - (100 - \overline{W})\frac{m_3}{m_4} \cdot f$$			

记录：＿＿＿＿＿＿＿＿＿＿　　　　　　　　　复核：＿＿＿＿＿＿＿＿＿

日期：＿＿＿＿＿＿＿＿＿＿　　　　　　　　　日期：＿＿＿＿＿＿＿＿＿

×××24-06 铁矿石雨淋水校正记录

矿种及规格：		样品编号：	
船名：		产地公司：	
检验依据：ISO 3087—2000 铁矿石—交货批水分含量的测定（附录 B）			
露天着雨有效面积 $A=$ （m²）			
其中：			
报检重量：	M/T	卸载量：	M/T
雨量 $R=$ （mm）		雨水密度 $\rho = 1\ t/m^3$	
雨水质量： $$m_R = \frac{AR\rho}{1000} = \qquad (M/T)$$			
含有雨水的样品水分含量平均值		不含雨水的交货批质量 $m_4 =$ （t）	
计算：对雨淋水校正后交货批的水分含量 $W_R = \overline{W} - (100 - \overline{W})\dfrac{m_R}{m_4}$			
备注：			

记录：＿＿＿＿＿＿＿＿＿＿　　　　　　　　　复核：＿＿＿＿＿＿＿＿＿

日期：＿＿＿＿＿＿＿＿＿＿　　　　　　　　　日期：＿＿＿＿＿＿＿＿＿

×××24-07 铁矿石粒度测定记录（手工）

样品编号：				矿种及规格：				批次：			
船名：				产地公司：				依据:ISO 4701:1999			
样品编号											
粒级/mm											
试料量 A/g											
筛下量 □ 筛上量 □ B/g											
粒级百分比 B/A/%											
测试人											
测试日期											
样品编号											
粒级/mm											
试料量 A/g											
筛下量 □ 筛上量 □ B/g											
粒级百分比 B/A/%											
测试人											
测试日期											
粒度平均结果											
备 注											

复核：_____　　　日期：_____

×××24-08 水分、粒度平均结果计算记录

样品编号：			批次：		
船名：			矿种及规格：		
卸载总量（m）：		M/T			
1 号站卸载量（m_1）：		M/T	2 号站卸载量（m_2）：		M/T
粒度	1 号、2 号 站粒度	粒级/mm	1 号站粒度结果（p_1）/%		2 号站粒度结果（p_2）/%
	平均粒度 百分比/%		计算公式：$\overline{p} = \dfrac{m_1}{m} \times p_1 + \dfrac{m_2}{m} \times p_2 =$		
水分	1 号、2 号 站水分	1 号站水分（w_1）/%		2 号站水分（w_2）/%	
	平均水分 含量/%	计算公式：$\overline{w} = \dfrac{m_1}{m} \times w_1 + \dfrac{m_2}{m} \times w_2 =$			
备注：					

记录：_____　　日期：_____　　复核：_____　　日期：_____

×××24-09 铁矿石全铁量测定原始记录

| 样品编号： | | 品名： | | 船名： | |

| 接样日期： | | 报检号： | |

检验依据： ISO 9507：1990 铁矿石—全铁含量测定—三氯化钛还原法

| 重铬酸钾标准溶液浓度 | 0.01667 mol/L |

计算公式：

$$W_{Fe} = \frac{V_1 - V_2}{m} \times 0.0055847 \times 100 \times K$$

式中 W_{Fe}——全铁含量，%；
V_1——滴定试样所耗标准溶液体积，mL；
V_2——空白试验值，mL；
m——试样质量，g；
0.0055847——铁的相对原子质量倍数；
K——对于预干燥样为1.00。

类别	标号	样品质量/g	所耗标准液/mL	全铁含量/%	全铁含量均值/%
试样1					
试样2					
标样1					
标样2					
空白1		—		—	
空白2		—		—	

注：空白试样中加入 1.00 mL 铁标准溶液（0.1 mol/L），相当于 1.00 mL 标准重铬酸钾溶液。表中所示空白值为扣除 1.00 mL 标准重铬酸钾溶液后所耗滴定液体积。

标样编号		标样全铁含量标准值 /%	
合同要求全铁含量/%		国外结果/%	
备 注			

测试：_____ 日期：_____

复核：_____ 日期：_____

×××24-10 铁矿石原子吸收测定记录

样品编号:		品名:		船名:	
接样日期:		报检号:			

检测依据:

ISO5418-2:2006	Iron ores—Determination of copper — Flame atomic absorption spectrometric method	□
ISO10203:2006	Iron ores—Determination of calcium—Flame atomic absorption spectrometric method	□
ISO10204:2006	Iron ores—Determination of magnesium—Flame atomic absorption spectrometric method	□
GB6730.14-86	原子吸收分光光度法测定钙和镁量	□
ISO13313:2006	Iron ores—Determination of sodium—Flame atomic absorption spectrometric method	□
ISO13312:2006	Iron ores—Determination of potassium—Flame atomic absorption spectrometric method	□
ISO13311:1997	铁矿石—铅含量的测定—火焰原子吸收分光光度法	□
NIQM0004—2002	铁矿石—砷含量的测定—氢化物发生原子吸收分光光度法	□
ISO13310:1997	铁矿石—锌含量的测定—火焰原子吸收分光光度法	□

注:请在采用的标准方法后的方框内打"√"。

测试记录溯源:

检测项目	$w(Cu)/\%$	$w(CaO)/\%$	$w(MgO)/\%$	$w(Na_2O)/\%$	$w(K_2O)/\%$	$w(Pb)/\%$	
合同指标							
国外值							
测试结果							
备 注							

测试:_____ 日期:_____ 复核:_____ 日期:_____

×××24-11 铁矿石氧化亚铁含量测定原始记录

样品编号:		品名:		船名:	
接样日期:		报检号:			

检验依据:

重铬酸钾标准溶液浓度	

计算公式: $w(FeO) = V \times c \times 0.4311/W \times 100$

式中 $w(FeO)$——氧化亚铁含量,%;

　　　V——重铬酸钾标准溶液滴定体积,mL;

　　　c——重铬酸钾标准溶液浓度,mol/L;

　　　W——样品重量,g。

标 号	样品质量/g	所耗标准液/mL	氧化亚铁含量/%	均值/%
合同要求/%		国外结果/%		
备注:				

测试:_____ 日期:_____ 复核:_____ 日期:_____

×××24-12　铁矿石 X 荧光仪测试记录

样品编号：		品名：			船名：			
接样日期：			报检号：					
检测依据（请将所采用标准方法后的方框涂黑）：						□		
样品制备方法：熔融片法								
样品重	0.8000 g±0.0002 g							
助熔剂	无水四硼酸锂　8.0000g±0.0002g							
脱模剂	溴化锂溶液(60mg/mL) 1.00 mL							
氧化剂	硝酸锂溶液(220mg/mL) 0.50 mL							
炉　温	1100℃							
数　量	2 片							
X 荧光测试结果								
检测项目	P	SiO_2	Al_2O_3	CaO	MgO	Mn	TiO_2	
合同指标/%								
国外值/%								
XRF 值/%								
备注								

测试：_____　　日期：_____　　复核：_____　　日期：_____

×××24-13　铁矿石红外硫碳仪测定记录

样品编号：		品名：		船名：
接样日期：			报检号：	
合同值/%			国外值/%	

依据：ISO 9686: 1992　　铁矿石—碳和硫的测定—红外碳硫仪法　　　□
　　　ISO 4689-3:2004　　铁矿石—硫的测定—红外碳硫仪法　　　　■

测试记录溯源：

次序 \ 元素		$w(S)/\%$	$w(C)/\%$
所用校正样	标样号		
	浓度/%		
备　注			

测试：_____　　日期：_____　　复核：_____　　日期：_____

×××24-14 球团矿转鼓强度测定记录

样品编号：			品名：		船名：		
接样日期：			报检号：				
合同转鼓强度(%)+6.3 mm：				合同抗磨指数(%)−0.5 mm：			
国外转鼓强度(%)+6.3 mm：				国外抗磨指数(%)−0.5 mm：			
检验依据：							
	试验次数			1	2		3
	试验前重量(m_0)/kg						
试验后重量		+6.3 mm(m_1)/kg					
		+0.5−6.3 mm(m_2)/kg					
		−0.5 mm(m_3)/kg					
	$m = m_1 + m_2 + m_3$/kg						
	$m_0 = m$/kg						
	转鼓强度(%)+6.3 mm						
	转鼓强度平均值(%)+6.3 mm						
	抗磨指数(%)−0.5 mm						
	抗磨指数平均值(%)−0.5 mm						
计算公式：转鼓强度=$(m_1 / m_0) \times 100$							
抗磨指数 $= \dfrac{m_0 - (m_1 + m_2)}{m_0} \times 100$							
备注：							

测试：_____ 日期：_____ 复核：_____ 日期：_____

×××24-15 球团矿相对还原率测定记录

样品编号：		品 名：		船名：	
接样日期：		报检号：			
还原率合同值/%		还原率国外值/%			
检验依据：					
还原温度	(900 ± 10)℃	CO30% + $N_2$70%		15 L/min	
w(TFe)/%		w(FeO)/%			
层 高	60 mm	还原时间		180 min	
项目　　次数	1	2		3	
试样重量/kg					
试样个数/个					
相对还原率/%					
平均相对还原率/%					
备 注					

测试：_____ 日期：_____ 复核：_____ 日期：_____

×××24-16 球团矿还原速率测定记录

样品编号：		品名：		船名：	
接样日期：		报检号：			
还原速率合同值/%·min^{-1}		还原速率国外值/%·min^{-1}			
依据：					
还原温度	(900±10)℃	CO30%+N$_2$70%		15 L/min	
还原率是否达到60%	是 □ 否 □	180min终点还原率/%			
y值/%		k值			
还原率达到30%时耗时 t_{30}/min		还原率达到y时耗时 t_y/min			

项目 \ 次数	1	2	3
试样重量/kg			
还原度相当于40%时还原速率 RVI/%·min^{-1}			
平均还原速率 RVI/%·min^{-1}			
计算公式	$$RVI=\dfrac{k}{t_y-t_{30}}$$ y 为 50%、55%、60% 时 k 值分别为 20.0、26.5、33.6		
备 注			

测试：_____ 日期：_____ 复核：_____ 日期：_____

×××24-17 球团矿抗压强度测定记录

样品编号：		品名：		船名：	
接样日期：		报检号：			
合同值/kg·p^{-1}		国外值/kg·p^{-1}			
检验依据：					
球团设定个数					

项目 \ 次数	1	2	3
最高值/kg·p^{-1}			
最低值/kg·p^{-1}			
平均值/kg·p^{-1}			
最终值/kg·p^{-1}			
备 注			

测试：_____ 日期：_____ 复核：_____ 日期：_____

×××24-18　球团矿膨胀指数测定记录

样品编号：			品名：		船名：		
接样日期：			报检号：				
膨胀指数合同值/%			膨胀指数国外值/%				
依据：ISO 4698：2007　Iron ores pellets for furnace feedstocks—Determination of the free-swelling index							
还原前水温/℃		水密度 ρ/g·cm^{-3}		还原后水温/℃		水密度 ρ/g·cm^{-3}	
项目		次数	1		2	3	
还原前	空篮水中重量 W_1/g						
	篮及球团水中重量 W_2/g						
	球团在空气中重量 W/g						
	球团体积 V_1/cm^3						
还原后	空篮水中重量 W_1/g						
	篮及球团水中重量 W_2/g						
	球团在空气中重量 W/g						
	球团体积 V_2/cm^3						
	膨胀指数/%						
平均膨胀指数/%							
计算公式		$V = \dfrac{W-(W_2-W_1)}{\rho}$ 膨胀指数 $= \dfrac{V_2-V_1}{V_1}\times100$		备注			

测试：_____　日期：_____　复核：_____　日期：_____

×××24-19　铁矿石堆密度测定记录

样品编号：		品名：		船名：	
接样日期：		报检号：			
合同值/t·m^{-3}：		国外值/t·m^{-3}：			
检验依据：					
试验次数		1	2	3	
空容器质量 m_0/kg					
容器加试样质量 m_1/kg					
容器容积 V/cm^3					
堆密度 ρ_{ap}/t·m^{-3}					
平均堆密度 ρ_{ap}/t·m^{-3}					
计算公式：$\rho_{ap}=1000(m_1-m_0)/V$					
备注：					

测试：_____　日期：_____　复核：_____　日期：_____

×××24-20 铁矿石热裂指数测定记录

| 样品编号： | | | | 品名： | | | | 船名： | | | |

| 接样日期： | | | | 报检号： | | | | | | | |

| 合同值 $DI_{6.3}$/%： | | | | 国外值 $DI_{6.3}$/%： | | | | | | | |

| 检验依据： | | | | | | | | | | | |

试验次数	m_1/g	m_2/g -6.3mm	m_3/g -3.15mm	m_4/g -0.5mm	$DI_{6.3}$ /%	$DI_{3.15}$ /%	$DI_{0.5}$ /%	平均值/%		
								$DI_{6.3}$	$DI_{3.15}$	$DI_{0.5}$
1										
2										

计算公式： $DI_{6.3} = \dfrac{m_2 \times 100}{m_1}$, $DI_{3.15} = \dfrac{m_3 \times 100}{m_1}$, $DI_{0.5} = \dfrac{m_4 \times 100}{m_1}$

m_1：热处理后的实验样质量，g；

m_2、m_3、m_4：分别为筛分后小于 6.30 mm、3.15 mm、0.5 mm 粒度矿石的质量，g。

备注：

测试：＿＿＿＿＿＿ 日期：＿＿＿＿＿＿ 复核：＿＿＿＿＿＿ 日期：＿＿＿＿＿＿

×××24-21 铁矿石灼烧减量测定记录

| 样品编号： | | | 品名： | | | 船名： | |

| 接样日期： | | | 报检号： | | | | |

| 合同值/%： | | | 国外值/%： | | | | |

依据：ISO/CD11536 铁矿石的灼烧减量测定法

序　号		1	2	3	4
坩埚号					
样品质量 W/g					
空坩埚质量 W_1/g	第一次称量				
	第二次称量				
	第三次称量				
	取　值				
灼烧后质量 W_2/g	第一次称量				
	第二次称量				
	第三次称量				
	取　值				
结　果/%					
平均结果/%					
计算公式	$L.O.I\% = \dfrac{W + W_1 - W_2}{W} \times 100$		备注		

测试：＿＿＿＿＿＿ 日期：＿＿＿＿＿＿ 复核：＿＿＿＿＿＿ 日期：＿＿＿＿＿＿

×××24-22　铁矿检测中心化学分析报告单

样品编号：		品名：		船名：	
接样日期：		报检号：			
项　目	合同要求	国外结果	检验结果	检验标准
备　注				

填表：＿＿＿＿＿＿　　复核：＿＿＿＿＿＿　　审核：＿＿＿＿＿＿

日期：＿＿＿＿＿＿　　日期：＿＿＿＿＿＿　　日期：＿＿＿＿＿＿

×××24-23　球团矿孔隙率测定记录

样品编号：		品名：	船名：	
接样日期：		报检号：		
孔隙率合同值/%：		孔隙率国外值/%：		
水温/℃		水密度ρ/g·cm^{-3}		
项目＼次数	1	2	3
球团干态质量 m_1/g			
空篮水中质量 m_2/g			
篮及球团水中质量 m_3/g			
球团在空气中质量 m_4/g			
表观密度 D_a/g·cm^{-3}			
表观密度 D_a 平均值/g·cm^{-3}			
真密度 D_r/g·cm^{-3}			
真密度 D_r 平均值/g·cm^{-3}			
孔隙率 P/%			

计算公式：

$$D_a = \rho \frac{m_1}{m_2 + m_4 - m_3}$$

$$P = \left(1 - \frac{D_a}{D_r}\right) \times 100\%$$

备　注

测试：＿＿＿＿＿　日期：＿＿＿＿＿　复核：＿＿＿＿＿　日期：＿＿＿＿＿

×××25-01　样品登记、留存、弃置记录

No.	样品编号	报检号	船　名	品　名	保留样重量/数量	接样日期	备注

样品管理员：＿＿＿＿＿　　处理日期：＿＿＿＿＿　　批准人：＿＿＿＿＿

×××26-01 _____年度检测结果质量控制计划

目　的	
要　求	
计划采取的质量控制方式	□参加质检总局或其他国内外权威机构组织的能力验证活动； □实验室间比对活动； □有证标准物质检测； □不同方法或仪器重复检测； □留样品的再检测； □对样品不同检验项目的结果进行相关性分析
对选定质量控制活动的 开展时间与方式	
技术负责人	
中心主任	

×××26-02 检测结果质量控制活动实施方案

控制方式			
质控样品		接样日期	
样品来源		样品数量	
检测项目			
外部单位			
样品提供方 信息	联系地址：		
	联　系　人：		
	联系电话：		
	传　真：		
	E－mail：		
质量控制 实施方案	样品、仪器、设备、试剂 及环境条件		
	采用的检测方法		
	参加人员		
	计划完成日期		
方案审批		技术负责人：　　　　　　　日期：	

×××26-03　检测结果质量控制活动实施结果

控制方式			
质控样品		接样日期	
样品来源		样品数量	
检测项目			
外部单位			
质量控制结果分析与评价			
评价人	技术负责人：		日期：

注：另附结果评价所需检测单。

xxx26-04　岗位授权书

岗 位 授 权 书

_____女士/先生：

根据你从事管理测试工作的资格、能力和经验，以及你工作上的良好职业作风，经考核研究，现授权你从事下列岗位进行工作。

序号　　　　　　　工作岗位　　　　　　　管理或测试工作内容及范围

————　　　　————————　　　　————————————————

————　　　　————————　　　　————————————————

铁矿检测中心主任：

年　　　月　　　日

7 铁矿石检验实验室认可 申请、首次审核与监督审核

认可机构依据特定标准和（或）其他规范性文件，在确定的认可范围内，对合格评定机构进行评价的过程就是评审。

7.1 实验室认可申请流程

实验室评审是一项系统工作，要达到预定的目的，评审员必须熟悉认可机构规定的工作程序，按照规定的要求做好每一个环节的工作。

按照 CNAS 实验室认可体系工作流程，将认可过程分为认可申请、现场评审和批准认可 3 个阶段。

7.1.1 申请认可阶段

7.1.1.1 意向申请

意向申请是指申请方通过任何方式（如来访、电话、传真以及其他电子通讯方式）向 CNAS 秘书处表示申请认可意向。CNAS 向申请方提供最新版本的实验室认可规则、准则和申请书等有关文件。

7.1.1.2 正式申请

申请方提交申请资料，并缴纳申请费用。申请认可的实验室应提交的资料包括：《实验室认可申请书》、申请机构法律地位的证明文件和组织机构图；实验室现行有效版本的质量手册和程序文件；实验室进行内审和管理评审的情况；实验室参加能力验证的情况；实验室平面图；检验报告/校准证书及不确定度评估报告和其他有关资料，必要时，还应根据 CNAS 实验室处项目负责人的要求提交有关的作业指导书、不确定度评估报告或有关的非标准方法。

7.1.1.3 申请认可条件

根据国家法律法规和国际惯例，认可是自愿行为，但申请认可的实验室必须满足下列条件：

（1）具有明确的法律地位，具备承担法律责任的能力；

（2）按认可规则、认可准则和认可准则的应用说明建立质量管理体系，体系运行至少 6 个月，进行了完整的内部审核评审，并可以在 3 个月内接受现场评审；

（3）遵守 CNAS 认可规则、认可政策的有关规定，履行相关义务；

（4）在申请范围内具有检测/校准能力；

（5）具有支配所需资源的权利。

7.1.2 受理认可申请

7.1.2.1 CNAS 将按照认可体系的工作流程审查认可申请，认可申请见图 7-1：

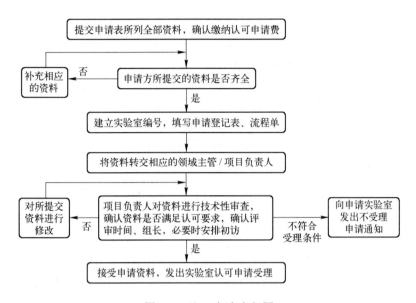

图 7-1 认可申请流程图

7.1.2.2 CNAS 秘书处审查申请认可实验室正式提交的申请资料。若申请认可的实验室提交的资料齐全、填写清楚、正确，实验室对 CNAS 具备试评审的能力，则予以正式受理。需要时（当 CNAS 不能通过提供的文件材料确定申请实验室是否满足申请条件），征得实验室的同意后可进行初访，以确定申请认可的实验室是否满足申请认可的要求并具备在 3 个月内接受评审的条件。如不能在 3 个月内接受评审，则暂缓正式受理申请。

7.1.2.3 初访的主要互动内容。与实验室领导层进行交流，确认实验室申请认可的业务范围及支持实验室申请认可的业务范围的各项资源，包括：法律地位、组织机构、人员情况、主要仪器设备（或标准物质）、实验室场地与环境等；实地察看实验室申请认可范围内的部门和各检测/校准现场；确认实验室质量管理体系文件现行版本，获得或核对必要的文件；确认被评审方的特殊过程；有可能发现与申请资料内容严重不符的情况或存在不能进行评审的情况；指出问题所在不提供具体解决方式，提供 CNAS 相关政策导向。

7.1.2.4 向 CNAS 秘书处报送《实验室初访报告》。依据初访结果，建议受理实验室认可申请或暂不受理实验室认可申请。

7.1.2.5 CNAS 在进行资料审查、协商或初访过程中发现的与认可条件不符合之处将及时通知实验室，以便其采取相应措施。

7.1.2.6 在正式接受实验室的认可申请后，将要求实验室必须参加适宜的能力验证计划并取得满意结果。

7.2 首次审核

首次审核是评审组在实验室现场依据 CNAS 的认可准则、规则和政策及有关技术标准对申请认可的实验室的质量管理体系和申请范围内的技术能力进行评价和确认的过程。

实验室审核是一项系统工作，要达到预定的目的，评审人员必须熟悉 CNAS 规定的工作程序，做好每一个环节的工作。

现场审核阶段一般包括审核准备阶段（审核策划阶段）、现场审核阶段、审核后续工作三个阶段。其具体工作流程见图 7-2。

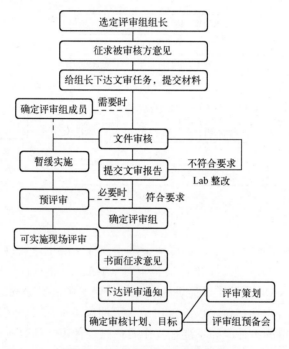

图 7-2   实验室认可评审流程图

7.2.1   审核前的准备

CNAS 正式受理实验室认可申请后，将提出评审组组长人选，并口头征求被评审实验室意见，评审组组长的人选应有丰富的评审经验，了解被评审实验室的专业领域，具有较强的组织、协调和表达沟通能力。评审组组长人选避免在一周期重复选用。实验室评审的准备工作，由评审组组长负责组织。

7.2.1.1   审查申请资料

一般来说，对实验室申请资料的审查由评审组组长进行，必要时，确定评审组成员，评审组组长组织评审组成员对技术资料进行审查。

评审组组长接受 CNAS 评审任务，了解评审要求，包括预定的现场评审期限，评审的目的、范围、依据，同时获得实验室的申请资料和评审用工作文件。鉴于现场评审不仅要对实验室的质量管理体系进行符合性审查，更重要的是对实验室的技术能力进行评价和确认，因此，对申请资料的审查是现场评审的基础。

评审组组长按《认可资料审查通知单》的要求组织对 CNAS 实验室处提供的资料进行审查，将文件资料审查时发现的疑点问题或不符合及时反馈给实验室处，通过项目负责人以书面方式通知被评审方进一步说明、补充相关资料或进行整改，在评审报告中对资料审查时发现的疑点问题或不符合的处理情况进行说明。只有当实验室认可准则要素已在实验室质量文件中被充分描述并有相应程序文件时，评审组组长方可提出实施现场评审的建议。

评审组组长应在规定的时间内（一般为 20 个工作日）将审查结果反馈回实验室处，审查过程及结果信息须在《认可资料审查通知单》中的"审查结果的详细说明"中进行完整的描述。

《认可资料审查通知单》中"审查结果"栏有四种结论，评审组组长根据资料审查的情况进行相应选择。

《认可资料审查通知单》的填写应符合以下要求：

（1）明确文件审核目的、文件审核要求；

（2）依据的认可推测及使用的应用说明；

（3）"审查结果的详细说明"应按照"审查要求"逐项评审，逐条填写（没有提供相关资料的，可说明未评审原因）；

（4）"拟现场评审时的有效工作时段安排"应明确说明各项评审内容的评审时段，"计划时间段"的填写可笼统填写第×天，不必写明具体日期。

（1）实验室认可申请书的审查。实验室认可申请书包括：申请认可实验室名称、申请类型、认可依据、实验室的基本情况（包括认可范围覆盖的所有场所的地址）、申请认可的授权签字人、申请认可的检测或校准项目、能力限制范围（需要时）及仪器设备的配置情况等。

对实验室认可申请书的审查目的是了解被评审实验室基本情况及技术能力状况，包括实验室的法律地位、隶属关系、地点分布、业务领域、规模大小、工作方式、人员结构等。审查的核心是了解实验室的技术能力。因此，要对申请检测或校准项目的总量、检测或校准方法是否适宜及现行有效、硬件配置是否合理、能否保证检测或校准的溯源性以及人员配备是否充分等做出评价，以便确定实验室是否有能力承担申请认可的检测或校准工作、现场评审的工作量和所需工作时间、技术评审员的专业类型及数量等，为确定评审范围，拟定现场评审计划提供依据。实验室认可申请书应如实、准确、清楚地反映实验室认可申请的能力范围、所采用的标准、方法现行有效性等信息。若发现提供情况不清楚时，应及时要求实验室补充或说明情况。必要时，可按 CNAS 的规定申请安排预评审。

（2）申请实验室质量管理体系及相关资料的评审。实验室提供的质量管理体系文件包括质量手册和程序文件，必要时，还应提供相应的作业指导书、不确定度评估报告或实验室制定的非标准方法。实验室质量管理体系文件应涵盖实验室申请认可的所有地点。对于质量管理体系文件的评审旨在了解该系列文件是否满足认可准则及其应用说明的要求；了解实验室所建立的和运行的质量管理体系情况，并结合实验室认可申请资料所提供的信息进行能力架构分析，为进行现场评审做准备。

对于实验室提供其他相关文件的审查，目的在于证明实验室质量管理体系运作能力和技术能力的完善和可信性，如实验室参加能力验证的情况、实验室量值溯源情况，均能从某一个侧面反映实验室质量管理体系的运行情况。

7.2.1.2　预评审（必要时进行）

当评审组组长对 CNAS 已接受申请的实验室的文件资料等信息审查后，尚不能确定现场评审的有关事宜时，或实验室申请认可的项目对环境设施有特殊要求时，或对大型、综合性、多场所、超小型的实验室需要预先了解有关情况时，评审组组长可提出安排对被评审方进行预评审的建议，经项目负责人与被评审方沟通后，实施预评审。

通过预评审，评审组组长接触被评审实验室的主要人员，与实验室领导层进行交流，使被评审方了解评审过程和一般方法；解答被评审方提出的有关问题，消除疑虑；实地察看实验室被评审范围内的部门和各检测/校准现场及环境，了解工作过程；掌握评审小组所面临的任务和工作量；实验室有无特殊隔离、防护、保密要求；确认实验室质量管理体系文件现行版本，并对有关文件内容提出意见；获得或核对必要的文件：实验室平面布置图、人员情况一览表、主要仪器设备（或标准物质）清单、申请认可项目清单、检测/校准实验室仪器设备配置表；了解被评审方的特殊过程、作息时间，商定现场评审时间及后勤工作安排；对于多地点实验室，了解各地点之间的距离和评审组在各地点之间转移所需时间；有可能发现与申请资料内容严重不符合的情况或存在可能不利于评审正常进行的情况。

预评审中发现的问题，应告知实验室，但不应提供有关预评审结束后的任何建议。预评审的结果也只作为实验室参考之用，不作为评价实验室质量管理体系和技术能力的正式依据，也不能作为减少正式评审时间的理由。评审组组长应在预评审结束后 10 个工作日内向 CNAS 实验室处报送预评审报告。鉴于预评审结果，建议近期安排、暂缓安排现场评审。

7.2.1.3　组织评审组，确定评审日期

CNAS 根据被评审实验室的类型、规模和专业特点提出评审组的组成建议。评审组的成员不能为被评审实验室提供可能危及认可过程和认可决定的咨询。评审组成员有义务在评审前告知实验室处其自身或其所属单位与被评审的实验室之间现在的、过去的或可预见的任何联系或竞争关系。CNAS 实验室处选择陪审员时，将按照专业覆盖、就地就近、合理搭配兼顾特殊要求的原则，同时考虑实验室申请、已获认可项目范围、多地点分布和实验室的评审类型。对于监督评审和复评审，评审组成员中可包含参加过初次评审或上一次定期监督评审的人员，但比例一般不超过 1/2。需要时，评审组组长应协助选配陪审员，组成评审组。

安排评审任务时应考虑以下因素：

（1）按评审工作量确定评审时间和陪审员人数。确定评审时间应本着高效的原则，在尽可能短的时间内完成评审工作。评审的人、时间总数是按实验室规模大小、多地点分布、申请认可检测或校准项目的多少、所涉及的专业技术领域宽窄来确定的。评审组组长应考虑评审人数和天数的最佳组合。

（2）按实验室申请认可专业技术范围来选择评审员。陪审员应为在 CNAS 注册的技术陪审员或见习陪审员，可以胜任对该实验室质量管理体系的评审，并熟悉申请认可范围所涉及的专业技术。当没有合适的陪审员来覆盖被评审方的专业技术领域时，可以选派在 CNAS 登记的技术专家。

（3）项目负责人根据以下目的，在提前告知实验室并征得同意时，可安排观察员。

1）见证评审组现场评审活动；

2）征集实验室或评审组对评审管理工作的意见和建议；

3）对有关现场评审活动中使用程序的适用性进行调查；

4）指导评审组从事新开辟领域的评审工作；

5）CNAS 科研活动需要。

（4）陪审员与被评审实验室之间应不存在任何经济联系和商业利益关系及其他潜在利益冲突。既要保证评审组成不受任何行政、商务、财务的影响，实施公正、客观的评审，也要确保被评审方的机密信息和利益得到保护。

（5）陪审员应确保按期参加评审。在与评审员联系时，应商量选择其合适的评审时间，并注意不会因评审员的身体状况、来往交通等因素而影响评审员按时参加评审。当评审员因特殊情况不能按时参加评审时，应及时（一般至少应是报到日前 3 天）通知 CNAS 实验室处项目负责人，以便项目责任人调整评审时间或评审人员。现场评审时评审员不能擅自迟到或早退。

（6）评审日期的选择，要在 CNAS 要求的期限内与被评审方、评审组成员协商，确定一个合适的评审日期。

7.2.1.4 编制现场评审计划征求意见函

CNAS 将编制评审计划征求意见函，明确评审日期和评审组成员。实验室可以基于正当理由（公正性理由）对评审组任何成员表示拒绝，CNAS 视情况做出必要的调整，但调整次数不能超过两次。当《现场评审计划征求意见函》得到实验室确认后，由 CNAS 向被评审方和每位评审组成员正式下达评审任务通知书，必要时（应评审员要求）向评审员所在单位下达《工作任务委托书》。

7.2.2 评审日程安排

7.2.2.1 评审组组长接到评审任务通知后，应根据评审组成员评审策划的结果制定现场评审日程表并签字确认，至少在报到日期 3 个工作日之前通知被评审实验室，并将评审日程表、实验室质量管理体系文件及有关申请资料，特别是实验室申请认可的校准、检测项目清单、技术能力配置表以及评审用表格发送给每一位评审组成员，明确每位评审组成员的任务分工，以便评审成员提前策划现场评审方案，做好技术能力评审的必要准备。

评审日程表的内容一般应包括被评审实验室的名称、评审组分组情况、各组的工作任务、评审组内部会议、首次会议、末次会议的安排、每段评审活动的时间、要素和区域、现场试验计划及各组的陪同人员等。需要时，规定现场评审时用的语种，或对实验室所在地的风俗习惯给予注明。当涉及多地点评审时，评审组长应与被评审方确认各地点间的距离、路程用时、交通方式等。科学地安排评审日程，能提高评审效率、保证评审质量，评审日程表既是评审过程的指导文件，也是评审活动的真实记录。

评审组的任务分工要从整体上覆盖所有评审内容，每位评审成员也应根据总体的日常安排，编制具体评审方案。评审工作的总体计划，要考虑到全面评审、突出重点、掌握进度、留有余地的原则。评审过程中，评审双方都要认真遵守评审日程安排，如有特殊情况需要做较大更改时，应提前与双方商定。评审过程中根据实际情况，评审员如需对某些局部的安排做调整，应先报告评审组组长后，再通知被评审实验室。

拟定现场评审计划的目的在于保证整个评审过程有条不紊，且能在较好地完成CNAS 交办的评审任务的同时，能较完整、清晰地反映现场评审结果和被评审实验室的真实情况。

7.2.2.2   其他准备工作：

（1）项目负责人根据实验室的认可领域和能力验证计划情况。在现实现场评审前，与评审组协商提出测量审核项目的建议，评审组组长安排相应评审员准备测量审核样品，费用由被评审实验室支付，在现场评审中尽量对这些项目实施相应的测量审核。特别是对初次评审的实验室尽可能地安排测量审核、盲样测试。

（2）评审组准备好各种评审工作文件、记录表格。

（3）评审组组长与被评审实验室进行沟通。沟通的目的在于使被评审实验室充分了解评审活动的日程安排和评审组的要求。评审组对被评审实验室提出要求的内容包括：请实验室负责人在首次会议上介绍实验室的基本情况和评审组陪同安排、准备现场试验考核所需的样品以及在评审过程中实验室如何配合、评审组后勤保障等。

（4）评审组组长与评审组成员进行沟通。沟通的目的在于使每一位评审员能充分了解现场评审的安排，保证现场评审能够有条不紊地进行。要求每一位评审员做好必要的准备，如测量审核所用的样品、安排现场试验的计划。

（5）评审员在现场评审前应做好评审策划，准备好各自评审用的相应表格，负责技术能力评审的评审员应做好实验室技术能力确认方式计划。

7.2.3   现场审核阶段

7.2.3.1   现场评审的一般过程

评审是评审组依据 CNAS 认可规则、认可政策、认可准则及其在相关领域的应用，对实验室承担法律责任的能力、实验室在管理方面的能力和实验室的技术能力 3 个方面进行全面系统的评价。现场评审，包括对实验室技术能力的现场考核及对质量管理体系运行情况的现场检查，是评价的一种更重要手段。其目的是紧紧围绕对上述 3 个方面的实际能力的考核与检查，得出公正客观的评价意见和结论，为 CNAS 批准认可提供依据。评审组不仅要检查实验室的质量管理体系与认可准则的符合性，更重要的是对实验室实际技术能力进行考核，这是实验室认可和一般的体系认证的最显著区别之一。现场评审过程包括评审组工作预备会、首次会议、现场评审考核与评价、评审组内部会、末次会议等内容。

7.2.3.2   现场评审任务分工

在现场评审中，评审组一般分为两组。一组是技术评审组，负责技术要素和技术能力的评价。另一组是管理评审组，负责管理要素的评价。

（1）技术评审组的评价内容。

1）技术评审组在现场，应结合 CNAS 认可准则中的"技术要求"中的要素（5.1~5.10）并考虑涉及的"管理要求"中的部分要素（4.4、4.5、4.6、4.10、4.13、4.14）对实验室申请认可的技术能力范围进行系统和全面的评价。

2）通过现场试验、现场演示试验、测量审核、盲样测试、查阅实验室参加能力验证活动的结果、提问、调阅记录和报告、核查仪器设备等方式评价实验室是否具有所申请认可的检测和/或校准项目的实际技术能力。对于实验室初次申请认可又没有参加过相关能力验证活动的项目，现场评审时，尽可能地采取"现场试验"、"测量审核、盲样测试"方式进行确认。

（2）管理评审组的评价内容。

1）管理评审组在现场，应结合 CNAS 实验室认可准则的"管理要求"中的要素（4.1~4.15），并考虑涉及的"技术要求"中的部分相关要素（5.2、5.3、5.5、5.6、5.8）对实验室质量管理体系的符合性和运行的有效性进行评价。

2）通过抽样评审，确认实验室所建立的质量管理体系是否是一个科学的和完善的文件化质量管理体系。该体系与实验室的活动范围（工作类型、工作范围和工作量）是否相适应，质量方针、质量目标和质量承诺是否适应实验室的实际情况。

3）质量管理体系能否严格按照文件的规定运行，并保留有必要的记录。

7.2.3.3 现场评审的总体结论

（1）现场评审的总体评价结论，是在管理评审组和技术评审组评价的基础上汇总而成的，必须包括对实验室的质量管理体系、检测、校准服务能力做出综合判断。评审结果主要包括：

1）实验室管理体系文件审查的情况；

2）实验室质量管理体系满足认可准则及其应用说明的情况；

3）实验室参加能力验证活动的情况；

4）对实验室授权签字人考核情况；

5）实验室技术能力的保证与维持；

6）在评审中发现的不符合项和观察项；

7）对于监督评审和复评审，还应包括实验室技术能力（特别是重要仪器设备、设施环境、依据标准）的变化情况，实验室在认可期限内，遵守认可准则的情况，以及前次评审不符合项纠正措施有效性的评价；

8）其他需要说明的情况。

（2）在评审结论中评审组的推荐意见有三种形式：

1）评审组认为被评审实验室的质量管理体系和技术能力满足 CNAS 认可要求，评审组同意向 CNAS 推荐/维持认可；

2）评审组认为被评审实验室的质量管理体系和技术能力不满足 CNAS 认可要求，评审组不予推荐/维持认可；

3）评审组建议实验室按规定要求，对评审组提出的不符合项采取纠正措施，并再将落实情况报评审组组长，跟踪审核（通过提交必要的文件或见证材料进行文件评审、或现场跟踪评审、或文件评审与跟踪评审结合进行）合格后，向 CNAS 推荐、维持认可。

对于评审结论为不予推荐认可的实验室，若实验室继续愿意申请认可，应在 6 个月后重新办理申请手续。对于暂停认可资格的实验室，暂停期限最长为 6 个月。若实验室不能在 6 个月内恢复认可资格，CNAS 将撤销对实验室的认可。

在评审结束前，评审组应要求被评审方代表确认全部不符合项、观察项，并在不符合项、观察项记录表上签字。对（2）中第 3 类推荐形式，评审组需向被评审方指出必须对发现的全部不符合项采取纠正措施，被评审方应阐明有效纠正不符合项的计划和期限（初次评审一般不超过 3 个月，监督和复评审一般不超过 2 个月）。评审组可以向被评审的实验室就有可能改进的方面提出观察意见，但不应提供咨询。当实验室对评审组的工作及评审结论有异议时，实验室可于 5 个工作日内向 CNAS 秘书处投诉。

当评审组不能就某项评审发现形成结论时，应及时向 CNAS 实验处项目负责人取得意见。

7.2.4 审核后续工作阶段

现场评审结束后，评审组还需完成后续工作。

（1）对实验室纠正不符合项的情况进行跟踪评审。评审组组长和/或其指定的评审员对实验室采取的纠正措施的有效性进行跟踪评审，经验证纠正措施有效后，评审组正式向 CNAS 推荐。跟踪评审内容仅限于现场评审中发现的不符合项纠正情况，一般不扩大评审范围。跟踪验证的方式根据不同情况可以采取文件评审、现场跟踪评审或文件评审加现场跟踪评审的方法进行。经评审组组长确认现场评审提出的不符合项的纠正措施确已得到有效实施，评审组组长在验证材料上签字，连同有关证明材料一同纳入评审报告。通过提供书面证据进行验证的不符合项，申请实验室需将纠正措施的见证材料送指定的评审员，确认有效性。需通过现场验证的不符合项，由指定的评审员在限定整改的时间内到现场核实。跟踪评审完成后，跟踪人员应在 15 个工作日内将跟踪评审结果提交评审组组长。实验室提交的纠正措施的见证材料应是复印件，原件应在实验室存档，以备以后评审查阅。对于有关原始记录的不符合项，实验室不应在发生不符合的原始记录上进行纠正，应是指定纠正措施，并在以后填写的原始记录中予以纠正。

特别需要注意的是，对于某些涉及人员能力、设施环境、仪器设备等的不符合项，通过文件审查无法判断是否满足要求的，必须安排现场跟踪审核，不能以文件评审的方式，代替现场跟踪评审。

（2）跟踪验证纠正措施有效后，评审组组长编制一份完整的评审报告，并附有关的证明材料，在 15 个工作日内提交给 CNAS 秘书处。

7.2.5 认可评定

认可评定工作，就是评定委员会根据认可条件，对在文件评审、现场评审或认可准则允许的其他来源得到的客观证据进行符合性审查，做出认可或维持认可与否的决定。评定委员会主任或其授权人员负责召集会议，根据被评定实验室涉及的专业领域从 CNAS 评定委员会成员中选择相应的成员（人数不少于 5 人）。当成员的专业技术能力范围不能完全覆盖被评定的全部领域时，由评定委员会主任或其授权人员指定技术委员会相应专家进行评定，并提出意见，作为评定委员会做出决定的依据。评定委员会的工作责任是：对被评定机构与认可条件的符合性进行评价，做出给予、维持、暂停、撤销认可资格和缩小、扩大认可范围的决定。

7.2.5.1 评定要点

评定要点包括以下内容：

（1）被评定的实验室应有明确的法律地位及承担法律责任的能力；

（2）建立的质量管理体系的诸要素满足认可准则的要求，并运行良好；

（3）确认的技术能力的范围表述准确，证据充分；

（4）对于特殊领域范围的能力确定，应符合国家法律法规及 CNAS 的相应规定；

（5）评审组成员的专业技术能力覆盖被评定实验室申请认可范围，并严格遵守公正性和保密规则；

（6）已获得认可的机构应严格遵守认可标志和认可证书的使用和管理规定；

（7）对于我国港澳台地区及国外机构申请认可的，应符合 CNAS 的相应规定；

（8）被评定的实验室量值溯源应是有效的，建立的测量不确定度评估程序实用、有效；

（9）被评定实验室参加能力检测的结果不满意或可疑的，其采取的纠正措施应是有效的。

7.2.5.2 评定结论及处理

评定委员会经讨论、表决，至少获得参与评定成员总人数三分之二的赞同票，才能通过评定结论，评定结论有以下 3 种：

（1）同意全部认可；

（2）部分或全部不认可；

（3）部分或全部暂停或撤销。

根据评定委员会做出的结论，秘书处将会进行不同的后续工作：

（1）同意全部认可、部分或全部暂停或撤销的，由秘书处办理批准认可手续和暂停认可手续；

（2）部分或全部不认可的，秘书处根据评定委员会的意见进行整改。通常整改时限 3 个月，经秘书处审查后，重新递交评定委员会评定。对未进行有效整改的，秘书处将办理部分认可或全部不予认可手续。

7.2.5.3 批准认可

经评定委员会评定，符合认可条件的实验室，将提交 CNAS 主任或其授权人批准签发认可证书（及附件）和认可决定通知书。对不符合认可条件的实验室，将提交 CNAS 主任或其授权人批准签发认可决定通知书、暂停或撤销能力范围清单。

7.3 监督评审

7.3.1 监督评审的目的

实验室取得的认可资格是向客户展现其技术和质量保证能力的最好方式。实验室必须持续有效地实施质量管理体系，确保实验室的各项质量活动持续符合认可准则要求，以获得 CNAS 的信任，该信任必须通过 CNAS 对实验室实施定期或不定期的监督才能达到。因此，凡获得 CNAS 认可的实验室必须接受 CNAS 的监督。监督评审的目的是为了证实已获得认可的实验室在认可有效期内能持续地符合认可要求，并保证在认可规则和认可准则修订后，及时将有关要求纳入质量管理体系。

7.3.2 监督评审的实施

7.3.2.1 定期监督评审

（1）CNAS 对已经获得认可的实验室的定期监督主要采取现场监督评审方式。对于已获得认可的实验室，应在批准认可后进行定期监督评审的时间间隔是 18 个月。定期监督评审时间的间隔计算是从获证日期开始，一般来说，不以实际发生的定期监督评审日期统计，暂停认可资格阶段除外。每次定期监督评审的范围可以是部分认可领域，以及认可准则的部分要求。每次定期监督评审应覆盖已获得认可的实验室的全部领域和 CNAS 的全部认可准则要求。

（2）定期监督评审不需要被监督的实验室申请，有关评审要求和现场评审程序与初次认可相同。

（3）在实施定期监督评审时，应考虑前一次评审的结果，并对实验室参加能力验证的情况、实验室技术能力（特别是重要仪器设备、设施环境、依据标准、关键技术人员）的变化情况以及实验室遵守认可规定的情况进行核查。此外，评审组组长的人选原则上应避免选用在本认可周期内做过评审组组长的人员。

（4）可能时，定期监督评审可与实验室的扩项现场评审结合进行。

7.3.2.2 不定期监督评审

（1）已获得认可资格的实验室，发生下列任何影响其检验、校准活动和/或质量管理体系运行的变化时，应及时通告 CNAS 秘书处，并提交变更申请相关证明材料，CNAS 秘书处根据实验室的变更申请，做出相应的处理。这些变化包括：

1）已获得认可资格的实验室的名称、地址、法律地位发生变化；

2）已获得认可实验室的高级管理人员、授权签字人发生变更；

3）被认可的范围内的重要试验设备、关键技术人员/环境、检测或校准方法、标准或项目等发生重大变更。

（2）在以下情况，CNAS 秘书处可对已获得认可的实验室安排不定期的监督评审或不定期访问：

1）实验室发生上述（1）中的变化时；

2）CNAS 的认可准则变化或 CNAS 认为有必要时；

3）需对投诉进行调查，或已认可机构与客户之间发生了争议，内容涉及实验室认可能力范围时；

4）实验室参加能力验证结果出现异常值时；

5）有迹象表明实验室可能不再继续满足认可要求时。

（3）不定期监督的方式可以是现场评审的方式，也可以采取以下方式：

1）对已认可机构展开调查和询问；

2）已认可机构就其运作方面的声明；

3）要求已认可机构提供文件和记录，包括质量手册的更新；

4）评审已认可机构的表现，包括采用能力验证的方式（适用时）；

5）其他手段。

（4）不定期监督评审的程序与监督评审相同，必要时，不定期监督评审可以不进行预先通知或在评审前 2 周内通知被评审方的方式进行。

7.3.3 监督评审的内容

监督评审包括：

（1）检查实验室是否正确使用认可标志、证书；

（2）验证前次评审中纠正措施的落实情况；

（3）通过对实验室质量活动记录（如内部审核记录、管理评审记录等）以及各种变化的审查，评价质量管理体系是否在有效运行；

（4）根据有关检测、校准所依据的标准、规程和规范、主要仪器设备、主要人员以及环境条件的变化情况，评价实验室是否能够维持认可时的技术能力，并适当安排现场实验考核；

（5）参加能力验证和实验室间比对时的表现，以及必要时的纠正措施情况；

（6）实验室跟踪最新检测、校准标准、规范的情况；

（7）是否有违反 CNAS 认可规则和认可准则的事项及重大失误。

7.3.4　监督评审报告

为使上述各种监督结果有效，所进行的监督活动的结果都应予以记录，并以报告的形式向 CNAS 报告。评审组根据监督结果提出该实验室是否持续符合 CNAS 认可要求的结论，即能否维持其认可资格的建议。

7.4　复评审

7.4.1　复评审申请

已获得认可的实验室应在认可有效期（3 年）到期前 6 个月，向 CNAS 提出复评审申请。CNAS 在认可有效期到期之前，根据实验室的申请组织复评审，以决定是否将认可延续至下一个有效期。复评审的实施时间，应能保证实验室在认可证书到期前完成现场评审，不符合项整改、评定、审批等各种工作。

7.4.2　复评审的要求和程序

复评审的要求和程序与初次认可评审一致，是针对全部认可范围和全部要素的评审，不同之处在于对技术能力确认的方法可适当简化。

7.4.3　扩大、缩小认可范围

7.4.3.1　扩大认可范围，简称扩项，指实验室在认可有效期内申请增加检测、校准项目、增加检测、校准方法、标准、规范、扩充实验地点等。

7.4.3.2　扩项评审的认可过程与初次认可相似，必须经过申请、评审、评定和批准。也就是说扩项评审需由实验室向 CNAS 提出申请，并提交扩项申请书和相关的资料。CNAS 将依据申请书和相关资料的审查情况，立项并组建评审组。扩项评审除按照认可准则和相关的应用说明的要求对已确定的内容进行评审外，重点评审实验室扩充项目/方法的实际技术能力。如果实验室只是对原认可项目中相关能力的简单扩充，不涉及新的技术和方法，可以进行资料审查后直接上报评定、批准。批准扩充认可项目的条件与初次认可相同，已认可机构在申请扩充认可项目的范围内必须具备符合认可准则所规定的技术能力和质量管理要求。一般情况下，扩项评审工作尽量与临近的定期监督评审或复评审一起进行。

　　7.4.3.3　扩项评审结果：扩项评审结果应予以记录并写出评审报告，明确指出可能影响扩充项目认可的不符合项及整改要求，以书面的形式送 CNAS 审查并履行评定批准程序。

　　7.4.3.4　缩小认可范围：由实验室提供书面申请，写明原因和缩小认可的范围，经CNAS 审查后批准。

8 实验室安全、消防及检验废弃物处理要求

8.1 实验室安全要求

8.1.1 安全总则

8.1.1.1 安全指南

安全指南具体如下：

（1）了解实验室及建筑物的所有安全出口的位置，建筑物的每个安全出口都有安全出口指示灯。

（2）熟悉安全淋浴器、洗眼水和急救箱的位置并知道怎样使用它们。

（3）了解灭火器和警报器引线盒的位置，熟悉它们的使用方法。

（4）熟悉在突发事件中可能会使用到的最近的电话机的位置，重要的电话号码应贴在电话机的附近。

（5）熟知你所使用的物品、设施和设备的潜在危险，如果你不确定，请向主管询问或与环保局和安全监管局联系。

（6）在操作过程中，正确使用安全设备，包括正确使用通风橱、手套式操作箱、生物安全柜、护罩或其他设备。

（7）操作带雾气的化学物质或从事带有腐蚀性尘埃粉末的工作时，戴上护目镜。

（8）当要求穿戴个人保护设备时，请穿戴上个人保护设备，如实验室围裙、实验室服装、手套、防护长手套、护目镜、面罩、防尘面具、呼吸器和其他设备；

（9）穿上实验服以保护身体受到溢出物质、掉下的物体和偶然接触到化学物质的伤害；禁止穿宽松的鞋和凉鞋，禁止在实验室光着双脚、上身不穿衣服和露着胳膊；

（10）长发应整理好盘在脑后或禁止留长发；衣服上的物品或首饰禁止带入实验室，以免缠绕或掉进设备里。

（11）在储存或使用危险生物物质、放射性材料或化学物品的地方，禁止吃喝东西、嚼口香糖、抽烟和使用化妆品；食品不能放在放有化学物质或其他有害物质的电冰箱和冷藏室里。

（12）不要用嘴吸吸管，只能用清洗吸管的机械装置。

（13）离开实验室前把手洗干净，谨防衣服上的、门把手上的、门框等上面的污染物质。离开实验室前脱下保护装置，如手套、实验服装等。

（14）遵守书面协议和实验操作说明书，只做允许做的实验。

（15）在没有得到设备使用人许可的情况下，不得挪动或弄乱设备。

（16）不得随意离开正在运行的装置和正在操作的化学物质反应。

（17）在正常上班时间以外，不得私自在实验室工作。

（18）不准在实验室大声嬉闹。

（19）保持良好的卫生习惯，经常清扫工作区、过道、走廊和保持安全出口畅通；保持洗眼设备和淋浴器的清洁卫生；维护灭火器和电器仪表。

（20）一旦事故发生，立即向实验室主任或主管汇报。

8.1.1.2　急救电话

急救电话为119，紧急时仍需要保持冷静，在电话中请告诉以下内容：

（1）你的姓名；

（2）突发事件发生所在的建筑物及房间位置；

（3）突发事件的性质，如火灾、化学或放射性物质泄漏、中毒等，是否有人受伤；

（4）突发事件可能会威胁到的容易起反应的东西，如存放在架子上的化学物质、正在使用中的放射性物质；

（5）你的电话号码及你所处于现场的位置，在你等待援助时，请保持镇定；

（6）调度员将会与急救服务中心取得联系，调度员可能会让你待在电话机旁，直到其让你挂上电话。

8.1.1.3　地震安全防御指南

地震安全防御指南内容如下：

（1）把立式书架、橱柜和设备（包括灭火器）固定在墙上或不能移动的装置器上以确保其安全。

（2）给滑动或摇摆的橱柜门装上弹簧锁。

（3）用支架把浓缩气体的气罐固定起来，用铁箍或铁链把支架和气瓶牢牢地固定在实验室工作台或墙上。

（4）使用气体罩和液体罩，使用电气罩密封电器线路，不要使电线裸露。

（5）给没有门的架子上面装上架子台板。书架的台板至少应延伸到书架以上 30 cm 处。对于存放化学物质、玻璃器皿的地方和实验室其他区域，架子的台板至少应延伸到架子以上 5 cm 处。

（6）把易燃材料存放在装有弹簧锁门的橱柜里，最好是存放在储藏柜里。不要堆放得太高，尽量靠近地面。

（7）如果可能，把装有化学物品的玻璃器皿和瓶子存放在有弹簧锁门的橱柜里；或者存放在靠近地面的架子上。如果没有能存放有刻度的气罐或其他较高的玻璃器皿的架子，用金属带拴在这些器皿的中间部位，然后再将金属带系在架子末端的挂钩上。

（8）较重的物品应存放在靠近地面的地方，把它们固定以免倾倒。

（9）在实验室人员中明确责任来确保撤出实验室时一些感光物质或危险物品的安全（熄灭火焰、关掉气罐和燃烧器、关闭储存柜门、裹住化学容器等）。

（10）地震发生时，不要从试验大楼走出来，在这时，躲在桌子或结实的门框下直到地震停止。在确信你所在的地方已经安全时，走出实验室并关上实验室门，跑向预先准备好的安全地点。在官方清洁实验室之前不要进入实验楼。

8.1.1.4　实验室人员须知

须知如下：

（1）知道谁负责实验室。

（2）只做允许做的实验，并且在做实验前要熟悉该实验的操作程序。在意外、危险或难以控制的事情发生时，立即与主管联系。

（3）在没有得到允许的情况下，不要使用不了解的、没有说明书的仪器设备。

（4）在有潜在危险的地方，穿戴保护设备，正确操作。不要在实验室里嬉闹。

（5）无论是小事故还是轻伤害，应立即向主管汇报。

8.1.1.5　管理人员须知

须知如下：

（1）为了实验室的安全，在态度和行为上都要负起责任。

（2）遵守安全规则，确保安全。

（3）树立穿戴保护设备和遵守实验室操作程序的榜样，养成安全的工作习惯。

（4）保持对不安全情况的警惕。经常检查，采取措施，纠正不当行为。

（5）承担起参观人员的安全责任。要求参观人员像实验室工作人员那样遵守安全规则。

（6）保存目前的实验室安全信息档案。无论什么情况，至少每年对实验室化学物质、卫生制度做一次检查和更新。

（7）主管应为他人提供安全保证，并为每位职工的具体工作提供培训，保存培训记录。

8.1.1.6　保管员须知

须知如下：

（1）应在实验室房间的门上贴上警告标志或其他任何警告标识，这些房间也许放有物质或设备，如果使用不当，可能导致危险；

（2）任何装有有潜在危害的容器（如瓶子、盒子、箱子等）应该用适当的标识标明，不要接触、搬动实验室里装有化学物质或材料的容器。假如由于工作需要，要移动这些化学物质，让主管人来安排或与保管员联系。

（3）假如实验室容器里的物质漏出，请不要接触它，也不要企图清理它，要尽快离开此地；离开时，关闭实验室的门，并与实验室领导取得联系，汇报情况。

（4）假如有人在实验室做实验，应戴上护目镜。

（5）不要在实验室里吃喝东西、使用化妆品、清洗隐形眼镜和服药。

（6）不能像处理一般垃圾那样处理实验室里废弃的容器。如果对·些容器不了解，就放在实验室里。如果有疑问，与实验室主管联系。

8.1.2　实验室安全设备

8.1.2.1　化学通风橱

化学通风橱是一种控制接触有毒物质的有效设备。化学通风橱是排烟孔直接通向室外的排烟罩，它能够有效地排出有害烟雾、有害气体和有害蒸气。不同的物质要使用不同类型的通风橱。使用化学通风橱时，务必遵守以下指南：

（1）竖式窗框通风橱。使用标有操作高度的竖式窗框通风橱时，用箭头在窗框通道任意一端的黄标签上标明操作高度。如果你使用的通风橱上没有操作高度标签，请和生产商联系。不要在窗框罩开着的通风橱里工作。通风橱必须处于规定的高度，窗框罩的开度不要超过 46 cm，这样它才能有效地运行。在火灾或爆炸时，窗框罩在你的面部和化学物质之间起着保护屏障的作用。

（2）水平窗框通风橱。位置正确的水平窗框通风橱在你的面部和化学物质之间起着保护屏障的作用。

（3）通风橱的正确使用。

1）不要把设备或化学物质放在靠近通风橱后面隔板的齿缝开度处，也不要把它们放在通风橱的前面边缘处。通风橱里堆满凌乱物质会阻碍空气的流通，降低通风橱的俘获效率。

2）保持罩框玻璃清洁。不要在窗框罩框上放置纸等其他物品，以免阻挡你的视线。

3）在通风橱前工作时，不要突然地移动。在通风橱前走动会阻碍气流，将通风橱里的蒸气带出；头要保持在通风橱外；在通风橱后面尽可能远的地方放置设备；在通风橱后面尽可能远的地方工作。

4）高氯酸和有机化合物可能形成爆炸性物质，可能会把爆炸性残留物留在通风橱里、排放系统或风扇上，因此，在通风橱里使用高氯酸前，要仔细计算用量。

5）在通风橱的底端悬挂一张规格为 A4 的纸或相同重量的物质。当通风橱正常工作时，纸张或相同重量的物质会被吸进去；当通风橱运行不正常或根本没有工作时，这些物质就直直地垂着。要给通风橱配上可视或带声音的流量指示器，以便在空气流通停止时通知工作人员。经常检查化学通风橱的流量显示器。如果空气停止流动，立即安排维修。

8.1.2.2　手套式操作箱

操作过程中涉及剧毒物质或必须在惰性气体中或干燥的空气中处理活性物质时，必须使用密封性好的手套式操作箱。

8.1.2.3　淋浴器及眼睛冲洗设备

操作过程中，职工的眼睛可能会接触到腐蚀性物质、引起疼痛的物质、造成机体组织永久性伤害的物质或有毒的物质，因此，每个实验室或工作区都应配有洗眼睛和面部的冲洗设备。这些设备应设在实验室里，也可设在离可能发生危险最近的地方，以便能够方便使用。

所有职工必须知道如何使用这些设备，这些设备必须设在离发生危险地点 30m 以内的地方或受伤人员能够在 10 s 内到达的地方。

设备处负责安装和维修突发事件设备。每年对这些设备进行检修以确保其符合规定的使用标准。要求实验室人员每个月都要对洗眼设备进行检查并记下检查情况，这些记录将会作为伤害与疾病预防项目的一部分保存下来，确保这些设备能够正常运行。建议每周对设备进行清洗。

假如接触了化学物质或其他物质，立即把眼睛或身体其他部位冲洗 15 min，必须脱掉接触过这些物质的衣服。可以用消防毯和干净的实验服装来保暖和避免尴尬。

8.1.2.4　接地电路故障断开器

接地电路故障断开器是一种接有地线的防止漏电的电器装置。如果漏电，该装置会自动切断电源防止触电和人员伤亡。接地电路故障断开器可选用便携式的,可以放在实验室的任何地方,也可以由设备处安装在电线盒里。建议在潮湿的环境下使用接地电路故障断开器。

8.1.2.5 净化台

净化台是一种水平层流净化装置,它能够给操作非危险物质的工作区提供一个高质量而又干净的环境。由于操作人员坐在工作区气流的下方向,因此,净化台不能用来净化有毒物质、传染性的物质和感光物质。

8.1.3 化学物质对人体生殖功能的影响

化学物质对人生殖功能的危害指的是化学物质对怀孕的妨碍或终止。化学物质对生殖的危害会影响到胎儿或新生儿。

很难断定一种化学物质的照射或某一种化学物质会对人的生殖系统造成危害。实验室工人们常常会接触一种以上的化学物质或制剂,因此,他们可能会受到多种有害物质的共同作用而产生的危害。为了减少化学物质对人生殖系统的危害机会,须谨慎小心地将所有的危险化学物质的照射量减到最低。为了减少照射量,可使用如下方法:使用危险程度较低的化学物质来代替危险性极大的物质;使用工程管理设备;使用个人防护设备。

表 8-1 所列化学物质被用于动物或人身上来做其对生殖产生有害影响的研究。此表没有充分完全地记录下这些化学物质对人或动物的生殖系统所带来的危害;对生殖系统的危害性作用也不一定是因为接触了这些化学物质而产生的。造成对生殖系统的危害取决于很多因素,包括所服用的药物的剂量,对化学物质的接触是在怀孕过程中的什么时候发生等。没有出现在表里的化学物质,并不意味着它是安全的。

表 8-1 可再生性有害物品

化学物品名称	化学成分摘要编号	化学物品名称	化学成分摘要编号
羟基胺丙酮	546883	视磺酸	302794
阿普唑仑	28981977	硫酸丁胺卡那霉素	39831555
氨基苯乙哌啶酮	125848	氨喋呤	54626
阿司匹林	50782	甲基苯异丙基苄胺氢氯化物	5411223
亚硝脲氮芥	154938	溴苯腈	689845
丁二醇	55981	二硫化碳	75150
一氧化碳	30080	Chenodio	1474259
苯丁酸氮芥	1305033	氯环嗪	1620219
洛莫司汀	13010474	克罗米酚柠檬酸盐	50419
可卡因	50362	无水环磷酰胺	50180
阿糖胞苷	147944	含水环磷酰胺	6055192
炔羟雄烯异唑	7230885	己烯雌酚	56531
地乐酚	88857	苯妥英	57410
强力霉素	564250	麦角胺酒石酸盐	379793
酒精饮料	—	乙二醇单苯醚	110805
氟尿嘧啶	51218	氟羟甲基睾丸素	76437

续表 8-1

化学物品名称	化学成分摘要编号	化学物品名称	化学成分摘要编号
氟他米特	13311847	六氯苯	118741
异环磷酰胺	3778732	甲烯土霉素氢氯化物	3963959
异维甲酸	4759482	甲巯基咪唑	60560
碳酸锂	54132	氯羟安定	846491
柠檬酸锂	919164	黄体酮醋酸	71589
巯基嘌呤	6112761	促卵泡激素	9002680
甲氨喋呤	59052	汞或汞化合物	—
甲氨喋呤钠	5475566	碘	13124267569
甲基睾丸素	51884	铅	—
米索前列醇	62015398	咪达唑仑	59467968
醋酸那法瑞林	86220420	米托蒽醌	70476823
硫酸奈替米星	56391572	硫酸新霉素	1405103
甲基二氯乙基胺	51752	烟碱	54115
二氯甲基二乙胺	55867	炔诺酮	68224
激素避孕剂	72333	乙炔基雌二醇	57636
土霉素	79572	炔诺孕酮	6533002
青霉素胺	52675	二甲基-5-乙基恶唑烷	115673
醋酸尿素苯	63989	戊巴比妥钠	57330
多氯联苯	—	普卡霉素	8378897
病毒唑	36791045	丙烷基硫脲嘧啶	51525
苯氧胺枸橼酸	54965241	硫酸链霉素	3810740
庚酸睾酮	315377	羟基安定	846504
硫酸妥布霉素	49842071	盐酸四环素	64755
三唑仑	28911015	甲 苯	108883
促滤泡素	99661	曲洛司坦	13647353
合成代谢类固醇		硫酸长春碱	143679
烟草烟雾	—	硫酸长春新碱	2068782
二硝基苯	25154545	二溴氯丙烷	96128

8.1.4 安全性辐射和 X 射线机的安全辐射

不管以前是否使用过放射物，所有将要使用放射性材料的人都必须接受培训。使用放射物的人员必须每三年更新和接受培训才能被批准继续使用。

任何有可能会每年接受到 10%的辐射量的被批准使用放射物的人须接受辐射量的测定。辐射量多少的标记每周、每年或一季度可能会因为所使用的设备种类的改变、所使用的放射性物质的种类及量的改变以及实验设计的改变而变化。

发出放射线的装置有：

（1）加速电荷粒子的装置：回旋加速器、电磁感应加速器以及各种加速装置等；

（2）发射 X 射线的装置：X 射线发生装置、X 射线衍射仪、X 射线荧光光谱仪等；

（3）盛载放射性物质的装置。

关于上述装置的处理，在政府颁布的法令或政令中，规定有相应的义务和限制。通常进行上述实验时，必须进行周密的准备和细心的操作。

在上述装置中，由于 X 射线装置加速电压既低，装置又小型，而且运转也简单，所以使用最广泛。但是，进行实验时，不仅实验者本人，而且在其周围的人都要倍加注意，防止被 X 射线照射；并且，要遵照管理装置的负责人或管理人员的指示进行使用，决不可随随便便进行操作。

放射线包括：α 射线、氘核射线及质子射线；β 射线及电子射线；中子射线；γ 射线及 X 射线。

X 射线室的标志：

（1）在 X 射线室入口的门上，必须标明安置的机器名称及其额定输出功率；

（2）对每周超出 30×10^{-5}Sv 照射剂量的危险区域（管理区域），必须做出明确的标志；

（3）在 X 射线室外的走廊里，安装表明 X 射线装置正在使用的红灯标志。当使用 X 射线装置时，即把红灯拨亮。

一般应注意的事项如下：

（1）实验者及进入实验室的人员，必须佩戴 X 射线室专用的证件，证件定期调换，将其被照射的剂量，记入放射线同位素使用者的记录簿中。

（2）从 X 射线装置出口射出的 X 射线很强（通常照射量率为 4.515×10^{-4}C/（kg·s）），因此，要注意防止在那里直接被照射。并且，确定 X 射线射出口的方向时，要选择向着没有人居住或出入的区域。

（3）尽管对 X 射线装置充分加以屏蔽，但要完全防止 X 射线泄漏或散射是很困难的。必须经常检测工作地点 X 射线的剂量，发现泄漏时，要及时加以遮盖。

（4）需要调整 X 射线束的方向或试样的位置以及进行其他的特殊实验时，必须取得 X 射线装置负责人的许可，并遵照其指示进行操作。

（5）按照实验的要求，穿上防护衣及戴上防护眼镜等适当的防护用具。

（6）装置出现异常或发生事故时，要立刻停止发射 X 射线，并向装置的负责人报告并接受指示。

（7）自己感受到 X 射线照射时，也与前项同样处理。

（8）实验前，要认真研究实验步骤，并做好充分的准备，注意尽量缩短发射 X 射线的时间。

（9）经常测定进入区域的 X 射线的照射剂量。要考虑在 X 射线工作场所的允许剂量（每周 77.4×10^{-4}C/kg）以内，安排实验时间。

（10）使用 X 射线的人员，要定期进行健康检查。

从事 X 射线工作的人员被照射的允许剂量如下：

（1）日本人事院规则规定。

1）每年度除手、脚及皮肤以外的部位，接受的剂量限度，为由下式算出的数值，扣除该工作人员至前一年度受到照射的累积剂量所得的数值：

$$D = 5(N - 18)$$

式中　D——累积剂量，rem❶（1rem=10^{-2}Sv）；

　　　N——年龄数（但年龄为 18 时，以 19 计）。

　2）连续三个月接受剂量的限度：3×10^{-2} Sv（若仅对皮肤，其接受的剂量限度为 8×10^{-2} Sv；对手及脚等部位，接受剂量的限度为 20×10^{-2} Sv；对妇女腹部接受剂量的限度为 1.3×10^{-2} Sv）。

　3）妊娠妇女，从被诊断妊娠时起到临产期间，其腹部接受剂量的限度为：1×10^{-2} Sv。

（2）国际放射线防护委员会推荐（1965 年）的允许剂量标准。

生殖器、红骨髓（以均匀照射全身计）：5×10^{-2} Sv /a。

皮肤、甲状腺、骨骼：30×10^{-2} Sv/a。

手、前臂、足、踝：75×10^{-2} Sv/a。

内脏器官：15×10^{-2} Sv/a。

一般人的剂量限度为上述数值的 1/10。表 8-2 列出了瞬时照射量与放射线的危害。

表 8-2　瞬时照射量与放射线的危害

瞬时照射量/R①	危　害
0～25	没有明显危害
25～50	血液有些变化，但没有大的危害
50～100	血液、细胞发生变化，出现危害
100～200	有危害，开始感到无力气
200～400	有危害，无力气，有死亡的危险
400 以上	50%死亡
600 以上	死亡

① R（伦琴）：为电离 0℃、760 mmHg 的干燥空气 1 cm³（0.001293 g）所产生正或负电荷一静电单位的 X 射线（γ 射线）的剂量，1R=2.58×10^{-4}C/kg。

8.1.5　危险物质的处理

8.1.5.1　前言

所谓危险物质，是指具有着火、爆炸或中毒危险的物质，必须对它有所了解。

一般应注意的事项如下：

（1）若不事先充分了解所使用物质的性状，特别是着火、爆炸及中毒的危险性，不得使用危险物质。

（2）通常，危险物质要避免阳光照射，把它贮藏于阴凉的地方。注意不要混入异物，并且必须与火源或热源隔开。

（3）贮藏大量危险物质时，必须按照有关法令的规定，分类保存于贮藏库内。并且，毒物及剧毒物需放于专用药品架上保管。

（4）使用危险物质时，要尽可能少量使用。并且，对不了解的物质，必须进行预

---

❶　rem（雷姆）：当被人体吸收的放射线所显示出的效果，与吸收 1 R 射线时的生物学效果相等时，就把这个剂量叫做 1 rem。它与受到 1 R 的照射量大致相等。

备试验。

（5）在使用危险物质之前，必须预先考虑到发生灾害事故时的防护手段，并做好周密的准备。对有火灾或爆炸危险的实验，要准备好防护面具、耐热防护衣及灭火器材等；而有中毒危险时，则要准备橡皮手套、防毒面具及防毒衣之类用具；

（6）处理有毒药品及含有毒物的废弃物时，必须考虑避免引起污染水质和大气。

（7）特别是当危险药品丢失或被盗时，由于有发生事故的危险，必须及时报告上级领导。

8.1.5.2　着火类物质

详见 8.2 节消防安全。

8.1.5.3　有毒物质

实验室中大多数化学药品都是有毒物质，这种说法并不算夸张。通常，进行实验时，因为用量很少，除非严重违反使用规则，否则不会由于一般性的药品而引起中毒事故。但是，对毒性大的物质，倘若一旦用错就会发生事故，甚至会有生命危险。因此，在经常使用的药品中，对其危险程度大的物质，必须遵照有关法令的规定进行使用。

然而，通常在实验室中，经常使用不受法令限制的有毒物质。因此，必须从下面示例的物质中，推断其危险程度的大小而采取相应的预防措施。下面按照表 8-3 的分类，叙述其处理方法。但是，这个分类是基于各自独立确定的法令而划分的，因此，有时一种物质可能会在两个分类中重复出现。

表 8-3　有毒物质的分类

分　类	特　　点	示例的物质
毒　气	容许浓度在 200 mg/m³（空气）以下的气体	如光气、氰化氢等
剧毒物	口服致命剂量为每千克体重 30 mg 以下的物质	如氰化钠、汞等
毒　物	口服致命剂量为每千克体重 30～300 mg 的物质	如硝酸、苯胺等

注：由法令所规定的毒物，除上述这些以外，还有由劳动安全卫生法预防有机溶剂中毒规则及预防特定化学物质伤害规则所规定的特别有害物质以及与公害有关的法令所规定的有害物质等。

A　毒气

目前经常可能接触到的毒气及如何防护还有事故示例如下。

a　毒气所包括的气体

毒气包括下列气体：

（1）容许浓度在 0.1 mg/m³（空气）以下的毒气：氟气、光气、臭氧、砷化氢、磷化氢。

（2）容许浓度在 1.0 mg/m³（空气）以下的毒气：氯气、肼、丙烯醛、溴气。

（3）容许浓度在 5.0 mg/m³（空气）以下的毒气：氟化氢、二氧化硫、氯化氢、甲醛。

（4）容许浓度在 10 mg/m³（空气）以下的毒气：氰化氢、硫化氢、二硫化碳。

（5）容许浓度在 50 mg/m³（空气）以下的毒气：一氧化碳、氨、环氧乙烷、溴甲烷、二氧化氮、氯丁二烯。

（6）容许浓度在 200 mg/m³（空气）以下的毒气：氯甲烷。

b 注意事项

注意事项如下：

（1）当被上述毒气中毒时，通常发生窒息性症状。毒性大的毒气还会腐蚀皮肤和黏膜；

（2）一旦吸入浓度大的毒气，人瞬间即失去知觉，因而往往不能跑离现场；

（3）容许浓度低的毒气，要特别注意，即使很微量的泄漏也不允许。要经常用气体检验器检测空气中毒气的浓度。

c 防护方法

处理毒气时，要准备好或戴上防毒面具。

d 具体事例

具体事例如下：

（1）误认为充有氯气的钢瓶空了，但当打开阀门时，喷出大量氯气而中毒。

（2）将丙烯与氨的混合气体进行加压反应的过程中，发现阀门有少量漏气。在修理过程中，泄漏增大，以致不能进行修理并中毒（在加压情况下进行修理很危险）。

（3）于自制的容器中填充氨气，用帆布包裹，在搬运过程中，由于容器的焊缝破裂，冲出氨气而冻伤。并且，呼吸器官也受到损害。

（4）直接闻到溶解在反应生成物中未起反应的氨的臭味而摔倒、受伤。

（5）长时间吸入氯气、硫化氢及二氧化硫等的低浓度气体后，心情烦躁，并感到头痛、恶心。

B 毒物、剧毒物及其他有害物质

目前实验室可能接触到的毒物及如何防护和事故示例如下。

a 目前实验室可能接触到的毒物

用下列符号分别表示各种物质的毒性：●—剧毒物；⊙—毒物；○——一般毒性物质；△—腐蚀性物质；■—特别有害物质，各类物质的具体毒性见表8-4。

表8-4 各类物质毒性表

物 质	毒 性	物 质	毒 性	物 质	毒 性
亚硝酸盐类物质	⊙△	氯酸钡	△	苯二胺	△
亚硒酸盐类物质	○	氯化铍	○	苯酚	○△■
亚碲酸盐类物质	○	高氯酸	△	芬硫磷	○
亚砷酸盐类物质	○	高氯酸镁	△	邻苯二甲腈	■
锑	⊙	过氧化钙	△	丁胺	○
氨水	△	过氧化氢	⊙	对—特丁基甲苯	○
铀	○	过氧化锶	△	特丁基硫醇	
氯化锑	△	过氧化钠	⊙	氟乙酸钠	○
氯化铟	○	镉	○■	二甲马钱子碱	○
氯化铬酰	○△	高锰酸钾	△	糠醛	○
氯化汞	○	钾	⊙△	丙撑亚胺	

续表 8-4

物　质	毒　性	物　质	毒　性	物　质	毒　性
氯化锡	△	钙	△	三溴甲烷	○
硫酰氯	○△	铬酸盐	○■	正己烷	■
亚硫酰氯	△	氟硅酸	⊙	联苯胺	■
四氯化钛	△	五氯化磷	○△	苯甲醇	△
氯化钡	△	五氧化二砷	○	苯	○△■
五氧化二磷	△	硝酸铬	○	对苯酮	○
三氯化硼	○	硝酸汞	○	五氯苯酚	⊙△■
三氯化磷	○△	硝酸铊	○	丙二酸铊	○
铀的氧化物	○	硝酸铍	○	醋酸酐	○
氯的氧化物	○	汞	●	邻苯二甲酸酐	△
铱的氧化物	△	氢氧化钾	⊙△	异丙叉丙酮	○
氧化钙	△	氢氧化锶	△	甲　醇	⊙■
三氧化二铬	△	氢氧化钠	⊙△	甲苯胺	○
氧化汞	○	氢氧化钡	△	甲胺	○
二氧化硒	○	氢氧化铍	○	甲基汞	■
氧化铍	○	氢氧化锂	△	甲基索佛那	⊙
三氧化二砷	●	氢氧化钙	△	氟乙酰胺	●
三氧化二硼	○	氢化钠	△	甲　肼	○
三溴化硼	○	砷化氢	○	甲硫醇	○
金属类氧化物	⊙	硼化氢	○	一氯代乙酸	⊙
氰化钾	●△■	氢化锂	△	一氯代乙酸	●
氰化氢	●	磷化氢	○	一氟代乙酰胺	●
氰化钠	●△■	硒	●	1，4-氧氮杂环己烷	○
氰酸盐	⊙	硒化氢	○	碘甲烷	■
氰金酸盐	⊙	硒酸钠	○	硫酸二乙酯	△
双氰银酸盐	⊙	碳酸铍	○	硫酸二甲酯	○△■
双氰化合物	○	硫氰酸汞	○	丙烯腈	⊙■
溴化汞	○	四氰镉酸钾	○	硫氰乙酸乙酯	⊙
氢溴酸	⊙△	四氰铂酸钾	○	鱼藤酮	⊙
重铬酸盐	■	碲酸盐	○	左旋肾上腺素	○
硝　酸	⊙△	钠	⊙△	苯　胺	⊙
硝酸双氧铀	○	氨基钠	△	2-氨基乙醇	○
硝酸银	△	羰基镍	●■	氨基联苯	■
八氧化三铀	○	锂	△	苯乙酸汞	○
发烟硝酸	⊙△	硫化锌	△	苯　肼	○
发烟硫酸	⊙△	硫化磷	●	胰岛素	○
砷　酸	●	硫　酸	⊙△	吲　哚	○

物　质	毒　性	物　质	毒　性	物　质	毒　性
砷酸盐	●	硫酸铟	△	乙　胺	○ △
砷酸一氢盐	●	硫酸银	△	二乙基汞	■
砷酸二氢盐	●	硫酸锶	△	醋酸酐	○
铀的氟化物	○	硫酸铊	⊙	邻苯二甲酸酐	△
氢氟酸	○ △	硫酸铜	△	烷基甲苯胺	⊙
铍的化合物	○ ■	硫酸铍	○	异丙胺	○
铬　酐	⊙	磷	○	异佛尔酮	○
碘化银	△	磷　酸	△	丙烯醛	⊙
碘化汞	○	磷化锌	⊙	乙　醛	△
氢碘酸	△	磷化铝	○	乙　腈	○
碘	⊙	磷化钙	⊙	烷基苯胺	⊙
丙烯酸酯	○	烯丙醇	○ △		

注：所谓腐蚀性物质，即会刺激皮肤和黏膜、侵蚀肌体组织的物质。

b　注意事项

注意事项如下：

（1）因为有毒物质能以蒸气或微粒状态从呼吸道被吸入，或以水溶液状态从消化道进入人体，并且，当直接接触时，还可从皮肤或黏膜等部位被吸收。因此，使用有毒物质时，必须采取相应的预防措施。

（2）毒物、剧毒物要装入密封容器，贴好标签，放在专用的药品架上或保险箱中保管，并做好出纳登记。万一被盗窃时，必须立刻上报。

（3）在一般毒性物质中，也有毒性大的物质，要加以注意。

（4）使用腐蚀性物质后，要严格实行漱口、洗脸等措施。

（5）特别有害物质，通常多为积累毒性的物质，连续长时间使用时，必须十分注意。

c　防护方法

使用有毒物质时，要准备好或戴上防毒面具及橡皮手套，有时要穿防毒衣。

d　具体事例

某工作人员使用氰化钾后，在拿茶碗喝茶时，不知不觉地把沾到手上的氰化钾吞食了。约经过半分钟，眼睛眩晕发黑，叫做"氰酸钾"中毒症状，同时很快失去知觉。附近的同事发现后，立刻把他送到医院进行洗胃才得救。

8.1.6　危险装置的使用

8.1.6.1　危险装置的分类及注意事项

实验室中，对于具有危险的装置，如果操作错误，那么可以说全部装置均为危险装置。特别对那些可能会引起大事故的装置，使用时必须具备充分的知识，并细心地进行操作。下面按照表 8-5 的分类，分别叙述与大事故有关的危险器械的使用方法。

表 8-5 危险装置

装 置 类 型	事 故 种 类	装 置 示 例
电气装置	由电而引起的触电、火灾及爆炸等事故	各种测定器械、配电盘等
机械装置	由机械力而造成的伤害事故	车床、砂轮机等
高压装置	由气体、液体的压力所造成的伤害，继而发生火灾、爆炸等事故	高压釜、各种高压气体钢瓶等
高温、低温装置	由温度而引起的烧伤、冻伤，以及火灾、爆炸等事故	电炉、深度冷冻装置等
高能装置	发生触电、烧伤、眼睛失明及放射线伤害等事故	激光、X 射线装置等
玻璃器具	由玻璃造成的割伤、烧伤	—

使用危险装置时一般应注意的事项如下：

（1）使用的能量越高，其装置的危险性就越大。使用高温、高压、高压电、高速度及高负荷之类装置时，必须做好充分的防护措施，谨慎地进行操作。

（2）对不了解其性能的装置，使用时要认真进行仔细的准备，尽可能逐个核对装置的各个部分。并且，在使用前必须经过技术负责人检查。

（3）要求熟练进行操作的装置，应在掌握其基本操作之后，才能进行操作。随随便便地进行操作，容易引起大事故。

（4）装置使用后要收拾妥善。如果发现有不妥当的地方，必须马上进行修理，或者把情况告知下次的使用者。

8.1.6.2 机械设备

使用机械、工具的作业，常常给初学者带来意外的事故。因此，必须在熟练操作者的指导下，熟悉其准确的操作方法，千万不可一知半解就勉强进行操作。

使用机械作业时一般应注意的事项如下：

（1）操纵机床时，要用标准的工具。损坏机械或丢失工具时，必须由当事人说明情况并负责配备。使用机床应注意的事项见表 8-6。

表 8-6 使用机床应注意的事项

机床名称	注 意 事 项
钻 床	应用老虎钳或夹具，把加工材料夹持固定。加工小件物品时，如果用手压住是很危险的。要待钻床停止转动后，才可取下钻头及加工材料。同时，要用卡紧夹头用的把手，将夹头卡紧，使其不能旋转。切削下来的金属粉末，温度很高，不可接触身体
车 床	用卡盘，最好用夹具把加工材料牢固固定。材料要求匀称，以使旋转均衡。车刀要牢固于正确的位置上。操作时，进刀量、物料进给量及切削速度要合适。加工过程中，要进行检测或清理车刀时，一定要停车进行。如果机械和刀口发生异常振动或发出噪声等情况时，要立刻停止作业，进行检查
铣 床	用夹具等工具牢固地夹住加工材料。在运转过程中，铣刀被材料卡住而使机器停止转动时，要立刻切断电源开关，然后请熟练操作人员指导，排除故障。且不可强行进刀或加快切削速度
磨 床	因切削粉末飞扬，故操作时要戴防护眼镜或防护面具。安装或调整磨石，要由熟练人员进行。使用前，一定要先试车，检查磨石是否破裂及固定螺栓有无松动。支撑台与磨石之间要保持 2~3 mm 的间隙。若间隙太宽，材料及手指等易被卷入。此外，因磨石高速旋转着，操作时，注意防止身体靠近磨石的前面。不能使用磨石的侧面进行加工。加工小件物品时，可用钳子之类工具，将其固定
电 钻	要按照钻床的使用方法及注意事项进行操作。但因钻孔时，以腕力或身体重量压钻，故在钻穿或钻头碎裂的瞬间，往往身体易失去平衡而受伤
锯 床	锯床属事故多的机械之一。因此，在使用前要特别仔细检查，要正确地固定加工材料。中途发现加工不合规格要求时，一定要先切断电源开关，然后再进行调整。在操作过程中，不要离开现场

（2）常因加工材料的种类、形状等的变化而引起意外事故，故要很好加以注意。

（3）对机械的传动部分（如旋转轴、齿轮、皮带轮、传动带等），要安装保护罩，以防直接用手去摸。对大型机械，要注意，即使切断了电源开关，还需经过一定时间，才能停止转动；

（4）当启动机器时，要严格实行检查、发信号、启动三个步骤。而停机时，也要实行发信号、停止、检查三个步骤；

（5）即便是停着的机械，也可能有其他不明情况的人合上电源开关。因此，对其进行检查、维修、给油或清扫等作业时，要把启动装置锁上或挂上标志牌。同时，还要熟悉并正确使用安全装置的操作方法；

（6）停电时，一定要切断电源开关和拉开离合器等装置，以防再送电时发生事故；

（7）指示机械的构造或运转等情况，要用木棒之类东西指明，决不可使用手指；

（8）焊接（电焊或气焊）时，要由熟练人员进行操作；

（9）工作服必须做得合适，使其既不会被机械卡着，又能轻便灵活地进行操作。具体要求如下：工作服，把袖口、底襟收小较好；靴，穿安全靴较好，决不可穿木板鞋、拖鞋或皮鞋；手套，一般不戴；其他，最好戴帽子、防护面罩及防护眼镜。

8.1.6.3　高压装置

高压装置是由表8-7所列的各种单元器械组合而成的聚合体。

表 8-7　构成高压装置的器械种类

名　称	示　例
高压发生源	气体压缩机、高压气体容器等
高压反应器	高压釜、各种合成反应管及催化剂填充管等
高压流体输送器	循环泵、管道及流量计等
高压器械类	压力计、各种高压阀门等
安全器械类	安全阀、逆火防止阀、逆止阀等

高压装置一旦发生破裂，碎片即以高速飞出，同时急剧地冲出气体而形成冲击波，使人身、实验装置及设备等受到重大损伤。同时往往还会因所用的煤气或放置在其周围的药品，引起火灾或爆炸等严重的二次灾害。因此，使用高压装置时，必须注意安全。

使用高压装置时一般应注意的事项如下：

（1）充分明确实验的目的，熟悉实验操作的条件。要选用适合于实验目的及操作条件要求的装置、器械种类及设备材料。

（2）购买或加工制作上述器械、设备时，要选择质量合格的产品，并要标明使用的压力、温度及使用化学药品的性状等各种条件。

（3）一定要安装安全器械，设置安全设施。估计实验特别危险时，要采用遥测、遥控仪器进行操作。同时，要经常地定期检查安全器械。

（4）要预先采取措施，即使由于停电等原因而使器械失去功能，亦不致发生事故。

（5）高压装置使用的压力，要在其试验压力的 2/3 以内的压力下使用（但试压时，则在其使用压力的 15 倍的压力下进行耐压试验）。

（6）用厚的防护墙把实验室的三面围起来，而另一面则用通风的薄墙围起。屋梁也要用轻质材料制作。

（7）要确认高压装置在超过其常用压力下使用也不漏气，而且，倘若漏气了，也要防止其滞留不散，要注意室内经常换气。

（8）实验室内的电气设备，要根据使用气体的不同性质，选用防爆型之类的合适设备。

（9）实验室内仪器、装置的布局，要预先充分考虑到倘若发生事故，也要使其所造成的损害限制在最小范围内。

（10）在实验室的门外及其周围，要挂出标志，以便局外人也清楚地知道实验内容及使用的气体等情况。

（11）由于高压实验危险性大，所以必须在熟悉各种装置、器械的构造及其使用方法的基础上，谨慎地进行操作。如果有不明了的地方，可参阅有关专著或向专家请教。

8.1.6.4　高压气体容器

高压气体包括：

（1）气态物质。在常温下，压力在 1 MPa 以上的压缩气体；以及在 35℃的温度时，压力在 1 MPa 以上的压缩气体。

（2）液态物质。在常温下，压力在 0.2 MPa 以上的液化气体；以及温度在 25℃以下，压力在 0.2 MPa 的液化气体。

注意例外情况，如压力在 0.2 MPa 以上的压缩乙炔气；0.1 MPa 以上的液化氰化氢、液化溴甲烷及环氧乙烷的高压气体。此外，还有在政府法令中所确定的其他液化气体。

处理高压气体钢瓶时应注意的事项见表 8-8、表 8-9。

表 8-8　处理高压气体钢瓶一般应注意的事项

场　合	检查确认的事项
搬　运	检查钢瓶的阀门，一定要旋上保护帽。搬运时，使用专运钢瓶的手推车。为防止钢瓶在搬运中滚落，要将它加以固定。装卸钢瓶要轻快稳重，不要只由一个人装卸
贮　存	按照气体的不同种类分别加以存放。不能把氧气与氢气或可燃性气体放在一个地方。要把储气钢瓶竖起固定。液化气及乙炔气的钢瓶，必须竖起存放。在氧气瓶及可燃性气体钢瓶的附近，不要放置自燃或易燃性高的化学药品。贮藏室内要严禁烟火。并且，要注意室内经常换气，以防即使漏出气体，也不致滞留不散。钢瓶常保存于 40℃以下，−15℃以上的地点。不要把其置于被阳光照射、风吹雨淋的潮湿地方，或者放在腐蚀性药品的附近。同时，也不要把它置于电线或地线的附近。要选择没有重物跌落的地点放置
使　用	使用时，要把钢瓶牢牢固定，以免摇动或翻倒。开关气门阀要慢慢地操作，切不可过急地或强行用力把它拧开。安全法规定禁止用手摸。调节器及导管要使用各种高压气体专用的器材，连接导管一定要用活接头管件。要检查连接部位是否漏气，可涂上肥皂液进行检查，调整至确实不漏气后才进行实验。气门阀漏气时，要把钢瓶移到室外，以防在室内引起中毒或爆炸。绝对禁止将这一钢瓶的气体，置换另一钢瓶的气体。需要加热钢瓶中的气体时，可用 40℃以下的热水喷淋，或用热的湿布等东西包裹，使之升温，决不可用明火直接加热。暂时停止使用气体时，只关闭调节器并不保险，必须关闭气门阀，并卸下实验装置与调节器的连接管。钢瓶用后要完全关闭气门阀并旋上瓶帽
其　他	购买时，应检查容器证明书、再次检验的时间以及容器上的镌刻等。用完气体更换容器或重新填充气体时，必须关上气门阀，并应尚存有若干气体时即交给主管人员。若把气体全部用完，则在再次填充时，有混入空气的危险。对长时间放置未经检查的钢瓶，以及虽经检查但不合格的钢瓶，不要随便丢弃，应交给有关处理高压气体的工厂进行处理

表 8-9　处理各种高压气体应注意的事项

气体	注 意 事 项
氧气	氧气只要接触油脂类物质，就会氧化发热，甚至有燃烧、爆炸的危险。因此，必须十分注意，不要把氧气装入盛过油类物质之类的容器里，或把它置于这类容器的附近。调节器之类的器械，要用氧气专用的装置。压力计则要使用标明"禁油"的氧气专用的压力计。连接部位，不可使用可燃性的衬垫。不要以为氧气与空气是同一种物质。在器械、器具及管道中，常常积有油分。因此，若不把它清除，接触氧气时是很危险的。此外，将氧气排放到大气中时，要查明在其附近不会引起火灾等危险后，才可排放。保存时，要与氢气等可燃性气体的钢瓶隔开
氢气	使用氢气时，若从钢瓶急剧地放出氢气，即便没有火源存在，有时也会着火。氢气与空气混合物的爆炸范围很宽，当含氢气 4.0%～75.6%（体积分数）时，遇火即会爆炸。氢气要在通风良好的地方使用，或者可考虑用导管尽量把室内气体排到大气中。试漏时，可用肥皂水之类东西进行检查。不可使氢气靠近火源，操作地点要严禁烟火。使用氢气的设备，用后要用氮气等不活泼气体进行置换，然后才可保管。注意不可与氧气瓶一起存放
氯气	氯气即使数量甚微，也会刺激眼、鼻、咽喉等器官。因而，使用氯气要在通风良好的地点或通风橱内进行。调节器等要用专用的器械。如果氯气中混入水分，就会使设备产生严重腐蚀。因此，每次使用都要除去水分。即使这样，仍会有腐蚀现象。故充气 6 个月以上的氯气钢瓶，不宜照样继续存放
氨气	氨气也会刺激眼、鼻、咽喉。使用时要注意防止冻伤。氨能被水充分吸收，故可在允许洒水的地方使用及贮藏
乙炔	乙炔非常易燃，且燃烧温度很高，有时还会发生分解爆炸。要把贮存乙炔的容器置于通风良好的地方，在使用、贮存过程中，一定要竖起。要严禁烟火，注意漏气。在调节器出口，其使用压力不可超过 0.1 MPa，因而适当打开气门阀即可（一般旋开阀门不超过一圈半）。调节器等要使用专用的器械。乙炔与空气混合时的爆炸范围是，含乙炔 2.5%～80.5%（体积分数）
可燃性气体	使用场所要严禁烟火，并设置灭火装置。在通风良好的室内使用，要预先充分考虑到发生火灾或爆炸事故时的措施。使用时必须查明确实没有漏气。为了防止因火花等而引起着火爆炸，操作地点要使用防爆型的电气设备，并设法除去其静电荷。在使用可燃性气体之前及用后，都要用不活泼气体置换装置内的气体。可燃性气体与空气混合的爆炸范围很宽，要加以充分注意。同时，考虑到气体与空气的密度关系，要注意室内换气
毒气	使用毒气，要具备足够的知识。要准备好防毒面具，对于防毒设备或躲避之类措施，也要考虑周全。要在通风良好的地方使用，并经常检测有无毒气泄漏滞留。把毒气排入大气中时，要将它转化成安全无毒物质，然后才可排放。毒气会腐蚀钢瓶，使其容易生锈、降低机械强度，故必须十分注意加强钢瓶的保养。毒气钢瓶长期贮存会发生破裂，此时要把它交给管理人员处理
不活泼气体	不活泼气体有时也会填充成高压的，因而要遵守使用高压气体一般应注意的事项，谨慎地进行处理。用量大时，要注意室内通风，避免在密闭的室内使用

　事故实例如下：

　（1）在搬运氯气钢瓶过程中，钢瓶翻倒，气门阀破裂漏气，致使室内的金属设备被腐蚀；

　（2）使用放置 6 个月以上的氯气钢瓶时，发生漏气事故；

　（3）把氢气与空气或氧气混合时，常常发生爆炸事故；

　（4）实验时，没注意到液化石油气渗漏，气体通过地下的通风孔进入隔壁室内，遇到室内的火源而引起着火、爆炸。

8.1.6.5　高温、低温装置

　在化学实验中，使用高温或低温装置的机会很多，并且还常常与高压、低压等严酷的操作条件组合。在这样的条件下进行实验，如果操作错误，除发生烧伤、冻伤等事故外，还会引起火灾或爆炸之类危险。因此，操作时必须十分谨慎。

A 高温装置

使用高温装置时，应注意的事项及所需的防护如下：

a 一般应注意的事项

一般应注意以下事项：

（1）注意防护高温对人体的辐射；

（2）熟悉高温装置的使用方法，并细心地进行操作；

（3）使用高温装置的实验，要求在防火建筑内或配备有防火设施的室内进行，并保持室内通风良好；

（4）按照实验性质，配备最合适的灭火设备——如粉末、泡沫或二氧化碳灭火器等；

（5）不得已非得将高温炉之类高温装置，置于耐热性差的实验台上进行实验时，装置与台面之间要保留 1 cm 以上的间隙，以防台面着火；

（6）按照操作温度的不同，选用合适的容器材料和耐火材料。但是，选定时亦要考虑到所要求的操作气氛及接触的物质之性质；

（7）高温实验禁止接触水。在高温物体中一旦混入水，水即急剧汽化，发生所谓水蒸气爆炸。高温物质落入水中时，也同样产生大量爆炸性的水蒸气而四处飞溅。

b 人体的防护注意事项

人体的防护注意事项如下：

（1）使用高温装置时，常要预计到衣服有被烧着的可能。因而，要选用能简便脱除的服装。

（2）要使用干燥的手套。如果手套潮湿，导热性即增大。同时，手套中的水分汽化变成水蒸气而有烫伤手的危险。故最好用难以吸水的材料做手套。

（3）需要长时间注视赤热物质或高温火焰时，要戴防护眼镜。所用眼镜，使用视野清晰的绿色眼镜比用深色的好。

（4）对发出很强紫外线的等离子流焰及乙炔焰的热源，除使用防护面具保护眼睛外，还要注意保护皮肤。

（5）处理熔融金属或熔融盐等高温流体时，还要穿上皮靴之类防护鞋。

c 使用电炉应注意的事项

使用电炉应注意的事项如下：

（1）对电线、配电盘及开关等电气装置，要充分考虑其安全措施。要遵守 8.2.8.2 节使用电气装置的注意事项。

（2）有些耐火材料，在高温情况下其导电性往往增强。遇到此种情况时，注意不要拿金属棒之类东西去接触电炉材料，以免触电。

d 使用燃烧炉应注意的事项

使用燃烧炉应注意的事项如下：

（1）燃烧炉点火时，要先使其喷出燃料，再进行点火，接着送入空气或氧气。如果违反点火顺序，往往会发生爆炸。

（2）从高压钢瓶供给氧气时，如上所述，注意管道系统不要残留有油类等可燃性物质。

（3）注意采用合理的炉子结构，以防产生局部过热现象。

　　B　低温装置

　　在低温操作的实验中，作为获得低温的手段，有采用冷冻机和使用适当的冷冻剂两种方法。但是，实验室中，因后一种方法较为简便，故经常被使用。例如，将冰与食盐或氯化钙等混合构成的冷冻剂，大约可以冷却到-20℃的低温，且没有大的危险性。但是，采用-80～-70℃的干冰冷冻剂，以及-200～-180℃的低温液化气体时，则有相当大的危险性。因此，操作时必须十分注意。

　　a　使用冷冻机应注意的事项

　　使用冷冻机应注意的事项如下：

　　（1）使用大型冷冻机要按照有关规定进行操作。若不是经过考核合格，不能进行运转及维修。

　　（2）小型冷冻机虽然不受管理法的限制，但是，也必须遵照管理法的主要要求进行运转及维修。

　　（3）因冷冻机在相当高的压力下工作，故应购买保证质量的制造厂的合格产品。并且，也要安装安全装置。

　　（4）冷冻机通常用氨、氟利昂、甲烷、乙烷及乙烯等作冷冻剂。但是，这些冷冻剂必须经过适当的处理。

　　b　使用干冰冷冻剂应注意的事项

　　注意事项如下：

　　干冰与某些物质混合，即能得到-80～-60℃的低温。但是，与其混合的大多数物质为丙酮、乙醇之类有机溶剂，因而要求有防火的安全措施。并且，使用时若不小心，用手摸到用干冰冷冻剂冷却的容器时，往往皮肤被粘冻于容器上而不能脱落，致使引起冻伤。因此，要加以充分注意。

　　c　低温液化气体

　　由于低温液化气体能得到极低的温度及超高真空度，所以在实验室里也经常被使用。但是，因它具有如表8-10所列的危险性，因此，操作必须熟练并要小心谨慎。

　　（1）一般应注意的事项。

　　1）使用液化气体及处理使用液化气体的装置时，操作必须熟练，一般要由两人以上进行实验。初次使用时，必须在有经验人员的指导下一起进行操作。

　　2）一定要穿防护衣，戴防护面具或防护眼镜，并戴皮手套等防护用具，以免液化气体直接接触皮肤、眼睛或手脚等部位。

　　3）使用液化气体的实验室，要保持通风良好。实验的附属用品要固定。

　　4）液化气体的容器要放在没有阳光照射、通风良好的地点。

　　5）处理液化气体容器时，要轻快稳重。

　　6）液化气体不能放入密闭容器中。装液化气体的容器必须开设排气口，用玻璃棉等作塞子，以防着火和爆炸。

　　7）装冷冻剂的容器，特别是真空玻璃瓶，新的时候容易破裂。故要注意，不要把脸靠近容器的正上方。

　　8）如果液化气体沾到皮肤上，要立刻用水洗去，而沾到衣服上时，要马上脱去衣服。

　　9）如果实验人员被窒息了，要立刻把他移到空气新鲜的地方进行人工呼吸，并迅速找医生抢救。

10）由于发生事故而引起液化气体大量气化时，要采取与相应的高压气体场合的相同措施进行处理。

使用各种具体的低温液化气体时应注意的事项见表8-10。

表 8-10 使用低温液化气体应注意的事项

低温液化气体	注 意 事 项
液态氢	液态氢具有可燃性，要严禁烟火。如果与空气接触，则在液面上形成对撞击很敏感的爆炸性混合物。因而，与空气的接触要限制在最小限度内。要注意室内通风，特别是实验室上部的通风。要注意防止与液态氧或空气混合
液态氧	液态氧无论是液体还是气体状态都是很强的氧化剂。液态氧与可燃性物质混合，即形成对撞击很敏感的爆炸性混合物。注意不要使液态氧接触其覆盖物。液氧气化后，不仅使可燃性物质剧烈燃烧，而且与通常的不可燃物质接触，也剧烈地进行反应。液态氧会伤害皮肤、眼睛和黏膜。注意不要与氢气或可燃性物质混合。室内要严禁烟火，并保持通风良好
液化空气	液化空气的使用注意事项与液态氧相同。新制的液化空气含氧约 48%，但是，在使用及贮存过程中，沸点较低的液氮迅速蒸发，而使氧含量逐渐增大
液态氮	液态氮为不活泼、无毒性的物质，因而是比较安全的冷冻剂。但是，它和其他液化气体一样，也有冻伤或发生蒸气爆炸的危险性。当它置换了空气时，则是一种纯粹的窒息剂，要加以注意

（2）事故实例。

1）在使用液化空气过程中，不慎洒出沾到衣服上，当其蒸发气化后，靠近火源时即着火而引起严重烧伤，这是由于液氧残留在衣服里之故。

2）将液氮注入真空玻璃瓶时，真空瓶发生破裂。

8.1.6.6 高能装置

近年来，使用高能装置的机会不断增加。由于这些装置使用直流高压电或高频高压电，因此，使用这些装置时，必须注意防止触电和电气灾害，同时，随着使用的能量增高，发生事故的危险性也就愈大。例如，激光或雷达等能放出强大电磁波的高频装置，由它们放出的微波或光波，瞬间即会使人严重烧伤。并且往往还会使眼睛失明，甚至发生生命危险。此外，使用能放出放射线的装置时，实验人员及在其周围工作的同事，也会因被放射线照射而受到伤害。因此，必须予以足够的重视。

关于各种高能装置，由于制定有相应的《使用规则》，并写明有《操作注意事项》，同时，大多数情况是在适当的管理人员的指导下进行实验，因此，下面只叙述其一般的注意事项，具体如下：

（1）设置有这类装置的地方，要标明为危险区域，并在特别危险的地点（如高压电、放出 X 射线及电磁波等部位），要设置栅栏，以免误入；

（2）这类装置的装配、布线及修理等，均要由专家进行；

（3）注意经常整理实验室并保持整洁；

（4）要由两人以上进行实验；

（5）装置必须安装地线，并配备接地棒；

（6）变压器虽然属小型的，也要十分注意安全操作；

（7）虽然是干电池，但是，当连接多个时，其所产生的高压电也有危险；

（8）在真空系统中安装高压电带电部件时，往往由于不小心，一旦真空泄漏即会通电，因此要加以注意；

（9）电解电容器有时也会发生爆炸，要加以注意；

（10）15 kV 以上的高压电，有放出 X 射线的危险，要加以注意；

（11）盖斯勒真空管也会放出 X 射线，长时间使用时，要予以注意；

（12）其他方面，要遵守 8.2.8.2 节所述的注意事项；

（13）关于高压电场对人体的危害，尚有很多未弄清楚的地方。因此，尽量避免靠近这类区域为宜。

激光器因能放出强大的激光光线（可干涉性光线），所以，若用眼睛直接观看，即会烧坏视网膜，甚至还会失明。同时，还有被烧伤的危险。使用激光器时一般应注意的事项有：

（1）必须戴防护眼镜；

（2）往往会有意料不到的反射光射入眼睛，因而，要十分注意射出光线的方向，并同时查明确实没有反射壁面之类东西存在；

（3）最好把整个激光装置都覆盖起来；

（4）对放出强大激光光线的装置，要配备捕集光线的捕集器；

（5）因为激光装置使用高压电源，故操作时，必须加以注意。

8.1.6.7 玻璃器具

由玻璃器具造成的事故很多，其中大多数为割伤和烧伤。为了防止这类事故的发生，必须充分了解玻璃的性质，具体见表 8-11。

表 8-11 玻璃的性质

硬 度	玻璃硬度为 6～7，但质地脆弱，断口呈贝壳状，犹如锋利的刀刃，因而，操作时很危险
强 度	虽然抗压力强（抗压强度为 900 MPa），但张力弱（40～60 MPa），稍微插入即会受伤，也易折断
耐热性	导热、导电性差。如果给其造成局部温差，则变脆而容易碎裂。因而，厚壁玻璃不能加热
耐久性	经长时间存放的玻璃，会失去一部分碱分，一经受热即失去透明，变成白色混浊且变脆

使用玻璃器具时一般应注意的事项有：

（1）玻璃器具在使用前要仔细检查，避免使用有裂痕的仪器。特别用于减压、加压或加热操作的场合，更要认真进行检查。

（2）烧杯、烧瓶及试管之类仪器，因其壁薄，机械强度很低，用于加热时，必须小心操作，主要玻璃器具使用时应注意的事项见表 8-12。

表 8-12 主要玻璃器具使用时应注意的事项

玻璃仪器	注 意 事 项
玻璃管	内壁有裂痕的玻璃管，加工时容易破裂（因其外部受热时，而内部被拉张），应避免使用
烧杯、烧瓶	在烧杯、烧瓶内放入固体物时，要防止固体物撞破容器底部。操作时，要把容器略为倾斜，然后将固体物慢慢滑入
三角烧瓶	平底的薄壁三角烧瓶，绝不可用于减压操作，因其破裂的可能性很大
真空玻璃瓶	此类玻璃瓶稍有损伤，则往往发生爆炸性的破裂，因此，不要把手放入瓶里，或将脸靠近真空瓶口
安瓿	启用安瓿时，要先将其充分冷却，然后用毛巾等把它紧紧裹着，瓶口向前，再用锉刀锉出凹痕，即可把它打开
试剂瓶	对装有像氨水之类溶解有气体的液体试剂瓶，应在冷却后用毛巾包着塞子，然后再把它拔出

（3）吸滤瓶及洗瓶之类厚壁容器，往往因急剧加热而破裂。

（4）把玻璃管或温度计插入橡皮塞或软木塞时，常常会折断而使人受伤。为此，操作时可在玻璃管上蘸些水或涂上碱液、甘油等作润滑剂。然后，左手拿着塞子，右手拿着玻璃管，边旋转边慢慢地把玻璃管插入塞子中。此时，右手拇指与左手拇指之间的距离不要超过 5 cm。并且，最好用毛巾保护着手较为安全。在橡皮塞上等钻孔时，打出的孔要比管径略小，然后用圆锉把孔锉一下，适当扩大孔径即可。

（5）加工玻璃时可能发生的大事故，是加热内有可燃性气体的容器而引起爆炸事故。为此，操作前，必须将容器中的可燃性气体清除干净。同时，经过加热的玻璃，乍一看难以觉察，而一接触即往往被烧伤。

（6）打开封闭管或紧密塞着的容器时，因其有内压，往往发生喷液或爆炸事故。

8.1.7 实验事故的应急处理方法

本部分主要对化学工作者必须懂得的救生法，略为说明。

8.1.7.1 无机化学药品中毒的应急处理方法

A 强酸（致命剂量 1mL）中毒

强酸中毒有以下几种，具体应对方法如下：

（1）吞服时：立刻饮服 200 mL 氧化镁悬浮液，或者氢氧化铝凝胶、牛奶及水等，迅速把毒物稀释。然后，至少再食十多个打溶的蛋作缓和剂。因碳酸钠或碳酸氢钠会产生二氧化碳气体，故不要使用。

（2）沾着皮肤时：用大量水冲洗 15 min。如果立刻进行中和，因会产生中和热，有进一步扩大伤害的危险。因此，经充分水洗后，再用碳酸氢钠之类稀碱液或肥皂液进行洗涤。但是，当沾着草酸时，若用碳酸氢钠中和，会因为有碱而产生很强的刺激物，故不宜使用。此外，也可以用镁盐和钙盐中和酸。

（3）进入眼睛时：撑开眼睑，用水洗涤 15 min。

B 强碱（致命剂量 1 g）中毒

强碱中毒有以下几种，具体应对方法如下：

（1）吞食时：立刻用食道镜观察，直接用 1%的醋酸水溶液将患部洗至中性。然后，迅速饮服 500 mL 稀释的食用醋（1 份食用醋加 4 份水）或鲜橘子汁将其稀释；

（2）沾着皮肤时：立刻脱去衣服，尽快用水冲洗至皮肤不滑为止。接着用经水稀释的醋酸或柠檬汁等进行中和。但是，若沾着生石灰时，则应用油之类物质先除去生石灰。

（3）进入眼睛时：撑开眼睑，用水连续洗涤 15 min。

C 氨气中毒应对方法

立刻将患者转移到空气新鲜的地方，然后，给其输氧。进入眼睛时，让患者躺下，用水洗涤角膜至少 5 min。其后，再用稀醋酸或稀硼酸溶液洗涤。

D 卤素气中毒应对方法

把患者转移到空气新鲜的地方，保持安静。吸入氯气时，给患者嗅 1∶1 的乙醚与乙醇的混合蒸气；若吸入溴气时，则给其嗅稀氨水。

E 氰（致命剂量 0.05 g）中毒应对方法

一定要立刻处理。每隔 2 min，给患者吸入亚硝酸异戊酯 15～30 s。这样氰基与高铁血红蛋白结合，生成无毒的氰络高铁血红蛋白。接着给其饮服硫代硫酸盐溶液，使其与氰络高铁血红蛋白解离的氰化物相结合，生成硫氰酸盐。

（1）吸入时把患者移到空气新鲜的地方，使其横卧着。然后，脱去沾有氰化物的衣服，马上进行人工呼吸。

（2）吞食时用手指摩擦患者的喉头，使之立刻呕吐，决不要等待洗胃用具到来才处理。因为患者在数分钟内，即有死亡的危险。

F 二氧化硫、二氧化氮、硫化氢气体中毒应对方法

把患者移到空气新鲜的地方，保持安静。进入眼睛时，用大量水洗涤，并要洗漱咽喉。

G 砷（致命剂量 0.1g）中毒应对方法

吞食时，使患者立刻呕吐，然后饮食 500 mL 牛奶。再用 2～4 L 温水洗胃，每次用 200 mL。

H 汞（致命剂量 70 mg（$HgCl_2$））中毒应对方法

饮食打溶的蛋白，用水及脱脂奶粉作沉淀剂。立刻饮服二巯基丙醇溶液及于 200 mL 水中溶解 30 g 硫酸钠制成的溶液作泻剂。

I 铅（致命剂量 0.5 g）中毒应对方法

保持患者每分钟排尿量 0.5～1 mL，至连续 1～2 h 以上。饮服 10%的右旋醣酐水溶液（按每千克体重 10～20 mL 计）。或者，以 1 mL/min 的速度，静脉注射 20%的甘露醇水溶液，至每千克体重达 10mL 为止。

J 镉（致命剂量 10 mg）、锑（致命剂量 100 mg）中毒应对方法

如若误吞食，应立即使患者呕吐。

K 钡（致命剂量 1 g）中毒应对方法

将 30 g 硫酸钠溶解于 200 mL 水中，然后从口饮服，或用洗胃导管加入胃中。

L 硝酸银中毒应对方法

将 3～4 茶匙食盐溶解于一酒杯水中饮服。然后，服用催吐剂，或者进行洗胃或饮牛奶。接着用大量水吞服 30 g 硫酸镁泻药。

M 硫酸铜中毒应对方法

将 0.3～1.0 g 亚铁氰化钾溶解于一酒杯水中，饮服。也可饮服适量肥皂水或碳酸钠溶液。

如上各项所述，当吞食重金属时，可饮服牛奶、蛋白或丹宁酸等，使其吸附胃中的重金属。另外，用螯合物除去重金属也很有效。

重金属的毒性，主要由于它与人体内酶的 SH 基结合而产生。因而，加入的螯合剂争先与重金属—SH 中的重金属相结合，故能有效地消除由重金属而引起的中毒。重金属与螯合剂形成的配合物，易溶于水，所以容易从肾脏完全排出。再者，服用螯合物的同时，还可利用输液（10%的右旋醣酐溶液或 20%的甘露醇溶液）的方法，促使其利尿。

医疗上医生常用的螯合剂有以下这些物质：$CaNa_2·EDTA$（乙二胺四乙酸钙二钠）-Pb，Cd，Mn；BAL（2，3-二巯基丙醇）-Hg，As，Cr；β，β-二甲基半胱氨酸-Pb，Hg；二乙基二硫代氨基甲酸钠三水合物等。但是，镉中毒时，用螯合剂会使肾的损害加剧，因此，遇此情况时，尽量不用螯合剂为好。对有机铅之类物质中毒，用螯合剂解毒则无能为

力。此外，螯合剂对生物体所必需的重金属也起螯合作用，因而，使用时需加以注意。

洗胃方法为：让患者躺下，使其头和肩比腰略低。在粗的柔软胃导管上，装上大漏斗。把涂上甘油的胃导管，从口或鼻慢慢地插入胃里，注意不要插入气管。查明在离牙齿约 50 cm 的地方，导管尖端确实落到胃中。其后，降低漏斗，尽量把胃中的物质排出。接着提高漏斗，装入 250 mL 水或洗胃液，再排出胃中物质。如此反复操作几次。最后，在胃里留下泻药（即于 120 mL 水中，溶解 30 g 硫酸镁制成的溶液），拔出导管。最好在实验室里常备有洗胃导管。

各种化学药品中毒时，其相应的洗胃液列于表 8-13。

表 8-13　特殊洗胃液

毒 物 种 类	洗 胃 液
生物碱	0.02%高锰酸钾水溶液
漂白剂（次氯酸盐）	5%硫代硫酸钠水溶液
铜	1%亚铁氰化钾水溶液
铁	在 100 mL 加有碳酸氢钠的 10%的生理盐水中加入 5～10g 去铁敏制成的溶液
氟化物	5%乳酸或氯化钙水溶液、牛奶等
甲　醛	1%碳酸铵水溶液
碘	淀粉水溶液
磷	100mL1%的硫酸铜水溶液，但洗后必须把它排出
水杨酸盐	10%碳酸氢钠水溶液
苯酚、甲酚	植物油（不能用矿物油）

此外，活性炭加水，充分摇动制成润湿的活性炭，或者温水，对任何毒物中毒，均可使用。

8.1.7.2　有机化学药品中毒的应急处理方法

实验室常遇到的有机化学药品中毒及应对方法如下[1]。

A　甲醇（致命剂量 30～60 mL）中毒及应对方法

用 1%～2%的碳酸氢钠溶液充分洗胃。然后，把患者转移到暗房，以抑制二氧化碳的结合能力。为了防止酸中毒，每隔 2～3 h，经口每次吞服 5～15 g 碳酸氢钠。同时为了阻止甲醇的代谢，在 3～4 日内，每隔 2 h，以平均 0.5 mL/kg 体重的数量，口服 50%的乙醇溶液。

B　乙醇（致命剂量 300 mL）中毒及应对方法

用自来水洗胃，除去未吸收的乙醇。然后，一点点地吞服 4 g 碳酸氢钠。

C　乙醛（致命剂量 5 g）、丙酮中毒及应对方法

用洗胃或服催吐剂等方法，除去吞食的药品，随后服下泻药。呼吸困难时要输氧。

D　草酸（致命剂量 4 g）中毒及应对方法

立刻饮服下列溶液，使其生成草酸钙沉淀：在 200 mL 水中，溶解 30 g 丁酸钙或其他

---

[1]　关于本节所述的由化学药品引起中毒时，所进行的应急处理的有关资料，主要参照：M A Krupp, M J Chatton, CURRENT MEDICAL DIAGNOSIS & TREATMENT（1974，Lange Med Publ）及《治疗》（1974 年 10 月）。

钙盐制成的溶液；或者饮食用牛奶打溶的蛋白作镇痛剂。

E 甲醛（致命剂量 60 mL）中毒及应对方法

吞食时，立刻饮食大量牛奶，接着用洗胃或催吐等方法，使吞食的甲醛排出体外，然后服下泻药。有可能的话，可服用 1%的碳酸铵水溶液。

F 一氧化碳（致命剂量 1 g）中毒及应对方法

先清除火源，再将患者转移到空气新鲜的地方，使其躺下并加保暖。为了使其减少氧气的消耗量，要保持安静。若呕吐时，要及时清除呕吐物，以确保呼吸道畅通，同时进行充分的输氧。

8.1.7.3 烧伤

造成烧伤的原因虽然多种多样，但其处理原则基本相同。

A 烧伤程度的判断

为了确定处理方法，必须首先判断烧伤程度。其判断方法，可根据烧伤面积及烧伤深度两项以及有无并发症等，综合地加以判断。

（1）烧伤面积：用其占人体全部表面积的百分数表示。

（2）烧伤深度：从热的强度及被烧的时间来确定其烧伤深度，并从皮肤的症状及有无疼痛加以判断（见表 8-14）。实际上，烧伤深度的判断相当困难。因为随着时间的推移，烧伤程度往往逐渐加深。

表 8-14 烧伤深度与症状的关系

深　度	症　状	疼　痛
Ⅰ度	红斑	+
Ⅱ度	红斑+水疱	+
Ⅲ度	灰白色→黑色	−

1）轻度烧伤。Ⅱ度烧伤 15%以下，Ⅲ度烧伤在 2%以下。很少发生休克。

2）中度烧伤。Ⅱ度烧伤占 15%～30%，Ⅲ度烧伤在 10%以下。据以往的病例，全都有休克的危险性。必须送入医院治疗。

3）严重烧伤。Ⅱ度烧伤占 30%以上，Ⅲ度烧伤在 10%以上。或者脸、手及脚均Ⅲ度烧伤，而呼吸道有烧伤的可疑。常常伴有电击、严重药品伤害、软组织损伤及骨折等症状。必须在受伤后 2～3 h 之内，将患者送入医院治疗。患者Ⅲ度烧伤在 50%以上时，常常死亡。

4）休克症状。手、脚变冷；脸色苍白；出冷汗；想吐，呕吐；脉搏次数增加；情绪不安、心情烦躁。

5）呼吸道烧伤的判断。高大建筑物发生火灾时，常可看到呼吸道烧伤的情况。一般在封闭的空间受伤，其后，吸入火焰及高温气体而使呼吸道被烧伤。此时，由于氧气不能及时到达肺部，以致多数发生死亡。如果患者受伤后 1～2 日内症状恶化，脸或头等部位受伤并烧去鼻孔毛时，可怀疑其呼吸道被烧伤。若看到鼻腔和口腔黏膜红肿，声音嘶哑，发出"沙——沙——"的呼吸声，并诉说呼吸困难、痰多，特别痰中混有黑色煤灰时，则烧伤就涉及呼吸道了。

B　烧伤应急处理方法

烧伤时，作为急救处理措施，将其进行冷却是最为重要的。此措施要在受伤现场立刻进行。烧着衣服时，立即浇水灭火，然后用自来水洗去烧坏的衣服，并慢慢切除或脱去没有烧坏的部分，注意避免碰伤烧伤面。至少连续冷却 30 min 至 2 h 左右。冷却水的温度在 10～15℃为合适，最好不要低于这个温度。为了防止发生疼痛和损伤细胞，受伤后采用迅速冷却的方法，在 6 h 内有较好的效果。对不便洗涤冷却的脸及身躯等部位，可用经自来水润湿的 2～3 条毛巾包上冰片，把它敷于烧伤面上。要十分注意经常移动毛巾，以防同一部位过冷。若患者口腔疼痛时，可给其含冰块。即使是小面积烧伤，如果只冷却5～10 min，则效果甚微。因此，烧伤时，必须进行长时间的冷却。

但是，大面积烧伤时，要将其进行冷却在技术上较难处理。同时，还应考虑到有发生休克的危险以及"尽快入医院"这一原则。因此，严重烧伤时，应用清洁的毛巾或被单盖上烧伤面，如果可能则一面冷却，一面立刻送医院治疗。

治疗烧伤应注意：如果在烧伤面上涂油或硫酸锌油之类东西，则容易被细菌感染，因而决不可使用。用酱油涂擦是荒谬的。消毒时要用洗必泰或硫柳汞溶液，不可用红汞溶液，因涂红汞后，很难观察伤面。

8.1.7.4　由冷冻剂等引起的冻伤

轻度冻伤时，虽然皮肤发红并有不舒服感觉，但经数小时后即会恢复正常。中等程度冻伤时，产生水疱；严重冻伤时，则会溃烂。

应急处理方法：把冻伤部位放入 40℃（不要超过此温度）的热水中浸 20～30 min。即便恢复到正常温度后，仍需把冻伤部位抬高，在常温下，不包扎任何东西，也不要绷带，保持安静。没有热水或者冻伤部位不便浸水，如耳朵等部位，可用体温（手、腋下）将其暖和。要脱去湿衣服，也可饮适量酒精饮料暖和身体。但香烟会使血管收缩，故要严禁吸烟。

注意：不可做运动或用雪、冰水等进行摩擦取暖。

8.1.7.5　由玻璃等东西造成的外伤

作为紧急处理，首先要止血。大量流血时，有发生休克的危险。

紧急止血法有：

（1）原则上可直接压迫损伤部位进行止血。即使损伤动脉，也可用手指或纱布直接压迫损伤部位，即可止血。

（2）由玻璃碎片造成的外伤，必须先除去碎片。若不除去，当压迫止血时，即会把它压深。

（3）损伤四肢的血管时，可用手巾等东西将其捆扎止血，以前有用止血带止血。但其操作麻烦，仅在不得已的情况下，例如残留有玻璃碎片时，才使用它。一般情况下，手巾完全可以代用。用手巾止血，要把它用力捆扎靠近损伤部位关键的地方。但长时间压迫，末梢部位产生非常疼痛时，可平均 5 min 放松毛巾一次，约经过 1 min 再捆扎起来。

8.1.7.6　特殊的外伤部位

特殊外伤部位处理如下：

（1）头部。头部受伤时，虽然因其血管多而容易出血，但同时不易化脓。其头部皮下血管纵然被切断也不能收缩，因此，即使小伤也会引起大出血。头部受伤出血时，最好用手指压迫靠近耳朵附近触及脉搏的地方。其后，用包头布把头部周围紧紧包扎起来。

（2）脸部。同头部一样，血管很多，容易出血，但也容易痊愈。此部位因有鼻、嘴等器官，因此当脸部外伤出血时，有堵塞呼吸道的危险。要使患者俯伏着，这样容易排出分泌物或流出的血，也可防止舌头下坠堵塞气管。

（3）颈部。此部位因密布着重要的内脏器官、血管和神经，故颈部受伤时，必须进行恰当的处理。大量出血时，可压迫颈部稍后的颈总动脉。但要注意防止窒息。出现休克症状时（参阅 8.1.7.3 节烧伤部分），要把下肢抬高。

（4）刺入异物。摘除刺入的异物，虽然容易认为是件很简单的事情，但实际上，常是一项相当麻烦的手术。不疼或不妨碍运动时，完全没有什么危害，可以不摘除。

（5）电击。直流电比交流电的危险性小，而高频率的高压交流电比低频率的低压交流电的危险程度要小。但是，即使是 3 V 的低压直流电，也曾发生过烧伤的事例。

应急处理方法为：救护人员一面注意防止自身触电，一面迅速将触电者拉离电源。其方法是：切断电源；用木柄斧头切断电线；使电流流向别的回路；或者用干燥的布带、皮带，把触电者从电线上拉开。如果触电者停止呼吸或脉搏停跳时，要立刻进行人工呼吸或心脏按摩。

8.1.7.7　苏生法

所谓苏生法，是对处于假死状态的患者施行人工操作，以抢救将要失去的生命为目的的急救方法之一。

吹入呼出气的人工呼吸法，比历来用手进行的人工呼吸法效果更好，且操作容易。再者从体外进行压迫心脏的心脏按摩法，现在也重新推广使用。

这里所叙述的苏生法，不仅与医疗工作者有关，而且，对一般人也是应予普及的知识。

A　确保呼吸道畅通的方法

患者失去知觉时，舌头往往向后下坠而堵塞呼吸道。开通呼吸道，确保输送空气的道路畅通，是极为重要的急救措施。

其操作方法是，首先将患者仰卧着。若口中有异物或呕吐物，要把它除去。然后，将头部尽量往后弯，则呼吸道就畅通了。为此，用两手将患者的下颚用力拉着即可达到目的。

B　人工呼吸法

a　口→鼻法

这是用于患者停止呼吸时进行的人工呼吸法。据说，用此法 10 岁的小孩也能够使摔跤选手复苏。其方法是，首先按照上述的要领确保呼吸道畅通。然后救护者充分吸气，把嘴张开，从患者的鼻孔吹气。此时要用手指闭合患者的嘴。待患者的胸部涨起，即停止吹气。其后，放开患者的嘴，这样患者即自行呼气。若患者不吸气，救护者可用游自由泳时的要领，横着脸进行吹气。救护时，开始的头 10 次要快速地用力吹，如果有脉搏后，可每 5 s 吹一次；

b　口→口法

从患者的嘴吹气。此时，要用一只手闭合患者的鼻子，也可以用手帕盖着患者的嘴和鼻。其他的操作要领与口→鼻法相同。

c 心脏按摩

当患者突然失去知觉、停止呼吸或者呼吸急速、发生痉挛的场合，以及摸不到脉搏、瞳孔散大、怀疑心脏停止搏动时，可立即施行心脏按摩。如果在发生事故 3～4 min 内即开始按摩，有救活的可能性。其操作方法是，先将患者转移到地上或硬板上。若在床上进行，则要在患者背下垫上木板。救护者将手指自然伸开，重叠两手，放在患者胸骨下 1/3 的地方。手肘不要弯曲，在手指伸开的位置加上体重，压迫胸腔凹陷 4～5 cm，然后放开。心脏按摩以平均每秒钟一次连续进行。

8.2 实验室消防安全要求

8.2.1 安全指南（见 8.1.1.1 节）

8.2.2 报警（见 8.1.1.2 节）

8.2.3 火灾、爆炸防御程序

具体程序如下：

（1）离开眼前有危险发生的地区，并且确保他人也离开。

1）关上门；

2）拉响距离你最近的建筑物的火灾报警器；

3）拨打 119，消防部门将做出回应。

（2）如火势较小，可在没有威胁到自己的情况下按照以下方法来灭火。

1）取下适合火情的距离你最近的灭火器，背对安全出口以便逃离火灾现场；

2）打开灭火器手柄上的阀门，将灭火器对准火焰的底部；

3）来回挥动灭火器的喷嘴时挤压灭火器的手柄。

（3）如火势较大，立即离开并关上门。

（4）如果有危险化学物品，务必远离此地及远离烟雾。

（5）当消防队员赶到时，在一边提供有关情况。

1）告诉消防部门火灾现场是否有化学物品存在；

2）与实验室主管人员取得联系以便获得关于实验室危险化学物品的资料。

8.2.4 如何防御一般性火灾

为了防御一般性火灾，实验室需要准备的东西如下。

8.2.4.1 灭火器

实验室的每一个工作人员都应该知道灭火器的位置及其正确的使用方法。垃圾桶大小的灭火器只用于扑灭小火灾。

万一火灾发生，你应该做到以下两点：

（1）拨打 119，向消防部门汇报情况；

（2）关上实验室门，撤离此地。但是如果火势被控制在一定的范围内，工作人员应留下来用灭火器灭火。根据火灾情况使用不同类型的灭火器，这一点是非常重要的。并非所有灭火器在所有大小火灾中都能够被安全使用。以下五个字母：A、B、C、D、E，分别代表五种类型的火灾。

A—普通的固体易燃物，包括纸、木材、煤、橡胶和纺织品。

B—可燃、易燃液体物品，包括石油、柴油机燃料、酒精、电动机润滑油、油脂和可燃溶剂。

C—气体和蒸气类物质。

D—易燃或活性金属，如钠、钾；金属氢化物；或有机金属，如烷基胺。

E—带电物质。

每一个灭火器上都清楚地用字母标明了它所能扑灭的火灾的类型。要根据每一个实验室的情况配备不同的灭火器，一般配的是干粉灭火器。灭火器必须被放在指定的吊钩上，不能放在地板上。

所有的灭火器都几乎按照以下方式操作。

1）拔出灭火器手柄上的阀门。阀门是被一根小塑料带子固定住的，扭动阀门直到带子断裂，然后拔出阀门。

2）打开灭火器上的管口或者胶管，将其对准火焰的底部。

3）握紧灭火器上的手柄往下压。当灭火剂流出时会发出很大的声音。灭火器将会喷射 20～30 s 的时间。

4）灭火时，将灭火器的喷嘴对准火焰来回挥动。如果灭火器不能再继续使用或丢失了，应立即和实验室有关部门取得联系，要求重新供给。要定期对所有灭火器进行检查。

8.2.4.2　灭火毯

一些实验室可能会备有灭火毯。它是用来包裹衣服着火的受害人，这样可以将火焰熄灭。灭火毯可以用来保持一个休克了的受害人的体温，还可以用来消除受害人在因化学物质溢出而对其进行紧急淋浴后的尴尬，并且可以用来保暖。

8.2.5　着火性物质

具有着火危险的物质非常多。通常有因加热、撞击而着火的物质，以及由于相互接触、混合而着火的物质。下面按照表 8-15 的分类，叙述其处理方法。

表 8-15　着火性物质的分类

分　类	特　　点	示例的物质
强氧化性物质	因加热、撞击而分解，放出的氧气与可燃性物质发生剧烈燃烧，有时会发生爆炸	氯酸盐类、过氧化物等
强酸性物质	若与有机或还原性之类物质混合，即会发生作用而发热。有时会着火	无机酸类、氯磺酸等
低温着火性物质	在较低温度下着火而燃烧迅猛的可燃性物质	黄磷、金属粉末等
自燃物质	在室温下，一接触空气即着火燃烧。主要为研究用的特殊物质	有机金属化合物、金属催化剂等
禁水性物质	与水反应而着火，有时还由于产生的气体而发生爆炸的物质	金属钠、碳化钙等

实验室常接触到的着火类物质主要有以下几类。

8.2.5.1　强氧化性物质

强氧化性物质的类型、注意事项及防护、灭火方法如下。

A 强氧化性物质的类型

包括：

（1）氯酸盐：$MClO_3$（M＝Na、K、NH_4、Ag、Hg（Ⅱ）、Pb、Zn、Ba）。

（2）高氯酸盐：$MClO_4$（M＝Na、K、NH_4、Sr）。

（3）无机过氧化物：Na_2O_2、K_2O_2、Mg_2O_2、Ca_2O_2、Ba_2O_2、H_2O_2。

（4）有机过氧化物：烷基氢过氧化物 R—O—O—H（特丁基—，异丙苯基—）、二烷基过氧化物 R—O—O—R'（二特丁基—，二异丙苯基—）、二酰基过氧化物 R—CO—O—O—COR'（二乙酰基—，二丙酰基—，二月桂酰基—，苯甲酰基—）、酯的过氧化物 R—CO—O—O—R'（醋酸或安息香酸特丁基—）、酮的过氧化物（环己酮—）。

B 注意事项

注意事项如下：

（1）此类物质因加热、撞击而发生爆炸，故要远离烟火和热源。要保存于阴凉的地方，并避免撞击。

（2）若与还原性物质或有机物混合，即会氧化发热而着火。

（3）氯酸盐类物质与强酸作用，产生 ClO_2（二氧化氯），而高锰酸盐与强酸作用，则产生 O_3（臭氧），有时会发生爆炸。

（4）过氧化物与水作用产生 O_2，与稀酸作用，则产生 H_2O_2 并发热，有时会着火。

（5）碱金属过氧化物能与水起反应，因此，必须注意此类物质的防潮。

（6）有机过氧化物，在化学反应中能作为副产物生成，并且，在有机物贮藏的过程中也会生成。因此，必须予以注意。

C 防护方法

有爆炸危险时，要戴防护面具。若处理量大时，要穿耐热防护衣。

D 灭火方法

由此类物质引起的火灾，一般用水灭火。但由碱金属过氧化物引起着火时，不宜用水，要用二氧化碳灭火器或砂子灭火。

E 事故实例

实例如下：

（1）踩到跌落地上的氯酸钾而着火；

（2）用有机质勺子将二乙酰过氧化物送去称量的过程中发生着火；

（3）将过氧化氢浓溶液密封贮存的过程中塞子飞出，过氧化氢溢出而着火（用透气的塞子塞着较好）；

（4）用硅胶精制过氧化物，用布氏漏斗过滤时，发生爆炸（因在过滤板上析出过氧化物之故）；

（5）用过氧化氢制氧气时，加入二氧化锰即急剧地起反应而使烧瓶破裂。

8.2.5.2 强酸性物质

此类物质包括：HNO_3（发烟硝酸、浓硝酸）、H_2SO_4（无水硫酸、发烟硫酸、浓硫酸）、HSO_3Cl（氯磺酸）、CrO_3（铬酐）等。

A 注意事项

注意事项如下：

（1）强酸性物质若与有机物或还原性等物质混合，往往会发热而着火。注意不要用破裂的容器盛载。要将它保存于阴凉的地方。

（2）如果加热温度超过铬酐的熔点时，CrO_3 即分解放出 O_2 而着火。

（3）洒出此类物质时，要用碳酸氢钠或纯碱将其覆盖，然后用大量水冲洗。

B 防护方法

加热处理此类物质时，要戴橡皮手套。

C 灭火方法

对由强酸性物质引起的火灾，可大量喷水进行灭火。

D 事故实例

实例如下：

（1）热的浓硝酸沾到衣服而引起着火；

（2）将渗透浓硫酸的破布与沾有废油的破布丢弃在一起而着火；

（3）装有热的浓硫酸的熔点测定管发生破裂，浓硫酸沾到手上而烧伤。

8.2.5.3 低温着火性物质

此类物质有：P（黄磷、红磷）、P_4S_3、P_2S_5、P_4S_7（硫化磷）、S（硫黄）、金属粉（Mg、Al 等）、金属条（Mg）等。

A 注意事项

注意事项如下：

（1）因为此类物质一受热就会着火，所以，要远离热源或火源。要把它保存于阴凉的地方；

（2）此类物质若与氧化性物质混合，即会着火；

（3）黄磷在空气中会着火，故要把它放入 pH 值为 7～9 的水中保存，并避免阳光照射；

（4）硫黄粉末吸潮会发热而引起着火；

（5）金属粉末若在空气中加热，即会剧烈燃烧。并且，当与酸、碱物质作用时产生氢气而有着火的危险。

B 防护方法

处理量大时，要戴防护面具和手套。

C 灭火方法

由此类物质引起火灾时，一般可以用水灭火，也可以用二氧化碳灭火器。但由大量金属粉末引起着火时，最好用砂子或粉末灭火器灭火。

D 事故实例

实例如下：

（1）装有黄磷的瓶子，从药品架上跌落，洒出黄磷而着火；

（2）铝粉着火时，用水灭火，火势反而更猛烈；

（3）将熔融的黄磷倒入水中制成小颗粒时，烧杯倾歪了，洒出黄磷而引起着火，并烧着衣服，致使烧伤。

8.2.5.4 自燃物质

这类物质有：有机金属化合物 R_nM（R＝烷基或烯丙基，M＝Li、Na、K、Rb、Se、

B、Al、Ga、Tl、P、As、Sb、Bi、Ag、Zn）及还原性金属催化剂（Pt、Pd、Ni、Cu、Cr）等。

A 注意事项

注意事项如下：

（1）这类物质一旦接触空气就会着火，因此，初次使用时，必须请有经验者进行指导。

（2）将有机金属化合物在溶剂中稀释而成的溶液，溶液一旦飞溅出来就会着火。因此，要把其密封保管。并且，不要将可燃性物质置于其附近。

B 防护方法

处理毒性大的自燃物质时，要戴防毒面具和橡皮手套。

C 灭火方法

由这类物质引起的火灾，通常用干燥砂子或粉末灭火器灭火。但数量很少时，则可以大量喷水灭火。

D 事故实例

实例如下：

（1）将盛有经溶剂稀释的三乙基铝的瓶子，放入纸箱搬运的过程中，瓶子破裂发生泄漏而引起着火；

（2）在滤纸上洗涤还原性镍催化剂，其后把滤纸丢入垃圾箱中而引起着火；

（3）在通风橱内，用 $LiAlH_4$ 进行还原反应，于放有 $LiAlH_4$ 的烧瓶中加入乙醚时发生着火。

8.2.5.5 禁水性物质

禁水性物质包括：Na、K、CaC_2（碳化钙）、Ca_3P_2（磷化钙）、CaO（生石灰）、$NaNH_2$（氨基钠）、$LiAlH_4$（氢化锂铝）等。

A 注意事项

注意事项如下：

（1）金属钠或钾等物质与水反应，会放出氢气而引起着火、燃烧或爆炸。因此，要把金属钠、钾切成小块，置于煤油中密封保存。其碎屑也贮存于煤油中。要分解金属钠时，可把它放入乙醇中使之反应，但要注意防止产生的氢气着火。分解金属钾时，则在氮气保护下，按同样的操作进行处理。

（2）金属钠或钾等物质与卤化物反应，往往会发生爆炸。

（3）碳化钙与水反应产生乙炔，会引起着火、爆炸。

（4）磷化钙与水反应放出磷化氢（PH_3 为剧毒气体），由于伴随着放出自燃性的 P_2H_4 而着火，从而导致燃烧爆炸。

（5）金属氢化物之类物质，与水（或水蒸气）作用也会着火。若把它丢弃时，可将其分次少量投入乙酸乙酯中（不可进行相反的操作）。

（6）生石灰与水作用虽不能着火，但能产生大量的热，往往使其他物质着火。

B 防护方法

使用这类物质时，要戴橡皮手套或用镊子操作，不可直接用手拿。

C 灭火方法

由这类物质引起火灾时，可用干燥的砂子、食盐或纯碱把它覆盖。不可用水或潮湿的东西或者用二氧化碳灭火器灭火。

D 事故实例

将经甲醇分解的金属钠丢入水中时，由于金属钠尚未分解完全而引起着火、燃烧（因为当用甲醇进行分解时，在金属钠的表面，生成黏稠的醇盐膜，使其难于分解）。

8.2.6 易燃性物质

可燃物的危险性，大致可根据其燃点加以判断。燃点越低，危险性就越大。但是，即使燃点较高的物质，当加热到其燃点以上的温度时，也是危险的。据报道，由此种情况发生的事故特别多。因此，必须加以注意。下面按照表 8-16 的分类叙述其处理方法。

表 8-16 易燃物质的分类

分 类	特 点	根据消防法分类
特别易燃物质	在 20℃时为液体，或 20~40℃时成为液体的物质；以及着火温度在 100℃以下，或者燃点在 -20℃以下和沸点在 40℃以下的物质	特别易燃物质
高度易燃性物质	在室温下易燃性高的物质（燃点约在 20℃以下的特别易燃的物质）	第 1 类石油产品
中等易燃性物质	加热时易燃性高的物质（燃点在 20~70℃）。	第 2 及第 8 类石油产品
低易燃性物质	高温加热时，由于分解出气体而着火的物质（燃点在 70℃以上的物质）	第 4 类石油产品、动植物油

所谓燃点，即在液面上，液体的蒸气与空气混合，构成能着火的蒸气浓度时的最低温度，称为该液体物质的燃点。而所谓着火点（着火温度），系可燃物在空气中加热而能自行着火的最低温度。物质的燃点或着火点，在相同的测定条件下，所测得的结果产生微小的偏差，故很难说得上是物质的固有常数，但是，两者均为物质的重要物理性质。

8.2.6.1 特别易燃物质

此类物质有：乙醚、二硫化碳、乙醛、戊烷、异戊烷、氧化丙烯、二乙烯醚、羰基镍、烷基铝等。

A 注意事项

注意事项如下：

（1）由于着火温度及燃点极低而很易着火，所以使用时，必须熄灭附近的火源。

（2）因为沸点低，爆炸浓度范围较宽，因此，要保持室内通风良好，以免其蒸气滞留在使用场所。

（3）此类物质一旦着火，爆炸范围很宽，由此引起的火灾很难扑灭。

（4）容器中贮存的易燃物减少时，往往容易着火爆炸，要加以注意。

B 防护方法

对有毒性的物质，要戴防毒面具和橡皮手套进行处理。

C 灭火方法

由这类物质引起火灾时，用二氧化碳或粉末灭火器灭火。但对其周围的可燃物着火时，则用水灭火较好。

D   事故实例

乙醚从贮瓶中渗出，由远离 2 m 以外的燃烧器的火焰引起着火；正在洗涤剩有少量乙醚的烧瓶时，突然由热水器的火焰燃着而引起着火；将盛有乙醚溶液的烧瓶放入冰箱保存时，漏出乙醚蒸气，由箱内电器开关产生的火花引起着火爆炸，箱门被炸飞（乙醚之类物质要放入有防爆装置的冰箱内保存）；焚烧二硫化碳废液时，在点火的瞬间，产生爆炸性的火焰飞散而烧伤（焚烧这类物质时，应在开阔的地方，于远处投入燃着的木片进行点火）。

8.2.6.2   一般易燃性物质

高度易燃性物质（闪点在 20℃以下）包括：（第一类石油产品）石油醚、汽油、轻质汽油、挥发油、己烷、庚烷、辛烷、戊烯、邻二甲苯、醇类（甲基—～戊基—）、二甲醚、二氧杂环己烷、乙缩醛、丙酮、甲乙酮、三聚乙醛、甲酸酯类（甲基—～戊基—）、乙酸酯类（甲基—～戊基—）、乙腈（CH_3CN）、吡啶、氯苯等。

中等易燃性物质（闪点在 20 ～70℃之间）包括：（第 2 类石油产品）煤油、轻油、松节油、樟脑油、二甲苯、苯乙烯、烯丙醇、环己醇、2-乙氧基乙醇、苯甲醛、甲酸、乙酸、（第 3 类石油产品）重油、杂酚油、锭子油、透平油、变压器油、1，2，3，4-四氢化萘、乙二醇、二甘醇、乙酰乙酸乙酯、乙醇胺、硝基苯、苯胺、邻甲苯胺等。

低易燃性物质（闪点在 70℃以上）包括：（第 4 类石油产品）齿轮油、马达油之类重质润滑油及邻苯二甲酸二丁酯、邻苯二甲酸二辛酯之类增塑剂、（动植物油类产品）亚麻仁油、豆油、椰子油、沙丁鱼油、鲸鱼油、蚕蛹油等。

A   注意事项

注意事项如下：

（1）高度易燃性物质虽不像特别易燃物质那样易燃，但它的易燃性仍很高。由电开关及静电产生的火花、赤热物体及烟头残火等，都会引起着火燃烧。因而，注意不要把它靠近火源，或用明火直接加热。

（2）中等易燃性物质，加热时容易着火。用敞口容器将其加热时，必须注意防止其蒸气滞留不散。

（3）低易燃性物质，高温加热时分解放出气体，容易引起着火。并且，如果混入水之类杂物，即会产生爆沸，致使引起热溶液飞溅而着火。

（4）通常，物质的蒸气密度大的，则其蒸气容易滞留。因此，必须保持使用地点通风良好。

（5）闪点高的物质，一旦着火，因其溶液温度很高，一般难以扑灭。

B   防护方法

加热或处理量很大时，要准备好或戴上防护面具及棉纱手套。

C   灭火方法

此类物质着火，当其燃烧范围较小时，用二氧化碳灭火器灭火。火势扩大时，最好用大量水灭火。

D   事故实例

实例如下：

（1）蒸馏甲苯的过程中，忘记加入沸石，发生爆沸而引起着火；

（2）将还剩有有机溶剂的容器进行玻璃加工时，引起着火爆炸而受伤；

（3）把沾有废汽油的东西投入火中焚烧时，产生意想不到的猛烈火焰而烧伤；

（4）用丙酮洗涤烧瓶，然后置于干燥箱中进行干燥时，残留的丙酮气化而引起爆炸，干燥箱的门被炸坏，飞至远处；

（5）将经过加热的溶液，于分液漏斗中用二甲苯进行萃取，当打开分液漏斗的旋塞时，喷出二甲苯而引起着火；

（6）将润滑油进行减压蒸馏时，用气体火焰直接加热，蒸完后，立刻打开减压旋塞，于烧瓶中放入空气时发生爆炸；

（7）将油浴加热到高温的过程中，当熄灭气体火焰而关闭空气开关时，突然伸出很长的摇曳火焰而使油浴着火（熄灭气体火焰时，要先关闭其主要气源的旋塞）；

（8）对着火的油浴覆盖四氯化碳进行灭火时，结果它在油中沸腾，致使着火的油飞溅反而使火势扩大。

8.2.7 爆炸性物质

爆炸有两种情况：一是可燃性气体与空气混合，达到其爆炸界限浓度时着火而发生燃烧爆炸；一是易于分解的物质，由于加热或撞击而分解，产生突然气化的分解爆炸。下面按照表 8-17 的分类，叙述其处理方法。

表 8-17　爆炸性物质的分类

分　类	特　点	示例的物质
可燃性气体	其爆炸界限的浓度：下限为 10%以下，或者上下限之差在 20%以上的气体	如氢气、乙炔等
分解爆炸性物质	由于加热或撞击而引起着火、爆炸的可燃性物质	如硝酸酯、硝基化合物等
爆炸品之类物质	以其产生爆炸作用为目的的物质	如火药、炸药、起爆器材等

8.2.7.1 可燃性气体

由 C、H 元素组成的可燃性气体：氢气、甲烷、乙烷、丙烷、丁烷、乙烯、丙烯、丁烯、乙炔、环丙烷、丁二烯。

由 C、H、O 元素组成的可燃性气体：一氧化碳、甲醚、环氧乙烷、氧化丙烯、乙醛、丙烯醛。

由 C、H、N 元素组成的可燃性气体：氨、甲胺、二甲胺、三甲胺、乙胺、氰化氢、丙烯腈。

由 C、H、X（卤素）元素组成的可燃性气体：氯甲烷、氯乙烷、氯乙烯、溴甲烷。

由 C、H、S 元素组成的可燃性气体：硫化氢、二硫化碳。

A　注意事项

注意事项如下：

（1）如果漏出可燃性气体并滞留不散，当达到一定浓度时，即会着火爆炸。填充有此类气体的高压筒形钢瓶，要放在室外通风良好的地方。保存时，要避免阳光直接照射。

（2）使用可燃性气体时，要打开窗户，保持使用地点通风良好。

（3）乙炔和环氧乙烷，由于会发生分解爆炸，因此，不可将其加热或对其进行撞击。

B 防护方法

根据需要准备好或戴上防护面具、耐热防护衣或防毒面具。

C 灭火方法

当此类物质着火时，可采用通常的灭火方法进行灭火。泄漏气体量大时，如果情况允许，可关掉气源，扑灭火焰，并打开窗户，即离开现场（隐蔽起来）；若情况紧急，则要立刻离开现场。

8.2.7.2 分解爆炸性物质

A 注意事项

注意事项如下：

（1）此类物质常因烟火、撞击或摩擦等作用而引起爆炸。因此，必须充分了解其危险程度。

（2）由于这些物质能作为各类反应的副产物生成，所以实验时，往往会发生意外的爆炸事故。

（3）因为此类物质一旦接触酸、碱、金属及还原性物质等，往往会发生爆炸。因此，不可随便将其混合。防护方法根据需要准备好或戴上防护面具、耐热防护衣或防毒面具。

B 灭火方法

可根据由此类物质爆炸而引起延续燃烧的可燃物的性质，采取相应的灭火措施。

C 事故实例

实例如下：

（1）在蒸馏硝化反应物的过程中，当蒸至剩下很少残液时，突然发生爆炸（因在蒸馏残物中，有多硝基化合物存在，故不能将其过分蒸馏出来）；

（2）用旧的乙醚进行萃取操作，然后把由萃取液蒸去乙醚而得到的物质，放在烘箱里加热干燥时发生爆炸，烘箱的门被炸碎；

（3）将四氢呋喃进行蒸馏回收时，用剩下残液的同一烧瓶蒸馏数次，即发生爆炸（因生成乙醚和四氢呋喃的过氧化物之故）；

（4）当拔出30%浓度的过氧化氢试剂瓶的塞子时，常会发生爆炸；

（5）用过氧化氢制氧气的过程中，当加入二氧化锰时，剧烈地发生反应，致使烧瓶破裂。

8.2.7.3 爆炸品

爆炸品包括以下几类：

（1）火药。黑色火药、无烟火药、推进火药（以高氯酸盐及氧化铅等为主要药剂）。

（2）炸药。雷汞、叠氮化铅、硝铵炸药、氯酸钾炸药、高氯酸铵炸药、硝化甘油、乙二醇二硝酸酯、黄色炸药、液态氧炸药、芳香族硝基化合物类炸药。

（3）起爆器材。雷管、实弹、空弹、信管、引爆线、导火线、信号管、焰火。

爆炸品是将分解爆炸性物质，经适当调配而制成的成品。关于这类物质的使用，必须遵守政府有关法令的规定。

8.2.8 电气装置

8.2.8.1 触电

所谓触电，即电流流过人体某一部分的现象。这是最直接的电气事故，常常使人致命。触电是由于接近或接触电线或电气设备的通电或带电部位，或者电流通过人体流到大地或线间而发生。触电的危险程度，随通过人体的电流量的大小和触电时间的长短而定，但也与当时的电路情况有关。同时，还随触电者的体质、年龄、性别的不同而异。即便是同一个人，也随其当时的状态不同而有不同的影响。对于 50～60 Hz 的交流电，触电时对人体的影响情况，大致如表 8-18 所示。

表 8-18　电流量对人体的影响（50～60 Hz 的交流电）

电流/mA	对人体的影响
1	略有感觉
5	相当痛苦
10	难以忍受的痛苦
20	肌肉收缩，无法自行脱离触电电源
50	呼吸困难，相当危险
100	几乎大多数致命

例如，被 60 Hz 一定强度的电流触电时，心脏肌肉每秒钟颤动 60 次，因而发生痉挛。产生痉挛而受损的心脏，要自行复原是很罕见的，以致大多数在数分钟内即死亡。一秒钟对人类来说，虽然是短暂的一瞬，但是对电却是很长的时间。因此，必须牢记，触电时即使通电时间为一两秒，也是很危险的。

再从电压方面看，人体的电阻分为皮肤电阻（潮湿时约 2000 Ω，干燥时为 5000 Ω）和体内电阻（150～500 Ω），随着电压的升高，人体的电阻则相应降低。若接触高压电而发生触电时，则因皮肤破裂而使人体的电阻大为降低，此时，通过人体的电流即随之增大。此外，接近高压电时，还有感应电流的影响，因而是很危险的。电压高低对人体的影响情况如表 8-19 所示。

表 8-19　电压对人体的影响

接触时的情况		接近时的情况	
电压/V	对人的影响	电压/kV	可接近的最小安全距离/cm
10	全身在水中时，跨步电压界限为 10 V/m	3	15
20	为湿手的安全界限	6	15
30	为干燥手的安全界限	10	20
50	对生命没有危险的界限	20	30
100～200	危险性急剧增大	30	45
200 以上	对生命发生危险	60	75
3000 左右	被带电体吸引	100	115
10000 以上	有被弹开而脱险的可能	140	160
		270	300

A　关于触电一般应注意的事项

注意事项如下：

（1）不要接触或靠近电压高、电流大的带电或通电部位。对这些部位，要用绝缘物把它遮盖起来。并且,在其周围划定危险区域、设置栅栏等,以防进入安全距离以内。

(2)电气设备要全部安装地线。对电压高、电流大的设备,要使其接地电阻在几个欧姆以下。

(3)直接接触带电或通电部位时,要穿上绝缘胶靴及戴橡皮手套等防护用具。不过,通常除非妨碍操作,否则要切断电源,用验电工具或接地棒检查设备,证实确不带电后,才进行作业。对电容器之类装置,虽然切断了电源,有时还会存留静电荷,因而要加以注意。

(4)对使用高电压、大电流的实验,不要由一个人单独进行,至少要由 2~3 人以上进行操作。并要明确操作场合的安全信号系统。

(5)为了防止电气设备漏电,要经常清除沾在设备上的脏物或油污,设备的周围也要保持清洁。

(6)要经常整理实验室,以防即使因触电跌倒了,也能确保人身安全。同时,在高空进行作业时,要配戴安全带之类用具。

B 发生触电事故时的应急措施

应急措施如下:

(1)迅速切断电源。如果不能切断电源时,要用干木条或戴上绝缘橡皮手套等东西,把触电者拉离电源;

(2)把触电者迅速转移到附近适当的地方,解开衣服,使其全身舒展;

(3)不管有无外伤或烧伤,都要立刻找医生处理;

(4)如果触电者处于休克状态,并且心脏停跳或停止呼吸时,要毫不迟疑地立即施行人工呼吸或心脏按摩。即使看上去认为不可能救活了,也要送往医疗部门至少继续抢救数小时,不要轻易做出不可救活的结论(关于人工呼吸法及心脏按摩法,可参阅8.1.7.6节)。

C 事故实例

实例如下:

(1)用干燥的手接触电压较低的通电设备没有什么感觉,而用湿手摸时,受到猛烈的电击(因湿皮肤与干燥皮肤的电阻不同之故);

(2)因设备发生故障,切断电源开关进行修理时,其他人不了解情况,合上开关致使触电。

8.2.8.2 电气灾害

由电所引起的灾害有火灾和爆炸。其主要起因,可举出如表 8-20 所列的各种因素。使用电气装置应注意的事项见表 8-21。

表 8-20 引起电气灾害的主要原因

发 热	由于漏电产生焦耳热
	设备或电线因超负荷而发热
	电线的连接部位,因接触不良而发热
火 花	闭合或拉开带负荷的电开关时,产生火花或电弧等
	电线之间短路时产生火花
	由于带电物的静电作用而产生火花

表 8-21 使用电气装置应注意的事项

电气装置	注 意 事 项
电源（配电盘）	使用机器的电流总量，不能大于装在电源上的保险丝所标明的电流量。全部安装室内主要开关的配电盘，要放在走廊里。但是，有关电灯的布线要另成系统
开 关	电源开关绝对不允许使用超过其所标明的电流量的保险丝。各个设备要分别安装保险丝
电线（软线）	要仔细查明电气设备的额定电流，并要使用其允许的电流量比设备所用的电流量及保险丝的容许电流量都大的电线。不可使用包皮破裂或老化的软线。对电热器之类设备，要用耐热软线连接，而不可用聚乙烯软线，在地上及潮湿的地方布线时，要使用电缆
布 线（电气施工）	电线连接电源或设备时，要仔细操作，防止接触不良。电线彼此相连接时，要先进行软钎焊接，然后用绝缘胶布将其完全包裹。布线时，注意不要把电线捆束、被脚踩着或者钩接起来。同时，也要注意避免电线敷在潮湿或有药品及煤气的地方。对进户线及配电设备，必须由工程专业人员施工
电气设备	使用电气设备，不可超过其规定容量的负荷。例如，变压器或马达等设备，如果超过其负荷，常常发热而引起着火燃烧。同时，要注意其标明的功率与实际使用功率有差异的设备。某些设备（包括旋转机械之类设备），停电后，一通电，会承受过大的负荷而发热，常成为火灾的原因。对于昼夜连续使用的电炉、恒温槽或排气泵等设备，最好安装保护继电器之类的安全电路。对排风扇、电冰箱或烘箱等设备，因为经常处理溶剂之类蒸气或煤气，故最好使用防爆型的设备
停电及其他	实验结束离开实验室时，必须切断电源开关。特别是夜里停电不能进行实验而离开实验室时，往往忘记切断电源，这点尤要注意。对于担心因停电而会引起事故的某些装置及安全系统（如维持生命的装置，以及为了防爆而装有冷却装置之类设备），必须采取提高电源的稳定性及准备好预备电源等措施

发生上述情况时，如果在其周围附近放有可燃性、易燃性物质，或者有可燃性气体及粉尘等东西存在时，即会发生火灾或爆炸。

A 关于防止火灾、爆炸事故一般应注意的事项

注意事项如下：

（1）定期检查设备的绝缘情况，力争及早发现漏电并予以消除。同时，认真进行设备的安全检查。

（2）在开关或发热设备的附近，不要放置易燃性或可燃性的物质。

（3）要注意防止室内充满可燃性气体或粉尘之类物质。不得已在充满上述气体或粉尘的情况下进行实验时，必须安装防爆装置或危险警报器。

（4）绝缘性能高的塑料之类物质，由于会产生静电作用，容易发生放电火花。故应考虑将其导体化或接上地线，以减少带电量。

（5）在实验之前，要预先考虑到停电、停水时的相应措施。

B 发生火灾时应注意的事项

注意事项如下：

（1）由于发生电气事故而引起火灾时，除非有特殊情况，否则要立即切断电源，然后才开始灭火。

（2）因特殊情况，需要在通电的情况下直接灭火时，由于用水灭火有发生触电的危险，故应用粉末灭火器或二氧化碳之类灭火器进行灭火。

（3）对于若发生灾害时不能切断电源进行灭火的场合，为了防备事故的发生，必须预先制定相应的特别对策。

C 事故实例

实例如下：

（1）在实验桌上，把刚加热完的电热器的电源开关断开，检查时没有发现异常现象。但回宿舍后不久，即发生火灾（因木质实验桌，由于电热器加热时积蓄热量，表面炭化而里层却着火，其后，火从裂缝慢慢扩大所致）。

（2）打扫配电盘时，剥落了油漆，其后合上开关，引起有机溶剂着火及爆炸。

8.3 废弃物处理原则

废弃物包含的种类繁多。实验室排出的废弃物排放时，受到政府颁布的各项法令的限制。特别是化学物质，由于考虑到它会以某种形式危及人们的健康，所以从防止污染环境的立场出发，即使数量甚微，也要避免把它排放到自然水域或大气中去，而必须加以适当的处理。极具危险性的废弃物见表 8-22。

表 8-22 极具危险性废弃物列表

二乙基二氯硅烷	氟化氢铵	乙酰氯
苯基苯酚	丙烯醛	丙烯腈
乙烯基亚胺	己二腈	砷酸铵
十二(烷)基三氯硅烷	烃基氯化铝	烃基铝化合物
乙烯基三氯硅烷	五氯化锑	氯化铝
砷酸铁	砷	五氟化锑
氟	波尔多亚砷酸盐	砷酸及盐
碘化氢	砷化合物	五硒化砷
盐酸	五氧化二砷	雄黄
氟化氢	三溴化砷	三氯化砷
硫化氢	三碘化砷	三氧化二砷
十氯酮	亚砷酸和盐	对二氨基联苯及盐
亚砷酸铅	氰化钡	六氯化苯
次氯酸锂	三氟甲苯，三氟硝基苯	氯化苯(甲)酰
氢化铝锂	氧化铍	铍
铁矽锂	三氯化硼	硼烷
镁	三氟化硼	溴
乙基锌	五氟化硼	三氟化溴
二苯胺氯胂	镉	镉化合物
氯甲酸乙酯	氰化镉	钙
砷酸铁	亚砷酸钙	砷酸钙
刘易斯毒气	碳化钙	氢化钙
氟硼酸	次氯酸钙	亚磷酸氢钙
氟退热冰	氯	二氧化氯
溴化氢	五氟化氯	三氟化氯
氰化氢	氯乙醛	氯乙酰氯
硒化氢	二氯二氧化铬	亚砷酸铜
次氯酸盐化合物	砷酸铜	氰化铜

砷酸铅	氰化盐	氰
氰化铅	亚砷酸镁	甲基二氯化胂
水杨酰胺	砷酸镁	氢化锂
锂	芥子气	乙炔银
氯化硫	硫酰氟	磺酰氯
五氟化硫	异苯甲酰	亚砷酸钠
苯醌	四乙铅和其他有机铅	氢氟化钠
六氟化碲	四硫化物	氰化钠
四硝基甲烷	铊化物	次氯酸钠
铊	硫光气	过氧化钠
硫酸铊	亚硫酰氯	硒酸钠
硫磷嗪	四氯化钛	钠
硫代磷酰氯	五氧化二钒	氨基钠
三氯硅烷	乙烯三氯硅烷	亚砷酸钠
硅氯仿	砷酸锌	二甲砷酸钠
三氧化膦	氰化锌	氢化钠
亚砷酸锌	四氯化锆	甲氧基钠
钒酸酰	金属氢化物	氢化钠铝
甲基	甲氧基氯	砷酸钠
甲氧基乙酯氯化汞	氯化汞	氰化汞
含硒化合物	水银	水银化合物
亚硒酸和亚硒盐	多氯化联(二)苯	铂化物
硒	四氯化硅	发烟硫酸
氟化硒	溴化甲烷	氯甲酸甲酯
砷酸钾	甲基氯甲醚	甲基异氰酸盐
二氟化钾	甲基溴化镁	甲基半溴化铝
氢化钾	甲基碘化镁	辛基三氯硅烷
丙烯亚胺	溴化二甲基胺	砷酸镍
焦硫酰氯	羰基镍	氰化镍
焦磷酸四乙酯	硝基苯	硝基酚
钾	二氟化氧	白磷
亚砷酸钾	硝苯硫磷酯	对氧磷
氰化钾	硝基三氯化胂	硝基二氯化胂
丙炔基溴	甲拌磷	苯基苯酚
三溴化磷	碳酰氯	磷胺
磷化氢	黄磷	乙烯基
半硫化磷	溴氧化磷	氯氧化磷
三氯化磷	五氯化磷	五硫化磷

　　通常从实验室排出的废液，虽然与工业废液相比在数量上是很少的，但是，由于其种类多，加上组成经常变化，因而最好不要把它集中处理，而由各个实验室根据废弃物的性质，分别加以处理。为此，废液的回收及处理自然就需依赖实验室中每一个工作人员。所以，实验人员应予足够的重视，疏忽大意固然不对，而即使由于操作错误或发生事故，也应避免排出有害物质。同时，实验人员还必须加深对防止公害的认识，自觉采取措施，防止污染，以免危害自身或者危及他人。

　　本节所叙述的，是对实验室的废弃物中，以列于防止水质污染法的有害物质为对象，提出一些处理方法示例。然而，这里所叙述的方法不是万能的，也可能由于废液的组成不同而不能充分发挥其应有的效果。并且，随着各地处理设施或所要求的条件的不同，也可有各自不同的处理方法。因此，对于各有关研究机构来说，若已有确定的处理标准，应按其进行；而若有新的更合理的处理方法，则应将其正确使用，进而自己也必须保持高度的热情，研究出更合理的处理方法。

　　通过正确管理化学物质的储存，就有可能把化学废弃物品减少到最低限度：

　　（1）建立集中购买、总量管理、跟踪检测和合理储存制度。

　　（2）根据需要，购买和使用合适的量，合理储存，防止化学物质过期而无法使用。根据经验就是订购一年内要使用的量。

　　（3）在所有储存化学物质的容器上贴上标签，并正确贮藏这些容器以防化学污染或化学物质变质。

　　（4）保持实验室和设施的清洁。

　　（5）制定和实施实验室操作程序，减少化学物质的使用和正确管理实验室产生的废弃物质。

　　（6）减少仪器里的使用量。

　　（7）定期检查实验室或设备；如果可能，使用危险化学物质的替代品或循环使用化学物质。

　　（8）把产生最少废弃物品的过程写进现有的实验草案，以此来减少废品的最终的量。在实验过程中，尽量中和一些中间产物、附带物质，使它们的毒性消失。把处理或破坏掉危险物品作为实验的最后一个步骤。

　　（9）重复和循环使用剩余溶液，从剩余催化剂中回收金属。

8.3.1　废弃物处理安全防护

8.3.1.1　实验室中化学废弃物品的储存

　　每个实验室都应该有一个指定用来储存危险废弃物品的空间。这个地方应有标识，并且不影响正常的实验活动，但它又很容易接近和容易被环境卫生与安全部门工作人员识别。不要把放射性废品和化学废弃物品放在同一个场所。

　　所有的废弃物品必须储存在辅助容器里，并根据其危险级别分开存放（如高锰酸钾和过氧化氢之类的氧化剂应和有机物或腐蚀性的物质分开存放）。实验室托盘、橱柜、试管、漏斗和搬运箱都是一些辅助容器，它们的容积是普通最大容器容积的110%。

8.3.1.2　标识存放的废弃物品

　　为了避免延误实验室危险废弃物品的收集和处理，每个储存废弃物质的容器上必须有

"危险废弃物品"字样的标签；所有的危险废弃物品必须用以下信息标明：

（1）"危险废弃物品"字样；

（2）产生危险废品的地址和人员姓名；

（3）危险废弃物品的储存日期（第一滴危险废弃物质滴入容器日期）；

（4）危险废弃物质的成分及其物理状态；

（5）危险废弃物质堆放的时间；

（6）危险废弃物质的性质。

化学废弃物品的名称必须具体，"有机废弃物质"、"废溶液"和"废酸"等名称都不具体，这些物质在没有贴正确的标签前是不会被收集的。化学分子式或缩写名称也不具体。

8.3.1.3　存放废弃物品的容器

容器必须是防漏的。液体废弃物质必须放在拧紧盖子的容器里，因此，即使容器被弄翻了液体也不会漏出来。用软木塞或胶带密封的容器和立不稳的容器也不会被接受。假如废弃物质没有存放在适当的容器里，请换掉容器里的物质。

受到污染的实验室垃圾（如玻璃器皿、手套、薄毛巾等）不能被液体浸湿。必须把它们放入干净的双层塑料袋里并贴上"危险废弃物质"字样的标签。垃圾回收公司不收集装在袋子里且有生物危险迹象的垃圾。

不能把玻璃或塑料试管、吸管或搅拌棒放在装有液体废弃物质的容器里。

废弃物质必须和容器是相容的，因此，不能把酸或盐基装在金属容器运输，不能把氢氟酸装在玻璃容器里运输。

8.3.1.4　废弃物品的堆放时间

在实验室任何一个地方，废弃物品的堆放时间决不能超过一年。危险废弃物质在实验室里的堆放时间不能超过 9 个月。

8.3.1.5　空容器的处理

有的实验室人员可能会把空容器清洗两到三次，让其自然晾干，损坏标签，弄丢容器的盖子，然后把空容器扔到普通垃圾堆里，这是绝对不允许的。在化学瓶子没有用正确的方法清洗干净前，绝对不能把化学瓶子扔到普通垃圾里去，不能用清水清洗盛装危险化学物质的空瓶子；应该收集这样的瓶子并把它们当作危险废弃物质处理。在这一章的最后列出了危险物质的名称。此外，绝不能把装满或装了一些危险化学废弃物质的容器或没有被漂洗的容器扔到普通垃圾堆里。

8.3.1.6　处理化学废弃物质时的注意事项

处理化学废弃物质时需要注意以下几项：

（1）在堆放垃圾之前，填写标签内容并将有"危险废弃物质"字样的标签贴在容器上；

（2）在容器上注明装入废弃物化学物质的日期；

（3）使用有螺旋盖的容器来装废弃物质并将盖子拧紧和密封；

（4）预留容器内的顶部空间，以防容器内的物质膨胀；

（5）将废弃物质装入辅助容器里并贴上正确的标签；

（6）如果可能的话，用危险性小的化学物质代替；

（7）不要将化学废弃物质混合在一起，如不要将废卤素、废金属、废溶剂混合存放；

（8）不要将危险废弃物质装入红色垃圾袋或存放生物危险物质的垃圾袋；

（9）不要将锋利的废弃物质或吸管装入塑料袋里，要使用存放锋利废弃物质的容器；

（10）不要将废弃容器打开；

(11) 不要猜测不明容器里的物质。

8.3.1.7 个人防护

处理废弃物时，应该注意做好安全防护：

（1）要戴防护眼镜；

（2）双手佩戴橡皮手套；

（3）在通风橱内进行操作；

（4）如果处理的废弃物有气体产生，要佩戴防毒面具。

8.3.2 收集、贮存废弃物时一般应注意的事项

实验室中，收集、贮存废弃物时一般应注意以下几项：

（1）废液的浓度超过表 8-23 所列的浓度时，必须进行处理。但处理设施比较齐全时，往往把废液的处理浓度限制放宽。

表 8-23 必须加以处理的废液的最低浓度、收集分类及处理方法

分 类		对 象 物 质	浓度/μg·mL⁻¹	收集分类	处 理 方 法
有害物质		Hg（包括有机 Hg）	0.005	Ⅰ	硫化物共沉淀法、吸附法
		Cd	0.1	Ⅱ	氢氧化物沉淀法、硫化物共沉淀法、吸附法
		Cr（Ⅵ）	0.5	Ⅲ	还原、中和法，吸附法
		As	0.5	Ⅳ	氢氧化物沉淀法
		CN	1	Ⅴ	氯碱法、电解氧化法、臭氧氧化法、普鲁士蓝法
		Pb	1	Ⅵ	氢氧化物共沉淀法、硫化物共沉淀法、碳酸盐法、吸附法
无机类废液	污染物质	重金属类 Ni Co Ag Sn Cr(Ⅲ) Cu Zn Fe Mn 其他(Se, W, V, Mo, Bi, Sb)	1 1 1 1 2 3 5 10 10 1	Ⅶ	氢氧化物共沉淀法、硫化物共沉淀法、碳酸盐法、吸附法
		B	2	Ⅷ	吸附法
		F	15	Ⅸ	吸附法、沉淀法
		氧化剂、还原剂	1%	Ⅹ	氧化、还原法
		酸碱类物质	若不含其他有害物质时，中和稀释后，即可排放	Ⅺ	中和法
		有关照相的废液	只排放洗净液	Ⅻ	氧化分解法

分　类		对　象　物　质	浓度/$\mu g \cdot mL^{-1}$	收集分类	处　理　方　法
有机类废液	有害物质	多氯联苯	0.003	ⅩⅢ	碱分解法、焚烧法
		有机磷化合物（农药）	1	ⅩⅣ	碱分解法、焚烧法
	污染物质	酚类物质	5	ⅩⅤ	焚烧法、溶剂萃取法、吸附法、氧化分解法、水解法、生物化学处理法
		石油类物质	5	ⅩⅥ	
		油脂类物质	30	ⅩⅦ	
		一般有机溶剂（由 C、H、O 元素组成的物质）	100	ⅩⅧ	
		除上项以外的有机溶剂（含 S、N、卤素等成分的物质）	100	ⅩⅨ	
		含有重金属的溶剂	100	ⅩⅩ	
		其他难于分解的有机物质	100	ⅩⅪ	

注：上表所列的浓度为金属或所标明的化合物的浓度。

　　虽然是有机类废液，但也含有列于无机类废液的物质，如果无机物质的浓度超过列于无机类该项浓度时，该废液应另行收集。

　　有机类废液的浓度系指含水废液的浓度。

（2）最好先将废液分别处理，如果是贮存后一并处理时，虽然其处理方法将有所不同，但原则上仍如表 8-23 所列的方法，将可以统一处理的各种化合物收集后进行处理。

（3）处理含有配离子、螯合物之类的废液时，如果有干扰成分存在，要把含有这些成分的废液另外收集。

（4）下面所列的废液不能互相混合：过氧化物与有机物；氰化物、硫化物、次氯酸盐与酸；盐酸、氢氟酸等挥发性酸与不挥发性酸；浓硫酸、磺酸、羟基酸、聚磷酸等酸类与其他的酸；铵盐、挥发性胺与碱。

（5）要选择没有破损及不会被废液腐蚀的容器进行收集。将所收集的废液的成分及含量，贴上明显的标签，并置于安全的地点保存。特别是毒性大的废液，尤要十分注意。

（6）对硫醇、胺等会发出臭味的废液和会发生氰、磷化氢等有毒气体的废液，以及易燃性大的二硫化碳、乙醚之类废液，要把它加以适当的处理，防止泄漏，并应尽快进行处理。

（7）含有过氧化物、硝化甘油之类爆炸性物质的废液，要谨慎地操作，并应尽快处理。

（8）含有放射性物质的废弃物，用另外的方法收集，并必须严格按照有关的规定，严防泄漏，谨慎地进行处理。

8.3.3　无机类实验废液的处理方法

8.3.3.1　含六价铬的废液处理方法

A　原理（还原、中和法（亚硫酸氢钠法））

Cr（Ⅵ）不管在酸性还是碱性条件下，总以稳定的铬酸根离子状态存在。因此，可按照下式将 Cr（Ⅵ）还原成 Cr（Ⅲ）后进行中和，使之生成难溶性的 Cr(OH)₃沉淀而除去。

$$4H_2CrO_4+6NaHSO_3+3H_2SO_4 \longrightarrow 2Cr_2(SO_4)_3+3N_2SO_4+10H_2O \qquad (8-1)$$

$$Cr_2(SO_4)_3+6NaOH \longrightarrow 2Cr(OH)_3 \downarrow +3Na_2SO_4 \qquad (8-2)$$

式（8-1）为还原反应，若 pH 值在 3 以下，反应在短时间内即结束。如果使式（8-2）的中和反应 pH 值在 7.5～8.5 范围内进行，则 Cr（III）即以 Cr(OH)$_3$ 形式沉淀析出。但是，如果 pH 值升高，则会生成 Cr(OH)$_4$ 离子，沉淀会再溶解。

B 操作步骤

具体如下：

（1）于废液中加入 H$_2$SO$_4$，充分搅拌，调整溶液 pH 值在 3 以下（采用 pH 试纸或 pH 计测定。对铬酸混合液之类废液，已是酸性物质，不必调整 pH 值）。

（2）分次少量加入 NaHSO$_3$ 结晶，至溶液由黄色变成绿色为止，要一面搅拌一面加入（如果使用氧化-还原光电计测定，则很方便）。

（3）除 Cr 以外还含有其他金属时，当 Cr（VI）完全转化后，作为含重金属的废液处理。

（4）废液只含 Cr 重金属时，加入浓度为 5%的 NaOH 溶液，调节 pH 值至 7.5～8.5（注意，pH 值过高沉淀会再溶解）。

（5）放置一夜，将沉淀滤出并妥善保存（如果滤液为黄色时，要再次进行还原）。

（6）对滤液进行全铬检测，确证滤液不含铬后才可排放。

Cr（VI）的分析：定性分析采用二苯基碳酰二肼试纸或检测箱进行检测；定量分析则用二苯基碳酰二肼吸光光度法（详见"日本工业标准"（以下简称 JIS） K0102 5121）和原子吸收光谱分析法进行测定。但要注意 Cu、Cd、V、Mo、Hg、Fe 等离子的干扰。

全 Cr 分析：用高锰酸钾氧化 Cr（III）使之变成 Cr（VI），然后进行分析。

注意：（1）除上述处理方法外，还有用强碱性阴离子交换树脂吸附 Cr（VI）的方法。此法即使废液含铬浓度较低也很有效。

（2）用作还原 Cr（VI）的还原剂，有表 8-24 所列的物质。而作为中和剂，也可以用 Ca(OH)$_2$。不过，其泥浆沉淀物较多。

表 8-24 可用作还原铬化合物的还原剂

还原剂	还原 1g CrO$_3$ 理论上需要的药品量/g	
	还原剂	H$_2$SO$_4$
Fe	0.56	2.94
FeSO$_4\cdot$7H$_2$O	8.43	2.94
Na$_2$SO$_3$	1.89	1.47
NaHSO$_3$	1.56	0.74
SO$_2$	0.96	—

C 注意事项

注意事项如下：

（1）把 Cr（VI）还原成 Cr（III）后，也可以将其与其他的重金属废液一起处理。

（2）铬酸混合液系强酸性物质，故要把它稀释到约 1%的浓度之后才进行还原。并且，待全部溶液被还原变成绿色时，查明确实不含六价铬后，再按操作步骤（4）开始进行处理。

8.3.3.2 含氰化物的废液

A 原理（氯碱法）

用含氮氧化剂将氰基分解为 N_2 和 CO_2。反应按如下两个阶段进行：

$$NaCN + NaOCl \xrightarrow{pH>10} NaOCl + NaCl \qquad (8-3)$$

$$2NaOCN + 3NaOCl + H_2O \xrightarrow{pH=8} N_2\uparrow + 3NaCl + 2NaHCO_3 \qquad (8-4)$$

式（8-3）反应在 pH 值大于 10 的条件下进行。若 pH 值在 10 以下就加入氧化剂，则会发生如下反应：

$$HCN + NaOCl \xrightarrow{pH<10} CNCl\uparrow + NaOH$$

而产生刺激性很大的有害气体 CNCl，因而处理时必须特别注意。对式（8-4）的反应，如果 pH 值过高，则反应时间过长，故调整 pH 值在 8 左右进行较好。

B 操作步骤

步骤如下：

（1）于废液中加入 NaOH 溶液，调整 pH 值至 10 以上。然后加入约 10%的 NaOCl 溶液，搅拌约 20 min，再加入 NaOCl 溶液，搅拌后，放置数小时（如果用氧化-还原光电计检测其反应终点，则较方便）；

（2）加入 5%～10%的硫酸（或盐酸），调节 pH 值至 7.5～8.5，然后放置 24 h；

（3）加入 Na_2SO_3 溶液，还原剩余的氯（稍微过量时，可用空气氧化。每升含 $1gNa_2SO_3$ 的溶液 1mL，相当于 0.55mgCl）；

（4）查明废液确实没有 CN^- 后，才可排放；

（5）废液含有重金属时，再将其作为含重金属的废液加以处理。

分析检测方法：定性分析采用氰离子试纸或检测箱进行检测；定量分析则蒸出全部氰后（见 JIS K0102 2912），用硫氰酸汞法（见 JIS K0102 293）进行分析。

C 注意事项

具体如下：

（1）废液要制成碱性，不要在酸性情况下直接放置。

（2）对难以分解的氰化物（如 Zn、Cu、Cd、Ni、Co、Fe 等氰的配合物）以及有机氰化物的废液，必须另行收集处理。

（3）对其含有重金属的废液，在分解氰基后，必须进行相应的重金属的处理。

（4）除上述处理方法外，还有以下几种方法：电解氧化法（对含氰化物 2g/L 以上的高浓度废液较为有效，而处理含有 Co、Ni、Fe 配合物的废液，则较困难）；普鲁士蓝法（是以生成铁氰化合物的形式使之沉淀的方法，此法处理含有大量重金属的废液，较为有利。但要彻底处理，则较为困难）；以及臭氧氧化法（用 Cu、Mn 离子加快反应，在 pH 值为 11～12 下进行反应，即可把废液转变为无害）。

（5）其他可用作氰化物氧化剂的，有表 8-25 所列的物质。

（6）对 Fe、Ni、Co 等的含氰配合物，用上述方法难以分解。因而必须采用下述方法进行处理：

1）于废液中加入 NaOH 溶液，调整 pH 值至 10 以上，接着加入 NaOCl 溶液，加热 2 h 左右，冷却后过滤沉淀；

2）在废液中加入 H_2SO_4，调整 pH 值至 3 以下，加热约 2 h，冷却后过滤沉淀；

3)用阴离子交换树脂吸附。

（7）对有机氰化物，分别施行上述无机类废液的处理后，作为有机类废液处理。对难溶于水的有机氰化物，用氢氧化钾酒精溶液使之转变成氰酸盐，然后再进行处理。

表 8-25　能做氧化氰化物的氧化剂

氧　化　剂	理论上分解 1gCN 需要的药品数量/g	
	氧化到 NaOCl（反应式（8-3））	氧化到 CO_2、N_2（反应式（8-4））
Cl_2	2.73	6.83
HOCl	2.00	5.00
NaOCl	2.85	7.15
$Ca(OCl)_2$	2.75	6.90

注：如果有 Cu^+、Ni^+ 等离子存在，必须加入过量的氧化剂。

8.3.3.3　含镉及铅的废液

A　处理原理

处理原理如下：

（1）镉的处理原理（氢氧化物沉淀法）：用 $Ca(OH)_2$ 将 Cd^{2+} 转化成难溶于水的 $Ca(OH)_2$ 而分离。反应方程式为：

$$Cd^{2+} + Ca(OH)_2 \longrightarrow Cd(OH)_2 \downarrow + Ca^{2+}$$

当 pH 值在 11 附近时，$Ca(OH)_2$ 的溶解度最小，因此调节 pH 值很重要。但是，若有金属离子共沉淀时，那么，即使 pH 值较低也会产生沉淀。

（2）铅的处理原理（氢氧化物共沉淀法）：用 $Ca(OH)_2$ 把 Pb^{2+} 转变成难溶性的 $Pb(OH)_2$，然后使其与凝聚剂共沉淀而分离。反应方程式为：

$$Pb^{2+} + Ca(OH)_2 \longrightarrow Pb(OH)_2 \downarrow + Ca^{2+}$$

为此，首先把废液的 pH 值调整到 11 以上，使之生成 $Pb(OH)_2$。然后加入凝聚剂，继而将 pH 值降到 7～8，即产生 $Pb(OH)_2$ 共沉淀。但如果 pH 值在 11 以上，则生成 $HPbO_2^-$ 而沉淀会再溶解。

B　处理操作步骤

具体如下：

（1）镉的处理操作步骤。

1）在废液中加入 $Ca(OH)_2$，调节 pH 值至 10.6～11.2，充分搅拌后即放置。

2）先过滤上层澄清液，然后再过滤沉淀。保管好沉淀物。

3）检查滤液中确实不存在 Cd^{2+} 离子时，把它中和后即可排放。

分析方法为：定性分析用镉试剂试纸法或检测箱进行检测；定量分析则用二苯基硫巴腙（即双硫腙）吸光光度法（见 JIS K0102 401）或原子吸收光谱分析法进行测定。

（2）铅的处理操作步骤。

1）在废液中加入 $Ca(OH)_2$，调整 pH 值至 11。

2）加入 $Al_2(SO_4)_3$（凝聚剂），用 H_2SO_4 慢慢调节 pH 值，使其降到 7～8。

3）把溶液放置，待其充分澄清后即过滤。检查滤液不含 Pb^{2+} 后，即可排放。

分析方法为：定性分析用检测箱进行（注意干扰离子）。定量分析用二苯基硫巴腙（即双硫腙）吸光光度法（见 JIS K0102 391）或原子吸收光谱分析法。

C　注意事项

注意事项如下：

（1）含重金属两种以上时，由于其处理的最适宜 pH 值各不相同，因而，对处理后的废液必须加以注意；

（2）含大量有机物或氰化物的废液，以及含有配离子的时候，必须预先把它分解除去（参照含有重金属的有机类废液的处理方法）；

（3）除上述处理方法外，还有硫化物沉淀法（其生成的硫化物溶解度较小，但因形成胶体微粒而难以分离）；碳酸盐沉淀法（生成的沉淀微粒细小，分离困难）；吸附法（使用强酸性阳离子交换树脂，几乎能把它们完全除去）；

（4）碱性药剂也可以用 NaOH，但是由于生成微粒状沉淀而难以过滤，故用 $Ca(OH)_2$ 较好。

8.3.3.4　含砷废液

A　处理方法原理（氢氧化物共沉淀法）

用中和法处理不能把 As 沉淀，通常使它与 Ca、Mg、Ba、Fe、Al 等的氢氧化物共沉淀而分离除去。用 $Fe(OH)_3$ 时，其最适宜的操作条件是：铁砷比（Fe/As）为 30～50；pH 值为 7～10。

B　操作步骤

操作步骤如下：

（1）废液中含砷量大时，加入 $Ca(OH)_2$ 溶液，调节 pH 值至 9.5 附近，充分搅拌，先沉淀分离一部分砷。

（2）在上述滤液中，加入 $FeCl_3$，使其铁砷比达到 5.0，然后用碱调整 pH 值至 7～10 之间，并进行搅拌。

（3）把上述溶液放置一夜，然后过滤，保管好沉淀物。检查滤液不含 As 后，加以中和即可排放。此法可使砷的浓度降到 0.05 μg/mL 以下。

分析方法为：定量分析有铁共沉淀、浓缩-溶剂萃取-钼蓝法（见 JIS K0102 481）；或铁共沉淀、浓缩-分离砷化氢-二乙基二硫代氨基甲酸银进行测定（见 GB6730.45—1987）。

C　注意事项

注意事项如下：

（1）As_2O_3 是剧毒物质，其致命剂量为 0.1 g。因此，处理时必须十分谨慎；

（2）含有机砷化合物时，先将其氧化分解，然后再进行处理（参照含重金属有机类废液的处理方法）；

（3）除上述处理方法外，还有硫化物沉淀法（用盐酸酸化，然后用 H_2S 或 NaHS 等试剂使之沉淀）及吸附法（用活性炭、活性矾土做吸附剂）。

8.3.3.5 含汞废液

A 处理方法

a 硫化物共沉淀法

具体如下：

（1）原理。用 Na_2S 或 NaHS 把 Hg^{2+} 转变为难溶于水的 HgS，然后使其与 $Fe(OH)_3$ 共沉淀而分离除去。如果使其 pH 值在 10 以上进行反应，HgS 即变成胶体状态。此时，即使用滤纸过滤，也难以把它彻底清除。如果添加的 Na_2S 过量时，则生成$[HgS_2]^{2-}$而沉淀容易发生溶解。

（2）操作步骤。

1）于废液中加入对于 $FeSO_4$（$10\ \mu g/mL$）及 Hg^{2+} 之浓度的 $1:1$ 的 $Na_2S \cdot 9H_2O$，充分搅拌，并使废液之 pH 值保持在 $6\sim8$ 范围内；

2）上述溶液经放置后，过滤沉淀并妥善保管好滤渣（用此法处理，可使 Hg 浓度降到 $0.05\ \mu g/mL$ 以下）；

3）再用活性炭吸附法或离子交换树脂等方法，进一步处理滤液；

4）在处理后的废液中，确证检不出 Hg 后，才可排放。

b 活性炭吸附法

先稀释废液，使 Hg 浓度在 $1\ \mu g/mL$ 以下。然后加入 NaCl，再调整 pH 值至 6 附近，加入过量的活性炭，搅拌约 2 h，然后过滤，保管好滤渣。此法也可以直接除去有机汞。

c 离子交换树脂法

于含汞废液中加入 NaCl，使之生成$[HgCl_4]^{2-}$配离子而被阴离子交换树脂所吸附。但随着汞的形态不同，有时此法效果不够理想。并且，当有有机溶剂存在时，此法也不适用。

B 分析检测方法

全汞的定量分析，用高锰酸钾分解-二苯基硫巴腙吸光光度法（见 JIS K0102 4411）或用原子吸收光谱分析法。定性分析虽然也可以用检测箱进行，但若从其检出限度考虑，用它不能检测达到排放标准那样低浓度的废液。

C 注意事项

注意事项如下：

（1）因为汞容易形成配离子，故处理时必须考虑汞的存在形态；

（2）若用 NaHS 和 $ZnCl_2$ 代替 $Na_2S+FeSO_4$，可以把汞清除到极微量的程度。例如，对 1 L 含 $10\ \mu g/mL$ Hg 的废液，pH 值在 10.3，加入 32 mg NaHS 及 80 mg $ZnCl_2$ 进行处理。处理后，Hg 的浓度降至 $0.003\ \mu g/mL$；

（3）废液毒性大，经微生物等的作用后，会变成毒性更大的有机汞。因此，处理时必须做到充分安全；

（4）含烷基汞之类的有机汞废液，要先把它分解转变为无机汞，然后再进行处理（参照有机汞的处理方法）。

8.3.3.6 含重金属的废液

对于含重金属的废液，首先应该注意以下几点：

（1）对含有机物、配离子及螯合物量大的废液，要先把它们分解除去（参照含重金属的有机类废液的处理方法）。

（2）含 Cr（Ⅲ）、CN 等物质时，也要预先进行上述处理。

（3）废液中含有两种以上的重金属时，因其处理的最适宜的 pH 值各不相同，必须加以注意。

处理原理是把重金属离子转变成难溶于水的氢氧化物或硫化物等的盐类，然后进行共沉淀而除去。处理方法有以下几种。

A 氢氧化物共沉淀法

具体如下：

（1）操作步骤。

1）在废液中加入 $FeCl_3$ 或 $Fe_2(SO_4)_3$，并加以充分搅拌；

2）将 $Ca(OH)_2$ 制成石灰乳，然后加入上述废液中，调整 pH 值至 9～11（如果 pH 值过高，沉淀会再溶解）；

3）溶液经放置后，过滤沉淀物。检查滤液确实不含重金属离子后，再把它中和排放。

（2）注意事项。

1）如果含有螯合物时，往往不产生沉淀。但是，本法可以除去少量的螯合物；

2）按照本法处理，可使 Ca、Zn、Fe、Mn、Ni、Cr(Ⅲ)、As、Sb、Al、Co、Ag、Sn、Bi 及其他很多重金属生成氢氧化物沉淀而除去；

3）共沉剂也可以用 $Al_2(SO_4)_3$ 或 $ZnCl_2$ 等物质；

4）因在强碱性下，两性金属的沉淀会发生溶解。故要注意其最适宜的 pH 值（两性金属沉淀溶解的 pH 值为：Al^{3+}，8.5；Cr^{3+}，9.2；Sn^{2+}，10.6；Zn^{2+}，大于 11；Pb^{2+}，大于 11。但是，用共沉淀法处理时，由于产生沉淀的 pH 值范围相当宽，因而，在 pH 值为 9～11 的条件下，全都能完全沉淀）；

5）中和剂与其用 NaOH，不如用 $Ca(OH)_2$ 为好，因 $Ca(OH)_2$ 可防止两性金属的沉淀再溶解，且其沉降性能也较好；

6）如果用碳酸钠作中和剂，还可使 Ca^{2+}、Sr^{2+}、Ba^{2+} 等离子生成难溶性的碳酸盐而除去（pH＝10～11）。

B 硫化物共沉淀法

具体如下：

（1）操作步骤：

1）废液中重金属的浓度要用水稀释至 1%以下；

2）加入 Na_2S 或 NaHS 溶液，并充分搅拌；

3）加入 NaOH 溶液，调整 pH 值至 9.0～9.5；

4）加入 $FeCl_3$ 溶液，调节 pH 值至 8.0 以上，然后放置一夜；

5）用倾析法过滤沉淀，检查滤液确实不含重金属；

6）再检查滤液有无 S^{2-} 离子。如果含有 S^{2-} 离子时，用 H_2O_2 将其氧化，中和后即可排放。

（2）分析方法为：定性分析用检测箱进行，或用二苯基硫巴腙（即双硫腙）溶液，检查有无产生颜色。定量分析则用二苯基硫巴腙吸光光度法或原子吸收光谱分析法（见 JIS K0102）。

除上述的处理方法外，还有碳酸盐法（可用含碳酸钠的碱灰浆）、离子交换树脂法及吸附法（用活性炭）等。

8.3.3.7 含重金属的有机类废液

处理方法为：先将妨碍处理重金属的有机物质，用氧化、吸附等适当的处理方法把它除去。然后再把它作无机类废液处理。具体有：

（1）焚烧法。将含大量有机溶剂废液及有机物的溶液，进行焚烧处理，保管好残渣。

（2）活性炭吸附法。调整 pH 值至 5 左右，加入活性炭粉末，经常加以搅拌，经 2～3 h 后进行过滤（此法适用于处理稀溶液）。

8.3.3.8 含钡废液

在废液中加入 Na_2SO_4 溶液，过滤生成的沉淀后，即可排放。

8.3.3.9 含硼废液

可将废液浓缩，或者用阴离子交换树脂吸附。对含有重金属的废液，按含重金属废液的处理方法进行处理。

8.3.3.10 含氟废液

处理方法为：于废液中加入消化石灰乳，至废液充分呈碱性为止，并加以充分搅拌，放置一夜后进行过滤。滤液作含碱废液处理。此法不能把氟含量降到 8 μg/mL 以下。要进一步降低氟的浓度时，需用阴离子交换树脂进行处理。

8.3.3.11 含氧化剂、还原剂的废液

A 处理方法及操作步骤

具体如下：

（1）查明各氧化剂和还原剂，如果将其混合也没有危险性时，即可一面搅拌，一面将其中一种废液分次少量加入另一种废液中，使之反应。

（2）取出少量反应液，调成酸性，用碘化钾-淀粉试纸进行检验。

（3）试纸变蓝时（氧化剂过量）：调整 pH 值至 3，加入 Na_2SO_3（用 $Na_2S_2O_3$、$FeSO_4$ 也可以）溶液，至试纸不变颜色为止。充分搅拌，然后把它放置一夜。

（4）试纸不变色时（还原剂过量）：调整 pH 值至 3，加入 H_2O_2 使试纸刚刚变色为止。然后加入少量 Na_2SO_3，把它放置一夜。

（5）不管哪一种情况，都要用碱将其中和至 pH 值为 7，并使其含盐浓度在 5%以下，才可排放。

B 注意事项

注意事项如下：

（1）原则上将含氧化剂、还原剂的废液分别收集。但当把它们混合没有危险性时，也可以把它们收集在一起。

（2）含铬酸盐时可作为含 Cr（Ⅵ）的废液处理。

（3）含重金属物质时，可作为含重金属的废液处理。

（4）不含有害物质而其浓度在 1%以下的废液，把它中和后即可排放。

8.3.3.12 含酸、碱、盐类物质的废液

A 处理方法及操作步骤

具体如下：

（1）查明即使将酸、碱废液互相混合也没有危险时，可分次少量将其中一种废液，加入另一种废液中；

（2）用 pH 试纸（或 pH 计）检验，使加入的酸或碱的废液至溶液的 pH 值约等于 7；

（3）用水稀释，使溶液浓度降到 5% 以下，然后把它排放。

B　注意事项

注意事项如下：

（1）原则上将酸、碱、盐类废液分别收集。但如果没有妨碍，可将其互相中和，或用其处理其他的废液。

（2）对含重金属及含氟的废液，要另外收集处理。

（3）对黄磷、磷化氢、卤氧化磷、卤化磷、硫化磷等的废液，在碱性情况下，用 H_2O_2 将其氧化后，作为磷酸盐废液处理。对缩聚磷酸盐的废液，用硫酸酸化，然后将其煮沸 2~3 h 进行水解处理。

（4）对其稀溶液，用大量水把它稀释到 1% 以下的浓度后，即可排放。

8.3.3.13　含无机卤化物的废液

处理方法及操作步骤如下：

（1）将含 $AlBr_3$、$AlCl_3$、$AlHSO_3$、$SnCl_4$ 及 $TiCl_4$ 等无机类卤化物的废液，放入大号蒸发皿中，撒上高岭土-碳酸钠（1：1）的干燥混合物；

（2）把它充分混合后，喷洒 1：1 的氨水，至没有 NH_4Cl 白烟放出为止；

（3）把它中和后放置，过滤沉淀物。检查滤液有无重金属离子。若无，则用大量水稀释后，即可排放。

8.3.3.14　有机类实验废液的处理方法

A　处理方法

具体如下：

（1）焚烧法。

1）将可燃性物质的废液，置于燃烧炉中燃烧。如果数量很少，可把它装入铁制或瓷制容器，选择室外安全的地方把它燃烧。点火时，取一长棒，在其一端扎上蘸有油类的破布，或用木片等东西，站在上风方向进行点火燃烧。并且，必须监视至烧完为止。

2）对难于燃烧的物质，可把它与可燃性物质混合燃烧，或者把它喷入配备有助燃器的焚烧炉中燃烧。对多氯联苯之类难于燃烧的物质，往往会排出一部分还未焚烧的物质，要加以注意。对含水的高浓度有机类废液，此法亦能进行焚烧。

3）对由于燃烧而产生 NO_2、SO_2 或 HCl 之类有害气体的废液，必须用配备有洗涤器的焚烧炉燃烧。此时，必须用碱液洗涤燃烧废气，除去其中的有害气体。

4）对固体物质，亦可将其溶解于可燃性溶剂中，然后使之燃烧。

（2）溶剂萃取法。

1）对含水的低浓度废液，用与水不相混合的正己烷之类挥发性溶剂进行萃取，分离出溶剂层后，把它进行焚烧。再用吹入空气的方法，将水层中的溶剂吹出。

2）对形成乳浊液之类的废液，不能用此法处理，要用焚烧法处理。

（3）吸附法。用活性炭、硅藻土、矾土、层片状织物、聚丙烯、聚酯片、氨基甲酸乙酯泡沫塑料、稻草屑及锯末之类能良好吸附溶剂的物质，使其充分吸附后，与吸附剂一起焚烧。

（4）氧化分解法（参照含重金属有机类废液的处理方法）。在含水的低浓度有机类废液中，对其易氧化分解的废液，用 H_2O_2、$KMnO_4$、$NaOCl$、$H_2SO_4+HNO_3$、HNO_3+HClO_4、$H_2SO_4+HClO_4$ 及废铬酸混合液等物质，将其氧化分解。然后，按上述无机类实验废液的处理方法加以处理。

（5）水解法。对有机酸或无机酸的酯类，以及一部分有机磷化合物等容易发生水解的物质，可加入 $NaOH$ 或 $Ca(OH)_2$，在室温或加热下进行水解。水解后，若废液无毒害时，把它中和、稀释后，即可排放。如果含有有害物质，用吸附等适当的方法加以处理。

（6）生物化学处理法。用活性污泥之类东西并吹入空气进行处理。例如，对含有乙醇、乙酸、动植物性油脂、蛋白质及淀粉等的稀溶液，可用此法进行处理。

B 注意事项

注意事项如下：

（1）尽量回收溶剂，在对实验没有妨碍的情况下，把它反复使用。

（2）为了方便处理，其收集分类往往分为：可燃性物质；难燃性物质；含水废液；固体物质等。

（3）可溶于水的物质，容易成为水溶液流失，因此，回收时要加以注意。但是，对甲醇、乙醇及醋酸之类溶剂，能被细菌作用而易于分解。故对这类溶剂的稀溶液，经用大量水稀释后，即可排放。

（4）含重金属等的废液，将其有机质分解后，作无机类废液进行处理。

参 考 文 献

[1] 夏铮铮，刘卓慧．实验室认可与管理基础知识[M]．北京：中国计量出版社，2003．

[2] 师祥洪．检测实验室质量管理体系[M]．北京：石油工业出版社，2004．

[3] 刘广第．质量管理学．2版[M]．北京：清华大学出版社，2006．

[4] 魏昊．医学实验室质量管理与认可指南．北京：中国计量出版社，2004．

[5] 戴维斯．化学物质及实验室安全手册[M]．美国加州大学环境健康与安全办公室，2005．

[6] 夏玉宇．化验员实用手册[M]．北京：化学工业出版社，2003:2．

[7] 国家质量技术监督局监督司综合处．化学危险品法规与标准实用手册[M]．北京：中国计量出版社，2003:2．

[8] 中国实验室国家认可委员会编著．中国实验室注册评审员培训教程[M]．北京：中国计量出版社，1999．

[9] 夏偕田，孟小平．检测实验室管理体系建立指南[M]．北京：化学工业出版社，2008．

[10] 施昌彦，虞甘露．实验室最佳测量能力的要义与评定[J]．中国计量，2005，4:18~19．

[11] 鄢国强，何士荫．实验室质量体系的建立与运行[J]．理化检—物理分册.2004，40（2）：101~105;40（3）:159~161．

[12] 张蕖，周敏．实验室作业指导书编写与管理探讨[J]．现代测量与实验室管理，2003，（6）：50，51．

[13] 王承忠．实验室间比对的能力验证及稳健统计技术——（三）能力验证提供者的能力要求[J]．理化检验—物理分册．2004，40（9）:481~486．

[14] 李纪辰．标准物质量值溯源性的理解和应用[J]．中国计量，1999．

[15] 陶运来，刘铁兵．实验室认可前的准备工作[J]．水利技术监督，2004，（5）：19~21．

[16] 刘亚民，牛蓓，周李华，等．实验室作业指导书的编制与要求[J]．现代测量与实验室管理，2008，（3）：35~36，39．

[17] 孙建丽．实验室如何编写作业指导书[J]．中国计量，2006，（12）：34．

[18] GB 6944—2005，危险货物分类和品名编号[S]．

[19] GB 12268—2005，危险货物品名表[S]．

[20] GB/T 15483.1，利用实验室间比对的能力验证—第1部分：能力验证计划的建立和运作[S]．

[21] GB/T 15483.2，利用实验室间比对的能力验证—第2部分：实验室认可机构对能力验证计划的选择和使用[S]．

[22] GB/T 15486—1995，校准和检验实验室认可体系—运作和承认的通用要求[S]．

[23] GB/T 18346—2001，各类检查机构的通用要求[S]．

[24] GB/T 19000，质量管理体系 基础和术语[S]．

[25] GB/T 19001，质量管理体系 要求[S]．

[26] GB/T 19011 质量和环境管理体系审核指南[S]．

[27] GB/T 27011—2005，合格评定—认可机构通用要求[S]．

[28] GB/T 27025—2008，检测和校准实验室能力的通用要求[S]．

[29] 中华人民共和国国家质量监督检验检疫总局．实验室和检查机构资质认定管理办法[Z]．2006-04-01．

[30] 中华人民共和国国家认证认可监督管理委员会. 关于规范落实《实验室和检查机构资质认定管理办法》工作的通知[Z]. 2006-07-06.

[31] 中华人民共和国国家认证认可监督管理委员会. 实验室资质认定评审准则[Z]. 2006-07-27.

[32] 中华人民共和国国家安全生产监督管理总局. 危险化学品登记管理办法[Z]. 2002-11-15.

[33] 广东省质量技术监督局认证监管处. 实验室资质认定评审工作指南（征求意见稿）[Z]. 2009-07-08.

冶金工业出版社部分图书推荐

书　　名	定价（元）
现代铸铁学（第 2 版）	59.00
铁合金冶炼工艺学	42.00
铁合金生产知识问答	28.00
铁合金生产	23.00
铁矿石与钢材的质量检验	68.00
钢材质量检验（第 2 版）	35.00
化验师技术问答	79.00
轧制工艺润滑原理、技术与应用（第 2 版）	49.00
脉冲复合电沉积的理论与工艺	29.00
金精矿焙烧预处理冶炼技术	65.00
矿石及有色金属分析手册	47.80
环境生化检验	18.00
现代金银分析	118.00
露天矿边际品位最优化的经济分析	16.00
有色金属矿石及其选冶产品分析	22.00
冶金化学分析	49.00
冶金仪器分析	45.00
冶金材料分析技术与应用	195.00
工业分析化学	36.00
高等分析化学	22.00
电子衍射物理教程	49.80
铁矿粉烧结生产	23.00
铁矿选矿新技术与新设备	36.00
现代金属矿床开采技术	260.00
金属及矿产品深加工	118.00
工艺矿物学（第 3 版）	45.00
选矿知识问答（第 2 版）	22.00
选矿试验研究与产业化	138.00
铁矿含碳球团技术	20.00